U0301477

安娜·亚伯拉罕
Anna Abraham

英国利兹贝克特大学心理学教授，皇家艺术学会会士，萨尔茨堡全球研讨会成员，高等教育学院研究员，国际小说和虚构研究学会会员，美国心理科学协会会员，认知神经科学学会会员，美国心理学会第10分会（美学、创造力和艺术心理学学会）会员；著有众多关于人类创造力的作品。

The Neuroscience of Creativity

脑科学前沿译丛
主编 李红 周晓林 罗跃嘉

创造力神经科学

[英] 安娜·亚伯拉罕 著
Anna Abraham
郝宁 卢克龙 王欣悦 译

浙江教育出版社·杭州

This is a Simplified Chinese Translation edition of the following title published by Cambridge University Press:
The Neuroscience of Creativity 978-1-316-62961-1
©Anna Abraham 2018
This Simplified Chinese Translation edition for the People's Republic of China (excluding Hong Kong, Macau and Taiwan) is published by arrangement with the Press Syndicate of the University of Cambridge, Cambridge, United Kingdom.
©Zhejiang Education Publishing House 2022
This Simplified Chinese Translation edition is authorized for sale in the People's Republic of China (excluding Hong Kong, Macau and Taiwan) only. Unauthorized export of this Simplified Chinese Translation edition is a violation of the Copyright Act. No part of this publication may be reproduced or distributed by any means, or stored in a database or retrieval system, without the prior written permission of Cambridge University Press and Zhejiang Education Publishing House.
Copies of this book sold without a Cambridge University Press sticker on the cover are unauthorized and illegal.
本书封面贴有 Cambridge University Press 防伪标签，无标签者不得销售。
本书中文简体字版专有翻译版权由 Cambridge University Press 授予浙江教育出版社。未经许可，不得以任何手段和形式复制或抄袭本书内容。

图书在版编目（CIP）数据

创造力神经科学 / （英）安娜·亚伯拉罕 (Anna Abraham) 著 ; 郝宁, 卢克龙, 王欣悦译. -- 杭州 : 浙江教育出版社, 2022.11
（脑科学前沿译丛）
书名原文: The Neuroscience of Creativity
ISBN 978-7-5722-3564-1

Ⅰ. ①创… Ⅱ. ①安… ②郝… ③卢… ④王… Ⅲ. ①神经科学 Ⅳ. ①Q189

中国版本图书馆CIP数据核字(2022)第081865号

引进版图书合同登记号 浙江省版权局图字：11-2020-086

脑科学前沿译丛

创造力神经科学

CHUANGZAOLI SHENJING KEXUE

[英] 安娜·亚伯拉罕（Anna Abraham） 著　　郝 宁 卢克龙 王欣悦 译

责任编辑：江 雷 姚 璐　　美术编辑：韩 波
责任校对：陈阿倩　　责任印务：陈 沁
装帧设计：融象工作室_顾页

出版发行：浙江教育出版社（杭州市天目山路 40 号 联系电话：0571-85170300-80928）
图文制作：杭州林智广告有限公司　　印刷装订：杭州佳园彩色印刷有限公司
开 本：787 mm×1092 mm 1/16　　印 张：17.5
插 页：4　　字 数：385 000
版 次：2022 年 11 月第 1 版　　印 次：2022 年 11 月第 1 次印刷
标准书号：ISBN 978-7-5722-3564-1　　定 价：79.00 元

如发现印装质量问题，影响阅读，请与我社市场营销部联系调换。联系电话：0571-88909719

“脑科学前沿译丛”总序

人类自古以来都强调要“认识你自己”（古希腊箴言），因为“知人者智，自知者明”（老子《道德经》第三十三章）。然而，要真正清楚认识人类自身，尤其是清楚认识人类大脑的奥秘，那还是极其困难的。迄今，人类为“认识世界、改造世界”已经付出了艰辛的努力，取得了令人瞩目的成就，但对于人类自身的大脑及其与人类意识、人类健康的关系的认识，还是相当有限的。20世纪90年代开始兴起、至今仍如初升太阳般光耀的国际脑科学研究热潮，为深层次探索人类的心理现象，揭示人类之所以为人类，尤其是揭示人类的意识与自我意识提供了全新的机会。始于2015年，前后论证了6年时间的中国脑计划在2021年正式启动，被命名为“脑科学与类脑科学研究”。

著名的《科学》（*Science*）杂志在其创立125周年之际，提出了125个全球尚未解决的科学难题，其中一个问题就是“意识的生物学基础是什么”。要回答这个问题，就必须弄清“意识的起源及本质”。心理是脑的机能，脑是心理的器官。然而，研究表明，人脑结构极其复杂，拥有近1000亿个神经元，神经元之间通过电突触和化学突触形成上万亿级的神经元连接，其内部复杂性不言而喻。人脑这样一块重1400克左右的物质，到底如何工作才产生了人的意识？能够回答这样的问题，就能够解决“意识的生物学基础是什么”这一重大科学问题，也能够解决人类的大脑如何影响以及如何保护人类身心健康这一重大应用问题，还能解决如何利用人类大脑的工作原理来研发新一代人工智能这一重大工程问题。事实上，包括中国科学家在内的众多科学家，已经在脑科学方面做了大量的探索，有着丰富的积累，让我们对脑科学拥有了较为初步的知识。

2017年，为了给中国脑计划的实施做一些资料的积累，浙江教育出版社邀请周晓林、罗跃嘉和我，组织国内青年才俊翻译了一套“认知神经科学前沿译丛”，包括《人类发展的认知神经科学》《注意的认知神经科学》《社会行为中的认知神经科学》《神经经济学、判断与决策》《语言的认知神经科学》《大脑与音乐》《认知神经科学史》等，围绕心理/行为与脑的关系，汇集跨学科研究方法和成果——神经生理学、神经生物学、神经化学、基因组学、社会学、认知心理学、经济/管理学、语言学、音乐学等。据了解，这套译丛在读者群中产生了非常好的影响，为中国脑计划的正式实施起到了积极的作用。

正值中国脑计划启动之初，浙江教育出版社又邀请我们三人组成团队，并组织国内相关领域的专家，翻译出版“脑科学前沿译丛”，助力推进脑科学研究。我们选取译介了国际脑科学领域具有代表性、权威性的学术前沿作品，这些作品不仅涉及人类情感(《剑桥人类情感神经科学手册》)、成瘾(《成瘾神经科学》)、认知老化(《老化认知与社会神经科学》)、睡眠与梦(《睡眠与梦的神经科学》)、创造力(《创造力神经科学》)、自杀行为(《自杀行为神经科学》)等具体研究领域的基础研究，还特别关注与心理学密切关联的认知神经科学研究方法(《计算神经科学和认知建模》《人类神经影像学》)，充分反映出当今世界脑科学的研究新成果和先进技术，揭示脑科学的热点问题和未来发展方向。

今天，国际脑计划方兴未艾，中国也在2021年发布了脑计划首批支持领域并投入了31亿元作为首批支持经费。美国又在2022年发布了其脑计划2.0版本，希望能够在不同尺度上揭示大脑工作的奥秘。因此，脑科学的研究和推广，必然是国际科学界竞争激烈的前沿领域。我们推出这套译丛，旨在宣传脑科学，通过借鉴国际脑科学研究先进成果，吸引中国青年一代学者投入更多的时间和精力到脑科学研究的浪潮中来。如果这样的目的能够实现，我们的工作就算没有白费。

是为序。

李　红

2022年6月于华南师范大学石牌校区

译者序

安娜·亚伯拉罕撰写的《创造力神经科学》是一部值得仔细研读的著作。这本书有三个特点：一是有广度，涉及的内容几乎包括了当前创造力神经科学研究领域的所有热点问题；二是有新意，呈现了到2018年为止相关领域研究的新理论、新方法、新技术、新范式、新发现；三是有深度，作者对许多主题的理论探讨非常深刻和系统，对存在的问题和未来发展方向的评述，也经常让人耳目一新。

这本书适合心理学爱好者阅读，有利于帮助他们了解人类神奇的创造力背后的奥秘。如果阅读者有一定的心理学和神经科学的知识基础，将能够更好地理解这本书中的内容。当然，这本书特别适合从事创造力研究的专业人士阅读，它可以作为一部不错的参考书，帮助研究者系统了解本领域研究的进展，并从中发现新颖的研究课题。

关于怎样读好这本书，译者对读者有两个建议。一是书中内容是作者基于个人理解对前人研究进行的评述，其观点不一定是全面的、恰当的，读者要有批判精神，必要时要找到原始文献来阅读。二是要认识到中国的研究者在创造力神经科学研究领域也取得了极大的进展，但这本书因为种种原因对中国研究者的贡献提及很少。读者在阅读到感兴趣的主题时，可主动去搜索中国研究者的相关工作，以便对该主题有更全面的了解。

这本书的翻译成稿是我们课题组通力协作的成果。初稿翻译由组里博士后和博士生完成：第1、2、3、12章，卢克龙；第6、7、11章，王欣悦；第4、5章，高桢妮；第8、9章，于婷婷；第10章，滕静。卢克龙对全书进行了审校。郝宁对每一章进行了多轮次的审读修改，并完成了最后的统稿工作。

我们尽量用通俗易懂的语言，完整地、准确地表达作者的本意，但实事求是地讲，作者的叙述风格非常晦涩，若我们的翻译有错误或不贴切的地方，还请读者不吝赐教。

郝 宁

2022年5月

献给我的父母，

沙因诺·亚伯拉罕（坚定乐观的卫冕世界冠军），

以及乔治（拉鲁）·亚伯拉罕（这个世界上最酷的猫）。

前　言

我们的创造力绝对是大自然的一大奇迹。创造力以五花八门的形式出现在我们的日常生活中。我们既可以是创造力成果的快乐和益处的制造者，也可以是它的接收者。创造力通常被认为是人类独特发展能力的缩影，它对我们的日常生活非常重要，涉及各行各业，对人类从个体到社会的各个层面的发展和进步都是必不可少的。然而，创造力固有的抽象性和复杂性使其在运作方式上具有某种神秘性和不可描述性。

对科学研究事业来说，神经科学虽然是一门较新的学科，但它的研究成果和知识已呈指数型增长态势，使人类在感知、认知和行为等研究领域都获益匪浅，创造力也不例外。然而，创造力的独特之处在于，其研究的惊人复杂性，即使相关研究呈爆炸式增长，也极难推进人们对创造力的深层理解。

本书的目的在于以一种易于理解的方式，整合和总结创造力神经科学领域中不同分支的学术理论和研究，进而为该领域提供一个系统概述。换句话说，本书的目的是帮助那些没有知识背景但对创造力研究有浓厚兴趣的人找到自己的研究方向。实际上，我倒希望在我开始研究创造力时便拥有这本书。本书可以说就是一本探索创造力和大脑的“旅游指南”。

希望这本书能在你们的创造力探索之旅中，起到积极的作用。

Contents

目录

第1章 创造力是什么？

"创造力是用创意打败习惯。"

——亚瑟·凯斯特勒（Arthur Koestler）

学习目标

- 认识不同情境下的创造性产品的共同点
- 准确描述创造力的典型成分
- 掌握如何全面定义创造力
- 了解创造力评估的难点
- 辨识不同类型的创造力
- 区分创造力与其他相关概念

1.1 认识创造力

这是一本关于不可思议的创造力及其杰出作品的书。本书可以从以下两方面给你提供可靠和细致的指导：（1）创造力的相关知识；（2）如何从行为和脑的角度来研究创造力（自内向外和自外向内）。在开始探索创造力的机制和运作方式之前，我们必须对其有一个清晰和统一的认识。认识和理解下面两个基础性问题，能够有效帮助我们认识和研究创造力：如何知道某事物是否具有创造性？有什么指标能够帮助我们识别创造性事物？我们会以几个不同领域的创造性成就作为实例，来帮助你更好地理解上述两个问题。

1.1.1 科学领域

1970年4月，美国阿波罗13号登月任务是工程领域的一个标志性的创造性成就。在超高压的三天里，三名宇航员以及美国国家航空航天局（National Aeronautics and Space Administration, NASA）的飞行控制团队和后勤人员共同成功地解决了一系列问题。在这次

2

事件中，他们利用飞船上有限的材料制造了一个名为“邮箱”的简易设备（见图 1.1）。这是一个极其著名的创造性问题解决实例。该设备能够排出飞船内部过量的二氧化碳，从而帮助宇航员能够返回地球。在整个事件中，该团队用新颖且可行的方法解决了他们从未遇到甚至从未想象过的难题（King, 1997）。

创造力不仅在具有时间压力的情况下（需要快速、自发的反应时）发挥作用，其在刻意创新中也起着非常重要的作用。Design that Matters 是一家非营利性公司。该公司旨在通过设计能够有效提高发展中国家医疗保健水平的产品，进而产生积极的社会影响。以汽车零部件为材料制作的NeoNurture早产儿保育箱就是一个很好的实例（见图 1.1）。该产品是由该公司的执行总裁和创办者蒂莫西·莱斯泰罗（Timothy Prestero）领导的团队发明的。他们认为，非洲地区早产儿预后不良问题非常严重的一个原因是，缺乏对已有医疗器械（由医疗援助机构提供）的维护，而并非缺乏相应的医疗援助。机器备件和维修服务的普遍缺乏意味着，当育儿箱发生故障时，其处于失修状态，故无法给受助者提供更多的帮助。然而，由于当地的机动车非常多（相应的汽车零件也很多），以汽车零件组建的育儿箱就能够在当地获得快速和低成本的维护。NeoNurture的这一设计巧妙地解决了上述难题，这也是其创意所在。

前述例子体现了创造力在科技应用领域问题解决中的重要性。这些创造力使具体的、存在于物理空间的最终产品得以诞生。然而，还有一些创造性产品，是我们难以凭触觉、视觉、听觉、味觉或者嗅觉等感官察觉的。我这里所指的就是本质更具概念化，但同实物一样强大的创造性观点。

在科学领域，科学家们通过观察、实验和内省，提出了不计其数的开创性观点和理论，并获得了无数的开创性发现。

4

玛丽·居里（Marie Curie）是唯一一个获得两项不同科学领域诺贝尔奖的人。一项是 1903 年因在放射学领域的杰出贡献获得的诺贝尔物理学奖，另一项是因发现元素镭和钋而获得的诺贝尔化学奖。虽然查尔斯·达尔文（Charles Darvin）的发现并没有让他荣获诺贝尔奖，但是他在构想和形成进化论的过程中，对生物领域以及其他很多领域均产生了非常重大的影响（Ridley, 2015）。这也使他成为人类历史上最具影响力的人物之一。

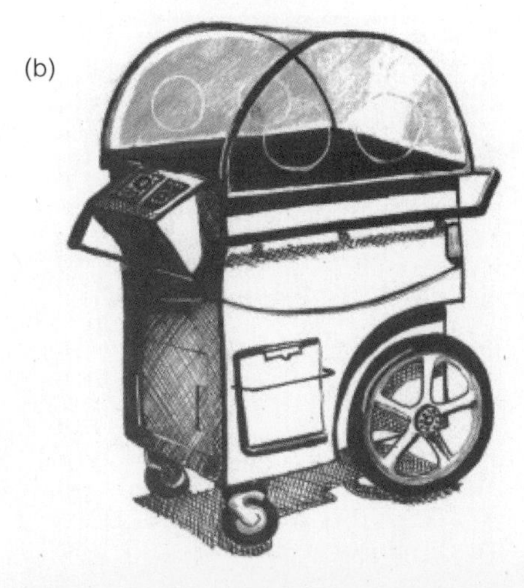

图1.1 科学创造力示例

(a)阿波罗13号登月舱内视图和“邮箱”。来源:NASA/加州理工学院喷气推进实验室。(b)NeoNurture育儿箱设备的素描。©格雷格•亚伯拉罕。(c)玛丽•居里肖像画(1867—1934)。来源:韦尔科姆收藏馆。(d)查尔斯•达尔文肖像画。来源:韦尔科姆收藏馆。

1.1.2 艺术领域

艺术领域是人类事业领域中，与创造力概念最为相关的领域之一（见专栏 1.1），其中存在大量让该领域从业者引以为傲的创造性作品（见图 1.2）。以下是来自绘画、音乐、时尚和文学领域的四个例子。

专栏 1.1　创造力类型

在心理学研究中，创造力通常被划分为科学创造力和艺术创造力。这一分类方式在创造力人格研究中尤为普遍（Barron & Harrington, 1981; Feist, 1998）。纵观科学和艺术领域，高创造性个体往往表现出对新经验的高开放性，热衷于研究复杂问题并且具有较高审美水平。近来一些研究表明，“经验开放性”能够预测艺术领域的创造性成就，而“智力”同样能够预测科学领域的创造性成就（Kaufman et al., 2016）。

然而，这种简单的分类方式并不能充分体现人类创造力的广度和复杂性（Gardner, 2011）。例如，建筑和创意设计领域体现了艺术创造力和科学创造力之间的结合。“如果一个建筑师的设计是为了取悦他人，这个建筑师一定是艺术家；而如果其设计是技术健全且精心策划的，那他一定也是个科学家”，即一个高创造性的建筑师需要兼具艺术和科学创造力（MacKinnon, 1965, 274）。正因如此，唐纳德·麦金农（Donald MacKinnon）开始以建筑师为对象来研究创造力。其他研究者则将创造力区分为艺术、科学和幽默创造力（Koestler, 1969），自发和刻意创造力（Dietrich, 2004b），以及问题解决和问题表达（Abraham, 2013）。另一些研究者则反其道而行之，[5] 致力于揭示不同创造力之间的共性，例如追求“真”和“美”的动力，“就像广泛的科学理论必须‘忠于自身’，艺术家所创造的事物也必须是‘忠于自身’的”（Bohm, 2004, 40）。因此，关于如何划分创造力，以及如何在一个可行的理论框架中去解释不同创造力之间的共性和差异，目前仍未有定论。从神经科学的角度来看，现有的理论框架认为艺术创造力和科学创造力在脑活动表现上几乎没有什么明显差异（Andreasen, 2012）。

[6] 保罗·塞尚（Paul Cézanne）被誉为现代视觉艺术和概念艺术之父，因为他的杰出作品代表了印象派和后期艺术形式之间的结合（如：立体派和野兽派）。巴勃罗·毕加索（Pablo Picasso）曾这样评价塞尚：“他就像我们所有人的父亲。”亨利·马蒂斯（Henri Matisse）甚至称赞道：“塞尚简直就是画神。”他的作画手法被描述为“寻求调和印象派手法和规则需求的中庸之道”，同时追求对“厚实感和纵深感的传达”（Gombrich, 2011, 544）。塞尚曾说：“我想让它们（自然与艺术）一样。艺术是一种个人统觉，我把它体现在我对自然的感知中，并根据我的理解将这一主观感受融入我的画作。”对梅洛·庞蒂（Merleau Ponty）（1993, 65,

图1.2　艺术创造力示例

(a)保罗•塞尚的《坐着的农民》(大约1892—1896)。来源：大都会艺术博物馆；沃尔特•H和利奥诺尔•安内伯格收藏。(b)迈尔斯•戴维斯吹小号的素描。©格雷格•亚伯拉罕。(c)可可•香奈儿，1931。©贝特曼•维亚•盖提。(d)庆祝弗兰兹•卡夫卡(1883—1924)诞辰125年的纪念邮票。来源：德国邮政集团；由延斯•穆勒和凯伦•魏兰设计。

70)来说，这意味着塞尚的目标是“使自然触动我们的方式变得清晰可见”，因为“在原始知觉中结合，触觉和视觉之间的差异是未知的”。

塞尚的优秀作品证明了他的成功源于精深和专注的高超技艺，而有些杰出艺术家则以其富有远见的作品随时间不断演变而闻名。爵士乐小号手迈尔斯·戴维斯(Miles Davis)被认为“可能是美国历史上最杰出的音乐概念化者之一”。他被称为“一个伟大的改革者”，因为他的创作是几种不同风格爵士乐发展的核心，这也使得他被视为“像毕加索一样具有几个不同的创作时期”的创作者(Early, 2001, 3, 15)。他是一位多产的音乐家和作曲家，并且在整个职业生涯里取得了巨大的成功。事实上，他的专辑“*Kind of Blue*”仍然是有史以来最畅销的爵士乐专辑之一，并为当时新兴的爵士乐风格奠定了基调。他具有惊人的创作能力，以非传统的创作方式而闻名，比如极简主义的作曲风格。用昆西·琼斯(Quincy Jones)的话来讲，就是“总能演奏出最出人意料，却又最完美的音乐”(Tingen, 2001)。

也有一些人通过在多个领域获得关键性的成功和赞誉而成名。可可·香奈儿(Coco Chanel)就是时尚界的创新典范。她引领了服装、香水和配饰等一系列产品的流行趋势。人们认为她从根本上改变了西欧女性的穿着方式，因为她设计了优雅而舒适的服饰，并确立了适合各种场合的服装——黑色小长袍或小黑裙，颠覆了长达几个世纪的服装礼仪。例如，在 20 世纪 20 年代，她开创性地使用了亚麻布料来设计服装。这一创意的成功在于，它不仅可以避免使用战争时期稀缺的昂贵材料，还能让女性更加自如地行动，并能独立完成着装（传统服装需要他人帮忙才能穿好）（Wallach, 1998）。

7

然而，在生前获得认可，如荣誉、赞扬或是取得巨大的经济成就，并不是达成卓越创造的先决条件。弗兰兹・卡夫卡（Franz Kafka）40 岁便早早逝世，他的例子很好地说明了这一点。在他生前，他仅有几部短故事集得以出版，因而是个无名之辈。在他逝世后，他的名声开始逐渐变得显赫，尤其是在他三部未完成的小说出版之后，更是名声大噪。在他独创的写作风格中，他将引发不适感的超现实和模糊的情景，与面对来自家庭、工作、社会等权力结构的无情权威时产生的无力感结合在一起。他的作品观点非常具有开创性，以至于有必要在英语中增加一个新词“Kafkaesque”（卡夫卡式）来适应这一概念上的飞跃。卡夫卡深受多位杰出作家和哲学家的推崇，并且对他们产生了深厚的影响（Sandbank, 1989）。纳博科夫（Nabokov）甚至称卡夫卡为“我们这个时代最伟大的德国作家”，他还认为：“像里尔克这样的诗人，或者像托马斯・曼这样的小说家，与卡夫卡相比，都是小矮人或圣徒。”（Nabokov & Bowers, 1980, 255）

1.2 创造力的定义

既然我们已经列举了几位在科学和艺术不同领域中的杰出创造者，接下来我们就开始讨论创造力的定义这一重要问题。关于这点，我们的初步目标是进行跨领域的概括。纵观上述例子中的解决方法或观点的共同点，至少有两个因素是显而易见的。你是否能够辨认出来呢？

你可能从上述创意例子中发现的第一个共同点是，它们都涉及生成在某方面属于新颖的观点。事实上，这也是创造力的主要定义特征（Runco & Jaeger, 2012）。一个创造性观点必须是独创的或者新颖的。独创性是指在任何指定的时间内，某个观点都比其他观点更加独特或者不同寻常。当我们发现一个从未见过的独创观点时，我们往往会将其视为新的、独创的或者新奇的。从量化的角度来看，观点具有独创性意味着该观点在统计上是非常稀缺、罕见的。

虽然独创性是判定一个观点创造性水平的核心因素，但其并不是唯一的必要因素。为了能更加合理、精确地描述创造力，第二个需要考虑的因素是适宜性、关联性或是适当性。

8

在前述例子中（章节 1.1），每个解决方法或者作品都是有用的、可行的、有效的、令人满意的或适合的。因此，适宜性指在特定情境下，某一观点、解决方法或者作品等反映的价值或者适用程度。

这样，我们就有了两个能够定义创造力的核心要素（见图1.3），即创造性观点是指在某一特定情境下，兼具独创性和适宜性的观点（Runco & Jaeger, 2012; Stein, 1953）。

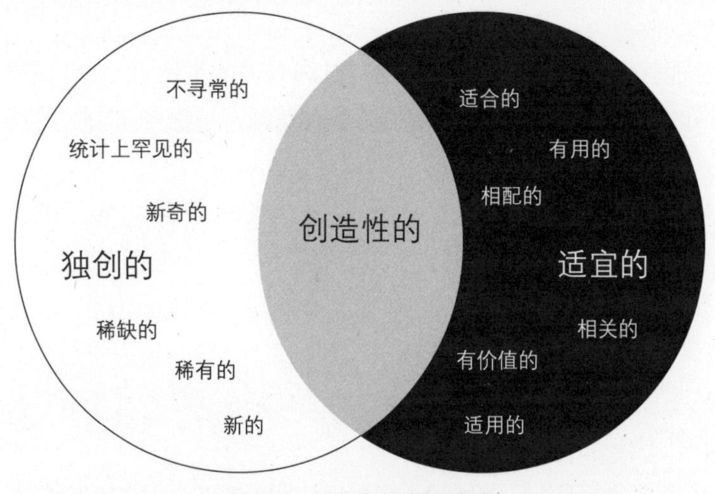

图1.3　创造力的定义要素

那么，这些要素是如何被确定的呢？让我们仔细品读创造力研究先驱们的观点。独创性或者“一个作品是否新颖取决于其在多大程度上能够偏离传统或者现状”（Stein, 1953, 311）。然而，一个只有独创性的观点并不能被认为是具有创造性的，因为“有些仅仅是随机的，基于无知和妄想的不寻常反应”往往是“不现实的”（Barron, 1955, 479）。因此，如果一个产品或者观点是“新颖的，且在某个特定时间是可靠的、有用的或能满足某一群体的”，便可以认为它是具有创造性的（Stein, 1953, 312）。这意味着，“它必须能够解决一个问题，满足某一情境的需求，达成某些公认的目标。这对于艺术和科技事业来说均是如此。在绘画中，艺术家的问题是寻求一种更合适的方式，去表达自身经历；在舞蹈中，舞蹈家则是寻求更合适的方式去表达特定的情绪或者主题，等等”（MacKinnon, 1978, 50）。

近几十年来，一些研究者试图精确并全面地定义创造力（Dacey & Madaus, 1969），目前研究普遍认为，独创性和适宜性是定义人类不同领域创造力的两大要素。然而，定义远不止于此。研究者们对上述两个要素能否全面描述创造力仍然存在争论。事实上，有研究者已经开始强调其他因素的重要性，例如“惊讶感”和最优“实现”（Boden, 2004; MacKinnon, 1978）。我们将在下一节讨论这些因素。

9

1.2.1 创造力定义的全面性

在某些情况下，惊讶感无疑是判定创造力的关键因素。例如，在美国专利局的案例中，一项发明或者一个流程只有被证明是非显而易见的（让人惊讶的），才可能被授予专利

（Simonton, 2012b）。玛格丽特·博登（Margaret Boden）（2004）极力提倡将"意外感"作为判定创造力的一个特征，并将创造性观点定义为新奇的、让人惊讶的和有价值的观点。她还将创造力的独创性或新颖性区分为两种形式——心理形式（P-创造力）和历史形式（H-创造力）。P-创造力指某一创造性观点对于生成该观点的个体来说是新颖的且有价值的，而不论他人是否已经提出过该观点。H-创造力则是指某一创造性观点是迄今为止没有任何其他人提出过的。

这些观点与米哈里·契克森米哈（Mihaly Csikszentmihalyi）（1997）的大、小创造力分级观点（见章节 1.2.2）和麦金农（1978）的"参照系"或"经验范围"概念等判定观点独创性的观点相仿。参照系既可以是个体水平的，这与P-创造力类似；也可以是团体或者人类水平的，这则与H-创造力类似。因此，当用"统计罕见性"来评价一个想法的"创造性"时，它总是相对于某个特定群体而言的。而最具创造力的往往是那些对于整个人类文明或人类史来说都是新颖的或独创的想法（ibid., 50）。

除了关于P-创造力和H-创造力的分类理论，博登（2004）还提出三种有关惊讶感的实

10

例。第一种是源于组合性观念的"统计惊讶感"，即将两个及以上的概念以不寻常的方式组合在一起（例如，诗歌中的隐喻，广告中的双关语）。第二种是源于探索性观念的"意外惊讶感"。这种创意会引起"强烈的认知冲击"，即其对于个体的认知经验来说是前所未有的（例如，开发一种全新的艺术风格，如"诗歌表演"——一种由影视、文学和音乐相结合演化而来的艺术形式）。第三种则是源于变革性观念的"不可能惊讶感"，即个体难以相信这种创意能被自己或是他人想到（例如，勋伯格的十二音技巧、弗洛伊德的无意识理论、卡哈尔关于神经细胞之间结构关系的发现）。虽然这三种截然不同的惊讶感映射出三种不同的观念生成原则，但是这三种原则并不具有排他性，即三种原则是可以互相结合的。

虽然心理学或神经科学实验领域还未对"惊讶感"进行过系统的研究或者讨论，但其作为创造力定义要素的重要性正得到越来越多的关注。然而，细分新奇感和惊讶感是极其困难的。这是因为，新奇的事物往往也让人感到惊讶。实际上，由于惊讶感是一种意动或者情绪状态，其与创造力之间的联系，可能反映了一种伴随独创和适宜观念生成过程的现象学体验。另一种概念是观念的"新鲜感"，它可以被认为是新奇和惊讶感的结合。这是因为，"新鲜不仅仅意味着新颖或者新奇，它可能既包括让陌生的事物变得熟悉，也涉及让熟悉的事物变得陌生"（Pope, 2005, xvi）。在这个概念下，创造力可以被描述为"创作或者成为对于他人或自我具有新鲜感并且有价值的事物的能力"（Pope, 2005, xvi）。

麦金农（1965）则强调"创意的最优实施或实现"应该作为判定创意作品的"绝对标准"之一。他主张，"真正的创造力应该包含独有创意的可持续性、可评价性、可阐述性以及可实现性"（160）。在某一特定创意付诸实践前，我们难以对它的价值进行全面测量、鉴别

或评价，因此该创意也不能被认定为具有高创造性的。例如，只有当与影视剧本的概念或情节有关的独创且适宜的想法，被完整地以对话故事呈现出来时，我们才能真正衡量和考虑该创意的创造性水平。从这个视角出发，鉴于创造性潜能取决于能否达成最优"实现"，人们只能在某一创意得以实施时，才能真正称其为一种创意。一个富有创造性的产品应该具有以下特点，即"潜在创意是可持续的、可评价的、可阐述的、可实现的，也是可交流的——换言之，创造性产品必须被创作出来"（MacKinnon, 1978, 48）。 11

1.2.2 创造力定义的关键因素

虽然大多数创造力研究者不太可能完全认同麦金农的观点，但是谁也无法否认区分创造性潜能和创造性成就的必要性（Helson & Pals, 2000; Hennessey & Amabile, 2010; Runco, 2004; Sternberg, Grigorenko, & Singer, 2004）（见专栏 2.1）。创造力往往被看作一种能力，"因为创造力是一种'潜能'或'可能'，并且可能会以行为或者达成状态展现出来（虽然最好是这样），但也可能不会被展现出来"（Pope, 2005）。以吉尔福特（Guilford）（1950）为例，他对创造性潜能和产品进行了区分，并论证了人格和动机在后者中所起的作用："一个具有创造力的人是否会选择创造出创造性产品，取决于他的动机和人格特质（444）。"

此时应该明确的是，除两个基本因素（"独创性/新奇性"和"适宜性/适合性"）之外，将两个辅助因素（"惊讶感"和最优"实现"）添加到创造力定义中，会让人觉得创造力的概念并没有被缩窄反而被拓宽了。这是因为，他们需要考虑更广泛的个人、学科和社会文化因素对创造力产品的质与量的影响（Amabile, 1983; Csikszentmihalyi & Sawyer, 1995; Harrington, 1990）。

例如，我们需要考虑与创意、创造性产品相关的创造力的量级，而创造力的量级可以分为以下 4 个形式：迷你创造力（mini-C）、小创造力（little-C）、专业创造力（Pro-C）和大创造力（Big-C）（Kaufman & Beghetto, 2009）。在最基本的层面上，迷你创造力反映了"个人对经验、行动和事件有意义的解释"以及"创造力的发展本质"（Beghetto & Kaufman, 2007, 73）。例如，一个七岁的儿童发现混凝纸（papier-mâché）有一种新颖的、有个人意义的使用方法，这其实是创造性表现的一种早期迹象。然而，将这种体现创造力萌芽的迷你创造力与天才的、杰出的或者大创造力进行比较（例如，毕加索的《阿维尼翁的少女》，该作品体现了不朽和持久的创造力），是完全不合理的。就此而言，人们甚至无法将迷你创造力与和它更接近的创意等级相提并论：如小创造力——超越个人领域的创造性参与（例如，在小学诗歌比赛中获胜），或是专业创造力——在专业知识领域内的巨大创造性成就。 12

在创造力研究中，能够解决创造力定义这一难题的方法之一是：明确从卓越创造（大创造力）（Gardner, 2011）到不同类型的日常创造力（小创造力和迷你创造力）（Amabile, 2014）

中，哪一量级水平的创造力是研究的关注点。另一种方法是：限定自身的方法，以便在特定的量级范围内对研究发现作有限推论。遵循科学方法的指导，如控制潜在的干扰变量（Wilson, 1991），人们便可以依据两个定义要素——独创性和适宜性，是否出现及其程度高低，对各种类型的创意产品进行鉴别（见图 1.3）。

1.3 正确理解“适宜性”

评估适宜性的问题比人们想象的要更棘手，有以下几方面原因。

首先，不同类型的创造力有不同的价值内涵：

> 价值内涵取决于创造力所涉及的领域。例如，一幅画作是依据其审美价值进行评估的，一项科学发现是依据其理论价值进行评估的，一次创业是依据其商业价值进行评估的，等等。为了涵盖所有类型的价值，我们简单地把有效性作为创造力的标准。从这个意义上说，有效就是有价值（Averill, Chon, & Hahn, 2001, 171−172）。

如果在特定情境下，一个观点或者反应是有价值的、有用的、恰当的、相关的、合适的、适应的、令人满意的，等等，其就可以被认为是具有适宜性的（见图 1.3）。然而，在特定情境下，上述多种术语并不能完全互换。如章节 1.2.1 所述，玛格丽特 · 博登（2004）认为创造性反应应该是新颖的、令人惊讶的、有价值的。此外，她还曾指出：我之前说过“新颖”有两种含义，而“惊讶感”有三种含义。但我并没有说“有价值”有多少种含义——也没有人能做到。我们的审美标准是难以识别的，也难以用语言表达甚至更难以将其明确地阐述出来（2012, 39）。

13

因为价值或适宜性会随环境和时间的变化而变化，所以我们可能有无限种方式来解释价值或适宜性。例如，文化差异在我们的价值观中比比皆是。以服装为例，只有在气候严寒的地区，毛皮大衣才是有用的。相比之下，在更温暖的热带地区，毛皮大衣则是无用的，是一种不适宜的产品。

如果我们将其他因素考虑到创造力定义中，定义过程就会变得更加复杂。例如，即使在特定文化内部，我们关于价值或者适宜性的理解也会随时间发生变化，而这种改变可以是从必要性到意识形态中的任何事情。同样以服装为例，直到几十年前，毛皮大衣还是西半球许多地区的女性梦寐以求的服饰。但如今，由于动物权利意识和保护运动的兴起，毛皮大衣行业变得非常不景气，并遭到公众痛骂。因此，几十年前被西半球公众认为是适宜的毛皮大衣，如今也变得不再适宜。

有些术语还存在语义相关的问题（见专栏 1.2）。“有价值”一词有积极的含义，类似于

“适应的”和“有用的”这两个词，它们都含有适宜性的意思。然而，创造性观念、产品和反应并不一定是正向的、积极向上的或者对人类有益的。事实上，创造性的问题解决或者观念可能导致可怕的后果。在人类生活的不同领域中，受不正当动机驱动的创造力例子数不胜数，尤其是在金融等领域，不法分子往往通过寻找和利用系统的漏洞，策划具有“创造性”的违法行为。这其中的一个典型案例是伯尼·麦道夫（Bernie Madoff）案例，他实施了美国历史上最大的金融诈骗案。在几十年里，他“创造性”地用古老的庞氏骗局“成功”骗取了数千名客户的资金，金额累计达数十亿美元。

“有价值”的语义问题的出现源于我们将观点的价值和由该观点衍生的产品的最终价值（如货币价值、社会价值和环境价值）混为一谈。前者指是否适合某一特定的最终目标，后者则指创意实现后所带来的效益。此外，在某一情境下被认为是有价值的结果，其在另一情境下并不一定是有价值的。

14

专栏 1.2 “创造力”和“有创造性的”的内涵

术语问题值得注意，正如“creative”（有创造性的）一词有许多内涵。当你问某人是否认为自己是有创造性的，其回答“是”时，这一回答通常基于以下信念：他认为他从事的活动本身就是具有创造性的（如绘画、写作、演奏乐器）。这类活动通常具有反应开放性，且从事者是在试图“创造”某些事物（如一幅画、一首诗、一首曲子），因而被认为是具有创造性的。但需要注意的是，“有创造性的”和“创造力”的内涵并不等同于章节 1.2 中关于创造力定义的内容。在写诗的时候，我可能是在“创作”一首诗。然而，从科学探究的角度来看，如果其缺乏独创性，那么这首诗就不能被认为是具有创造性的。

有几个术语也通常与创造力互换使用，尽管它们有非常不同的内涵。它们包括发散性思维（开放式的观念生成）、创新（应用创造力，想法的成功执行）、想象力（在没有感觉输入的情况下对概念内容进行表征）、天才（有杰出成就）、灵感（受精神刺激驱使去做某事或感受某事）和游戏（从事由内在驱动的、与休闲娱乐相关的活动）。如本章内容所述，这些术语均不是创造力的同义词，对于这些现象而言，独创性并不是必需的，它们也不一定会导致独创性。此外，创造性工作并不总是让人愉悦的（不像游戏），也并不一定会或多或少地带来盈利或利益（创新）。

最后一个需要讨论的问题是适宜性与独创性之间的关系。虽然到目前为止，这两个因素是独立讨论的，但需要注意的是它们并不是相互正交的。一个简单的思维实验就能说明这个问题。一个观点可以是独创的和适宜的（创造性的），也可以是独创的但不适宜的（无意义的），以及非独创的但适宜的（老生常谈）。然而，构想一个既非独创又不适宜的观点是不可行的。这是因为，在特定情境下，不适宜和不恰当的事物必定也是奇怪的或者不寻

15

常的(也就是独创的)(Kröger et al., 2012; Rutter, Kröger, Stark, et al., 2012)。在心理学或神经科学文献中，很少有研究讨论创造力中独创性和适宜性两者之间关系的本质。然而，这些因素之间的非正交关系在汉斯·艾森克(Hans Eysenck)的“过度包容性思维”概念中有所提及。这种思维是一种认知风格，它的特点在于其关于适宜性或相关性的概念比传统思维方式更广泛。艾森克(1995)强调应把过度包容性思维作为影响个体创造力差异的一个关键因素。他认为，如果某一个体对与特定情境相关的概念比常人有更高的包容性(即一些常人认为与情境无关的概念，该个体却认为是有关的)，该个体就可以有更大范围的概念联想，进而可能生成一些不寻常或独创的反应。

1.4 识别或评估创造力的挑战

既然我们对如何定义创造力已经有了较好的把握，下面就可以着手应付下一个绊脚石——如何识别不同形式的创造力。在章节 1.1 所引用的例子里，由于公众对于这些想法或者解决方案的创造性具有共识，所以要确定它们的创造性是相对简单的。所有这些都是每个领域内著名且突出的创造力案例，这也从侧面反映了上述观点。然而，尽管这些例子很典型，但在大多情况下，识别创造力仍具极强的挑战性。这有两个原因:(1)个体识别或评估创造力的能力不同;(2)群体成员在创造力评估上的一致性程度有异。当将创造力产品与记忆(另一种被广泛研究的、复杂且异质的认知能力)进行比较时，就能更好地理解这种挑战。

1.4.1 我们如何“识别”创造力?

让我们想象一个场景——你朋友在吹嘘自己惊人的记忆力，尤其是她对面孔的记忆力。显然，她从来不会忘记一张脸。假设你想检验这个结论的真实性，你会怎么去做相应的检验呢?有几种客观且相对简单的方法可以做到这一点。其中一个方法就是在短时间内向她展示 50 张不同陌生人的面孔照片。在一段时间后，你可以挑选其中 25 张，并将其与 25 张她之前没见过的面孔照混在一起，让她对这些照片进行识别，并辨认出之前见过的面孔。她能正确识别的面孔越多，就证明她的记忆力越好。如果你朋友的记忆力非常好，我们可以预期她的辨认正确率会高于平均水平。

16

我们有理由认为，这个简单的实验在“人脸记忆能力检测”和“记忆能力的刻画指标(精确性)的适宜性或合理性”两个方面，并不会引起旁观者太多的异议。然而，识别创造力显然更为复杂，因其涉及判断的准确性和判断标准的一致性。举例来说，它涉及对新颖并且适合的事物的识别。问题在于，在信息是未知的或者是新颖的情况下，我们如何识别独创性？

当我们面对陌生事物时，我们更可能忽视或者随意处理它，尤其是当这些事物对我们来说无关紧要的时候。因此，对于创造力的精确性和熟悉度来说，并没有上述那种简单的一对一匹配的判断模式（“是”代表正确/已知；“否”代表错误/未知）。鉴于“识别”一词是指匹配记忆中已知关联信息的过程，因而该词在这里具有一定的误导性。当你检查文件中的姓名拼写是否正确时，这一过程涉及将当前事物与已知事物进行匹配。这与鉴别一种新舞蹈动作或新科学假设不能相提并论，因为我们的记忆中并没有任何信息能与后者匹配。

从决策过程的角度来评估一个观点的创造性会显得更加准确。决定早餐吃鸡蛋还是煎饼涉及你对所有潜在选择和对应结果的考虑。这是一种在已知领域进行的评估行为。然而，在判定事物是否具有创造性时，这是一种在未知领域进行的评估行为。与珠宝商利用放大镜或者天平等物理工具去评估宝石或者贵金属质量不同，评估一个新观点或者产品的心理工具必然是主观的且随情境不断变化的。

17

对较低量级的创造力（迷你创造力和小创造力）而言，如日常创造力行为，创造力评估并不需要大量的领域知识，因为个人自身的背景经验就是主要的衡量标准。例如，我可能认为我昨晚写的一首诗比我两个月前写的那首诗更具有独创性。但对于更高量级的创造力（专业创造力和大创造力）的评估而言，专业领域知识则是必需的。举个例子，为了评估某一种新的检验意识的心理学实验范式的创造性水平，个体需要有丰富的关于该领域内已有实验范式的知识积累。然而，不管量级水平的差异如何，所有情况的共同之处在于，这种评估过程会扩展评估者自身对可能性空间的概念。这是因为被评估为具有创造性的事物，对于你——评价者/评委/接受者而言，也是新的、恰当的且让人惊讶的。

当我们评估一个观点、反应或者产品的创造性时，我们大脑里发生了什么？迄今为止，这仍是未知的。我们唯一能确定的是，不能直接将其与其他复杂认知过程背后的心理过程进行比较。一些证据似乎表明，在决策之前，最初由于不熟悉（新奇–独创的）引起的不匹配状态，会迅速让步于后续因检测到可能性（恰当–适宜的）而引起的匹配状态（Kröger et al., 2013; Rutter, Kröger, Hill, et al., 2012）。这就好像某些模糊的事物突然变得明确、恰当或让人感觉良好。这与顿悟经历类似——突然意识到某种新的理解。也许，这也决定了惊讶感是否需要被考虑在创造力定义之内。从这个意义上来说，鉴别一个行为、反应、观点或者产品的创造性所涉及的参数是非常复杂的，这是因为其涉及的评估过程甚至只能用“不是，但也是”或者“一百八十度大转变”来描述。然而，创造性评估行为并不能保证评估者一定会“接受”这个创造性观点。以艾森克的话来讲，“没有什么事物是比新观点带来的痛苦更让人痛苦的了”，因为“创造性对大部分没创造性的人来说是一种威胁”（1994, 234）。因此，值得注意的是，有很多复杂因素会阻碍新思想的接受和传播。

1.4.2 我们在多大程度上能够一致看待创造力？

识别创造力的第二个难处是一致性。让我们回到前文关于你朋友的面孔记忆能力测试的例子。假设你的朋友正确识别了百分之九十之前呈现过的面孔，那么，大多数人（无论是否是专家）都会认为，对于一个回忆任务来说，百分之九十的回忆正确率是良好记忆表现的指标。然而，对于创造力而言，人们对其评估不可能达成完全一致。其原因已在章节 1.2 所引用的定义中提到过。一些学者指出，“创造力是由生产者和观众互动而建构的一种现象。创造力不仅是单个个体的产品，还是社会系统对个体产品进行评估的产物”（Csikszentmihalyi, 1999, 314）。由于识别和接受一个作品的创造性，需要特定群体在一定程度上达成共识，因此社会评估也需要被纳入创造力定义范畴之内。这也就是为什么一些理论家主张——任何产品或者观念的创造性评估，都应由特定领域内的专家进行，这是合理的（Csikszentmihalyi, 1988; Hennessey & Amabile, 1988）。

18

一个领域本身的主观性程度也是创造力定义需要考虑的一个因素，因为它在人类事业的不同领域间会有相当大的差异。例如，在数学等相对客观的学科领域内，判断一个特定观点是否具有创造性的一致性程度会高于文学领域。艺术家们就某一单一艺术品（如瓦格纳的《特里斯坦与伊索尔德》、杜尚的《喷泉》）的独创性评估的一致性，往往会低于科学家就某一颠覆性科学进展（如爱因斯坦的相对论、达尔文的进化论）的独创性评估的一致性。这种差异是无法避免的。毕竟，前者涉及对本身就相对主观的表现的评估，而后者涉及的是对本身就相对客观的真理的评估。我们可以有无穷尽的方式去描述下落的苹果，但能够准确解释苹果为什么下落的思路是有限的。

此外，一个领域本身的主观性程度必然会受到其他因素的影响，如领域可及性和进行判断的团体的专业水平。例如，与艺术专家或者书评家相比，业余的艺术鉴赏家或书迷或许不太可能欣赏特纳奖或布克奖竞争者的作品的价值。这是因为，与科学不同，美术和文学具有相对较高的可及性，意味着个体仅需要少量领域知识便可有意义地参与此类作品的鉴赏，并形成相应的观点。这也是艺术领域比科学领域更难就某一产品或者观念的独创性和适宜性达成共识的原因之一。

19

鉴于这一相当保守的章节已接近尾声，我们有必要注入点乐观情绪。此刻，读者可能会认为创造力研究面临着严峻挑战。虽然的确如此，但是大家不必过于气馁。尽管识别一个结果、事件、想法或物体是否有创造性，的确不是一件简单的事情，但这并不意味着探索这个问题是无用的或毫无价值的。这仅仅意味着创造力是一种难以评估的现象。需要记住的是，其他极其复杂的课题，如运动、语言和意识，同样需要面对严峻的挑战，并且研究者们也试图从神经科学的角度对其进行探究。因此，创造力并不是唯一一个面临巨大挑战的研究领域。

因为大多研究者一致认为独创性和适宜性是创造力的定义要素，所以实验心理学和神经科学研究者将这二者视为创造力研究的关键要素。

1.4.3 意识和创造力

在识别和评估创造力的挑战方面，最后一个需要考虑的问题是创造力自我识别的意识问题。如果生成某观点的个体并没有意识到该观点的创造性，这个观点还是一个创造性的观点吗？你可能想知道我们为什么会考虑这个问题。一些理论家曾说过，“根据定义，创造性的顿悟发生在意识领域”（Dietrich, 2004b, 1011）；“‘啊哈！’体验正好发生在相应观点进入意识的时刻”（Runco, 2007b, 108）；“如果一个产品是新颖且有意识地生产的，那它就是创造性的”（Weisberg, 2015, 111）。

一个合理的假设是“创造力的标志是个体在观念生成过程中，意识到了自己在独创性方面的飞跃”。当一个人阅读那些取得创造性成就的人物的日记和日志时，这一点尤为明显。例如，查尔斯·达尔文所做的大量笔记表明，他的开创性理论的所有要素早在他获得顿悟和正式形成观点之前，就已经存在于他的脑海中了（Ridley, 2015）。

然而，有一点需要注意的是，有时候并不能判定或者证明个体是否意识到自己所设计产品的创造性。尤其当研究对象是因“大脑未发育成熟（如幼儿）”或“神经或精神疾病引起的大脑机能不全（如失语症和自闭症）”而存在交流困难的群体时，情况会变得更加棘手。当考虑到一些表现出创造性解决问题能力的非人类动物时，自我意识和创造力的问题就变得更加有趣（和复杂）（见专栏 1.3）。

20

专栏 1.3 动物创造力

沃尔夫冈·科勒（Wolfgang Köhler）发表了一项有关黑猩猩的研究成果，首次证明了动物的创造力（Köhler, 1926）。在他关于学习和问题解决的标志性研究中，他指出学习可以通过顿悟的方式来实现，而不是试错学习或者基于奖励的学习。在此之后，研究者发现，黑猩猩在问题解决、社会学习以及工具的使用和改装等方面的技能，在其他物种身上也得到了体现，包括灵长类（如红毛猩猩和大猩猩）和非灵长类动物（如章鱼、海豚、大象）（Kaufman & Kaufman, 2004）。然而，到目前为止，动物创造性问题解决的有力证据，如新颖的、刻意的、自发的解决方法，只有在新苏格兰乌鸦身上有明确展现（Weir & Kacelnik, 2006）。

从超越学习和问题解决的角度去看待广泛的动物行为，会发现很多其他非常有趣的、能够体现独创性或新颖性的行为模式（Kaufman & Kaufman, 2015; Ramsey, Bastian, & van Schaik, 2007）。例如，凉亭鸟的筑巢风格体现了它们的审美（Diamond, 1982; Endler, 2012），黄莺的歌曲体现了它们的灵活性和复杂性（Oller & Griebel, 2008）。在纪录片《黑猩猩》（Disneynature, 2012）中，一只丧母的小黑猩猩被族群的雄性领袖收养，这便是非常规行为的一个例子。鉴于这种行为模式对于黑猩猩物种来说是相对陌生的，并且体现了“代价高昂的创造性行为的发生”（Wiggins, Tyack, Scharff, & Rohrmeier, 2015）。这种反应必然会被认为是新颖的、有价值的和让人惊讶的。

1.5 创造力的目的

虽然离本章结尾更近了，但是我们仍未解决“创造力的一般含义或概念”这一核心问题。这一问题涉及创造力的目的。为什么我们会有创造力？它的用处是什么？它有什么功能？

21

根据考古记录，我们知道我们创造力的进化，即出现于约 10 万年前的智人的思维，在大约 9 万年前以问题解决或者技术发展的形式，体现了创新能力的早期迹象。随后，在大约 4 万年前，随着艺术和人体装饰的发展，一场以创意表现为形式的“创意大爆炸”在全球范围内独立上演（Carruthers, 2002; Mithen, 2014）。事实上，科学界认为人类物种大脑尺寸的显著增长和大脑新皮层（哺乳动物最新演化出来的脑区）的分化以及复杂性的显著提升，为复杂认知技能（如创造力）的空前发展和展现奠定了基础（Defelipe, 2011）。毫无疑问，创造力和创新是文化转型和演变的核心（Fogarty, Creanza, & Feldman, 2015）。

在推断创造力潜在的一般性功能时，需要考虑的一个关键因素是，它必须适用于所有类型的人类活动。无论我是否想出了一个新的食谱、诗歌、理论、计划、策略、公式、小工具或小部件，我的创造力始终都在发挥作用。因此，创造力的基本功能必定是能够泛化到不同情境中的。由于创造力是孵化观点的肥沃土壤，它本质上可以被描述为一个观点生成器。也正是这一核心功能，使创造力成为人类各个领域创作、发明、发现、创新和革新的基础。由于创造力是变化、进步和发展不可或缺的根基，因而它影响着人类事业的各个领域，包括艺术、工艺、科技或商业服务等。

1.5.1 本书导航

这是一本信息丰富、内容前沿的书，本书以浅显易懂的方式，呈现了学界关于创造力神经科学相关的理论和研究。本书分为 12 章，每章之间都是独立的，因而读者在每个章节里都能获得与该章主题相关的所有必要信息，而不需要过多去参考本书的其他章节。

22

在第 1 章介绍了创造力概念之后，第 2 章将阐述心理学领域中研究创造力的途径和方法。第 3 章则详细介绍认知心理学中关于创造力的理论框架。第 4 章和第 5 章分别介绍了两个相互矛盾的关于创造力神经基础的理论，即全局解释假说（第 4 章）和局部解释假说（第 5 章）。第 6 章概述了用于探究创造力神经基础的脑科学研究方法。第 7 章则讨论了第 6 章中所提及的脑科学方法的注意事项。

1993 年，弗兰・勒博维茨（Fran Lebowitz）在接受《巴黎评论》采访时说："艺术家只有四种：舞蹈家、作家、作曲家和画家。他们所做的都是完整的创作发明。"即使有人并不完全赞同这个观点，但需承认，这种直观的分类方式有助于区分不同的艺术创造力。第 8 至 12 章将分别概述不同领域的创造力：音乐创造力（第 8 章）、文学创造力（第 9 章）、视觉艺术创造力（第 10 章）、运动创造力（第 11 章）和科学创造力（第 12 章）。最后，本书以一个简短的后记——对创造力和后续研究的反思，作为收尾。

我写本书的目的在于为亲爱的读者，提供一个关于创造力神经科学研究的系统且翔实的概述，进而助你在这个迷人的知识领域里畅意遨游。我最大的希望是，本书能够帮助你理解一些非常晦涩的概念，并且作为可靠的参考文献资源，为你提供有用的文献，并进一步拓展你的知识储备。本书最大的成就莫过于激励你加入这个不凡的探索之旅，使你能深刻地去探索自己的创造力。

本章总结

- 创造性观念是指，在特定情境下既"独创"又"适宜"的观念。
- "惊讶感"和最优"实现"是进行创造力评估时应该考虑的其他因素。
- 除了艺术创造力和科学创造力之外，还有其他关于创造力类型的概念。
- 关于创造性潜能和创造性成就的创造性量级水平，是评估创造力所需要考虑的变量。
- "一百八十度大转变式的评估"能够最恰当地描述支持创造力识别的心理过程。
- 创造力评估所面临的挑战，源于专业知识、主观性、一致性等因素。
- 创造力的目的是生成新颖观点，这个目的适用于人类所有的奋斗领域。

23

回顾思考

1. 在给创造力作定义时需要考虑的关键因素是什么？
2. 如何解释创造力中的适宜性？它总是和积极的结果联系在一起吗？
3. 与其他复杂的认知活动相比，创造力评估所面临的独特挑战是什么？
4. 我们可以基于什么标准来区分不同类型的创造力？
5. 我们为什么会拥有创造力？

拓展阅读

- Boden, M. (2004). *The creative mind: Myths and mechanisms* (2nd edn.). London: Routledge.
- MacKinnon, D. W. (1978). *In search of human effectiveness*. Buffalo, NY: Creative Education Foundation.
- Pope, R. (2005). *Creativity: Theory, history, practice*. New York: Routledge.
- Runco, M. A., & Jaeger, G. J. (2012). The standard definition of creativity. *Creativity Research Journal*, *24*(1), 92–96.
- Sternberg R. J. (1999). *Handbook of creativity*. Cambridge: Cambridge University Press.

第2章

如何评估创造力?

"写下它，拍下它，发布它，编织它，烹饪它，无论如何，去做。"

——乔斯·韦登(Joss Whedon)

学习目标

- 认识不同的创造力研究方法
- 学习如何根据四种研究方法评估创造力
- 理解研究方法如何应用于创造力神经科学领域
- 区分创造力中的发散性思维和聚合性思维
- 辨析过程一般性和过程特异性的测量方法
- 不同创造力测量方法的优缺点

2.1 创造力研究方法

本章同样要以你的那位"具有惊人记忆力"的朋友作为例子(见章节1.4.1)。这次，她一边喝咖啡，一边将她的另一个特点告诉你。她认为自己具有创造力，且比大多数人的创造力水平更高。她想证明这一点，但不知道如何才能证明。这并不像证明她能很容易记忆面孔那样简单。她问道:"你是如何测量创造力的?"这时，另一位朋友加入了讨论。他之前一直很沉默，但现在这个话题激发了他的兴趣。他很想知道是否可以量化创造力，如果可以，那又该如何操作。他是一个小学老师，他想用某种测量方法来评估他班上学生的创造力。更重要的是，他想知道学生的创造力是否会随时间而改变，而这一改变的影响因素又有哪些。这两位朋友都希望获得该领域研究者的明确答案。让我们探讨一下，看看能否帮到他们。

首先，我们需要回顾一下第1章的内容。创造力是指生成具有独创性(新颖/不寻常/稀缺)和适宜性(适合/有意义/适配)的想法和反应的能力(Runco & Jaeger, 2012)。詹姆斯·梅尔文·罗兹(James Melvin Rhodes)提出了最早的模型来定义创造力概念的不同标准:

“创造力”是一个名词，意指传达一种新的概念（可以是一个产品）的现象。这一定义隐含了心理活动（或心理过程），而且没人能够在真空中生活或者工作，因而该定义同样隐含了“环境”（1961, 305, 强调独创）。

“创造力的4P模型”是最具影响力的创造力理论模型，它指出研究者可以从人（Person）、产品（Product）、过程（Process）和环境（Press/Place）来研究创造力（图2.1），后续将详细讲解这几点。

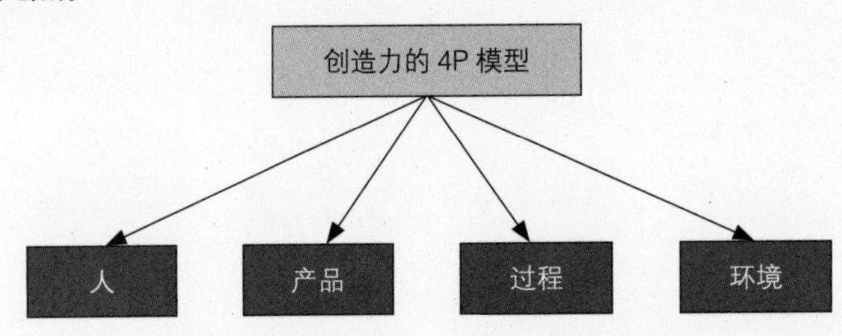

图2.1 罗兹（1961）的创造力4P模型

2.1.1 人

该研究方法以生成创造性想法和行为的个体为研究对象，涵盖了“人格、智力、性格、外貌、特质、习惯、态度、自我概念、价值观、防御机制和行为”等信息（Rhodes, 1961, 307）。这种方法假设，区分高创造力和低创造力的人是可能的，而这些差异显然源于个人（内部）因素。让我们先了解几个使用“人”这一方法研究创造力的例子。

识别与高创造力个体相关的人格特质，一直是创造力研究领域的焦点。麦金农（1978）创造了“创造力公文包综合征”一词，借以反映这样一个事实：即通常认为的高创造力个体具有的“情感不稳定、粗心、放荡不羁”等人格特点，实际上更适用于形容低创造力个体，特别是考虑到“深思熟虑、保守、勤勉、周密”等经常被用于描述高创造力者时（18）。麦金农还表示：

26

“一个真正有创造力的人会把自己想象成一个负责任的人，并且对自己作为人类有一种使命感。这包括一定程度的坚定和不可避免的自我中心……这之中存在一种信念。”（18）

无论是在科学还是艺术领域，高创造力个体往往表现出更高的经验开放性，更容易被复杂事物所吸引，具有更高的审美感，不拘泥于常规，受内在动机驱动，且拥有更高的自信心、独立性和抱负（Barron & Harrington, 1981; Feist, 1998）。近来的研究进一步表明“经验开放性”或者“与感知、幻想、审美和情感相关的认知参与”能够预测艺术领域的创造性成就，而“智力”或者“与抽象和语义信息相关的认知参与（主要通过推理）”则能够预测科学领域的创造性成就（Kaufman et al., 2016, 248）。

智力是基于“人”的研究方法中的另一个重要变量，它是在与创造性思维相关的创造力研究历史上，被研究得最广泛且结果最为一致的因素（Barron & Harrington, 1981; Batey & Furnham, 2006; Kaufman & Plucker, 2010; Simonton, 2000; Sternberg & O'Hara, 1999）。刘易斯·特曼（Lewis Terman）的纵向研究是这一领域的开创性工作，他挑选出有天赋的学龄儿童（从25万学生的原始样本中挑选出1528人），追踪他们直到其成年。他的研究目的是确定有多少人能有杰出的创造性贡献（然而，事实证明一个人也没有）。这些发现强调了智力对于创造力非常重要，但这一关系仅存在于某一智力阈值之下。倘若超过这个阈值，两者之间的相关将会消失。“研究表明，当智商超过140时，智力对创造性成就的影响就微乎其微了。成年以后是否会取得成功主要取决于社会适应、情绪稳定和动机等因素。”（Terman & Oden, 1940, 83-84）

智力和创造力的阈限假设表达了这样的观点：当智商在120以下，创造力和智商之间存在线性正相关。具体表现为智商越低，创造力越低；反之亦然。当智商水平超过120以后，上述关系就不存在了（Batey & Furnham, 2006）。大量研究对该假设进行了验证，但研究者对这一观点的看法仍存在较大分歧（Fuchs-Beauchamp, Karnes, & Johnson, 1993; Runco & Albert, 1986）。一项研究使用了一种更新颖、更细致的方法，该方法假设不同的智商阈限影响着创造力的不同方面（Jauk, Benedek, Dunst, & Neubauer, 2013）。宽松标准（生成两个独创性观点）的观点独创性得分的智商阈限为100，更严格标准（很多独创性观点的平均值）的观点独创性得分的智商阈限为120，而观点生成的流畅性或数量（不管观念的独创性）的智商阈限为85。

27

在神经科学领域中，基于“人”的研究方法主要揭示与创造力相关的大脑结构标志。其中一个研究方向就是寻找高创造力和低创造力个体在大脑结构和活动上的差异。例如，有证据表明在音乐训练中，协调运动和处理听觉的相关脑区存在系统解剖学上的差异（Barrett, Ashley, Strait, & Kraus, 2013; Schlaug, 2001）。这些脑结构的差异与领域特殊性的创造性表现（上述例子中的音乐创造力）相关。

其他神经科学研究旨在通过实验室任务（例如发散性思维和创造性成就）（见章节2.3），探究领域一般性的创造性思维能力，并尝试将个体的任务表现差异与大脑结构或者功能连接差异相联系。以雷克斯·荣格（Rex Jung）为例，其研究结果表明，更厚的顶叶内侧区域的皮层与更优的发散性思维测验表现相关；而创造性成就越高，顶叶外侧区域的皮层就越厚（Jung et al., 2010）。也有证据表明，短期的发散性创造性思维训练能影响神经解剖学特征（Sun et al., 2016）。越来越多的研究者也开始探究与创造力相关的人格特质（经验开放性和智力）与大脑功能之间的联系（Jauk, Neubauer, Dunst, Fink, & Benedek, 2015; Li et al., 2015; Taki et al., 2013)。

运用基于“人”的研究方法研究创造力神经科学时，有一个问题需要注意：与个体差异心理学研究相比，该领域的研究相对稀缺。因此，迄今为止，使用不同的研究方法检验创造力和参与相同认知过程的大脑结构之间的联系的研究，尚未得出一致的结论。现有研究也主要关注普通创造力（由创造性表现决定的高创造力组和低创造力组，或比较创造性和无创造性的职业中的个体），而不是特殊创造力（天才和卓越）（见专栏 2.1）。因此，在创造力神经科学领域中，还有许多基于“人”的研究方法等待人们探索。

28

专栏 2.1　量级：日常创造力对比创造天才

评估创造力的关键在于充分考虑创造力的量级大小。创造力可以被分为四种形式：迷你创造力、小创造力、专业创造力和大创造力（Kaufman & Beghetto, 2009）。迷你创造力处于最不成熟的水平，其反映了“个人对经验、行动和事件有意义的解释”以及“创造力的发展本质”（Beghetto & Kaufman, 2007, 73）。因此，一个 5 岁的孩子用自己的词汇编了一首小曲，是创造力表达的早期标志。下一个水平是小创造力，意指超越个人空间的创造性参与（如在学校摄影比赛中获胜）。专业创造力在专业知识方面具有相当高的水平，可由突出的创造性成就加以证明（如得以在专业画廊里展示其作品）。最后便是杰出或者大创造力［如弗兰克・盖里（Frank Gehry）设计的毕尔巴鄂古根海姆博物馆］，意指意义重大、影响深远的创造力。

大创造力仅能通过领域特殊性的测量方法进行评估［如菲斯特（Feist）（1993）所提到的，在科学领域的出版物、被引用情况以及获得的殊荣］。使用本章所概述的创造力测量任务（遵循“过程”“产品”“人”的研究方法）而进行的创造力实证研究，均是在对迷你创造力进行评估，且通常是领域一般性的（Simonton, 2012a）。

2.1.2 产品

这种方法主要通过探究创造产生的创造性产品来探究创造力。产品可以是一种观念、一种反应或一个手工艺品。正如罗兹（1961, 309）所说：“观念一词指的是通过文字、图画、黏土、金属、石头、织物或者其他材料等形式传达给他人的一种思想……当观念转化为有形形态时，它就被称为产品。”这种阐述区分了不同类型的观念以及与它们相关联的创造力。理论观念属于最高层次的创造力产品，然后是发明观念，最后是针对现有发明的创新观点（Rhodes, 1961）。

29

为了更好地评估与产品相关的创造力，研究者们提出了几种分类。在科学领域，库恩

（Kuhn）区分了“规范科学”和“科学革命”，后者反映了“非积累性的科学进展——当旧实验范式与新范式产生矛盾时，旧范式会被新范式全部或部分地取代”（1970, 92）。加德纳（Gardner）（1994）明确提出了适用于所有领域创造性活动的分类方法。他将创造性活动分为五种子类型：（1）提出对定义良好问题的解决方法（例如，沃森和克里克发现DNA的双螺旋结构）；（2）提出体系庞大的理论（例如，弗洛伊德的无意识理论）；（3）创作“冻结作品”，即作品的创作与评价之间存在一定差异（例如，康定斯基的画作）；（4）程序化工作的任务表现，即任务表现本身就是工作，其作品创作与评价之间几乎不存在差异（例如，玛莎·格雷厄姆的编舞）；（5）一种“高风险”的“表演”，不能提前制定“表演”细节，必须依赖集体的反应来“表演”（例如，甘地的非暴力不合作运动）。

迄今为止，唯一聚焦于创造性产品的理论是创造性贡献推进模型（Propulsion Model of Creative Contributions）。这个模型没有联合“人”“产品”“过程”“环境”探讨创造力（Sternberg, 1999; Sternberg, Kaufman, & Pretz, 2001），它的核心思想是，创造性行为会推动一个领域的进步，但是，因为贡献者的思想存在特定的思考方式，所以作出的创造性贡献也存在差异。斯滕伯格（Sternberg）定义了八种创造性贡献，类型之间具有一定的数量差异。“复制”（Replication）是为了展示并巩固该领域的目前进展。而“重新界定”（Redefinition）是为了重新确定该领域的进展，进而改变研究者对该领域进展的理解和想法。试图推动某个领域向这一领域内其他人想要的某个方向前进被称为“前进增量”（Forward Incrementation）。推动该领域向某个没有被人们广泛接受的方向前进，这是一种超前行为，被称为“超前前进增量”（Advance Forward Incrementation）。尝试将一个领域往一个新的且与现在发展方向不同的方向推进被称为“重定向”（Redirection）。“重构”（Reconstruction/redirection）指将该领域引导回以前的某一位置，而后推动其往迄今未探索的方向发展。“再起始”（Reinitiation）则指尝试将一个领域转向一个尚未定义的方向，进而远离当前明显遭遇瓶颈的发展方向，推动其朝另一个新的方向发展。最后一个类别是“整合”（Integration），是指试图结合两个不同的、不相关的甚至相对立的思想，进而推动某一领域发展。

30

这个分类系统的主要价值在于可以定性地评估特定的创造性贡献。举个例子，卡夫曼（Kaufman）和斯基德莫尔（Skidmore）（2010）将麻将归为一种“重构”类型的创造性贡献，是因为人们将“由男性主导的、高风险的中国传统牌类游戏（结合骰子和多米诺骨牌）”改编成“一种低风险的、女性主导的休闲娱乐活动”。这让麻将在19世纪20年代的美国十分盛行（Panati, 1999，转引自Kaufman & Skidmore, 2010, 380）。

当必须定量评估创造力时（如“确定两种不同产品哪种更具创造性”），我们该怎么办呢？萨尔曼·拉什迪（Salman Rushdie）的巅峰创作是《荒原的最后一声叹息》（*The*

Moor's Last Sigh, 1995)，还是《午夜的孩子》(*Midnight's Children*, 1981)呢？同感评估技术(Consensual Assessment Technique)是解决这类问题最常用的方法(章节2.4中有详述)(Amabile, 1982)。该方法要求多位领域内的专家对产品进行评估，他们的综合评估结果决定了每种产品的创造性水平。艺术体操运动中的打分方法便是同感评估技术的现实应用。比赛中，两组评委对体操运动员的每套动作(自由体操、跳马、鞍马、高低杠和平衡木)进行评分，分为难度分(反映整套动作的总体难度)和艺术分(反映整套动作的艺术效果)。所有评委的难度分和艺术分总和是运动员的最终得分。

关于"产品"的创造力神经科学研究，有效的探索方法少之又少。以加拿大艺术家安妮·亚当斯(Annie Adams)为研究对象的个案研究，勉强算是一个"产品"方法在神经科学领域的应用例子。安妮患上了原发进行性失语症(Primary Progressive Aphasia, PPA)，这是一种以言语和语言退化为特征的神经退行性疾病(Seeley et al., 2008)。在1997到2004年间，研究者对她的大脑进行了常规的磁共振成像扫描，以监测她的听神经瘤(听神经的良性肿瘤)。相当凑巧的是，大脑扫描结果记录了她出现症状前到确诊为原发进行性失语症的大脑变化。在这段时间里，她是一个活跃的艺术家，并创作了一系列作品。因此，这能呈现出她创作艺术作品的时间轴，并探究其作品与失语症症状出现、症状加剧和脑萎缩之间的关系。在6年的时间里，通过研究其作品表现风格的变化轨迹发现，安妮的创作风格发生了明显的转变，由浓郁的抽象风格慢慢转变为"增加摄影真实感"，即表现形式更加具体和详细。当然，由于大多数艺术家在一生中都会出现一次甚至多次艺术风格的转变，因而很难确定能否将这种风格变化直接归因于其大脑不同脑区组织的保持和退化。尽管如此，这仍然是一个非常有趣的个案研究，可以给我们带来许多启发。

31

2.1.3 环境

这种方法关注对个体创造力产生影响的环境因素。"环境研究方法试图测量个体生态学因素中的一致与不一致的特征"(Rhodes, 1961, 308)，主要通过对"创造性情境(创造性生活环境)或那些能够促进创造性思维和创新行为的社会、文化及工作环境"进行评估(MacKinnon, 1970, 17)。

在任何情境下，都需要考虑多种环境因素，因而采用"环境"方法的研究可以以多种形式展开。尽管如此，在很大程度上，"环境"研究方法由两种心理学研究方法所主导(Amabile & Pillemer，2012)。迪恩·基思·西蒙顿(Dean Keith Simonton)倡导的历史测量学方法通过不同历史文化背景下的创作者和创造性产品的档案数据，来探索环境因素(社会、文化和政治)如何影响创造性成就的卓越性、独创性和生产性(Simonton & Ting, 2010)。如果说这属于创造性社会心理学中"宏观层面"的研究，那么特里萨·阿玛贝尔

(Teresa Amabile)所倡导的就是“微观层面”的研究方法。这一方法关注社会环境中的不同因素如何影响人们的日常创造力。同感评估技术是这种方法的主要研究手段(Amabile, 1982)(见章节2.4)。

32

阿玛贝尔(1998)在一篇探讨组织创造力的高影响论文中指出，能够最大限度激发员工内在动机的工作环境，很可能会诱发创造性劳动力(Creative Workforce)。这种“内在动机”通过任务固有的快乐、兴趣和挑战，而不是外界的奖励或压力来驱动人们完成工作。在工作场所中，有六种能够激发内在动机的环境因素：(1)挑战性或者能力与任务匹配；(2)自由，即给员工自主选择任务完成方式的权利；(3)合理分配时间、财务和空间资源；(4)具有支持性和多样性的工作团队特征；(5)不仅有奖惩形式的监督激励，还得有榜样激励；(6)推崇创造力、信息共享和团体合作的组织支持。

在其他完全不同的情境中，如学术研究和教育领域，研究者也发现了提升创造力的关键环境因素。以凯文·邓巴(Kevin Dunbar)(1997)为例，他认为团体成员在背景和专长方面的多元性是提升科学创造力的关键因素。创造性协作也是激励课堂学术创造力的一个相关因素。类似的相关因素还有让孩子们自主决定问题解决策略，鼓励他们思考和做一些合理的冒险尝试，为创造性思维分配时间资源，维持一个心理安全感较高的课堂环境(Sawyer, 2014)。因此，微观层面的“环境”创造力研究表明，促进或阻碍创造力的各种环境因素之间存在某些共性。这一点存在于人类不同的事业领域。然而，这种相似性是有局限性的。当需要考虑更广泛的变量时，因素间复杂的交互作用便会出现。举个例子，创造性个体往往来自两种相反的家庭环境：最佳经验背景和病态经验背景(Csikszentmihalyi & Csikszentmihalyi, 1993)。

33

宏观层面的研究也为“环境对理解创造力的重要性”提供了大量的见解和支持。有无数例子表明，对艺术和文学领域的系统性或分散赞助，能够推动大量创造性成就和卓越成就的涌现。在文艺复兴时期，美第奇(Medici)家族对包括米开朗基罗·布纳罗蒂(Michelangelo Buonarroti)和莱昂纳多·达·芬奇(Leonardo da Vinci)在内的佛罗伦萨艺术家以及科学家伽利略·伽利雷(Galileo Galilei)提供了大力支持。这是系统性赞助的一个典型例子。实际上，分散赞助更为常见，例如诗人莱纳·玛利亚·里尔克(Rainer Maria Rilke)在人生不同阶段获得了不同的赞助支持。这些赞助者包括玛丽·冯·瑟恩－塔克西斯(Marie von Thurn und Taxis)以及维尔纳·莱因哈特(Werner Reinhart)。这种赞助行为为维持受赞助者基本生计，以及开展工作所需的空间和技术等一系列需求提供了支持。很明显，如果没有这种支持，这些有才华的人会因为完全缺乏机会，而无法持续创作。战争时期的创造性成就往往更少，也证明了这一点(Simonton & Ting，2010)。

当代的政府部门推出了一系列资助手段，为创新企业提供环境支持，如政府资助计划

（如美国的国家艺术基金会）或者税收优惠（如英国的创新部门减税政策）。人们逐渐意识到通过提供最佳环境来促进全球范围内的创造力的必要性。例如，《2012 年全球创新指数》强调了环境因素对国家创新发展的影响（Dutta, 2012）。一个国家的收入水平与其提供的有利环境呈正相关，与创新产品的明显增长也存在一定联系（Dutta, 2012）。奥地利维也纳是一个具有有利环境的典型例子。2016 年 12 月，维也纳被《经济学家》誉为“世纪之城”，政治、经济、科学、哲学和艺术等各个领域内极具震撼性的创造性突破都发生在这里（Kandel, 2012）。

迄今为止，很少有神经科学研究采用“环境”方法来研究创造力。虽然有研究检验过消极环境对行为和大脑结构的影响（Hackman, Farah, & Meaney, 2010; Kishiyama, Boyce, Jimenez, Perry, & Knight, 2009; Marshall & Kenney, 2009; Tomalski & Johnson, 2010），但仍未有研究专门去探究这些因素对创造力的影响。因此，还未有神经科学研究通过“环境”方法来研究创造力。

2.1.4 过程

34

这种方法主要探究创造性思维背后的心理活动，它“适用于动机、感知、学习、思维和交流”（Rhodes, 1961, 308）。由于它研究创造性思维的复杂性，而神经科学旨在研究人类神经系统的结构和功能，“过程”研究方法就很容易与神经科学持一致观点。虽然“过程”一词总是以单数形式出现，但万不可把创造过程看成是单一或一元的过程。它是“一系列复杂认知、动机、情绪过程的一个简易概括标签。这些过程涉及感知、记忆、想象、欣赏、思维、计划、决策等”（MacKinnon, 1970, 18）。“过程”方法假设，人都是创造性的，但他们在“这些过程的质量以及个体的创造性程度”等方面存在差异（MacKinnon, 1970, 18）。

本研究方法的两个中心主题是：（1）创造过程的阶段；（2）创造过程的组成成分。关键问题包括前期知识储备在创造力中的作用（另见专栏 3.2），创造性思维和非创造性思维之间的相似性及区别，发散性思维和聚合性思维之间的相似性及区别（见专栏 2.2），以及无意识操作和意识操作在创造性思维中的作用（Kozbelt, Beghetto, & Runco, 2010）。

专栏 2.2　创造力是否同时涉及发散性思维和聚合性思维？

一句话，是的。把发散性思维——为一个问题思考多种解决方法——作为创造性思维的同义词，是一个严重错误。乔伊·保罗·吉尔福特（Joy Paul Guilford, 1950, 1959, 1967）强调了发散性思维对创造潜能的重要性。而在此之前，智力概念仅仅侧重于聚合性思维或为某一问题思考单一解决方法。但是，因为单纯地生成多种解决方案，并不能保证生成独创且有用的解决方案，所以发散性思维的产品不一定是创造性的。此外，在需要发散性思维策略的开放式情境中（例如，在思考未来时的假设推理过程中），创造性并不是所生成想法的必要特征。此外，聚合性思维通常被忽视，甚至被描述为非创造性的，尤其是在大众媒体中。但需要再次强调，这是完全错误的。“在创造性问题解决中，单一解决方案的生成等同于非创造性行为”，这种观点完全是毫无依据的。

35

除此之外，尽管在某些情况下，发散性思维对创造力的影响更大（Guilford, 1957），但没有聚合性思维的发散性思维“可能导致准创造性或伪创造性产品的出现”（Cropley, 2006）。因此，应该将重点放在发散性思维和聚合性思维方式在创造性观念生成和评价中的重要性上（Brophy, 2001; Runco & Acar, 2012）。

亨利·彭加勒（Henri Poincaré）和赫尔曼·冯·赫尔姆霍兹（Hermann von Helmholtz）等伟大思想家在提出独创性观点时，都会对自己思维周期的进展进行反思。根据这一现象，格雷厄姆·华莱士（Graham Wallas）概述了创造过程的四阶段理论（Wallas, 1926; 见专栏 3.1）。第一阶段是准备阶段，个体在这个阶段会有意识地、广泛并深入探究目标问题。第二阶段是酝酿阶段，这个阶段对于目标问题来说是无意识的；在这个阶段中，个体往往是在休息或者进行与目标问题无关的活动。第三阶段是明朗阶段，其以灵光一闪的顿悟或目标问题的解决方案突然出现为标志。第四阶段是验证阶段，涉及对解决方案的有意识思考和细节实施。值得注意的是，实证证据并不完全支持华莱士的四阶段模型（Lubart, 2001），例如，没有证据表明存在这几个分离阶段。此外，还有其他创造过程的阶段理论，如生成-探索模型，该模型将创造过程分为两个阶段。第一阶段是生成阶段，即生成某一个观点或者想法；第二阶段则是探索阶段，该阶段对第一阶段生成的观点或者想法的效用进行评估（Finke, Ward, & Smith, 1996）。

由于目标问题具有多变的时间维度，且创造性反应难以预测，因而极难通过实验证据来刻画创造过程的不同阶段。例如，创造性顿悟的发生是无法预测的，因而明朗阶段开始的确切时间也难以估计。心理学和神经科学研究都倾向于关注那些特异于某一阶段，或作为衔接某两阶段的成分。

36

举个例子，在准备阶段中，知识与创造力之间的关系备受争论（Weisberg, 1999）。在“多少前期知识储备对创造力是最理想的”这一问题上，“张力”观点认为两者存在倒U形关系，即具有高水平前期知识储备的个体缺乏观点灵活性，并难以改变已有的思维模式，因而中等水平的前期知识对创造力最为有利。然而，“基础”观点主张两者之间存在简单的线性正相关，强调生成独创观点的能力源于对主流思想的清晰和全面的理解，广泛的知识对创造力而言是必不可少的。

酝酿阶段是所有阶段中获得最为广泛研究的。一些研究证明酝酿阶段对创造性问题解决有积极作用（Dijksterhuis & Meurs, 2006），也有其他研究发现相反的结果（Segal, 2004）。近来的一些研究揭示了酝酿阶段中的某些重要因素，如酝酿任务的认知需求水平或酝酿相关的时间延迟（Gilhooly, 2016; Sio & Ormerod, 2009）。研究表明，高认知需求的酝酿任务的酝酿效应较小，而低认知需求的酝酿任务比单纯的休息有更高的酝酿效应。此外，相比于延迟酝酿，即时酝酿对创造性问题解决的促进作用更大。

明朗阶段的“顿悟”是心理学和神经科学领域中被最广泛研究的创造过程现象（Gilhooly, Ball, & Macchi, 2015; Kounios & Beeman, 2014; Weisberg, 2015b）。顿悟通过克服因问题元素导致的功能固着而产生，是一种突然的视角转换，与通过逻辑分析得到的渐进式或者非顿悟性解决方案不同。研究发现顿悟和渐进式问题解决之间的质性差异在于，前者更依赖于无意识过程。例如，描述问题解决策略会破坏顿悟，但不会破坏渐进式问题解决（Schooler, Ohlsson, & Brooks, 1993）。而且，在顿悟问题解决过程中，难以预测对问题解决方案的可及程度的元认知（Metcalfe & Wiebe, 1987）。关于对与顿悟相关的大脑结构的研究发现各不相同。有研究表明，颞上叶前部区域和背外侧前额叶与顿悟存在紧密联系（Jung-Beeman et al., 2004）；背外侧前额叶的损害会导致更好的顿悟表现（Reverberi, Toraldo, D’Agostini, & Skrap, 2005）。

37

心理学研究者同样探究了其他与创造力相关的心理过程。这些心理过程包括概念扩展、创造性意象、克服知识限制、类比推理和隐喻加工（Finke et al., 1996; Ward, Finke, & Smith, 1995; Ward, Smith, & Vaid, 1997）。一些神经科学研究探究了这些心理过程（详见章节 2.3 和专栏 5.3），以揭示创造性认知背后的神经和信息 – 加工机制（Abraham, 2014a, 2018）。多个研究一致证明，前额叶前部或额极皮层（布罗德曼 10 区）、外侧额下回前部皮层（布罗德曼 45 和 47 区）和背外侧前额叶皮层（布罗德曼 8 区、9 区和 46 区）与创造力的不同心理过程存在联系（Abraham, Pieritz, et al., 2012; Beaty, Benedek, Kaufman, & Silvia, 2015; Ellamil, Dobson, Beeman, & Christoff, 2012; Green, Kraemer, Fugelsang, Gray, & Dunbar, 2012; Limb & Braun, 2008）。这些大脑结构在概念和关系的整合，以及概念知识的读取、监测、提取和维持中起着关键作用（Badre & Wagner, 2007; du Boisgueheneuc et al., 2006; Ramnani & Owen, 2004）。

另一种占主导地位的研究方法是评估创造力中的发散性思维和聚合性思维，揭示两者在信息 – 加工过程中的异同点（见专栏 2.2）。举个例子，聚合性思维会对情绪产生消极影响，而发散性思维会诱发积极情绪（Chermahini & Hommel, 2011）。诱发压力会抑制发散性思维，但对聚合性思维没有明显影响（Krop, Alegre, & Williams, 1969）。创造任务前的注意力耗竭会提升发散性思维的流畅性（提升观点数量），但对聚合性思维无明显影响（Radel, Davranche, Fournier, & Dietrich, 2015）。还有研究发现，死藤水（Ayahuasca）会提升发散性思维的流畅性，降低聚合性思维的表现（Kuypers et al., 2016）。

由于很少有研究在同一个实验范式内比较发散性思维和聚合性思维，所以这方面的神经科学证据相对较少。神经心理学研究认为，发散性思维和聚合性思维背后的大脑活动和脑网络是可以区分的（Abraham, Beudt, Ott, & von Cramon, 2012）（第4章）。大多研究主要关注发散性思维，其研究结果一致表明大脑的默认网络（The Default Mode Network, DMN）（Abraham, Pieritz, et al., 2012; Beaty et al., 2015）和中央执行网络与发散性思维存在紧密联系。默认网络在休息和内在心理过程中高度活跃（Buckner, Andrews-Hanna, & Schacter, 2008），而中央执行网络主要参与目标导向的心理活动（Niendam et al., 2012）。

38

2.1.5 需要进一步考虑的问题

继上述几种主要的研究方法之后，研究者还提出了两种方法，“创造力的6P模型”应运而生（Kozbelt et al., 2010）。一种是从“说服力”的角度来看待创造力，因为有创造力的人往往能从根本上改变他人的思维方式，因此可以被认为具有说服力（Simonton, 1990）。“潜能”也被纳入模型之中，其强调创造性潜能的必要性（例如，幼儿行为中的创造性潜能），尤其是难以以表面产品形式展现的创造力（Runco, 2007a）。这些都是相对较新的想法，相关研究较少。因此，难以衡量它们是否形成了系统研究方法，是否可以添加到原来的“4P模型”中，或是否可以在原“4P模型”几乎不改动的情况下，归纳入“4P模型”当中。

另一点需要注意的是，很少有研究仅采用单一方法来研究创造力。通常，一个研究会结合多种方法。罗兹曾说过：“每一个分支都有独特的学术特性，但只有互相统一，这四个分支才能正常运作（1961, 307）。”有一项研究可作为例子，该研究发现对于高功能个体（“人”方法）、潜在抑制的下降（“过程”方法）与创造性成就（“产品”方法）的提升有正相关（Carson, Peterson, & Higgins, 2003）。创造力神经科学研究本身也体现了多研究方法的结合，因为它是跨学科的，并在研究中引入了基于大脑的研究视角（图4.1）。

2.2 创造力评估：基于“人”的测量

39

在本节中，我们将概述一些广泛应用的基于“人”的创造力评估手段（图2.2）。这些方法可以归为两类：发散性思维成套测验和自主报告测验。

2.2.1 发散性思维成套测验

发散性思维测验根植于心理测量学方法。在心理测量学方法中，个体差异心理学旨在评估个体的心理能力。从历史上看，采用心理测量方法的目的是确定创造力与智力之间的关系(Plucker & Renzulli, 1999; Sternberg & O'Hara, 1999)。发散性思维成套测验包含了一系列不同类型的任务。这些任务会有一个创造力总分和针对特定创造力相关因素的子评分(如流畅性、独创性)。这些任务对可能的答案数量和容许性都是开放的，因而被称为发散性思维测验。这些答案本身是主观的和定性的，而定量信息是从中提取的。这与聚合性思维任务(问题解决的思维过程需要聚合)不同，例如，聚合性思维任务通常被用于智力测试中，有且只有一个客观且正确的答案(见专栏2.2)。

吉尔福特最早发起发散性思维测验，他的智力结构模型(SOI)推动了后来发散性思维测验的相关理论和实证研究(这些研究往往使用或改编自他的发散性思维任务)的发展(Guilford, 1950, 1967, 1970, 1975, 1988; Wilson, Guilford, Christensen, & Lewis, 1954)。智力的三个维度构成一个长方体结构：操作(例如，发散性观念生成、聚合性观念生成、评估)、内容属性(例如，符号、语义、行为)和产品(例如，关系、转换、内涵)。该模型认为发散性观念生成与创造力之间的关系最为密切，其核心因素包括观念生成过程中的流畅性(观点数量)、独创性(观点的稀缺性)和灵活性(观点的类别)。后续的成套测验改编自这些观点和指标(Getzels & Jackson, 1962; Wallach & Kogan, 1965)。

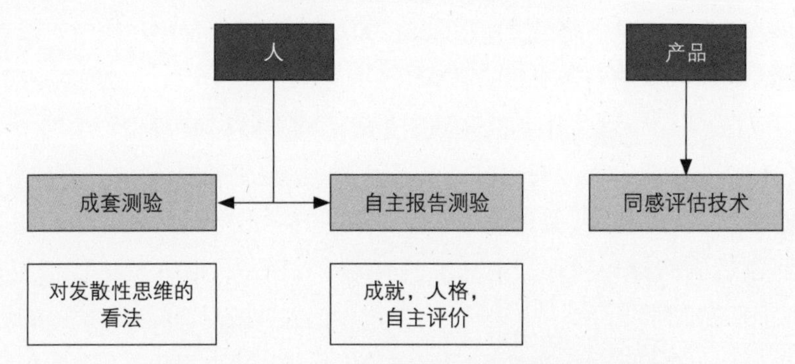

图2.2 基于“人”和“产品”的创造力评估方法

40

托伦斯创造性思维测验(Torrance Tests of Creative Thinking, TTCT)在当代行为研究中的应用最为广泛(Torrance, 1974; Torrance & Haensly, 2003)，它包括言语和非言语(图形)任务。这些任务用来评估观点的流畅性、独创性、灵活性和精细性(观点的具体细节)，以及诸如表现力、综合性、幻想性、幽默感、形象化和可视化等创造力品质。在众多发散性思维成套测验的信效度检验研究中，研究者们对TTCT的探究最为广泛(Cropley, 2000; Kim, 2006a, 2006b; Plucker & Renzulli, 1999; Silvia et al., 2008; Swartz, 1988)。尽管TTCT在某些方面存在一定问题，但它是一个可靠且有效的创造力潜能指标，如它能够预测个人成就（Runco, Millar, Acar, & Cramond, 2010）和创造性成就（Cramond, Matthews-Morgan, Bandalos, & Zuo, 2005）。关于TTCT和其他发散性思维成套测验，有以下几个问题需要特别注意：评分者经验水平对评分结果的影响，测量实施环境对测验表现的影响，独创性得分的评估，以及如何选择创造力综合得分和子维度评分（Baer, 2011; Kim, 2006a; Plucker & Renzulli, 1999）。

2.2.2 自主报告测验

有很多创造力的自主报告测验（LeBoutillier & Marks, 2003; Silvia, Wigert, Reiter-Palmon, & Kaufman, 2012）。例如创造性人格形容词清单（Creative Personality Adjective Checklist），旨在评估个体的创造性特质水平（Gough, 1970）；创造力领域问卷改编版（Creativity Domain Questionnaire），旨在评估个体关于自身在不同领域的创造力水平的主观信念（Kaufman et al., 2010）；以及创新行为量表（Creative Behavior Inventory），旨在评估个体的创造性行为和成就（Dollinger, 2003）。

41

创造性成就问卷（Creative Achievement Questionnaire, CAQ; Carson, Peterson, & Higgins, 2005）是最为广泛应用的创造性成就测验。本问卷测量个体的领域一般性创造性成就以及10种领域特殊性的创造性成就：视觉艺术、音乐、创作、舞蹈、戏剧、建筑设计、幽默、科学探索、发明和烹饪艺术。本测验的主要问题在于测验得分的分布具有高度偏态性，给相应的数据分析技术和数据解释带来了非常大的挑战，研究者认为这可能源于创造性成就的罕见性（Silvia et al., 2012）。另一个重要问题是，大多数心理学和神经科学研究的受试者样本都是由大学生组成的，很少有人在青年初期阶段就取得重大的创造性成就。可见，样本性质是CAQ的重要限制因素，因而在解释相关发现时应该保持谨慎并牢记这一要点。

2.3 创造力评估：基于“过程”的测量

在本节中，我们将概述一些应用最广泛的基于“过程”的创造力评估手段。这些评估手段可以分为三类：聚合性思维任务、领域一般性发散性思维任务和领域特殊性发散性思维任务（见图 2.3）。

在大众媒体中，人们往往会忽视聚合性思维，甚至认为它不属于创造性思维。这是一个错误，因为聚合性思维和发散性思维都是创造过程的组成成分（Brophy, 2001; Cropley, 2006）。聚合性思维任务的主要特征是解决方案的唯一性，并且问题解决策略也是用来实现这一解决方案的。在聚合性思维任务中，创造性成分在于问题解决过程是非线性的、非逻辑的且模糊的（见专栏 2.3）。在聚合性思维任务中，任务需要被重新界定或者重构，而且

42

在问题的解决过程中需要将观点进行转换，进而跳出原来失败的思维框架并找出正确的答案（Ohlsson, 1984; Sternberg & O'Hara, 1999）。发散性思维任务的主要特征是解决方案在数量上是没有上限的，可以有不同的解决策略实施不同的解决方案。

专栏 2.3　聚合性创造思维任务：当代范式

远距离联想测验（Remote Associates Test, RAT）是创造力研究中应用最为广泛的聚合性思维任务（Bowden & Jung-Beeman, 2003; Mednick, 1962），也是使用至今的最为古老的创造力任务之一。近来，涌现了大量使用聚合性思维任务的新实验范式。这些都属于基于“过程”的聚合性思维任务，它们衡量了将看似不相关的概念以某种新颖的方式建立起语义联系的能力，而这也被广泛认为是创造性问题解决过程中的重要策略（Boden，2004）。基于“过程”的聚合性思维任务包括：

• 类比推理任务（Analogical Reasoning Tasks）（Bunge, Wendelken, Badre, & Wagner, 2005; Green, Kraemer, Fugelsang, Gray, & Dunbar, 2010; Green et al., 2012; Wendelken, Nakhabenko, Donohue, Carter, & Bunge, 2008）

• 概念扩展任务（Conceptual Expansion Tasks）（Kröger et al., 2012, 2013; Rutter, Kröger, Hill, et al., 2012; Rutter, Kröger, Stark, et al., 2012）

• 语义联想任务（Semantic Association Tasks）（Benedek, Könen, & Neubauer, 2012; Kenett, Anaki, & Faust, 2014; Mohr, Graves, Gianotti, Pizzagalli, & Brugger, 2001; Rossmann & Fink, 2010）

2.3.1 聚合性思维任务

远距离联想测验是应用最为广泛的聚合性思维任务，该任务是基于萨诺夫 · 梅德尼克（Sarnoff Mednick）（1962）的观点——创造过程涉及在原本关联的元素之间发现新的、有用的关联发展而来的。在这个任务中，研究人员给受试者呈现一系列单词，每次同时呈现三个词[例如，age（年龄）-mile（英里）-sand（沙子）]，并要求受试者想出第四个与这三个单词都关联的词[例如，stone（石头）]。

接下来，进而形成复合关联或组成复合词组[例如，stoneage（石器时代）/milestone（里程碑）/sandstone（砂岩）]。远距离联想测验已由最初的 30 个远距离联想词组扩展到 144 个（Bowden & Jung-Beeman, 2003），并被广泛应用于探究创造性问题解决中的顿悟过程（Bowden, Jung-Beeman, Fleck, & Kounios, 2005）。这些研究主要通过比较由顿悟（“啊哈”体验）解决的和非顿悟解决的远距离联想问题背后的认知或脑活动过程，来探究顿悟现象

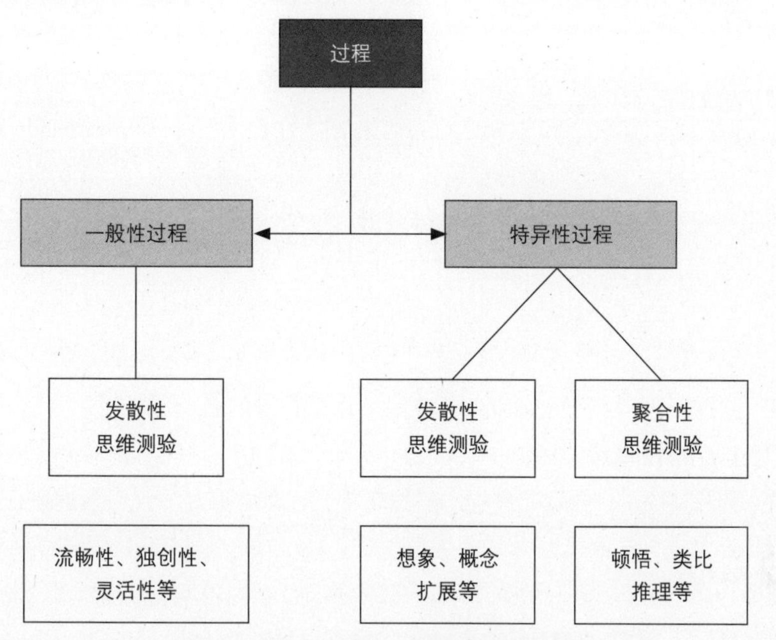

图2.3　基于“过程”的创造力评估方法

(Jung-Beeman et al., 2004)。

也有研究者用分析性问题(Analytical Problems)来探究聚合性思维中的顿悟现象。这些分析性问题主要有谜语以及数学的、几何的和操作性的问题(Weisberg, 1995)。操作类顿悟问题的典型例子是蜡烛任务(Duncker, 1945)。在这个任务中，受试者需要用已有材料(蜡烛、火柴盒、大头钉)将蜡烛固定在墙上，要确保蜡烛能安全燃烧且不会把蜡油滴在地板上(解决方案: 把火柴盒倒空，用大头针把空的火柴盒固定在墙上，以固定好的火柴盒作为烛台)。研究者们通常将个体在顿悟问题中的表现与非顿悟或者渐进式的分析性问题中的表现进行比较(Abraham, Beudt, et al., 2012)。河内塔游戏通常被用作顿悟问题的比较任务(改编自 Metcalfe & Wiebe, 1987)。在这个任务的三环版本中，受试者需要在遵守任务规则(一次只能移动一个圆环)的前提下，以最少的移动次数将圆环从第一个塔移到第三个塔(解决方案: 走七步)。

43

44

聚合性思维任务的独特优势在于评分简单，这是由其客观性决定的。其主要缺陷在于，任务所关联的“创造性”仅仅是假定的，并没有充分的正当理由。例如，顿悟测验假设有些问题是顿悟问题，而其他问题是非顿悟问题。但是几乎没人去检验顿悟问题的解决是否真的伴随了顿悟体验。因而，有人建议在研究聚合性思维时，应该引入自主报告方式，即让受试者在完成每个远距离联想任务或者顿悟问题后，报告问题解决过程中是否经历了顿悟体验(Bowden et al., 2005)。这也是为了确保任务的高效度水平，即证明受试者在解决任务时经历了创造性过程。

远距离联想任务的另一个问题是，其非英语翻译版本的功能并不一定与原版本相同，它们更接近自由联想任务，而这种任务的解决方案往往不止一种（Abraham, Beudt, et al., 2012）。虽然很少有论文在方法部分承认这些根本差异，但鉴于与远距离联想任务相关的特定方法搜索策略受限于任务本质需求，所以研究者必须关注这一问题（Davelaar, 2015）。较新的聚合性思维范式旨在评估其他与创造力相关的过程，例如类比推理和概念扩展（见专栏 2.3）。

2.3.2 过程一般性（Process-General）的发散性思维任务

前述的发散性思维成套测验的单个测验（见章节 2.2.1），通常被单独用于评估过程一般性的发散性思维能力。在这里，“过程一般性”源于心理测量方法，意指这些任务评估的是个体的一般创造力或创造潜能。非常规用途任务（Alternate Uses Task）是最为广泛应用的发散性思维任务（Guilford, Christensen, Merrifeld, & Wilson, 1960; Wallach & Kogan, 1965）。在这个任务中，受试者需要尽可能多地思考某些日常物品（如砖头、鞋子或报纸）的用途。通常由以下参数中的一个或者多个来对所生成的观点进行评分：流畅性（用途数量）、独创性（用途的稀缺程度）、灵活性（用途类别的数量）和精细性（对用途的描述的详细程度）。

45

这个任务有多个版本，其不同之处在于任务实施过程中的相关因素，如任务周期（短时间、长时间或者无时间限制）和试次数量（通常有 1 至 5 个）。任务实施程序的选择取决于研究目的。例如，在评估临床或者非典型人群的创造力时，通常需要设置较长的任务时长或者不限定时长（Abraham, Windmann, McKenna, & Güntürkün, 2007），而且不限定任务时间对观念生成的独创性具有积极作用（Plucker & Renzulli, 1999; Wallach & Kogan, 1965）。

观点独创性的评分程序在不同研究中也会存在很大差异：（1）只关注极端得分（样本中仅由 1% 或 5% 的个体生成的用途），而忽略其余得分；（2）由两位经过训练的评分者对所有观点进行主观评分，取两人评分的均值作为最后得分；（3）根据出现频次，赋予每个用途百分比权重；（4）对由受试者自选的两个最具创造力的用途进行评分（Guilford et al., 1960; Runco, Okuda, & Thurston, 1987; Silvia et al., 2008; Wallach & Kogan, 1965; Wilson, Guilford, & Christensen, 1953）。

过程一般性的发散性思维任务的优点在于它们被广泛用于各种领域，并且可以从大量相关文献中推断出一些一致模式。与发散性思维成套测验一样（见章节 2.3.1），其主要缺陷在于“发散性思维任务对任务实施、评分和练习效应的敏感性”高得让人不安（Plucker & Renzulli, 1999, 40）。一个例子是，流畅性可能会成为独创性得分的“污染因素”，因为流畅性越高，独创性也越高（Plucker, Qian, & Wang, 2011）。在研究中，是否或者何时使用校正分数（例如，独创性=独创性/流畅性）并不明确。而且人们在评估独创性相关的估计效应时，也很少（如果有的话）将流畅性得分排除在外。由于独创性和灵活性指标与创造力往往更加相关，强调流畅性的相关发现也是一个问题（Runco & Acar, 2012）。

2.3.3 过程特异性（Process-Specific）的发散性思维任务

过程特异性的发散性思维任务根植于认知方法，当目的是衡量创造性过程不同成分时，这些特定评估工具是有效的（Abraham & Windmann, 2007; Finke et al., 1996）。这些成分包括概念扩展、克服已有知识的限制和创造性意象等。 46

概念扩展指拓宽知识结构边界的能力，这一过程是生成独创性观点的关键，因为新颖性只能通过扩展现有概念并接纳新元素才能得以实现。“动物任务”是较早用于评估概念扩展能力的任务，其要求受试者想象并画出一种生活在外星球上的动物（Ward, 1994）。所画动物与地球上大多数动物的特定属类特征（如双侧不对称、缺乏感觉器官和附属器官、出现不寻常的感觉器官和附属器官）的差异程度越大，个体的概念扩展能力越强。

克服已有知识的限制同样会影响观点生成能力，因为已有知识往往会阻碍我们以一种不寻常、非典型或者独特的方式去构思观点。对优势样例在新观念生成中的作用的研究证明了上述主张（Smith, Ward, & Schumacher, 1993）。当主试给受试者呈现新颖玩具的样例后，要求受试者设计新玩具，受试者生成的想法往往与样例一致。样例的共同基本特性（例如，球、电子产品、身体活动）诱发了这种顺从现象。个体对样例特征的采纳程度，体现了其在观念生成过程中克服已有知识限制的倾向。

创造性意象是指在观念生成过程中抽象想象的生动性。创造性意象任务探究了实验情境中的创新和发明行为（Finke, 1990）。在一个探究发明行为的任务中，受试者需要从十五个简单的三维图形（例如，一个球体、一个圆锥体和一个十字架）中选出三个图形来组合成一个属于预定类别（例如，运输）的物体。受试者不能改变图形的基本形式，但可以改变图形呈现的方式，如大小、方向、位置、质地等。随后，研究者会从独创性和实用性两个方面评估受试者所发明的物体。 47

过程特异性的发散性思维任务的核心优点在于，它们可以帮助研究者更精确地检验创造性思维的神经和信息处理基础（Abraham, 2014a）。主要缺陷在于，这些任务特异于特定情境，因而能否将相关发现推广到不同创造力领域尚不明确。

2.4 创造力评估：基于“产品”的方法

总的来说，在基于“产品”的创造力评估研究中，只有一种主要的评估工具（见图

2.2）。基于创造力测评的社会心理学视角，阿玛贝尔（1982, 1983, 1996）开发了用于评估不同领域创造性产品的同感评估技术。在这种方法下，只有多个合适的观察者一致认为某一个产品或者反应是创造性的，这些产品或者反应才是具有创造性的。而合适的观察者指那些熟悉产品或者反应所属领域的人。由此，创造力水平指被合适观察者判定为具有创造性的产品或反应的质量（Amabile, 1996, 33）。

同感评估技术被广泛用于测量产品相关的创造力的实验方案，且取决于专家对此的一致意见或共识。

同感评估技术的主要优势在于其高度灵活性，它可以被运用于一系列情境，且能被应用于许多领域和产品类型，如股市、拼贴画、诗歌、音乐创作、数学方程和个体叙事（Baer & McKool, 2009; Baer, Kaufman, & Gentile, 2004）。此外，由于同感评估技术不受制于任何特定的理论框架，其有效性不会因不同理论在本领域中主导地位的变化而改变（Baer & McKool, 2009）。同感评估技术的关键限制因素在于，其高主观性本质导致评分有效性非常依赖评分者的专业水平，因为非专业评分者之间的评分一致性非常低（Kaufman, Baer, Cole, & Sexton, 2008）。

2.5 需要进一步考虑的问题

48

本章并没有概述基于“环境”的创造力评估方法。这是因为研究者们通常将环境作为中介变量来分析其对创造力的影响。因此，“人”“过程”或“产品”对创造力的效应，都可以作为环境因素的函数来探究。这些环境因素既可以是远端的环境因素（进化、时代精神、文化），也可以是当前的环境因素（直接环境）（Runco, 2007a）。实际上，已有研究者提出了社会文化和生态的5A框架[演员（Actor）、行动（Action）、人工制品（Artifact）、观众（Audience）和情境支持（Affordances）]，与创造力的4P理论模型（人、过程、产品、环境）相对照（Glăveanu, 2013）。

前面几节概述了一些创造力的测量方法。研究者从不同角度，如不同的研究目的、实验设计的设置、所选创造力测量方法中兴趣指标背后的基本原理，以及用于评估任务表现的数据分析技术，来研究创造力的测评问题。作为一般性推荐，可用发散性思维测验评估创造性潜力，因为发散性思维测验得分是创造性成就的有效预测指标（Kim, 2008; Runco & Acar, 2012）；但也建议同时使用多个测验，以提升测验结果的效度（Cropley, 2000; Kim, 2006a）。在神经科学研究中，这种创造力测评思路也得到了体现。研究者使用了多种测评任务（即混合使用多种发散性思维任务），并应用同感评估技术来评估产品质量，进而获得一个综合性的创造力指标（Jung et al., 2010）。让同一批受试者完成成套的过程一般性和过程特异性的发散性思维任务，并比较他们在创造性表现上的异同（Abraham, Beudt, et al., 2012），也体现了上述测评思路。目前，神经科学研究中的创造力任务的使用非常混乱，不同研究的实验设计和所用任务存在巨大差异。这使得研究者很难从不同研究中，就创造性思维的神经基础得出一致结论（Arden, Chavez, Grazioplene, & Jung, 2010）。

最后，创造力研究中更为严肃的一个问题是创造力能否被测量。虽然研究者经常抱怨这个或那个创造力测验，但更关键的问题是，当我们测量创造力时，我们测量的到底是什么。有研究者认为，应该将自发性和刻意性的创造力形式加以区分（Dietrich, 2004b）。很明确的是，我们在实验情境下测量的创造力是一种刻意性创造力。由于自发性的创造力过于短暂且难以预测，因而难以在实验室情境中对其进行有效或可靠的测量。在研究创造力时，我们必须了解并警惕我们的观点和测量方法的局限性，以避免出现概括过度的错误，并在真实和精确的探索道路上站稳脚跟。

49

本章总结

- 在评估创造力时，可以采用不同的观点或方法。
- 基于“人”的研究方法关注影响创造力的个体因素。
- 基于“产品”的研究方法是从数量或者质量角度，对任一类型的创造性产品的创造性进行评估。
- 基于“过程”的研究方法旨在揭示创造性观点生成过程背后的心理活动。
- 基于“环境”的研究方法关注影响创造力的外部环境因素。
- 基于“过程”的测量方法分为聚合性思维测验和发散性思维测验，后者有过程一般性和过程特异性两种形式。
- 在基于“人”的创造力测量方法中，创造性成就问卷应用最为广泛，而在基于“产品”的测量方法中，同感评估技术的应用最广泛。

回顾思考

1. 创造力能否被测量？如能，该如何测量？
2. 描述研究创造力的 6 种方法。
3. 过程一般性和过程特异性任务之间有何差异？
4. 哪一种创造力研究方法最符合神经科学观点？
5. 可以用发散性思维任务和聚合性思维任务来评估创造力吗？

拓展阅读

- Abraham, A., & Windmann, S. (2007). Creative cognition: The diverse operations and the prospect of applying a cognitive neuroscience perspective. *Methods, 42*(1), 38–48.

50

- Amabile, T. M. (1982). Social psychology of creativity: A consensual assessment technique. *Journal of Personality and Social Psychology, 43*(5), 997–1013.
- Arden, R., Chavez, R. S., Grazioplene, R., & Jung, R. E. (2010). Neuroimaging creativity: A psychometric view. *Behavioural Brain Research, 214*(2), 143–156.
- Carson, S. H., Peterson, J. B., & Higgins, D. M. (2005). Reliability, validity, and factor structure of the Creative Achievement Questionnaire. *Creativity Research Journal, 17*(1), 37–50.
- Plucker, J. A., & Renzulli, J. S. (1999). Psychometric approaches to the study of human creativity. In R. J. Sternberg (Ed.), *Handbook of creativity* (pp. 35–61). New York: Cambridge University Press.

第3章

创造力的认知解释

“我们的一切都是我们思维的结果：它建立在我们的思想之上，由我们的思想组成。”

——释迦牟尼（Gautama Buddha）

学习目标

- 理解认知解释的含义是什么
- 区分有关创造力个体差异的不同理论框架
- 理解聚焦于个体内部动态的创造力理论
- 概述创造力过程的不同阶段
- 依据不同的心理活动来区分创造力过程
- 理解知识与创造力之间的复杂联系

3.1 创造力研究方式

研究者们提出了各种想法和理论框架试图来解释创造力是如何产生的（Kozbelt et al., 2010; Runco, 2007b）。因为创造性成果可以以无数种不同的形式表现出来，所以在我们深入研究它们之前，有必要先花点时间来领会一下这项解释任务是多么的繁重。以著名的沃尔夫冈·阿马德乌斯·莫扎特（Wolfgang Amadeus Mozart）为例，他于1756年出身于一个奥地利音乐世家。莫扎特5岁开始作曲。6岁的时候，他以神童的身份在家族的盛大巡演中进行表演，其卓绝的才华一开始就得到了认可。凭借他非凡的作品，他一生都是众人瞩目的焦点，直到35岁去世。与之形成鲜明对比的例子是瑞典艺术家和神秘主义者希尔玛·阿夫·克林特（Hilma af Klint），她于一个世纪后的1862年，出身于一个对艺术不感兴趣的海军家庭。她与她的女性艺术家团队“de Fem”（五人组）共同从事实验性的自动绘画（Automatic Drawing），并创作了一系列作品，这些作品现在被认为是最早抽象艺术绘画之一，甚至早于康定斯基（Kandinsky）和蒙德里安（Mondrian）（真正的抽象派绘画大师）的作品。然而，克林特在过去却都不如后两人名气大。她于1944年去世，享年81岁。她的作品包括了 1200 多幅画作。

我们该如何解释这些创造性表现的共性和差异呢？除了高产之外，这些例子似乎很少有相同之处。但是我们还是要看得更仔细一点，梳理其中的不同因素，并对这些因素与创造力之间的联系进行评价。

创造力理论为探索和检验我们关于创造力的众多表现形式的假设提供了基础。科兹贝尔特（Kozbelt）（2010）提供了一篇非常有用的综述，其将创造力的理论解释分为 10 个类别：发展、心理测量、经济学、阶段和成分、认知、问题解决和基于专业知识、问题发现、类型学、系统以及进化。发展理论关注人类生命早期的创造力如何受个人和环境因素影响。心理测量理论源于以一种有效且可靠的方式测量创造力，并考虑创造力与其他智力因素之间的关系。经济学理论旨在估计市场力量和成本效益分析如何影响创造性成就。阶段和成分理论概述了创造性过程的不同阶段，以及多种导致高水平创造力的心理成分。认知理论着眼于区分创造性思维过程和非创造性思维过程。问题解决和基于专业知识的理论，力图概述领域一般性认知技能和领域特殊性专业知识如何影响界定不清情境中的创造性策略和解决方案生成。问题发现理论以一种更开放和探索性的视角看待创造性过程，即发现需要解决方案的新颖问题。类型学理论重在区分人类不同事业领域的创造者类型。系统理论强调需要考虑文化、个人和社会等多因素之间的关系来理解创造力。进化理论检验的是创造力是如何根据进化原则产生的。

在接下来的小节中，我们主要关注认知理论（或解释），因为它们与理解创造力神经基础直接相关。值得注意的是，在这种情况下，一些从认知理论角度提出的构想和理论，也会与其他理论框架重叠，如心理测量学理论（如远距离联想中的聚合性创造思维）、阶段和成分理论（如生成－探索模型），以及基于问题解决和专业知识的理论（如顿悟和心流）。

53

3.2 聚焦于个体差异

是什么让你的创造力高于你认识的一些人，而低于另一些人呢？是否可以确定创造力的促进因素呢？这是很多创造力研究关注的核心问题，而且研究者们已经提出很多理论来解释创造力个体差异背后的信息处理机制。有三种占主导地位的认知理论，将这种个体差异归因于：（1）储存的概念知识间有更广泛的联想层次；（2）获取储存的概念知识时的注意分散；（3）认知抑制和唤醒水平的下降。

3.2.1 知识存储：联想层次

“不落俗套”一词指的是通过远离已知事物或者原有的途径来探寻新奇事物。这同样适用于心理活动，因为一个新想法的生成，首先需要从中分离已有知识。关于概念知识及其在大脑中表征和存储方式的理论观点（尤其是与无关概念的联系），对于创造性认知极其重要。不幸的是，与通过已有知识的相似性和相关概念来探究已知概念空间相比（该主题被广泛研究），这个主题很少受到关注（De Deyne, Navarro, Perfors, & Storms, 2016）。

一般来说，不同理论框架的中心思想是，概念知识被表征在一个广泛的语义网络之内。在这个网络中，概念是以节点的形式存在的，这些节点之间相互连接，密切相关的概念之间会直接连接（见图3.1）。更新的模型强调，节点之间的连接可以是兴奋性的，即其中一个节点的激活会增强另一个节点的激活；也可以是抑制性的，即其中一个节点的激活会降低另一个节点的激活（Griffths, Steyvers, & Tenenbaum, 2007）。

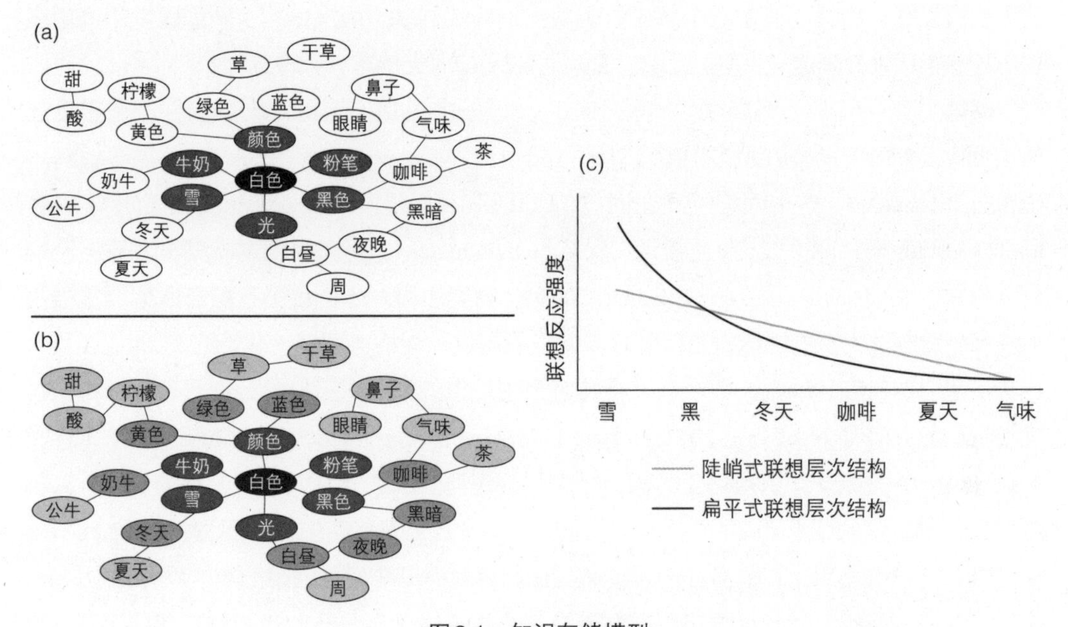

图3.1　知识存储模型

（a）低创造力个体的陡峭式联想层次结构。（b）高创造力个体的扁平式联想层次结构。（c）围绕“白色”这个词假设的联想层次结构。改编自梅德尼克（1962）。

创造力相关理论所依据的早期理论模型，仅仅谈及兴奋性连接，即如果一个概念被激活了，那么与其直接相关的其他概念也会以扩散激活的形式被激活（Collins & Loftus, 1975; Collins & Quillian, 1969）。这解释了为什么像“牛奶”概念的激活会直接激活（或导致更快的信息提取）强语义相关的概念（如“白色”），而中等语义连接概念（如“开采”）或弱语义连接的概念（如“烟囱”）的激活水平会较低。

54

萨诺夫·梅德尼克探究了创造力与语义网络之间的关系。他假设高创造力个体和低创造力个体的区别在于他们的语义网络的结构不同，即网络中语义概念之间的连接强度不同（Mednick, 1962）。低创造力个体的语义网络会表现出一种陡峭的联想层次结构。在这种层次结构中，一个概念的激活（如牛奶）会反过来激活与之密切相关的表征（如白色、茶）。由于搜索空间很狭窄，概念之间有很强的相关性，属于相似的语义类别节点（如颜色、饮料），因而其层次结构是陡峭的。与此相反，高创造力个体的语义网络是一种扁平式的联想层次结构。在这种结构中，一个概念的激活（如牛奶），会导致中等或者弱语义联系的表征（如白色和利用）的激活。因此，拥有一个扁平式的联想层次结构，能够检索到更多的远距离联想或者表征。当一个人想要在创意生成过程中打破常规时，这种联想层次结构无疑是一个优势，因为接触不同寻常的联想，往往能够提升高独创性想法产生的可能性。因此，这里的假设是，更具创造力的个体应该表现出扁平式的联想层次结构，例如可以用词语联想任务的表现来刻画这一特征。那么，已有证据是如何支持这一假设的呢?

梅德尼克开发了远距离联想测验（RAT），该任务是最广泛应用的聚合性创造思维任务（见章节 2.3.1），要求受试者阅读单词三元组（例如same-head-tennis），并能够找到一个目标词（match）。这个词能以同义词（如same和match是同义词，即相同和匹配）、复合词（如matchhead，即火柴头）或强语义联系（tennis match，即网球比赛）的形式与这三个词分别建立联系（Bowden & Jung-Beeman, 2003）。需要注意的是，虽然远距离联想测验被视为一种衡量创造力潜能的标准，但其本身并没能提供检验梅德尼克的理论的数据。实际上，这也不是它的目的。确实，很少有人直接对梅德尼克的理论进行检验，而且现有证据也喜忧参半（Benedek & Neubauer, 2013; Brown, 1973; Gupta, Jang, Mednick, & Huber, 2012; Kenett et al., 2014）。对基于计算网络工具和自由联想反应而生成的联想云的研究结果表明，高创造力个体的语义网络分布更广，而低创造力个体的语义网络结构似乎更为死板（Kenett et al., 2014）。思维灵活性的增强——一种高创造力表现——与语义网络的稳健性有关（Kenett et al., 2018）。相反，其他证据表明，对于高创造力个体而言，概念知识的联想层次结构差异并不能解释高联想流畅性和更多不寻常的反应（Benedek & Neubauer, 2013）。事实上，作者认为知识的获取方式可以更好地解释创造力差异。

3.2.2 知识获取或检索：去焦注意

杰拉尔德·门德尔松（Gerald Mendelsohn）也是一个对理解创造力个体差异感兴趣的早期研究者。他同样强调用概念知识来解释创造力的个体差异，但是他强调的是概念知识的获取或检索方式于其中所起的作用（Mendelsohn, 1974; Mendelsohn & Griswold, 1964）。高创造力和低创造力个体的区别在于获取知识时所用的注意控制类型不同（见图 3.2）。与低创造力个体相比，高创造力个体的特点是广泛注意或者去焦注意。

用聚光灯打比方，在提取记忆信息过程中，个体的注意始终聚焦在目标信息上。聚光灯光束越细，注意的焦点就越小，检索到的概念元素也就越少。这对于目标导向的行为是合适的，因为在这种情况下，集中注意可以通过降低检索分心事物，进而提高目标达成的准确率。

57

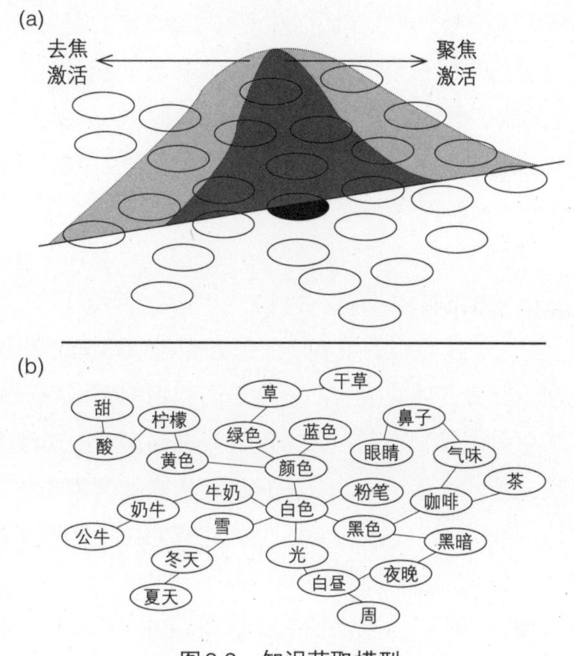

图3.2　知识获取模型

(a)低创造力个体的聚焦注意的焦点特征和高创造力个体的去焦注意的焦点特征。基于门德尔松(1974)。(b)“白色”一词周围的假想语义网络。

然而，个体的注意流中的联想元素数量，会直接限制通过组合这些元素而生成的联想的数量，而这种联想对于创造性观点生成任务至关重要。个体注意流中的元素数量越多，其可能产生的组合数量也就越多。举个例子，如果某个个体仅能同时注意两个元素(A,B)，那只能生成一种组合(AB)，而如果该个体能同时注意三个元素(A，B，C)，那就可以生成4种组合(AB，BC，AC，ABC)。因此，每增加一个元素，潜在组合的数量会呈指数型增长。根据这一理论，高创造力个体具有去焦注意或者更广泛的注意焦点，这可以让他们接触到更多的元素。因此，由于他们的注意焦点中有更多的元素可以用来建构组合，他们就更有可能生成更多不寻常的想法。流畅性与反应的独创性存在直接相关，这是因为流畅性的提升会增加生成更遥远或更不寻常的联想的可能性。事实上，研究表明观念流畅性(反应的数量)与观念创新性存在正向联系(Jung et al., 2015)。

由于门德尔松关于去焦注意的观点与后续关于创造力个体差异的认知解释(见章节

3.2.3）密切相关，这里将一并讨论与该框架相关的证据。之所以单独探讨门德尔松的理论，是因为他的理论是最早强调“概念网络中的信息提取方式对于创造力的重要意义”的理论之一，主张注意控制在这方面所起的核心作用。它通过强调注意流中发生的自由表征操作，指出了与工作记忆相关的操作的重要性。这与联想加工相关的重要发现相联系，这些研究评估了低认知负荷与高认知负荷（或工作记忆需求）对检索到的语义联想距离的影响。举个例子，高认知负荷会通过缩小注意控制，对远距离联想检索能力产生消极影响；而在低认知负荷情况下，更广泛的联想激活是一个默认的探索过程（Baror & Bar, 2016）。这些发现对58我们理解基于知识获取的创造性思维解释和基于知识组织的创造性思维解释之间的相互作用，具有非常重要的启示作用。

3.2.3 注意状态：去抑制

另一个用来解释创造性个体差异的重要观点是去抑制（Disinhibition）。该观点并不是基于某位研究者的系统理论框架而建立的，而是多位研究者的相似观点的集合。在这一背景下，诸如认知去抑制、注意去抑制、潜在去抑制、分散注意、去焦注意和过度包容思维等术语被广泛使用。虽然这些术语各不相同，但它们所代表的现象却存在很多的重叠，且涉及的基本原则非常相似。这里的中心假设是，诸如注意力控制较差或注意力分散等信息处理偏向会提升创造力。

这些观点都源于精神分析传统。恩斯特·克里斯（Ernst Kris）（1952）提出，创造力源于能够毫不费力地在“初级过程”和“次要过程”认知之间灵活切换。初级过程认知是指自由联想、类比和具体思维过程。这些认知过程通常发生在注意分散状态下，如幻想、遐想和做梦，但有时也会被视作一些异常状态的重要特征，如某些精神疾病。与此相反，次级过程认知反映的是建立在意识现实基础上的抽象和逻辑思维过程。在这个理论中，创造力源于对初级过程认知状态的回归（Kris, 1952）。这启动了更广泛的联想思维，而这反过来又使元素之间的更多新颖组合得以出现。

科林·马丁代尔（Colin Martindale）在构建他的“概念－原始认知连续体”理论时，广泛地借鉴了这些内容和相关思想。在这个理论中，心理状态可以在概念－原始认知连续体的两个极端之间变化，其中一端以“普通的、清醒的、面向现实的、理性的、问题解决的、概念化认知”为标志，另一端则是从几种幻想或遐想到做梦的延伸（Martindale, 2007, 1778）。个体离目标导向的概念认知越远，就越变得不受限制、自由联想、开放、看似没有59目的和非理性。马丁代尔还指出，艺术和科学界的杰出创作者的自传也传达了一致信息，即意识控制外的去抑制和去焦认知状态，以及不受目标或设计直接引导的状态，与创造性灵感之间的联系最为密切（Ghiselin, 1985）。然而，他强调概念－原始认知连续体与创造力之间的关系，最好用倒U形的函数关系来理解，具体表现为与极端原始认知（如做梦状态）或概念认知（如外部引导行为状态）相比，中等水平的去抑制状态（如遐想状态）下的创造力水平更高（见图 3.3）。

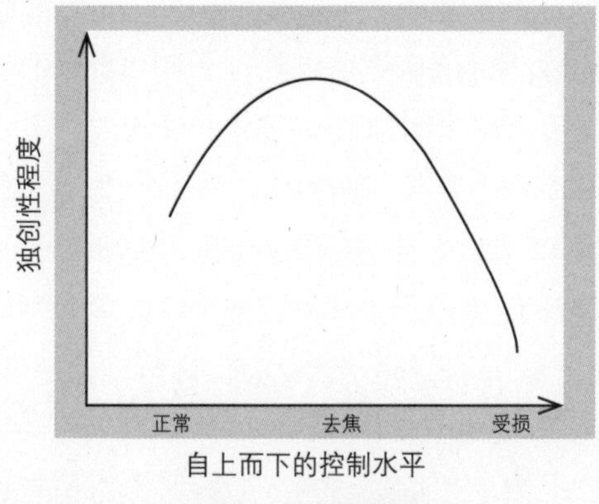

图3.3 去抑制模型

在这个倒U形函数中，过多和过少的抑制/自上而下的控制均会导致低创造力。去焦的自上而下控制或中度去抑制水平与更高创造力相关。经许可转载自 Abraham, A. (2014). Is there an inverted-U relationship between creativity and psychopathology? *Frontiers in Psychology, 5*, 750.

关于轻度而非严重的注意抑制缺陷或抑制控制缺陷能够促进创造力的观点，是科学文献中最早被验证的假设之一（Dykes & McGhie, 1976）；它经常被拓展为解释精神疾病和创造力之间关系的基本原理（Abraham, 2014b; Carson, 2011; Eysenck, 1995）。事实上，有许多行为证据表明，认知抑制水平的降低（或认知去抑制）与高水平的创造力和创造性成就存在联系（Carson et al., 2003; Dorfman, Martindale, Gassimova, & Vartanian, 2008; Kwiatkowski, Vartanian, & Martindale, 1999; Vartanian, Martindale, & Kwiatkowski, 2007; Zabelina & Robinson, 2010）。然而，也有研究报告了相反的发现——高水平创造力与优秀的抑制控制有关（Benedek, Franz, Heene, & Neubauer, 2012; Golden, 1975; Groborz & Nęcka, 2003），或与抑制控制无显著差异（Burch, Hemsley, Pavelis, & Corr, 2006; Stavridou & Furnham, 1996）。

60

由于不同研究在测量创造力和认知抑制的任务上，存在非常大的异质性，因此难以评估这些发现为何有如此大的差异。一些研究者强调有必要采用一种更细致的观点，这种观点能够对创造性潜能和创造性成就加以区分，并将认知控制的灵活性视为一个关键变量（Zabelina, O'Leary, Pornpattananangkul, Nusslock, & Beeman, 2015; Zabelina & Robinson, 2010）。另一个需要谨记的重要因素是，大多数研究探究的是认知去抑制与创造力之间的线性关系，而并非像上述假设的倒U形关系（Abraham, 2014b; Martindale, 2007）。这或可在一定程度上解释研究文献中的不一致发现，因为关于不同程度的认知去抑制（从“轻微”到

“中等”再到“重度”)的研究之间的异质性，可能是巨大的。

3.2.4 总结：基于个体差异的认知解释

这里所阐述的三个模型，在信息处理偏向类型(会影响创造力表达)方面存在共同点。这三种模型均将创造力构念为激活远距离表征的观点和概念。梅德尼克的扁平式联想层次模型强调长时语义记忆网络的结构组织类型；门德尔松的去焦注意模型强调获取个体知识储备的语义检索类型；第三个模型则强调特质认知去抑制类型。所有这些概念的核心都在于强调“松散的联想思维”的重要性，研究者认为这种松散的联想思维源于这些不同的信息处理偏向。不幸的是，大多数创造力任务并不能细分这些紧密相连的认知能力，我们只能对任务进行过程中潜在的心理活动之间的精确动态进行有限的推断。这也是相关的大脑神经基础理论还没有建立起来的原因。

然而，大脑神经基础值得从假设立场进行细致探讨。有哪些脑区可能是这些信息处理偏向的功能性或者结构性神经标志呢？鉴于前两种观点——扁平式联想层次结构和去焦注意——是以概念知识的表征和获取为中心的，因而其可能会涉及语义认知网络的相关脑区(见图5.3)。多模态概念知识表征(颞叶前部或颞极，BA38)相关脑区和概念知识的控制检索(腹外侧前额叶或额下回，BA 45/47)相关脑区，或者与两者同时存在关联的脑区(外侧颞中回后部)与其相关性尤为紧密(Binder & Desai, 2011; Jefferies, 2013; Lau, Phillips, & Poeppel, 2008)。关于去抑制假设，中央执行网络(见图5.2)会有所关联。在控制抑制过程中，起关键作用的脑区位于额叶-纹状体环路内，包括基底核、背外侧和腹外侧前额叶皮层(Aron, 2007, 2011; Munakata et al., 2011; Robbins, Gillan, Smith, de Wit, & Ersche, 2012)。

61

3.3 聚焦于个体内部动态

另一套遵循认知方法的理论侧重于从创造性过程的组成成分和阶段方面，来理解个体内部的创造性过程。这些理论试图描述认知的创造性和非创造性方面之间的差别(Abraham, 2013)。这些理论的核心是理解创造性和非创造性认知的信息处理机制的动态性和特异性，即它们是否相互排斥，是部分重叠的还是完全不同的。接下来的章节将讨论两个最主要的关于创造力个体内部动态过程的认知理论框架，即华莱士模型和生成-探索模型。

3.3.1 创造性过程的不同阶段：华莱士模型

格雷厄姆·华莱士根据亨利·彭加勒等伟大思想家对自身在进行创造性观念生成时的

思维过程的反省(Ghiselin, 1985)，提出了关于创造性过程的四阶段理论(Wallas, 1926)(见专栏 3.1 和章节 2.1.4)。各阶段按以下顺序发生：准备阶段、酝酿阶段、明朗阶段和验证阶段。准备阶段被认为是完全有意识的，在这一阶段中，个体会充分分析目标问题以探索潜在独创性解决方案或策略搜索。与此相反，酝酿阶段被认为是完全无意识的问题解决过程，因为在这个休息、放松或者分心的阶段，个体并没有为了解决问题而耗费意识努力。在明朗阶段，个体的脑海中会突然有意识地出现某种完全成型的解决方案。验证阶段与评价和整理解决方案细节等有意识的思考行为相联系。 62

专栏 3.1　从创造力阶段理论到双系统理论

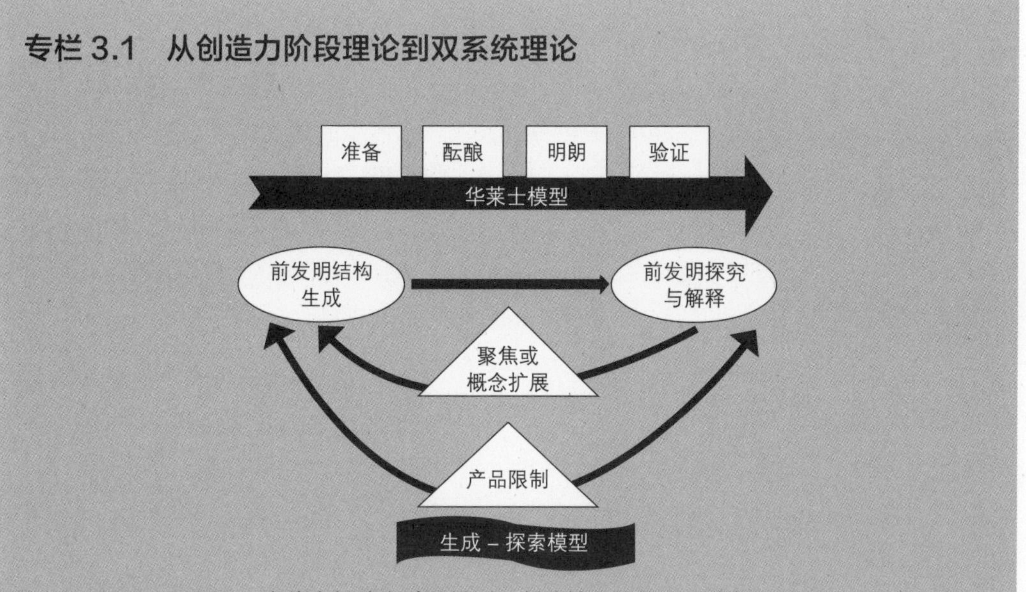

个体内部动态过程模型：创造性思维的不同阶段

华莱士模型(图上方)和生成–探索模型(图下方)均是关于创造性思维阶段的个体内部动态过程模型。生成–探索模型是诸多创造力双过程模型中的一个，这些模型在涵盖的认知操作范围和类型方面有很大的重叠。通常，其中一个过程是生成/联想/变化驱动的，而另一个过程是探索/选择/分析驱动的(Sowden, Pringle, & Gabora, 2015)。

尽管华莱士模型在某些方面面临巨大挑战，比如阶段的划分缺乏证据支持，但它仍然是一种深受欢迎的观点，且引起了广泛讨论(Lubart, 2001)。其中讨论最激烈的是，该模型对所有阶段中的有意识和无意识加工水平是否有准确的理解。一些研究者强调，如果仔细阅读华莱士的观点，你会发现其实存在五个阶段，即在明朗阶段之前，还应该有一个暗示阶段，这两个阶段分别代表了一种与顿悟观点生成相关的意识——边缘意识和焦点意识(Sadler-Smith, 2015)。然而，这些对华莱士模型的挑战，通常存在同样的问题。在将某 63

些阶段视作有意识或是无意识的时候，我们忽略了一个事实：信息加工的大多数方面都是无意识的，因为我们无法按照自身意愿，去接触或意识到这些操作的运作方式（Custers & Aarts, 2010）。由于创造性过程中的所有阶段都是如此，如准备阶段、验证阶段和明朗阶段无疑都是与无意识加工有关的，强调它们与无意识加工没有关联的观点是错误的。

针对每个阶段的实证研究的数量存在差异。例如，对于准备阶段，一个突出问题是知识与创造力之间的关系（Weisberg, 1999）（见专栏 3.2 和专栏 3.3）。对酝酿阶段的研究较为丰富，但研究结果存在相互矛盾之处：有研究表明酝酿阶段能够积极推动创造性问题的解决（Dijksterhuis & Meurs, 2006），而另一些研究则没有发现这种作用（Segal, 2004）。近期研究表明，为了解酝酿阶段影响问题解决的确切方式，需要考虑酝酿阶段内的特定因素。这类因素包括酝酿阶段的任务的认知需求以及与酝酿阶段相关的延迟（Gilhooly, 2016; Sio & Ormerod, 2009）。低认知需求任务的酝酿效应比休息的酝酿效应更强，但高认知需求任务的酝酿效应则较弱。这种关系可以用一种倒U形模式来说明。与延迟酝酿（Delayed Incubation）相比，即时酝酿（Immediate Incubation）会对创造性问题解决产生积极影响。明朗阶段可以说是得到最为广泛研究的阶段，因为大量的研究都聚焦于顿悟－明朗阶段不可或缺的认知操作（详情见章节 3.4.1）。验证阶段的相关研究最少，可能是因为这一阶段发生的认知加工，更像是一种伴随不同形式的非创造性问题解决的加工。

专栏 3.2　知识和创造力

在探索有多少先验知识对创造力最为有利的问题上（Weisberg, 1999; Wiley, 1998），“张力”观点认为，倒U形函数最能表征这种联系。中等水平的知识被认为是最有利于创造性思维的条件，而低水平和高水平的知识都是相对次优的，因为后者可能导致思维僵化，且无法改变既定的思维模式。然而，“基础”观点主张两者之间存在线性关系，强调广泛的知识对创造力至关重要，因为独创性想法的生成源于对主流思想的清晰和全面的理解。另一个需要考虑的因素是知识类型，因为存在不同种类的概念知识，而这些知识可能对创造性认知的不同方面产生广泛影响（见专栏 3.3）。也有证据表明，我们会依据当前问题所处的知识领域与个人专业知识之间的距离，从努力程度和多变性方面来优化我们的认知搜索策略。有研究对科学竞赛中产生的答案进行分析后发现，虽然认知搜索高努力程度对两者来说是相同的，但当参赛者的专业知识与测验知识领域接近时，使用认知搜索高变化策略（在多个不同知识领域中变化）会促进个体创造力表现；与此相反，当参赛者的专业知识与测验知识领域相距很远时，使用聚焦于单一领域的认知搜索低变化策略，会让个体表现出更高的创造力（Acar & van den Ende, 2016）。

专栏 3.3 影响创造力的知识类型和情境

知识对创造力的影响是以自上而下的形式发生的，可以分为不同类别，包括时间的或空间的、持续性的或阶段性的、抑制的或促进的、源于语境启动的或执行控制的（Hemsley, 2005）。最后这种类别与另一种分类中的认知情境概念相似，其与社会情感情境和知觉情境相关（Park, Lee, Folley, & Kim, 2003）。一种认知语境包括长时记忆中存储的表征所提供的语境效应。这种效应既可以是直接或间接的，也可以是显性或隐性的。另一种认知情境是由任务相关信息提供的，它被积极地保存在工作记忆中。

65

在创造性认知中，存在三种不同的语境（Abraham, 2014c; Abraham et al., 2007）。主动语境（Active Contexts）是指短时记忆中知识的影响，这种知识可被描述为短时记忆中的条件性显著的表征。这种自上而下的控制会影响个体在用于评估克服知识约束能力的任务中的表现。被动语境（Passive Contexts）是指来自长时记忆知识的影响，这种知识可被描述为内隐激活的一般表征。这种自上而下的控制会影响个体在大多数创造力任务中的表现，例如那些评估概念扩展能力的任务。目标导向的语境（Goal-directed Contexts）指的是通常在聚合性创造思维过程中发生的知识影响。在聚合性创造思维任务中，正确的解决方案只有一个，而且其初始状态和结束状态是事先规定好的。这种自上而下的控制会影响个体在问题解决中顿悟的任务表现，因为其中的定式效应（或心理定式）会导致心理阻隔和功能固着（Bilalić, McLeod, & Gobet, 2008）。

3.3.2 创造性过程的不同阶段：生成-探索模型

关于创造性过程的不同阶段，另一种观点是生成-探索模型（GenePlore）（Finke et al., 1996; Ward et al., 1995, 1997）（见专栏 3.1）。第一阶段是一个生成阶段，个体会在这个阶段中生成“前发明”或内部的前体结构（如一个观点的雏形）。这些前发明的想法既可以通过开放式搜索的方式生成，也可以由目标导向的探索引发。根据任务情境和任务要求的不同，它们既可以是简单的也可以是复杂的，既可以是概念聚焦的也可以是相对模糊的。生成阶段之后就是探索阶段，这个阶段会评估前一阶段生成的结构的有用性和可行性。这种“生成-探索”循环会一直持续，直到想到一个令人满意且具有创造性的解决方案，且该方案必须是符合当前任务要求的。

潜在想法或者前发明结构的初始生成，是通过对记忆中概念结构之间的联系进行心理整合，将信息在不同知识领域之间类比迁移等方式发生的。象征性的视觉模式、三维表征、概念的心理融合、假设类别的实例以及惊人的语言组合都是前发明结构的例子。第二阶段对当前考虑的前发明结构的探索和解释，是通过探索生成结构的期望属性和概念局限，从

66

多个角度评价生成结构，检验它们的突出属性和潜在含义等方式发生的。然后，根据探索结果，对前发明结构进行修改和革新。

值得注意的是，这两个阶段都与“发现”（Discovery）相关的认知加工存在联系。除了概述创造性过程的这两个阶段之外，该模型还进一步指出了几种与创造力密切相关的心理活动。章节 3.4 详细介绍了这些创造性认知过程。因此，生成－探索模型（也被称为创造性认知方法）旨在描述创造性过程本身，这对于每个人来说都是一样的，无论他们的内在创造力水平如何。在强调创造性思维涉及的几种认知活动方面（其可以通过在外显生成条件下的常规认知过程来评估），这种方法充分认可了创造力包罗万象的性质。创造性思维各种过程的共同点在于，它们都依赖于这种生成－探索循环。

3.3.3 总结：基于个体内部动态过程的认知解释

上述两个模型的共同点在于，它们都构想了创造性过程的不同阶段。然而，它们的时间尺度大不相同。华莱士模型隐含着，所涉及的时间尺度在很大程度上取决于目标问题类型。因此，创造性过程的不同阶段的时长可以是几分钟（如实验室中的测验）到几周、几个月和几年（如现实世界中发生的）不等。生成－探索模型的时间尺度更短，因此有助于在实验室中开展实验。

然而，实际上是不可能对这两种模型中不同阶段的脑活动基础进行检测的，因为现有的神经科学技术只能在非常短的时间内对脑活动进行监测（见第 7 章）。因此，关于创造性过程的每个阶段或者不同阶段之间的过渡的大脑神经基础，几乎没什么可提及的。在一项著名的研究中，研究者试图实验性地分离创造力的生成和评估阶段，具体做法是通过自上而下的指导语要求受试者在第一个阶段进行观念生成，在第二个阶段进行观念评估（Ellamil et al., 2012）。然而，值得注意的是，虽然这类实验范式看起来有很好的表面效度，但它们并没有认识到或是充分考虑到创造性思维的自发性本质——观念生成是迅速、即时的，且不由自主地伴随着观念评价行为。考虑到神经和信息加工的基本关联性、预测性和前摄性本质，这在正常情况下是无法控制的（Bar, 2007; Bubić, von Cramon, & Schubotz, 2010）。事实上，人为分离这两个阶段，也不能代表生成－探索循环的迭代性质（生成－探索模型的核心观点）。

67

3.4 创造性认知：相关活动

本小节将探索与创造性认知相关的心理活动。生成－探索模型已经明确概述了其中的一些心理活动（Abraham & Windmann, 2007; Finke et al.,1996）。这些心理活动包括概念扩展、克服近期激活知识的影响以及创造性意象。其他因素与华莱士模型中的特定阶段（如顿悟与明朗阶段）存在直接关联。还有一些其他因素可能与两者存在内隐联系（例如类比推理、隐喻加工和心流）。已经有神经科学研究对其中的一些心理活动进行了探究。章节 5.3 会对这些心理活动的脑基础的相关研究发现进行讨论。接下来的小节将从认知角度讨论相关的理论观点和实证证据，从而为相关的神经科学研究提供信息和指导。

3.4.1 顿悟

“顿悟”体验是众所周知的。当个体猛然意识到某种先前未知的概念连接时，往往会伴随着顿悟体验，它通常被认为是对一种新认识的意外领悟。这一经历的核心是个体看待事物或情境的方式，发生了根本性重构或者观念转换。事实上，没有重构就没有顿悟，因为对情境的重构，会让个体发现其中新的概念联系。在心理学和神经科学领域，已有大量研究以问题解决为背景，对应用创造力的顿悟过程进行了探究（Gilhooly et al., 2015; Kounios & Beeman, 2014; Weisberg, 2015b）。

68

问题是一种情境，在这种情境中即刻的解决方案是不明确的。所有问题都有一个初始状态（问题本身）、一个目标状态（要达成的解决方案）和操作状态（从初始状态到目标状态的路径）。非顿悟问题的问题解决过程（例如为自己泡杯咖啡）是以一种逻辑性、渐进式和算法的方式进行的。与此相反，顿悟问题的问题解决过程（例如远距离联想测验，见章节 3.2.1）是非渐进式的，解决方案往往来源于观点转换，而这种观点转换能帮助个体克服由任务元素导致的“功能固着”。功能固着是指我们只以最突出或最常见的属性来看待某个事物或事件的强烈倾向，这种心理定式会限制我们对另类或非传统观点进行思考的能力（Duncker, 1945）。

关于顿悟和渐进式问题解决背后的心理活动之间的根本差异，现在有什么证据呢？事实上，证据表明，与渐进式问题解决相比，顿悟问题解决更多地源于无意识过程。一些著名的研究发现，在问题解决过程中陈述问题解决策略，会影响顿悟问题解决能力，但对于渐进式问题解决没有明显影响（Schooler et al., 1993）。相比于渐进式问题，顿悟问题中对方案空间接近性的元认知意识更难以预测（Metcalfe & Wiebe, 1987）。其他的元认知过程，如直觉，被认为是发生在顿悟之前的（Zander, Öllinger, & Volz, 2016; Zhang, Lei, & Li, 2016）。最近的证据表明，当通过实验诱导将个体的隐秘（和明显的）注意力从外部环境转移到个体内部环境时，会提高顿悟问题解决能力（Salvi, Bricolo, Franconeri, Kounios, & Beeman, 2015; Thomas & Lleras, 2009）。虽然有些人认为无意识过程在促进创造性问题解决的酝酿过程中的顿悟方面具有排他性的作用（Gilhooly, 2016），但其他人强调需要同时考虑有意识和无意识过程（Yuan & Shen, 2016）。

3.4.2 类比

“我们不应该把类比当作一种特殊的推理方式……相反，它是填满认知天空的蓝色——

69 在我看来，类比就是一切，或者说非常接近于一切。”（Hofstadter, 2001, 499）当个体将两个先前不相关的概念框架建立起新的联系时，上述的顿悟现象就会产生。但“联想”一词并不能充分描绘这一过程。“异类联想”（Bisociation）一词便被构造出来。其指“创造性行为会涉及多个独立、自主的矩阵（类），而普通联想思维仅在预先存在的一个单一矩阵（类）中的元素之间运作”（Koestler, 1969, 656）。因此，创造性行为中的联想过程同时发生在多个平面上。有研究通过结合两个不同语义领域之间的类比关系，探究了需要创造性思维的情境中的联想映射（A:B::C:D）（Holyoak & Thagard, 1995）。需要跨越的距离取决于两个领域之间的语义距离。研究者通常将与近距离映射类比相关的加工（例如，炉:煤::柴炉:木头）和与远距离映射类比相关的加工（例如，炉:煤::胃:食物）进行对比，发现后者与创造力相关。

有证据表明，类比推理会改变信息加工系统，使之变得更加有利于创造性思维。例如，为远距离类比而不是近距离类比生成解决方案时，往往会促进相关映射向新颖的、不相关的任务迁移（Vendetti, Wu, & Holyoak, 2014）。事实上，类比推理甚至可以改变存储的联想关系的记忆表征，并使记忆识别能够在新的关系模式的引导下进行（Vendetti, Wu, Rowshanshad, Knowlton, & Holyoak, 2014）。这源于已存储关系和新颖关系之间的完美整合（Blanchette & Dunbar, 2002）。艺术创造力和科学创造力均强调类别推理的重要性（Boden, 2004; Dunbar, 1997）。

3.4.3 隐喻

隐喻是一种与类比推理密切相关的联想加工方式，它也能在问题解决过程中引起顿悟（Keefer & Landau, 2016）。两者的主要区别在于，在类比推理中，只有保留特定的参数（例如关系的方向），才能映射两个领域之间的相关结构。然而，隐喻在两个不同领域之间的关

70 系映射中，不会受太多限制，因为它是“对‘潜在领域’（关于隐喻主旨的合理联想）中的连接的富有想象的实现和穿越”（Crowther, 2003, 83）。这就是为什么“朱丽叶是太阳”这个隐喻会引导我们，从不同方面来看朱丽叶是如何像太阳的。由于不存在一个“所有启发性的比较点都被耗竭”的阶段，这种隐喻在某种意义上是不受限的；如果我们用一个有限的比较列表或者其他字面解释来代替它，就会失去一些东西（Taylor, 1989, 71）。

关于隐喻的本质，乔治·莱考夫（George Lakoff）的观点很有影响力，他认为隐喻思维是独立于语言的（Lakoff, 2014; Lakoff & Johnson, 2003）。事实上，隐喻是通过在概念之间形成无意识的联系，来组织我们的知识结构的（相反观点见 McGlone, 2007）。无论隐喻与

语言之间的关系如何，也不管它是不是粘合我们知识的“胶水”，我们处理隐喻的方式是会影响创造力的（Allan, 2016）。这也是为什么基于隐喻的实验范式会被用于创造性认知研究中（Beaty & Silvia, 2013; Kounios & Beeman, 2014; Rutter, Kröger, Stark, et al., 2012; Vartanian, 2012）。最近的研究证明，隐喻加工会促进创造性思维。研究表明，仅仅是接触新颖的隐喻就可以让受试者以一种更具创造性的方式来解释接下来的句子（Terai, Nakagawa, Kusumi, Koike, & Jimura, 2015），且生理或心理上的具身隐喻，可以提高聚合性和发散性创造思维任务的独创性、流畅性和灵活性（Leung et al., 2012）。

3.4.4 意象

大量的证据清楚地表明了意象与创造性发明和构念之间的相关性，而且这一点已经被科学、艺术、文学和音乐领域的杰出创作者们所报告（Chavez, 2016; LeBoutillier & Marks, 2003）。挖掘创造性意向的任务，通常需要个体重新对诸如几何形状等抽象形态进行调整，以形成特定类型的图形或者物体。可以通过独创性（非常规性或新颖性）、实用性（相关性或适宜性）和转换复杂性对这些发明进行评估（Abraham & Windmann, 2007; Finke, 1996; Jankowska & Karwowski, 2015; Palmiero, Cardi, & Belardinelli, 2011）。

通过简单部分的新颖组合，这种心理整合会带来创造性的视觉发现（Finke & Slayton, 1988）。事实上，创造性意象任务的表现与视觉空间能力呈正相关（Burton & Fogarty, 2003; Palmiero, Nori, Aloisi, Ferrara, & Piccardi, 2015）。对创造性意象的个体差异的研究表明，创造性意象能力较高的人比创造性意象能力较低的人能更快、更好地重新解释模糊图形（Riquelme, 2002）。与抑制控制和执行功能相关的中度或者重度认知缺陷，会对创造性意象中的实用发明生成能力产生消极影响（Abraham et al., 2007; Abraham, Pieritz, et al., 2012; Abraham, Windmann, Siefen, Daum, & Güntürkün, 2006）。

71

虽然大多数关于创造性意象的研究都关注视觉领域，但意象实际上会扩展并超越所有感官领域，且每一个领域都与意象能力有关（Perky, 1910）。这种扩展可以以跨模态的形式进行，这可能可以帮助理解为何盲人在创造性意象方面有更高独创性（Johnson, 1979），以及为何在音乐创作之前参与心理意象（视觉和听觉）可以激发出更高的作曲创造力（Wong & Lim, 2017）。

3.4.5 概念扩展

形成一个独创性或新颖想法的关键是有意义地添加新元素、观点，或与我们知识库中的已有概念产生相关联系。这会引发概念扩展。因此，概念扩展是所有领域的创造性思维形成的核心。让我们以“月球”这个概念为例，它的直接含义源于它是一个天体这一事实，但这个概念被运用于几个不同的隐喻情境中（例如，生育象征，传说狼人出现的时刻，在月上般快乐，以“八月十五”来侮辱他人）。只要人类继续保持一个相互交流的状态，它将会有更多的内涵。每增加一个与“月球”概念的联系，都会引发这个概念的进一步扩展。

概念扩展可以通过多种方式进行评估。一种方法是要求受试者在两个本来不相关的观点之间，画出有意义且语义一致的连接（Kröger et al., 2012, 2013; Rutter, Kröger, Hill, et al., 2012; Rutter, Kröger, Stark, et al., 2012）（见章节 5.3.4）。另一种方法是要求受试者扩展某一特定概念（Ward, 1994）。后者是第一种用于评估概念扩展的方法。在一个早期的任务中，受试者被要求想象与地球非常不同的另一个星球，然后想象一个生活在这个星球上的动物。研究者会对受试者的作品进行评估。评估内容主要是受试者设计的外星动物的特征，在多大程度上与典型地球动物的特征相偏离。外星动物越是表现出双侧不对称形态，拥有不寻常的感觉器官和附属物（例如，对红外线敏感的毛孔，以轮子而不是脚来运动），或是缺乏典型的感觉器官和附属物（例如，眼睛和腿），受试者的概念扩展能力就越高（Ward, 1994）。

概念扩展的行为证据表明，我们的概念在决定施加于创造思维过程的限制方面有强大的影响力。举个例子，当需要生成一个有羽毛的生物时，其他相同种类的特征（例如翅膀、喙）也会伴随着这个生物（Kozbelt & Durmysheva, 2007; Ward, 1994; Ward, Patterson, & Sifonis, 2004; Ward, Patterson, Sifonis, Dodds, & Saunders, 2002）。因此，创造性意象的动态过程并不混乱，反而是由类别关系严格构建的。关于概念扩展的个体差异，有轻度认知抑制缺陷的人群会有更高的概念扩展能力，例如具有高水平精神特质的健康人群（Abraham, Windmann, Daum, & Güntürkün, 2005）。但是，如果认知抑制缺陷非常严重，例如表现出严重精神病的精神分裂症患者，这种优势将会消失（Abraham et al., 2007）。

3.4.6 克服知识限制

请尝试做一个想象训练。你的任务是不要去想一只粉色的大象。你能做到吗？倘若不能，你也不用担心。你和我们大多数人一样，很少有人能够无视这一指示。这一训练简单却有力地证明了一个恼人的事实：尽管指导语是要求你不去思考突出的或者能够吸引你注意的事物，你还是会不由自主地去思考这个事物。当试图在特定情境下生成一个新颖想法时，最大的障碍之一是难以克服我们已有的关于该情境的知识的影响（见专栏 5.2）。所有情境下的创造性思维都是如此。在某些情况下，比如粉红大象，限制性的情境反而会主动阻碍个体的思考能力，进而影响其创造新事物的能力。为了表现出色，个体需要克服这种以凸显信息形式传达的知识的限制性影响。这与工作记忆任务几乎相反。在工作记忆任务中，个体必须记住凸显信息，以此达到最佳的任务表现。对于克服创造性认知中的知识限制而言，情况恰恰相反，因为想要表现出色，就必须忽略凸显信息（Chrysikou & Weisberg,

2005; Marsh, Landau, & Hicks, 1996; Smith et al., 1993)。事实上，在这种情况下，分心会带来很大的好处。创造力源于对任务相关性信息而不是凸显信息的注意。我们的执行控制系统通常需要凸显信息的引导，但如果发现一些不那么强烈、不那么令人惊讶或不那么情绪化的事物与任务更加相关时，执行控制系统就会转而忽略这些凸显信息(Perlovsky & Levine, 2012, 296)。

举个例子，当要求受试者发明一个全新玩具时，向受试者展示具有共同特征的新玩具的分心例子时，会导致受试者设计出来的新玩具与示例更相似(Smith et al., 1993)。然而，那些由于抑制控制缺陷而容易分心的群体，如具有高水平精神分裂症特征的健康受试者、患有注意力缺陷多动障碍(ADHD)的青少年和基底节损伤的神经系统患者，会比匹配的对照组受试者表现出更出色的创造性思维(Abraham et al., 2007, 2006; Abraham, Beudt, et al., 2012)。这是信息加工偏向性(认知去抑制)的一个例子，它对于非创造性认知活动是不利的，但对创造性认知过程是有利的。

3.4.7 心流

心流体验被描述为“一种几乎自动的、毫不费力但高度集中的意识状态”(Csikszentmihalyi, 1997)，它与写作、音乐、美术和表演艺术等创造性努力的最佳表现相关。在感觉运动任务过程中，当满足内部和外部条件之间的特定动态时，就会出现心流状态。对任务的深度投入或全神贯注，以及任务执行过程中的高水平动机和激情，是心流体验的一部分关键特征。这些特征也是心流体验发生的前提条件。任务本身需要具有挑战性，需要与个体的现有能力水平相匹配，且在任务过程中个体会收到即时反馈。心流的一个核心特征是，当处于这种“巅峰体验”时，个体的时间观念会变模糊，且伴随着对当下绝对满足的状态。最著名的心流体验理论是“短暂的前额叶功能低下”假说(Dietrich, 2004a)，它强调了内隐和无意识的信息加工和神经系统在促进心流体验方面的关键作用。当大脑额叶对其他认知和神经系统的执行或者认知控制暂时减弱时，心流体验就发生了(见章节 5.2.2)。

74

感知和心理反馈在心流体验中的重要性，以及心流体验对动机毅力和积极情绪的影响已经得到了一些实证支持(Cseh, Phillips, & Pearson, 2015, 2016)。心流体验可以同时发生于共同从事某一任务的多个个体上，引发一种组合心流或者群体心流的状态，例如音乐会(Hart & Di Blasi, 2015)。然而，在不同领域中，引发心流的条件有很大差异(Cseh, 2016)。即使是在触觉活动的特定领域中，心流在那些触觉或表现本质不同的活动中也有所不同，但在触觉相似的活动中表现类似(Banfield & Burgess, 2013, 275)。目前，还不清楚心流与创造性表现或者成就之间的关系。一些证据表明，心流主要与能力自我知觉相关(Cseh, 2016)，而另一些证据表明心流体验和创造力之间存在明显的联系(Byrne, MacDonald, &

Carlton, 2003; Chemi, 2016; MacDonald, Byrne, & Carlton, 2006)。心流体验的个体差异与智力无关(Ullén et al., 2012);然而，它们与猎奇、坚持和自我超越等人格特质呈正相关，而与自我导向人格特质呈负相关(Teng, 2011)。

3.5 需要进一步考虑的问题

章节 3.4 概述了与创造性认知有关的几个重要心理活动。虽然这并不是一个详尽的列表，但已经涵盖了创造力认知神经研究中最主要的心理活动。虽然现在还不可能准确地概述这些心理活动之间是如何互相作用的，但可以确认的是，它们的确是在相互作用，甚至在很大程度上有重叠。为了揭示所探究的过程，研究者需要采用精确的任务和实验设计。如果没有对目标过程进行明确概述，仅仅将条件定义为创造性或非创造性是没有意义的。在这种情况下，需要考虑的是“最小阻力路径”的问题。这是一种在面对信息加工情况时，会选择认知需求最低的路线的强烈倾向——这种倾向可能源于我们大脑对高效率的追求(Finke et al., 1996; Ward, 1994)。

75

创造力研究文献中有一些例子展示了如何通过不同的实验设计，让受试者以不同的方式完成同一个任务，进而揭示出具体的目标心理活动。例如，通过比较个体在非常规用途任务(例如尽可能多地思考物体“报纸”的用途)和物体定位任务(例如尽可能多地思考属于位置“办公室”的对象)中的脑活动和行为指标，揭示了概念扩展的关键神经基础(非常规用途>对象位置)，因为只有前者才需要对概念结构进行扩展(Abraham, Pieritz, et al., 2012)。一项实验提供了有关克服知识限制的发现。在实验中，受试者需要完成非常规用途任务(例如尽可能多地思考物体“鞋子”的用途)，但在他们进行创造性思维之前，研究者会分别向受试者呈现目标物体的新颖用途(如作为花盆)或常规用途的例子(Fink et al., 2012)。因此，通过创造性地修改任务周围的条件或者任务本身的参数，我们可以更好地揭示创造性认知背后的神经和信息加工机制。这反过来会让我们对创造力有更深入、更明智的认知解释。

本章总结

- 认知解释的目的是理解创造力中重要的心理活动或过程。
- 关于创造力个体差异的理论解释包括联想层次模型、去焦注意模型和去抑制模型。
- 基于个体差异的模型主要关注知识组织、知识检索或认知去抑制等方面的认知偏向性。
- 华莱士模型和生成-探索模型旨在解释个体的创造性思维的动态过程。

76

- 个体内部动态过程模型概述了不同情境下的创造性过程的不同阶段及组成成分。
- 与创造力神经科学相关的且最为广泛研究的创造性认知活动包括顿悟、类比、隐喻、意象、概念扩展、克服知识限制和心流。
- 所有认知解释都集中探讨不同情境中概念知识与创造性思维之间的联系。

回顾思考

1. 认知解释与其他理论模型有什么共同点与差别?
2. 基于个体差异的创造力理论框架之间有什么共同点和差别?
3. 如何区分创造力的个体差异理论和个体内部动态过程理论?
4. 总结创造力阶段理论的不同概念。明确哪种创造性认知活动与阶段理论有关。
5. 在时间因素、空间环境、刺激/反应形式等方面,不同创造性认知活动之间存在什么共同点和差别?

拓展阅读

- Abraham, A., & Windmann, S. (2007). Creative cognition: The diverse operations and the prospect of applying a cognitive neuroscience perspective. *Methods, 42*(1), 38–48.
- De Deyne, S., Navarro, D. J., Perfors, A., & Storms, G. (2016). Structure at every scale: A semantic network account of the similarities between unrelated concepts. *Journal of Experimental Psychology: General, 145*(9), 1228–1254.
- Finke, R. A., Ward, T. B., & Smith, S. M. (1996). *Creative cognition: Theory, research, and applications*. Cambridge, MA: MIT Press.
- Kozbelt, A., Beghetto, R. A., & Runco, M. A. (2010). Theories of creativity. In J. C. Kaufman & R. J. Sternberg (Eds.), *The Cambridge handbook of creativity* (pp. 20–47). Cambridge: Cambridge University Press.
- Runco, M. A. (2007). *Creativity: Theories and themes: Research, development, and practice*. Amsterdam: Elsevier Academic Press.

第4章 创造力的大脑全局解释

"当斗争和秩序趋于平衡的时候，文明就会产生，并会保持下来。"

——克拉克·埃默里（Clark Emery）

[引自刘易斯·海德（Lewis Hyde）《礼物》（*The Gift*）]

学习目标

- 描述创造力的生理学研究方法
- 理解对创造性右脑长期以来的看法
- 理解概念驱动/自上而下控制的减少与创造力之间的关系
- 认识创造力中交互作用的大脑网络模型
- 区别创造性神经认知的进化模型
- 评价全局解释的优点和缺点

4.1 创造力的生理学方法

在第2章我们学习了从人、环境、过程和产品的角度来研究创造力的方法。那么，哪种方法最适合探索创造力的大脑基础呢？一种途径是使用"过程"方法（Process Approach）来研究创造力。毕竟，使用"过程"方法可以理解创造性思维的心理操作，而神经系统是这些心理操作得以具现化的生理硬件。然而，本章及之后章节均持以下观点：心理过程和神经系统的运作过程并非线性相关的（Dietrich, 2015）。

举一个例子，"顿悟"是我们在尝试解决难题时经常经历的心理过程。当我们经过一段时间的努力，问题解决方法往往会突然出现在脑海里，看起来似乎是意料之外的。这种现象学经验（"啊哈"体验或顿悟效应）是由于视角的突然转换发生的。这种转换允许问题重组，使解决方案得以出现。这种与创造力高度相关的心理过程并不是某一特定脑区活动的结果。多项研究均表明，参与顿悟的脑区是重叠的，而且每个脑区都不仅仅只参与顿悟过程，也参与其他的认知功能（Dietrich & Kanso, 2010）。

从神经科学（特别是生理学）的角度来研究创造力的P方法（P-approach）的核心问题是

可行的。例如，使用“人”这一方法的研究揭示了与创造力相关的个体特征（例如，经验开放性、智力）（Kandler et al., 2016; Kaufman et al., 2016）。继而，神经科学研究可以探索这些个体特征究竟如何影响创造力和大脑结构之间的关系（Jauk et al., 2015; Li et al., 2015）。

因此，仅仅在“过程”方法中纳入神经科学研究方法，显得过于简单化且容易使研究误入歧途。在创造力研究中采用基于生理学、神经科学或神经系统的方法，有其独特要求。这是因为创造力研究有着异乎寻常的复杂性和独特性。我们有充分理由认为，生理学方法是一种独特且富有成效的研究方法，能够帮助我们更深刻地理解创造力，而这种理解在以人、环境、产品或过程为基础的研究中是缺乏的。事实上，我们在本书中所主张的观点也正是如此。“生理学”这个词也很偶然地与P方法押韵（这里指“Physiology”的首字母和P方法的首字母一致。——译者注）（见图4.1）。

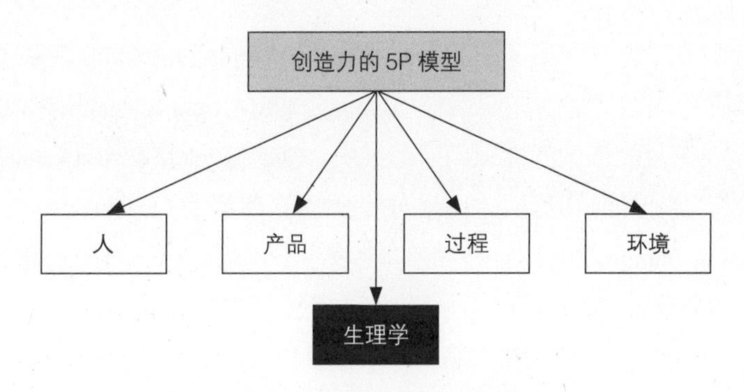

图4.1 创造力的5P模型

此图在罗兹（1961）的4P模型基础上进行了修改，加入了生理学这一方法。

在20世纪40年代，就已经有研究者使用生理学的方法探索创造力。当时，研究者们考察了额叶切除（切断与前额叶皮层的连接）对创造力的影响（积极、消极或无影响）（Ashby & Bassett, 1949; Hutton & Bassett, 1948; Reitman, 1947）。20世纪七八十年代，研究者开始使用脑电图（Electroencephalography, EEG）技术测量创造性思维过程中大脑的激活模式（Martindale & Hasenfus, 1978; Martindale & Hines, 1975; Orme-Johnson & Haynes, 1981）。时至今日，越来越多的研究者使用生理学方法，来理解和描绘创造力背后的大脑网络机制（Abraham, 2014a; Beaty, Benedek, Silvia, & Schacter, 2016; Jung, Mead, Carrasco, & Flores, 2013）。生理学研究中的不同范式、任务和技术带来了多样且丰富的研究成果。这些成果从神经系统的角度出发，以多种方式“解释”创造力的基础（Jung & Vartanian, 2018; Vartanian, Bristol, & Kaufman, 2013）。研究者已经使用生理学方法对创造力与神经系统活动的关系进行了探索。例如，在发散性思维过程中，交感神经活动增强（Silvia, Beaty, Nusbaum,

80

Eddington, & Kwapil, 2014），音乐审美诱发瞳孔扩张（Laeng, Eidet, Sulutvedt, & Panksepp, 2016）。但是，因为绝大多数与创造性思维相关的生理研究和理论都集中在中枢神经系统（尤其是大脑），所以本章将探讨创造力的大脑神经基础。对大脑神经基础的解释大致分为两类：全局解释和局部解释（Abraham, 2018），本章将介绍有关创造力的全局解释。

关于创造力的生理基础的解释，集中在大脑中大而分散的系统的运转和交互作用之中的，本书称之为“全局解释”。全局解释有两个关键特征，它们通常利用大脑功能的二元或三元模型，将这些功能映射到大尺度的大脑网络（例如，默认网络）或最低限度分化的大脑结构（例如，左半球和右半球）中。接下来，我们先探讨双因素概念的基础。

81

4.2 双因素模型

心理学中有很多理论框架都具有二元论的特征，它们把人类的心理概念分为两种促进感知、行动、情感和认知功能的通用系统（Evans, 2008; Evans & Stanovich, 2013; Schneider & Shiffrin, 1977）。像我们谈到的外显和内隐系统（态度：Rydell & McConnell, 2006; 长时记忆：Squire, 1992）、自上而下和自下而上的过程（视觉注意力：Kastner & Ungerleider, 2000; 决策：Miyapuram & Pammi, 2013）、自发和有意操作（游戏：Pesce et al., 2016；白日梦：Seli, Risko, Smilek, & Schacter, 2016）、自动与控制过程（行为：Hikosaka & Isoda, 2010; 语言：Jeon & Friederici, 2015）、无意识与有意识操作（目标导向思维：Dijksterhuis & Aarts, 2010; 情感：Smith & Lane, 2015）、直觉与分析风格（问题解决：Pretz, 2008; 决策：Rusou，Zakay, & Usher, 2013）、反射与反应系统（行动控制：Lengfelder & Gollwizer, 2001; 社会认知：Satpute & Lieberman, 2006; 学习：Weiskrantz, 1985）等。

心理过程可以被归类为两种信息处理加工模式，这是心理学和神经科学中的双过程和双系统理论的核心。一种模式是自动的、内隐的、无意识的、自下而上的、自发的、直觉的或反射的，另一种是可控的、外显的、有意识的、自上而下的、有意的、分析的或反应的。这种概念已经在解释创造力的理论框架中得到了扩展和应用。在这两种对立的模式中，一种基于初级加工过程、右脑、开放性、生成性、联想性、自发性或发散性，另一种基于次级加工过程、左脑、封闭性、探索性、评价性、执行性、有意性或收敛性（Abraham, 2014a; Beaty, Silvia, Nusbaum, Jauk, & Benedek, 2014; Dietrich, 2004b; Finke, 1996; Finke et al., 1996; Jung et al., 2013; Martindale, 1999; Taft & Rossiter, 1966）。下面将详细探讨三个最主要的结构（图 4.2）。

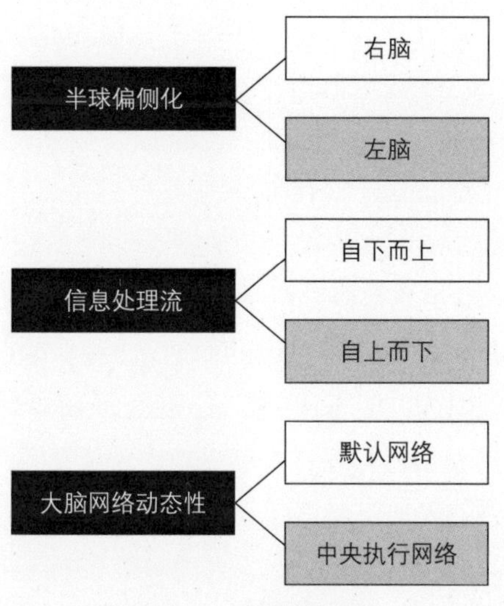

图4.2　双因素模型

4.2.1 右脑超越左脑

迄今为止，关于创造力的大脑基础，最普遍的认知是创造力具有右脑偏侧化优势。“创造性右脑”这个观点非常强势，因为它排斥任何形式的变式，且难以在文化意识中发生改变。不同领域的人几乎都认可“创造性右脑”是事实。这种观念也促使人们思考需要做些什么来培养创造力，以支持个人和职业的发展（Edwards, 1982; Freed & Parsons, 1998）。那么，有什么证据支持创造性右脑和非创造性左脑这一观点呢？

82

关于大脑两半球的功能差异的发现，主要来自对动物和人类的分裂脑研究。这些研究揭示了两个大脑半球在许多功能上是完全可分离的（Gazzaniga, 1967, 2000; Sperry, 1961）。胼胝体是连接大脑左右半球的白质束，一些裂脑病人接受胼胝体切除，以减轻癫痫发作的严重程度。在手术中，裂脑病人的胼胝体会被部分或完全切断。因此，在分裂脑病人中，可以评估两个不相连的半球的功能特异化。

多项研究一致发现，功能偏侧化在语言和知觉中最明显。“左半球在参与知觉功能中有明显的局限性，而右半球在参与认知功能中有更明显的局限性。”（Gazzaniga, 2000, 1294）研究表明，分离的左半球可以理解和产生语言，而分离的右半球有词汇知识，但仅有有限的语法知识；右脑在知觉分组加工和视觉刺激匹配加工方面表现出优势。事实上，研究表明，这两个半球在交流模式上是可区分的，左半球表现出“更倾向于与自身互动，尤其是那些参与语言和运动协调的皮层区域”，而右半球参与“两个半球协同作用下的视空间和注意力处理过程”（Gotts et al., 2013, E3435）。

83

有趣的是，左右半球的功能在信息处理的“方法”上也有所区别。在解决问题的过程中，左半球被视为解释者和假设生成者，而右半球则被视为事件发生频率的准确记录者：

> 右半球保持着对事件的真实记录，左半球可以自由地阐述和推断所呈现的材料。在一个完整的大脑中，这两个系统相互补充，允许在不损害准确性的情况下进行精细处理（Gazzaniga, 2000, 1317）。

创造力的功能偏侧化研究，主要以健康受试者群体为对象，通常评估的是哪个半球在创造力方面更占优势或更活跃。确定这一点的方法可以是“直接的”（例如，创造性思维过程中大脑左右半球的活动模式）或“间接的”（例如，大脑半球在知觉或语言功能的相关任务中的优势程度，并将其和创造力任务中的行为表现相联系）。虽然创造性右脑优势假说的准确性是创造力研究者的研究基础，但也有研究者强烈反对这一观点（Dietrich, 2015; Zaidel, 2013b），另有研究者认为应该结合这两种对立的观点（Mihov, Denzler, & Förster, 2010）。主张右脑优势的研究者主要依赖于行为证据，认为右脑在隐喻处理和其他需要更广泛、流畅或“粗糙的语义编码”等认知方面存在优势（Beeman & Bowden, 2000; Kounios & Beeman, 2014）。

84

因此，如何看待这些对立的观点？同样的证据为何得出对立的观点？导致得出对立的结论是否是因为在对假设做出二元判断时忽略了某些基本特征？

当仔细阅读那些创造力右脑优势的文献时，我们很容易发现大多数研究都是与大脑功能偏侧化相关的行为研究，且只能提供一些间接证据。此外，使用脑成像技术对视觉和语言形式的“发散性创造思维”（在给定情境下有许多潜在的反应、答案、解决方案）的大脑活动和功能模式进行相对直接的研究中，研究结果并不支持右脑优势假说。事实上，右脑加工的选择性在很大程度上与“聚合性创造思维”有关（在给定的情境下只有一个潜在的反应、答案、解决方案），且与解决问题过程中的“顿悟”体验尤为相关（Jung-Beeman et al., 2004）。因此，不能忽视创造性想法产生时的环境特征（创造任务的使用和任务参与过程中涉及的心理操作）。发散性思维和聚合思维的内容请参考章节 2.1.4。

创造性右脑优势假说虽然延续了很长时间，但也遭到许多人的反对，尤其是最早的偏侧化研究倡导者强调了两个半球在创造力中均有其重要性（Bogen & Bogen, 1969; Hoppe, 1988; Miran & Miran, 1984）。这种观点在近来的研究中也很突出（Goel, 2014; Gold, Faust, & Ben-Artzi, 2012; Lindell, 2011），许多研究者都指出需要考虑创造力水平的个体差异。例如，高创造力者往往表现出双侧半球的活动，低创造力者则表现出更多的右侧化活动（Atchley, Keeney, & Burgess, 1999; Carlsson, Wendt, & Risberg, 2000）。事实上，有研究者使用贝叶斯方法来估计大脑网络结构的差异，结果发现“高创造力个体的两个大脑半球间具有更强的连接”（Durante & Dunson, 2016）。

因此，尽管有很多观点认为与创造力相关的特定心理活动具有右脑优势，但现有证据也清楚地表明，万不能因此就片面地得出结论——大脑半球功能差异是创造力的基础。虽然与创造性认知（如顿悟、概念扩展）有关的信息处理可能存在偏侧化，但两个大脑半球都对创造力有贡献。 85

4.2.2 概念驱动或自上而下控制的减少

有研究者提出另一种观点，以解释为什么有些人比其他人更有创造力，即大脑功能失调会提升创造力。其中逻辑如下：在我们理解心理过程时，一个经典的理论是存在自上而下和自下而上两个系统的协同合作（例如，观看莲花图片）。自下而上的信息处理是"感觉驱动的"，它指的是由刺激特征（例如，花瓣的色调和结构）驱动的加工。自上而下的信息处理是"概念驱动的"，它指的是由知识和先前经验驱动的加工（例如，基于类别的知识，能够将刺激视为一种花。如果以前遇到过该刺激，就会将其识别为莲花）。如果我们只依赖自下而上的加工处理，每次都要扫描刺激的每个特征，那么识别任何刺激都需要非常长的时间；如果我们只依赖自上而下的加工处理，我们将无法分类或发展对新刺激的理解。由于两个系统都在适当的时候工作，所以我们可以快速准确地、不间断地对外部世界进行加工。这是由于"上行投射"和"下行反馈"神经回路在信息处理加工的早期就发生交互作用，以此来指导和约束彼此（Bar, 2007）。

那么，为什么打破自上而下和自下而上系统（系统之间的区别详见Awh, Belopolsky, & Theeuwes, 2012）的协同工作，会被认为有助于提高创造力呢？我们的接受－预测信息处理系统（Receptive-Predictive Information Processing Systems）使得感知－行动操作（Perception-Action Operations）发生。这种在已知空间发生的操作，需要既快速又准确地得出结论。然而，一个人要想富有创意，就必须具备新颖性，但新颖性又是难以被定义或不可被预测的。因此，一个旨在获得"正确"答案的高效系统，可能不太适合生成"新颖"的想法。在这一点上，对运作良好的系统进行某种形式的破坏，可能对创造力是有好处的。

较低水平的自上而下的控制或概念驱动的加工，允许个体更广泛地获取原始和未加工的感官信息。拥有这种对刺激特征的独特感知方式，将使个体形成更多与众不同的联想，并形成不寻常的观点（Snyder, 2009）。与此类似的关于"高创造力相关的信息加工偏向"的观点，包括认知去抑制、去焦注意、过度包容思维和概念知识的扁平式联想层次结构（Carson et al., 2003; Eysenck, 1995; Martindale, 1999; Mednick, 1962; Mendelsohn, 1974）（也可参考第3章和第5章）。 86

实际上，有多方面来源的实证证据表明，减少自上而下或概念驱动的加工会提高创造力。其中，最令人信服的证据来自对异能奇才的研究。这些个体至少在一个领域（如艺术、音乐、速算、记忆）中，具有远超标准水平的能力。这些人包括患有异能综合征（Savant Syndrome）的个体，尽管他们同时患有神经发育障碍或脑损伤，但他们仍表现出超常的才能（Treffert, 2014; Treffert & Rebedew, 2015）。大约有10%的人被归类为“后天奇才”，因为他们的才能在中风、痴呆或头部受伤后才突然显现出来。绝大多数异能奇才在早期的发展过程中就已显现出来，他们被归类为“先天奇才”。与这种情况相关的发育障碍（估计在50%—75%）是自闭症谱系障碍（Autism Spectrum Disorder, ASD），每10个自闭症患者中就有1个表现出了异能（Treffert, 2009）。许多案例研究表明，异能常伴随心理缺陷（Code, 2003）。一个例子是纳迪亚·乔明（Nadia Chomyn），她是患有自闭症的异能奇才，有严重的语言和社交缺陷。她从3岁开始画画，7岁时素描的美学价值被认为可以与达·芬奇的画作媲美（Ramachandran & Hirstein, 1999）。虽然纳迪亚在青春期前就莫名其妙地失去了写实的能力，但大多数异能者并没有表现出这种现象。史蒂芬·威尔特希尔（Stephen Wiltshire）就是一个很好的例子，他非凡的绘图能力在一生中并没有下降的迹象。

关于额颞叶痴呆（Frontotemporal Dementia, FTD）的个案研究的发现与上述观点一致。额颞叶痴呆引发的大脑损伤，有时能提高艺术和音乐能力（Miller, Boone, Cummings, Read, & Mishkin, 2000; Miller, Ponton, Benson, Cummings, & Mena, 1996; Zaidel, 2010）。然而，这种现象非常罕见，只发生在个别病人身上（如颞叶退化但是额叶没有退化的FTD病人）。值得注意的是，不像异能奇才的案例，患有神经退行性疾病的病人的能力很少达到非常卓越和惊人的水平。然而，考虑到神经损伤，人们也并没有期待他们能展现出上述能力。脑损伤会导致某些方面的功能缺陷（如语义理解的丧失、社会意识的缺乏或言语表达的困难），但同时也可能伴随着与视觉艺术或音乐相关的新能力的增强。

87

第三个与此相关的证据是精神疾病和创造力之间存在联系。研究者们普遍认为，特定的精神疾病与高创造力相关。这主要是由于从事创造性职业的人（如作家和艺术家）的精神疾病发病率较高（Kyaga et al., 2011）。大量的实证研究也检验了创造性思维与特定的精神疾病的关系，如精神分裂症和双相情感障碍，以及他们的亚临床变体（Abraham, 2015; Andreasen, 2006; Kaufman, 2014）。为什么这些群体在创造性认知的某些方面具备超越常人的优势呢？一种解释是，这些个体具有扭曲的信息加工偏向（skewed information processing biases）。例如，在一些情境中，使用认知去抑制或过度包容的思维形式，会削弱目标导向思维和行动（负偏向）；但在开放式的、要求思维和行动具有生成性的情境中，这却能带来特有的优势（正偏向）。

这些不同的证据有一个共同点，即他们都试图提出可解释认知功能缺陷和创造力提升的共有信息加工机制。总而言之，打破自上而下的控制或概念驱动的思维，有助于释放创造性潜能（另一种关于自上而下和自下而上控制与创造力关系的概念，请参见匹配过滤假设，Chrysikou, Weber, & Thompson-Schill, 2014）。必须记住的是，虽然这些群体表现出的与创造力相关的优势是不同的，但其中的潜在机制却非常相似。很少有人将注意放在解释这种能力表现形式的多样性上。要做到这一点，需要考虑的因素包括一些能力，如异能（见专栏 4.1）或仅仅是从事艺术的能力，可以在多大程度上被视作创造力（见专栏 4.2），或者又如何解释心理健康同样与创造力存在联系这一现象（见专栏 4.3）。

88

专栏 4.1 异能：超凡的能力或创造力？

音乐和艺术大师通常被认为是创造力相关技能提高的典型例子。但是我们能仅仅因为这个做出此假设吗？毕竟，音乐和艺术技能只是这类众多异能中的两种——另外还包括丹尼尔·塔米特（Daniel Tammet）所展示的数学速算能力，以及金·佩克（Kim Peek）所展示的惊人的记忆能力。然而，无论是与创造力相关还是无关的异能的基础都是相同的，那就是信息加工处理的偏向性。事实上，不同异能之间拥有一个共同点，那就是一种非凡的记忆能力，它在不同领域以不同的方式表现出来。据特雷费特（Treffert）（2014, 564）所说，“无论哪种技能总是与大量习惯性或程序性的记忆相联系——这种记忆的广度又非常狭窄，仅限于异能的范围内，但是深度却非常深。在某些情况下，记忆是一项特殊技能”。因此，我们似乎不太可能在不考虑其他几个因素的情况下，根据这些解释来理解创造力（另见章节 10.4.3）。

专栏 4.2 从事艺术活动等于创造吗？

答案是“不等于”。根据创造力的定义，创造力的存在必然要求被创造的东西具有独创性，单纯的艺术技巧实践（例如，绘画和演奏音乐）并不足以被称为“创造性”行为。这里需要区别的是“创造东西”和“创造有创意的东西”是不一样的（见专栏 1.2）。在新艺术技能获得的案例中，我们已经明确地讨论过这一点，即突然出现并展示了以前没有的艺术能力。这些能力有时会在神经损伤或神经元退化后产生，例如在特定形式的额颞叶痴呆（FTD）的情况下。有人观察到，“虽然在这种神经病例中，艺术本身是创新的，但所产生的艺术产品并不一定具有创造性”（Zaidel, 2014, 2）。有人提出了一个有趣的建议来解释这种行为，即它们反映了人们继续进行交流的动机或动力，但语言和沟通技能的缺陷使他们无法有效地进行交流，艺术能力就被作为另一种表达方式，用以交流（Zaidel, 2014）。

89

专栏 4.3　创造力：精神疾病与心理健康

除了轶事报道外，有许多经验证据（特别是来自心理学领域的证据）表明，精神疾病和创造力之间存在着一种关联——尽管这种关联是似是而非的和复杂的（Abraham, 2015; Kaufman, 2014）。然而，越来越多相反的证据（特别是来自公共或社区心理健康领域的证据）表明，从事创造性的活动可以改善心理健康（Bungay & Vella-Burrows, 2013; Cuypers et al., 2012）。事实上，这就是在相关健康管理中使用艺术疗法（Art Therapies）的原理（Forgeard & Eichner, 2014）。虽然这两种观点看起来是对立的，但事实证明，它们是可以共存的，因为它们可能反映了同一个关联的不同方面（Simonton, 2014）。而且它们实际上指的是功能的不同层面。第一，早期需要层次理论认为创造性的需要是人类自我实现需要的一部分，这是实现自己独特潜力的内在动力（Maslow, 1943）。正如上述公共卫生研究机构的报告所指出的那样，阻碍参与这个过程可能会给个体带来负面影响。第二，通过认知去抑制等信息加工偏向而产生更高创造力的个体，伴随有精神疾病特征的可能性会增加。这是因为两者具有共同的特征，例如具有高度的歧义容忍度（Tolerance of Ambiguity）。第三，创新行业与高度的不确定性和不安全感联系在一起。诸如缺乏对个人创意产出的保障、长期的工作不稳定和较少的持续成功等问题是巨大的社会心理压力源，很容易影响个体的心理健康。

4.2.3 大脑网络视角

认知神经科学的首要目标是阐明心理功能如何映射到特定的大脑区域（结构映射）或脑区内的特定活动（功能映射）。虽然早期研究揭示了大脑的结构分区，但近期研究已从结构映射转向了功能映射，即对“大规模、分布式网络的综合活动”进行探索（Meehan & Bressler, 2012, 2232; 另见Bressler & Menon, 2010）。而且，心理功能的网络理论比模块化理论更具优势和影响力，在创造力的神经科学研究领域也是如此。

90

支持不同大脑网络参与创造力的实证证据，主要来自创造性思维的神经影像学研究。在这些研究中，一系列不同的实验范式（从问题解决到即兴创作）被用以评价创造性思维（Abraham, Pieritz, et al., 2012; Beaty, Benedek, Kaufman, & Silvia, 2015; Limb & Braun, 2008）。二元系统理论实际上与这些大脑网络的工作原理是重叠的，每个网络都和系统的某一方面相对应。一般而言，默认网络（DMN）被认为参与开放式、发散式或生成式的创造力模式，而中央执行网络（Central Executive Network, CEN）则参与封闭式、聚合式或评估式的创造力模式（Beaty et al., 2016）。

DMN包含了五个主要的脑区:(1)腹侧和背侧前额叶中部;(2)顶叶中部，包括后皮层和后扣带回;(3)外侧颞叶前部，包括颞极;(4)顶下回和颞顶连接区;(5)颞叶中部，如海马体(Andrews-Hanna, Smallwood, & Spreng, 2014; Buckner et al., 2008; Raichle, 2015)(见图5.2)。DMN是任务负激活系统，它一般在静息和低认知需求的任务中呈高激活模式，而在要求高认知需求的任务中呈抑制状态(Gusnard, Raichle, & Raichle, 2001)。回顾性思维抽样调查问卷结果表明，在静息状态，受试者的大脑思维只有5%的时间是“空白”的；相反，在其他时间中，他们会积极地投入到对自己的过去、未来和目标等内部指向的思维活动中(Andrews-Hanna, Reidler, Huang, & Buckner, 2010)。

事实上，DMN积极参与不同类型的想象性思维任务，如自传体和情境记忆(例如，回忆我上一个生日的情景)、情境性未来思维(例如，想象我下一个生日可能是什么样子)、心理状态推理或心理理论(例如，推断别人在想什么)、自我参照思考(例如，反思自己的想法、感受和行为)和道德推理(例如，判断自己或他人行为的允许程度)(Andrews-Hanna et al., 2014; Mullally & Maguire, 2013; Schacter et al., 2012; Spreng, Mar, & Kim, 2009)。这种大脑活动会在静息的状态下自发地激活(Andrews-Hanna et al., 2010; Fox, Spreng, Ellamil, Andrew-Hanna, & Christoff, 2015)。

91

在神经科学文献中，涉及DMN的讨论主要集中在关于对自我或他人的感知、认知或行为的推理中(Bubić & Abraham, 2014)。然而，它显然也涉及非社会和非个人的想象思维(Abraham, Schubotz, & von Cramon, 2008)、反事实推理(Levens et al., 2014)和创造性思维(Abraham, Pieritz et al., 2012)。因此，基于意向性的想象和新颖组合想象的研究也强调DMN的作用(Abraham, 2016)。

DMN被认为是创造性信息处理中开放/发散/生成模式的基础，而创造性信息处理的封闭/聚合/评估模式则由CEN协调。CEN涵盖一系列与额叶－扣带回－顶叶网络对应的大脑区域(另见图5.2)，包括:(1)外侧前额叶皮层;(2)前额叶前部;(3)前扣带回;(4)后顶叶皮层和顶叶内沟，以及这些脑区与基底神经节和小脑结构的连接处(Aarts, van Holstein, & Cools, 2011; Blasi et al., 2006; Cole & Schneider, 2007; Niendam et al., 2012; Robbins et al., 2012; Seeley et al., 2007; Spreng, Sepulcre, Turner, Stevens, & Schacter, 2013)。

在这些脑区中，与创造性认知相关的是额极(布罗德曼区10)和外侧前额叶皮层(背侧:布罗德曼区8、9、46区;腹侧:布罗德曼区45、47区)。这些脑区沿着从后脑到前脑的顺序，通过分离具体－抽象信息过程促进创造性认知。其中，最前面的脑区负责处理最复杂和最抽象的认知过程(Badre, 2008; Badre & Wagner, 2007; Donoso, Collins, & Koechlin, 2014; Koechlin, 2015; Ramnani & Owen, 2004; 也可参考Nee & D'Esposito, 2016)。已经有很多证据表明前额叶参与了创造性思维，而且在不同的范式中(如问题解决、类比推

92 理、概念扩展、隐喻加工、音乐即兴创作、诗歌即兴创作、故事生成）所得结果是一致的（Abraham et al., 2012; Fink et al., 2009; Green et al., 2012; Kröger et al., 2012; Limb & Braun, 2008; Liu et al., 2012; Rutter et al., 2012; Shah et al., 2011; Vartanian, 2012）。

因此，创造力的大脑网络是由参与开放、生成和发散思维模式的DMN与参与封闭、评估和聚合思维模式的CEN组成的双系统网络。这似乎已包含了所有参与的脑区。问题在于，这个双系统网络存在什么问题？

最突出的问题是阐明这些大尺度的脑网络之间的关系。从功能神经解剖学的角度看，DMN和CEN是反向相关的（Fox et al., 2005; Fox, Zhang, Snyder, & Raichle, 2009）。此外，这些网络的活动（或在特定时间点参与的认知活动）被认为是通过大脑的凸显网络（Salience Network）来调节的（Chand & Dhamala, 2015; Chen et al., 2013; Goulden et al., 2014; Sridharan, Levitin, & Menon, 2008）。凸显网络包括背侧前扣带回和眶额沟皮层（Seeley et al., 2007; Uddin, 2015）。特别是脑岛，它参与了外部注意和内部注意或自我相关认知的脑网络之间的动态交互（Menon & Uddin, 2010, 655）。当使用神经科学对创造力进行研究时，又是否能证实这些呢？

部分证据表明脑岛参与了创造性活动（Beaty et al., 2015; Boccia, Piccardi, Palermo, Nori, & Palmiero, 2015; Ellamil et al., 2012），但目前尚不清楚它是如何在创造性思维中促进不同脑网络之间的转换的。脑岛的特点是对自下而上加工的敏感性（Menon & Uddin, 2010），但是，实验研究是通过自上而下的指导语来分离创造力生成和评价阶段的。例如，要求受试者在第一个阶段生成观点，在第二个阶段对观点进行评估（Ellamil et al., 2012）。因此，我们还不知道DMN和CEN是如何耦合以促进创造性思维的。我们也不能盲目地依据已出版的相关心理学文献，对其作出任何假设。我们还需要考虑凸显网络在创造力中所起的作用，93 它很可能受到自上而下以及自下而上因素的影响，同样也会受到外显和内隐因素的影响，因为创造力的本质就是违背已知的规律去生成新颖的观点或产品。

事实上，大尺度的脑网络参与创造力的方式可能比较特殊。功能连接的相关研究表明，高创造力和由执行网络、默认网络以及凸显网络内脑区所组成的庞大脑网络相关（Beaty et al., 2018）。

4.2.4 反对双因素全局解释的观点

双模型的解释看起来似乎简洁明了，但是没有任何一个二元模型能全面刻画心理功能。这就是研究者提出了这么多双系统模型（如自上而下/自下而上、全局/局部、自发的/有意的、有意识的/无意识的、内部/外部、内在/外在、自动/受控、内隐/外显）的原因。然而，当这些二元论被放在一起讨论时，这些简单的划分就会变得非常模糊。

一个很好的例子是探讨外部导向认知和内部导向认知的大脑基础。研究人员探究了自发和有意这两种加工模式对这两种认知活动背后的脑活动的不同影响（Dixon, Fox, & Christoff, 2014）。在自发加工的模式下，外部导向认知（例如，“将注意指向显著的外部刺激”）和内部导向认知（例如，“无意识的心智游离”）激活了不同的大脑区域，并且彼此之间几乎没有干扰。外部导向认知涉及初级感觉区、初级运动区和特定模态联合区（modality-specific association areas），而边缘区和边缘旁区则参与内部导向认知。然而，在有意加工的模式下，情况有所不同。因为外部导向认知（例如，“注意力指向与任务相关的外部刺激”）和内部导向认知（例如，“对未来计划的定向思考”）会争夺认知资源，这就导致促进认知控制的外侧前额叶皮层参与到两种认知活动中。这就表明，相比于单纯考虑某一种二元论，结合多种二元论更适合于描绘心理功能。这也同样证明，在实验室环境下研究认知，会产生一定的偏差。因为在这种环境下，可以人为地将这些系统分离。如果我们想要更准确地理解认知，应该在自然环境条件下进行研究。这便需要考虑这些系统之间的复杂的交互作用。事实上，最近的一些理论（如创造力的双通道模型）认为，创造性思维是通过灵活性和持久性通道生成的，而且也受到个体差异/性格和环境/情境变量的影响（Boot, Baas, van Gaal, Cools, & De Dreu, 2017; Nijstad, Dreu, Rietzschel, & Baas, 2010）（见专栏 10.2）。

94

全局观点的另一个问题是它的解释基础仅仅是基于大脑网络的。当前认知神经科学研究的一个趋势是，通过大脑网络而不是单个脑区的功能来解释研究结果（Poldrack, 2012）。考虑到脑区之间存在紧密联系，使用基于大脑网络的方法和解释是可行且有意义的（Ioannides, 2007; Medaglia, Lynall, & Bassett, 2015; Petersen & Sporns, 2015; Sepulcre, Sabuncu, & Johnson, 2012; Smith, 2012）。然而，研究者们很少提及一个问题，即尽管特定任务只与脑网络的某小部分脑区相关，其结果也会被解释为该任务和整个脑网络相关（见专栏 5.1）。

与创造力相关的脑成像研究表明，任何创造力任务都只会激活大脑网络的部分脑区，无论是DMN还是CEN。在这种情况下，如果只有部分脑区参与任务，那么使用整个网络去解释它是否合适呢？迄今为止，对这种情况的解释尚未达成共识，也缺乏一个公认的指导方案来规定参与的网络范围（例如，核心区域的数量，布罗德曼区，等等），以方便对此类研究结果做出合适的解释。由于这些问题势必会影响对创造力的全局解释的合理性，所以需要慎重考虑。

4.3 多因素模型

一些遵循全局解释的新模型提出，有必要综合多种因素来理解创造性思维的大脑基础。

95 这种情况下，考虑三个（或更多）系统协同工作比仅仅考虑双因素模型更为全面。目前已有的两个模型，分别提出了两个问题：（1）创造性思维过程的不同方面（雷克斯·荣格的进化脑网络观点）；（2）不同类型创造性顿悟［尔内·迪特里希（Arne Dietrich）的进化预测观点］背后的信息处理机制。（图 4.3）

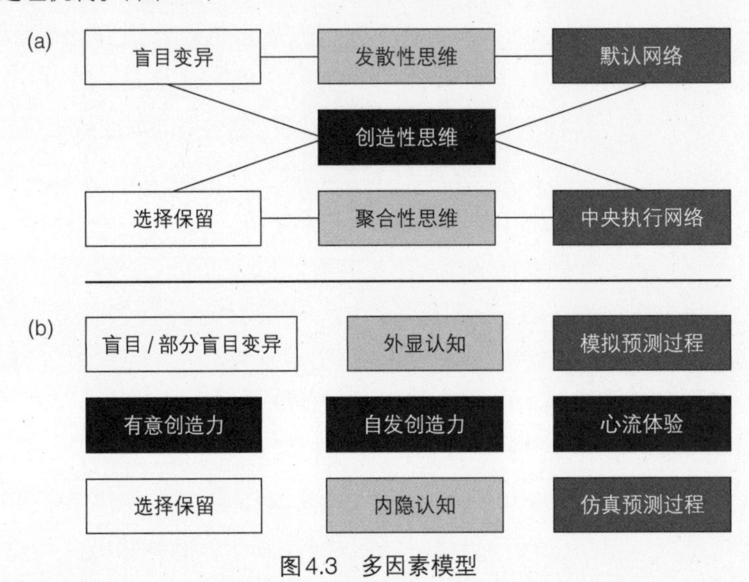

图4.3 多因素模型

（a）雷克斯·荣格的模型；（b）尔内·迪特里希的模型。不同底色的方框指的是不同的工作系统或不同的创造力类型（黑色）。彩色版本请扫描附录二维码查看。

4.3.1 进化脑网络观点

雷克斯·荣格在 2013 年提出了一个结合三种不同创造力观点的综合理论框架（Jung et al., 2013）。这三种观点分别是：（1）发散性思维和聚合性思维；（2）默认网络和中央执行网络；（3）盲目变异和选择性保留（Blind-Variation-Selective-Retention，BVSR）模型。BVSR 模型是唐纳德·坎贝尔（Donald Campbell）提出的关于创造性思维过程的进化理论。这个理论的核心是强调创造力是通过三种机制实现的。第一种机制参与“盲目变异”阶段，在这个阶段可以生成观点。这些观点是“盲目”的，因为它们是随机/无意识生成的，并且不受环境和先前的思想甚至后面两种机制的影响；第二种机制参与“选择性保留”阶段，用于选择可行且合适的观点；第三种机制则用于“保留和再现所选择的观点”（Campbell, 1960）。

96

荣格的模型提出了基于不同层次（认知、神经、进化）且相互映射的三种解释。这实际上是该人理论的独特之处，它概述了“创造性认知结构”。盲目选择会产生发散性思维，这包含了DMN的参与；此外，选择性保留会产生聚合性思维，而这种思维又是由CEN支撑的。

这个模型容纳了多种层次的解释，是一种非常简洁的受进化论启发的创造性神经认知理论。然而，有研究者批评这个模型的理论基础过于简化（Dietrich, 2015）。论及实证证据，这个模型的解释并不完整，也不见得可信。当回顾相关的证据时会发现，一些结果和模型的解释并不完全一致。例如，有研究发现CEN也参与发散性创造思维（如左侧额下回；Abraham, Pieritz, et al., 2012），而DMN也会参与聚合性创造思维（如右侧颞上回前部；Jung-Beeman et al., 2004）。然而，必须指出的是，只有当实验仅评估发散性思维或聚合性思维的脑活动时，这样的实验设计才能对理论做出验证。目前没有任何已经发表的脑功能成像研究做到了这一点，因为确实很难设计出类似的任务，来彻底分离不同的创造力形式（见第2章）。因此，在神经成像的实验设计中，使用合理的方法去研究上述问题仍是一个很大的挑战（见第6章）。

另一个尚不清楚的问题是如何测试模型中的进化元素，因为这些过程的加工速度是非常快的，而且不太可能用我们现有的神经科学技术捕捉到。事实上，研究者试图在创造性思维过程中分离生成过程和评估过程的大脑活动。这些研究发现，默认网络和中央执行网络均参与了这两个过程（Ellamil et al., 2012）。一个更重要的问题有待明确，即盲目变异是否只适用于发散性思维，而选择性保留只适用于聚合性思维，因为这两种思维形式都需要生成和选择观点，以生成创造性的解决方案。

97

4.3.2 进化预测视角

近期出现了另一个基于进化视角的神经认知模型（Dietrich, 2015; Dietrich & Haider, 2015）。这个理论的框架虽然也借鉴了BVSR的基本原理，但和前述荣格的进化脑网络模型的相似之处也仅限于此。首先，迪特里希不同意发散－聚合的差异，他认为盲目变异和选择性保留的机制是所有人类活动中的创造性思维产生的一般基本原则。这个理论借鉴BVSR理论的关键特征在于，其认为思维实验中的变异生成不是盲目的，而是部分可预见的。很多研究者也主张这一观点（如Simonton, 1999, 2010）。迪特里希还进一步拓展了他的观点，提出不同的认知机制何以在变异生成的阶段提供不同的“视角”，从而产生不同形式的创造力。

自21世纪初以来，迪特里希提出了许多关于创造性认知的观点。他的第一个全局理论模型是一个二乘二系统。该系统区分了两种加工模式（自发和有意的）和两种知识领域（认知和情感），可产生四种创造性顿悟（Dietrich, 2004b）。关于DNA的系统增量的发现就是有意认知顿悟的例子，涉及前额叶皮层到颞－枕－顶叶区域的功能。通过心理治疗获得的个人顿悟是有意情感顿悟的例子，涉及边缘区域到前额叶皮层的功能。自发认知顿悟的一个例子是，解决方案在一个人的意识中，似乎是突然冒出来的[例如，据称弗里德里希·凯

98 库勒（Friedrich Kekulé）是在做了一段白日梦之后，顿悟到苯分子环状结构的]。这样的认知活动与颞－枕－顶叶区域的功能有关，涉及与内隐认知相关的脑区（如基底神经节）和前额皮层的下行调节。最后，当“处理情绪信息的结构的神经活动在工作记忆中自发地表现出来”（1019），并由此进入意识时，自发情感顿悟就出现了。这种顿悟被认为是毕加索的《格尔尼卡》等作品的创造基础（Dietrich, 2004b）。

尽管这个模型的猜测成分很大，且几乎没有什么直接实证证据，但它是第一个基于大脑的创造力综合模型。不过，迪特里希在他对创造力认知神经的最新诠释中，对这个模型做了大幅拓展（见下文）。原始理论的一些元素仍然存在，如自发（或自下而上）和有意（或自上而下）的创造力形式之间的区别仍然是最重要的，“中央执行网络是有意的创造模式背后的基础，而默认网络驱动是自发创造模式的基础”（Dietrich, 2015, 161）。

经迪特里希拓展后的多因素模型提出了三种创造力模式：有意、自发和心流体验。这些模式是通过耦合盲目变异和选择性保留，以及模拟和仿真的预测加工机制在思维实验周期中进行实体化的，且这些操作是在外显或内隐认知系统中实现的。有意和自发的创造模式产生于外显认知系统。这个系统获得和表征的内容是有意识获得的、可表述和基于规则的。迪特里希认为，实际上是系统的这些特性使信息以抽象的形式加以表征，以此将它们从自己的经验知识结构中分离出来（例如，我们想象自己的身体不能完成的运动，如海浪的漂移）。因此，外显系统可以运行变异－选择中的“线下”迭代。这与内隐认知系统形成对比。通过内隐认知系统，创造力的第三种模式（心流体验）得以实现。内隐系统是基于技能的，它既不是有意识的，也不能用言语表达，不能形成抽象的表征，无法被外显系统访问，这就是为什么内隐系统只能运行思维变异－选择的“线上”迭代。

99 那么这些线上和线下的变异－选择是如何发生的呢？迪特里希大量借鉴了感觉运动控制的预测处理模型（Wolpert, Ghahramani, & Jordan, 1995），提出这是通过“模拟”和“仿真”的机制实现的（感觉运动控制通常是“线上”运行）。这使得“正演模型”成为变异的基础，而“反演模型”成为选择的基础。由于选择标准在不同的领域存在差异，其表现形式也有所不同，如怀疑、好奇、惊讶以及拟合度等。

模拟主要有两个特点（Moulton & Kosslyn, 2009），首先它们生成或提供知识，这使人们能考虑一些新奇的问题并做出预测（例如，我的儿子的笑声和我的笑声有什么不同）。其次，它们是“按顺序运转的”，这使得模拟的步骤以与所描述情况类似的模式运行。序列也会起作用，前面的步骤会约束后续的步骤。模拟被分为两类，它们分别是一阶/工具模拟（被称为模拟）和二阶/仿真模拟（被称为仿真）。它们在被模拟的精确性和逼真性方面有所不同。模拟的对象是内容（例如，在穿过公园时想象不断变化的风景，而不想象引起场景变化的腿部运动），而仿真更精确，因为它模拟的是内容以及导致内容变化的过程。

根据迪特里希的说法，这三种创造力模式所驱动的预测过程的类型和程度有所不同。自发和有意的创造性模式包含了外显系统中通过模拟和仿真进行的思维过程，两者之间的区别是“可视化”的程度，而这个“可视化”表现为变异生成过程和选择过程的强度。在有意创造性模式下有很高程度的“可视化”，而在自发模式下只有很低程度的“可视化”。“可视化”是通过潜在的目标表征和任务要求保持而产生的，这些被称为预测目标的概念表征（Representations of Predicted Goals, RPG）。RPG通过在同一个计算系统中运转两个变异-选择算法过程，确保了选择过程与变异过程的耦合（通过运行诸如任务定式的惯性、边缘工作记忆和认知支架等操作），这会导致不同程度的“可视化”偏斜。与之相比，创造力的心流体验模式仅仅从非表征的内隐系统的仿真机制中提取，因此它的变异-选择是盲目的。

100

迪特里希强烈反对正统的创造力理论和研究，他认为之前几乎所有关于创造力大脑基础的研究和理论框架都存在根本性的缺陷。因此，难以提供任何关于所讨论现象的真相。他的理论的独特之处在于将创造力的神经科学与认知神经科学主流领域中的重要模型紧密结合在一起。

该理论模型的缺点之一是，它提出了太多系统和机制来说明创造力的不同方面。这些系统和机制非常容易混淆。更重要的是，就目前的情况来看，该模型并没有产生可以用来证实或证伪的可检验假设。另一个令人担忧的问题是，该模型并没有关于创造力的特定理解的具体内容，仅仅是基于一般的认知去探讨的。事实上，它似乎在假设“创造力不是那么特别”。这当然是一个似是而非的想法，但它并没有以这种方式表达。需要澄清的是，创造力是否仅仅是一种预测性大脑机制的延伸，倘若如此，它又是以何种方式延伸的。当目标不明确或情况无限制且不可预测时，一个已经进化的预测系统如何去确保快速、准确、无缝和以目标为导向地行动，从而通过“正确”的行动来生成新颖性或独创性？相反，如果有人认为创造力是其他什么东西，那么也必须以明确的方式进行解释。这是一个提供了丰富内容的创造力理论，但需要进一步解释上述这些问题，以便人们更容易理解。同样，这个模型也有必要提出关于如何使用心理学、神经科学或其他任何学科的工具进行实证检验的具体建议。

4.3.3 反对多因素模型的观点

多因素模型所提供的全局解释还处于早期阶段，因此还不可能全面探讨其优缺点。多因素模型还没有一致的实证结果，这是建立理论（或理论的不同方面）的必经阶段。创造力的多因素模型的价值在于，它们试图解释所讨论的现象的一些复杂性。然而，这两种模型的一个关键缺点是它们不清楚如何对自身进行验证。就目前的情况来看，它们看起来是纯粹的理论模型，而不是指导创造力神经科学实证研究的理论。

101

4.4 总结

本章探讨了迄今为止对创造力大脑基础的诸多理论解释。这些解释都是“全局的”，因为是从大尺度的大脑网络或信息处理系统的角度对创造力进行解释。在试图描绘关于创造力的“全局”时，这种方法尤其有用（Abraham, 2018）。这是一种很容易理解的研究创造力大脑基础的方法，这也是其对大众和研究者有持久的吸引力的原因。但有一点非常重要，要警惕全局解释中无法避免的简单化现象，这导致其不能准确描述创造力的生理基础。

本章总结

- 探究创造力的神经科学基础或大脑基础是研究和理解创造力的生理学方法的一部分。
- 全局解释的基础是，创造性的大脑基础来自广泛的信息处理系统或大脑网络。它们可以被进一步分为双因素模型或多因素模型。
- 尽管两半球都参与创造力过程，但是普遍认为创造力具有右脑优势。
- 精神病学和神经学研究证明，减少概念驱动/自上而下的控制会提升创造力。
- 负责协调创造性思维的两个大脑网络分别是DMN和CEN。
- 进化脑网络理论认为创造性思维是通过盲目-变异和选择机制产生的，这两种机制分别通过发散性思维和聚合性思维实现，而发散性思维的大脑基础是DMN的活动，聚合性思维的大脑基础是CEN的活动。
- 进化预测视角模型提出的三种不同的创造力模式（自发、有意和心流体验）是由不同的变异-选择机制、外显认知系统与内隐认知系统、模拟与仿真操作的交互作用而产生的。

102

回顾思考

1. 创造力的生理学方法可以被认为是独特的方法吗？
2. 创造力的大脑全局解释的特征是什么？
3. 描述创造性大脑的三种双系统模型。
4. 创造性神经认知的两种多因素模型的区别是什么？
5. 思考并概述每一种全局解释的概念的发展。

拓展阅读

- Abraham, A. (2018). The forest versus the trees: Creativity, cognition and imagination. In R. E. Jung & O. Vartanian (Eds.), *The Cambridge handbook of the neuroscience of creativity* (pp. 195–210). New York: Cambridge University Press.

- Beaty, R. E., Benedek, M., Silvia, P. J., & Schacter, D. L. (2016). Creative cognition and brain network dynamics. *Trends in Cognitive Sciences, 20*(2), 87–95.
- Dietrich, A. (2015). *How creativity happens in the brain*. New York: Palgrave Macmillan.
- Jung, R. E., Mead, B. S., Carrasco, J., & Flores, R. A. (2013). The structure of creative cognition in the human brain. *Frontiers in Human Neuroscience, 7*, 300.
- Snyder, A. (2009). Explaining and inducing savant skills: Privileged access to lower level, less-processed information. *Philosophical Transactions of the Royal Society B: Biological Sciences, 364* (1522), 1399–1405.

第5章

创造力的大脑局部解释

“创造力是一种奇妙的能力，能够抓住彼此不同的现实，并从它们的共通处汲取火花。”

——马克思·恩斯特（Max Ernst）

学习目标

- 区分“大脑到过程”（Brain-to-process）和“过程到大脑”（Process-to-brain）的解释
- 理解额叶功能与创造力之间的关系
- 识别与创造性认知相关的非额叶脑区和大脑系统
- 描述顿悟、类比和隐喻处理的大脑功能的关系
- 区分涉及概念扩展、样例限制性影响和创造性意象的大脑关联
- 创造力的局部解释的优点和缺点

5.1 创造力的局部研究方法

在创造性的生理学研究方法中，与全局解释（详见第4章）不同的另一个观点可称为局部解释。在解释创造功能时，全局解释聚焦于分布广泛的大脑网络（如DMN）或大面积的脑区（如右半球）。与此不同，局部解释强调特定脑区（如额极对应的布罗德曼10区）或具体的脑活动模式（如脑电α波）的作用（见专栏5.1）。局部解释源于特定的生理标记或指标，主要描述大脑如何促进与创造性思维相关的特定心理操作（如类比推理、概念扩展）。因此，特异性是局部解释的关键（Abraham, 2014a; Abraham & Windmann, 2007）。

专栏5.1 解释的问题：从“我最喜欢的脑区”到“我最喜欢的大脑网络”

创造力的大脑全局解释（见第4章）是基于网络的神经认知模型，是目前认知神经科学对创造力解释的主流趋势。越来越多的研究者倾向于使用全局解释对与心理功能相关的大脑活动进

行解释。全局解释弱化了局部解释中的脑区功能定位（即将单一的功能归于单一的区域）。功能定位会导致对数据的解释过于简单化，导致研究者极力寻找符合预先设想的模式，而忽略了其他脑区潜在的重要作用。然而，目前公认的基于网络的解释模式并非没有类似的问题。例如，当数据显示网络中仅有一个或两个节点活动，研究者便关注该节点所属的整个大脑网络，将功能归因于所选择的整个网络。这也犯了先入为主的错误，会增加出现过度概括和特异性降低的可能。因此，仅仅依靠全局或局部的解释，都可能产生严重的偏差。当研究者试图解释所得结果时，仅使用全局解释或局部解释都可能导致忽略相关行为模式的实质（Abraham, 2018）。

当使用局部方法时，首要目标是揭示产生创造力的动态信息处理机制。使用局部方法的理论和实证研究都旨在通过采用双向分析路径来达到这一目标。第一种路径是从特定的大脑区域或大脑系统开始，对所研究的行为得出结论（大脑到过程）。这种路径的一个例子是在发散性创造思维过程中发现脑电 α 波的增强，从而认为 α 波是创造性观念生成的潜在生物标志之一（Fink & Benedek, 2014）。第二种路径是从具体的创造性相关操纵（过程到大脑）的角度来解释。其中一个例子是前部额下回参与了非创造性思维过程中的语义检索过程，从而将语义检索过程解释为“创造性概念扩展”的潜在机制（Abraham, Pieritz, et al., 2012）。这两种路径的方法是互补且互相影响的。为了便于理解，接下来的章节会分别对它们进行详细说明。

研究者们已经从局部解释的角度探究了多个心理过程，包括类比推理（Green, 2016; Green et al., 2010）、注意控制（Zabelina et al., 2015）、情景认知（Beaty et al., 2016）、执行功能（Abraham, Beudt, et al., 2012）、隐喻信息处理（Faust & Kenett, 2014; Mashal, Faust, Hendler, & Jung-Beeman, 2007）、问题解决（Fink, Grabner, et al., 2009; Reverberi et al., 2005）和语义认知（Kenett et al., 2014; Kröger et al., 2012; Rutter, Kröger, Stark, et al., 2012）等。

如果采用局部解释视角，一些重要的大脑结构主要涉及中央执行网络（CEN）、默认网络（DMN）和语义认知网络（SCN）的脑区。CEN与额－扣带回－顶叶网络密切关联，它包含了几个额叶区域，如背侧和腹侧前额叶皮层、额极和前扣带回（图 5.1 和图 5.2）。有几个CEN的节点在额－顶叶和额－纹状体束内，包括后顶叶皮层、顶叶内沟、基底节、丘脑和小脑。CEN有助于目标导向的思维和行动中的注意控制，而DMN参与内部注意导向下的心理活动（Andrews-Hanna et al., 2014; Buckner et al., 2008; Raichle, 2015）。DMN的脑区包括腹侧和背内侧前额叶皮层、后扣带回皮层，以及外侧颞叶前部和颞极、顶下回和颞顶连接处、海马和其他内侧颞叶结构（图 5.1 和图 5.2）。和创造性思维相关的第三个大脑网络是SCN（Binder & Desai, 2011; Binder, Desai, Graves, & Conant, 2009; Jefferies, 2013）（图 5.3）。SCN与DMN重叠的脑区包括腹内侧PFC、背内侧PFC（内侧额上回）、后扣带回、颞中后回和角

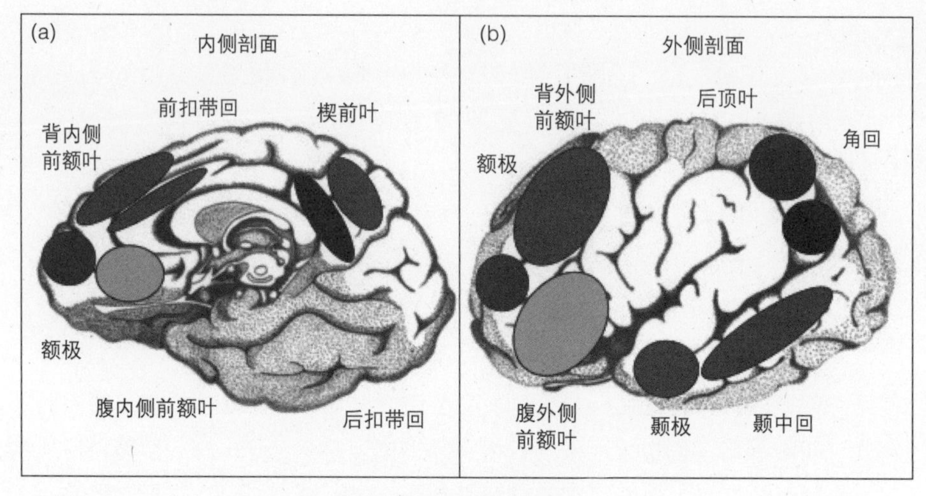

图5.1　相关脑区示意图

（a）大脑内侧视图；（b）大脑外侧视图。©格雷格·亚伯拉罕。彩色版本请扫描附录二维码查看。

回。SCN与CEN重叠的脑区包括腹外侧PFC、背外侧PFC（外侧额上回）和缘上回（顶叶后部的一部分）。在解释与两个或多个大脑网络相关脑区的作用时，有几个问题需要考虑，详情请参考专栏5.2。

专栏 5.2　如何选择网络？

在认知神经科学的方法论讨论中存在一个严重问题，但这个问题几乎没有引起研究者的关注。这一问题就是，当一个脑区同属于两个或两个以上的网络时，应该如何讨论这个脑区的功能，特别是这几个网络在理论上都与当前研究的心理过程有关。在创造性认知神经研究中，跨网络脑区的一个例子是额上回（SFG）的布罗德曼8区侧面和中部。这部分脑区属于CEN网络中的背外侧PFC（图5.2），同时也属于DMN网络中的背内侧PFC（图5.2）和SCN中的SFG（图5.3）。另一个例子是顶叶侧面的角回（布罗德曼39区）。它是语义控制网络的一部分（图5.3），同时与DMN中的顶下回和CEN的顶叶后侧重叠（图5.2）。如何确定这些脑区参与认知活动时属于哪个网络？对这一问题，现有的研究结果和理论几乎都没有给出恰当的回答。若研究者选择其中一种解释分析结果，就可能导致忽视其他的可能性；与选择单一解释相比，研究者选择所有相关解释进行分析，往往是一种折中的做法。在创造性（和非创造性）认知神经研究中，与大脑网络相关的解释是一个值得关注的问题（Fedorenko & Thompson-Schill, 2014）。

5.2 “大脑到过程”的解释

大多数“大脑到过程”的解释都是基于额叶进行的，尤其是前额叶皮层。这可能是因为PFC参与了所有形式的复杂认知功能，且在创造力实验的不同范式中都发现了PFC的活动（Dietrich & Kanso, 2010）。因此，下面描述的四种局部解释，其中两种依赖于额叶的相关功能（章节5.2.1和章节5.2.2），剩下的两种解释依赖于非额叶感兴趣区（章节5.2.3）和大脑活动的其他指标（章节5.2.4）。

5.2.1 前额叶的功能和功能障碍

研究表明，PFC的外侧和前部区域与创造性认知相关（Petrides, 2005; Stuss, 2011）。神经解剖和功能证据表明，BA 10区的额极（也称为前额叶前部、前额叶嘴部、额极皮层）被认为是综合多种认知操作输出的容器（Ramnani & Owen, 2004）。这一脑区在需要整合不相关或弱相关概念的创造性任务中表现出激活，例如创造性观念生成、概念扩展、音乐即兴创作、类比推理和隐喻处理过程（Abraham, Pieritz, et al., 2012; Beaty et al., 2015; Green et al., 2010; Kröger et al., 2012; Limb & Braun, 2008; Rutter, Kröger, Stark, et al., 2012）（图5.2）。

位于额极后方的是腹外侧和背外侧PFC。腹外侧PFC或额下回外侧（IFG: BA 45和47）涉及认知语义控制，例如词汇选择和概念知识的控制检索。这些脑区参与了创造性的故事写作和概念扩展过程（Badre & Wagner, 2007; Thompson-Schill, 2003）以及处理新颖隐喻的过程（Abraham, Pieritz, et al., 2012; Kröger et al., 2012; Mashal et al., 2007; Rutter, Kröger, Stark, et al., 2012; Shah et al., 2011）。研究表明，腹外侧PFC在创造性思维过程中的激活程度比认知控制任务中的激活程度更高（Abraham, Pieritz, et al., 2012）。

109

背外侧PFC包括部分额上回和额中回（BA 8、9和46），其作用是监测和维持工作记忆中的任务集信息（du Boisgueheneuc et al., 2006; Eriksson, Vogel, Lansner, Bergström, & Nyberg, 2015; Wager & Smith, 2003）。这个脑区的活动与创造力（如创造性思维的评价阶段）相关（Ellamil et al., 2012）。然而，背外侧PFC在创造性认知中的作用非常复杂，因为这一区域的“去激活”也被证明是诗歌创作、音乐和抒情即兴创作过程中创造性观念生成阶段的特征（Limb & Braun, 2008; Liu et al., 2012, 2015）。

事实上，这些发现凸显了PFC在创造力中的复杂作用。很显然，创造性思维过程激活了这一脑区的不同区域（Dietrich & Kanso, 2010），但不同研究范式发现的具体脑区有所不同，因此很难有意义地对其进行解释。这是因为创造力研究的实验范式缺乏一致性（Arden et al., 2010）。虽然很多研究发现PFC损伤与创造性认知某些方面表现不佳相关，例如创意生成的流畅性和独创性，但它们也与特定优势表现有关（Abraham, Beudt, et al., 2012）。例

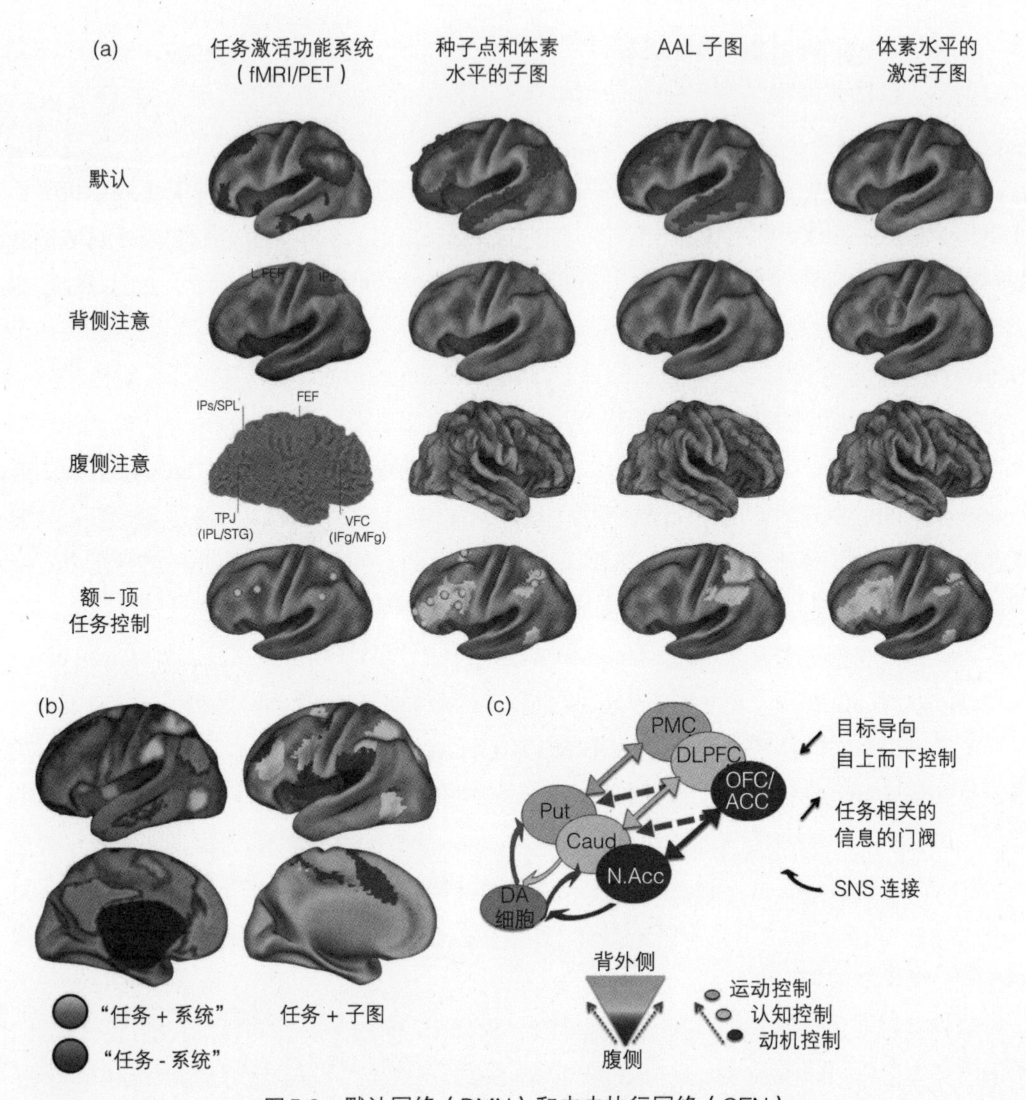

图5.2　默认网络（DMN）和中央执行网络（CEN）

默认网络［（a）上行和（b）任务负网络］和中央执行网络/额－顶任务控制网络［（a）下行和（b）任务正网络］的关键区域；转载自 *Neuron*, 72(4), Power, J. D., Cohen, A. L., Nelson, S. M., Wig, G. S., Barnes, K. A., Church, J. A., Vogel, A. C., Laumann, T. O., Miezin, F. M., Schlaggar, B. L., & Petersen, S. E., Functional network organization of the human brain, 665–678, © 2011, Elsevier 版权许可。（c）三种额－纹状体回路参与的自上而下的控制（红色：动机；黄色：认知；蓝色：运动）；转载自 Aarts, E., van Holstein, M. & Cools, R. (2011). Striatal dopamine and the interface between motivation and cognition. *Frontiers in Psychology*, 2, 163. ACC：前扣带回；Caud：尾状核；DLPFC：背外侧前额叶；N. Acc：伏隔核；Put：壳核；OFC：眶额皮层；PMC：前运动皮层；SNS：纹状体黑质。彩色版本请扫描附录二维码查看。

如，外侧PFC（主要是背外侧）的损伤与在顿悟问题解决方面的优异表现有关（Reverberi et al., 2005），额叶和眶额区的病变能使个体在创意生成中表现出更强的克服凸显例子限制的能力（Abraham, Beudt, et al., 2012）。

那么，如何才能最好地整合和理解这些与额叶损伤相关的优势和劣势的不同结论呢？一个假设是，伴随额叶功能障碍的信息处理优势发生在特定的“活动情境”中（Abraham, 2014c），这些凸显情境主动、自发、不经意地冲击一个人的思维过程。为了在创造性思维的特定任务（如克服知识限制、即兴创作、顿悟）上有最佳表现，需要抑制或克服这些凸显情境的影响，以摆脱“最小阻力路径”（Path-of-least-resistance）的限制，从而生成真正新颖的反应。下调额叶激活会降低认知控制能力，这反过来有助于克服概念约束，并获得不凸显的或不寻常的概念联系（Abraham, 2014a; Ansburg & Hill, 2003; Chrysikou, Novick, Trueswell, Thompson-Schill, 2011; Reverberi, Laiacona, & Capitani, 2006）。虽然在“活动情境”中，这将有助于个体在这些创造性认知的特定方面有更好的表现，但在其他情境下未必如此。这种关于额叶功能在协调创造性思维中具有特异性作用的观点，与随后讨论的另一种局部解释相一致。 110

5.2.2 基础性和暂时性的额叶功能低下

从20世纪70年代开始，为了解创造力的生物学基础，马丁代尔进行了一系列以脑电为基础的研究来检验创造性思维过程中的大脑活动。他提出在高创造力个体中，去焦注意状态是创造性灵感出现时的大脑活动模式的标志（见章节3.2.2）。这被认为是通过较低水平的基础性皮层唤醒和额叶激活的降低来实现的，这会产生松散的联想思维，并更容易导致远距离联想的激活（Martindale, 1999）。有证据表明，“额叶功能低下”与创造性思维和注意控制有关。例如，与非创造性聚合思维相比，发散性创造思维和精神放松过程中的额叶的脑电图是相似的（Mölle et al., 1996）。为了验证额叶功能低下或降低额叶参与对创造力的影响，以及这种影响是否可以解释创造力中的个体差异，研究者们进行了相关的探索。然而，关于高创造力受试者表现出较低的基础性皮层激活的证据，也多是模棱两可的（Martindale, 1999; Mölle et al., 1996）。

迪特里希根据他对心流体验的分析，提出了另一种观点——“暂时性的额叶功能低下”（Csikszentmihalyi, 1997）。这是一种“几乎自动的、不费吹灰之力但高度集中的意识状态”。只要满足一定的内部和外部条件，任何活动都可能引发心流状态。心流的出现往往需要高度的任务投入和完成任务的激情。目标任务应该具有挑战性，且与自己的能力完美匹配，并能得到即时反馈。在这种情况下，“心流”才会出现。这种“巅峰体验”会伴随有时间感的消失和对当下绝对满足的状态。心流体验的大脑机制被认为是创造力的一部分，而这种 112

机制通过外显系统和内隐系统之间的动态交互作用来实现。外显系统由额叶和内侧颞叶结构所支持，内隐系统是由基底神经节所支持，它们促进信息处理过程中的灵活性-效率的权衡（Dietrich, 2004a）。通过暂时的前额功能降低，外显系统暂时失效，进而允许个体进入心流状态。这涉及感觉-运动的整合过程，这个过程有利于发散性创造思维，例如，音乐即兴创作、写作和体育表演。虽然有行为证据表明心流与创造力表现之间存在联系（章节

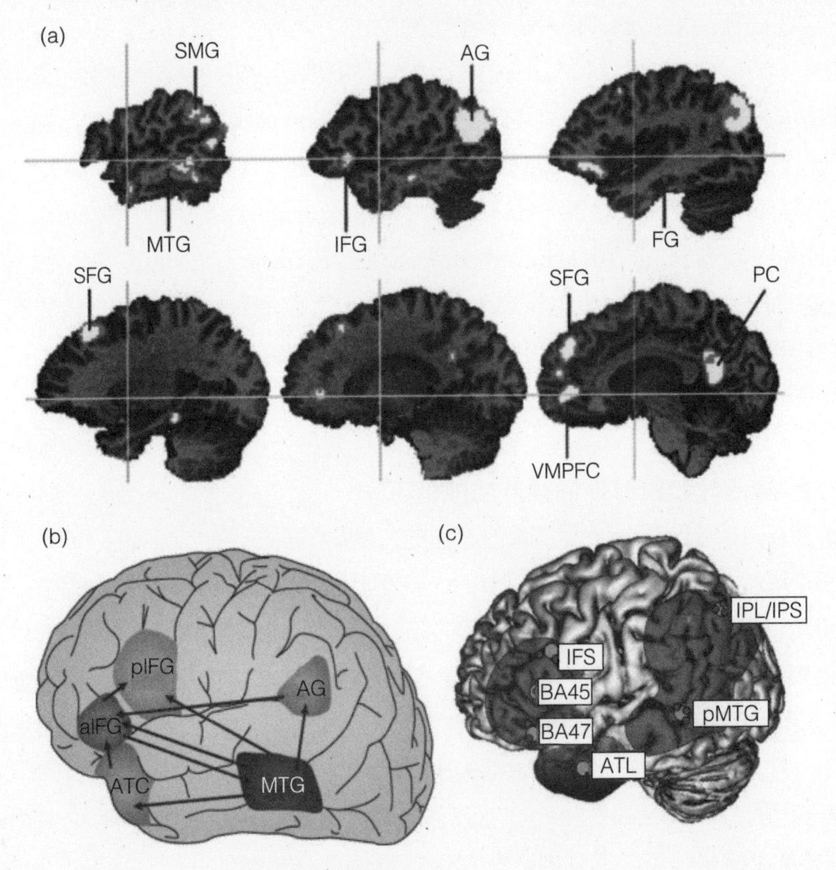

图5.3　语义认知网络（SCN）

（a）通过元分析得到的SCN的关键脑区。印刷来源：*Trends in Cognitive Sciences*, 15(11), Binder, J. R. & Desai, R. H., The neurobiology of semantic memory, 527–536, © 2011，Elsevier版权许可。（b）语义认知模型，其中plFG和alFG分别控制了MTG中存储词汇的访问和检索，ATC和AG将输入信息和当前上下文联系起来。印刷来源：Springer Nature已通过版权允许。*Nature Reviews Neuroscience*. A cortical network for semantics: (De)constructing the N400. Lau, E. F., Phillips, C. & Poeppel, D. © 2008。（c）语义认知的分布式大脑网络。印刷来源：Cortex, 49(3), Jefferies, E., The neural basis of semantic cognition: converging evidence from neuropsychology, neuroimaging and TMS, 611–625, © 2013, Elsevier版权许可。a：前部；AG：角回；ATC/ATL：颞叶前部；FG：梭状回；IFG/IFS：额下回；IPL/IPS：顶下回；MTG：颞中回；PC：后扣带回；pMTG：颞中回后部；SFG：额上回；SMG：缘上回；VMPFC：腹内侧前额叶。彩色版本请扫描附录二维码查看。

3.4.7），但未有实证研究证明暂时性前额功能低下是进入（或有助于进入）心流状态的基础（间接证据参见 Wollseiffen et al., 2016）。

5.2.3 与 α 波相关的大脑活动

马丁代尔是最早使用脑电技术对创造力进行研究的学者之一，其研究尤其关注脑电 α 波的活动（Martindale, 1999）。α 波活动与大脑皮层的激活呈负相关，因此高 α 波活动反映了皮层的低激活性。例如，早期研究发现，在创造性任务中表现出色的人，会表现出 α 波活动增强以及大脑皮层的兴奋性降低。但这仅限于创造性思维的灵感生成阶段（Inspiration Phase），在精细加工阶段（Elaboration Phase）并没有相关发现（Martindale & Hasenfus, 1978）。

α 波是 8—12Hz 频段的波段，它进一步细分为两个子频段，低频 α 波（8—10Hz）和高频 α 波（10—12Hz）。它们反映了信息处理的不同方面（Fink & Benedek，2014）。事件相关去同步化（Event-related Desynchronization, ERD）和事件相关同步化（Event-related Synchronization, ERS）分别指事件相关电位相对于激活间隔参考点的减小和增加。这两个指标都对高阶认知能力敏感。例如，低频 α（8—10Hz）的ERD被认为反映了诸如警惕性和唤醒之类的注意过程，而高频 α（10—12Hz）的ERD则受特定任务的调节，如语义记忆过程（Klimesch, 1999）。相比之下，ERS或 α 波段功率的增加被解释为个体处在一种“皮层空转”（cortical idling）或信息加工减少的状态（Pfurtscheller, Stancák, & Neuper, 1996）。

113

虽然 α 波频段和产生 α 波的不同脑区在创造性观念生成和观念评价阶段发挥作用的方式尚不清楚，但大量研究一致证明，α 波ERS的增强（或ERD的减弱）与创造性观念生成有关，这在发散性创造思维任务中表现得尤为明显（Fink & Benedek, 2014）。此外，创造性观念生成的独创性水平越高，α 波的ERS就越高，尤其是在大脑右半球（Schwab, Benedek, Papousek, Weiss, & Fink, 2014）。事实上，通过经颅交流电流刺激（transcranial Alternating Current Stimulation, tACS）暂时增强额叶部位的 α 波能量，可以显著提高创造性能力倾向测验的成绩（Lustenberger, Boyle, Foulser, Mellin, & Fröhlich, 2015）。α 波活动不仅反映了内部导向的注意状态，而且是一种神经门控机制，可以防止外界刺激导致个体分心，从而影响内部的想象状态（Benedek, Schickel, Jauk, Fink, & Neubauer, 2014）。

科学文献中已有的关于创造力和脑电 α 波关系的发现是相对一致的。但需要记住，在脑电研究中，研究者一直很关注对 α 波活动的解释。这在一定程度上是因为“脑电 α 波活动不是一种单一的脑活动现象，它是由不同频率、不同振幅的信号组成的”（Bazanova & Vernon, 2014, 106）。研究者指出“α 波一般不反映大脑‘被动状态’或‘大脑空转’”（Başar, 2012, 21），相反，“α 波频段的同步性……在自上而下控制中起着重要作用”（Bazanova &

Vernon, 2014, 106)。这些观察结果对于解释大脑 α 波活动与创造性认知的关系有着重要的意义。

114

5.2.4 其他特殊的感兴趣脑区

除了额叶，在创造力研究中受到特别关注的其他脑区还包括楔前叶、海马和基底神经节。楔前叶位于内侧顶叶皮层的背侧区域(BA 7)，参与了多种心理功能，包括情景记忆提取、与自我有关的操作和视觉空间想象(Cavanna & Trimble, 2006)。它也与创造性发散思维存在正相关(Beaty et al., 2015; Chen et al., 2015; Jauk et al., 2015)。与相邻的后扣带回(PCC)一样，楔前叶被认为是DMN的一部分，所以它常被认为在创造性思维中发挥着特殊作用。有趣的是，在最初描述DMN的一篇论文中指出，"7m区(内侧后顶叶皮层)和PCC之间确实存在连接，这可能是沿着后部中线观察到的激活模式的基础，但我们怀疑7m区不是DMN网络的核心组成部分"(Buckner et al., 2008, 9)。关于楔前叶功能的争议(一般与DMN和CEN有关)，很少在创造力研究文献中被提及。例如，研究发现，在静息状态下，楔前叶和DMN之间的连接增加；但在任务期间，楔前叶和CEN之间的连接增加(Utevsky, Smith, & Huettel, 2014)。该发现对于基于功能连接的创造力研究具有重要的意义，但其在很大程度上仅被解释为楔前叶参与了与DMN相关的功能(例如，Zhu et al., 2017)。

另一个越来越受到关注的DMN的脑区是内侧颞叶中的海马。海马在情景记忆中的作用已得到了广泛证实(Cabeza & St Jacques, 2007; Svoboda, McKinnon, & Levine, 2006)，它在创造性思维中的作用是参与了灵活的认知过程(Rubin, Watson, Duff, & Cohen, 2014)和想象操作(Abraham, 2016)。有研究者对5名海马损伤患者进行了研究，发现他们在聚合性创造思维以及言语和图形的发散性创造思维方面表现不佳(Duff, Kurczek, Rubin, Cohen, & Tranel, 2013; Warren, Kurczek, & Duff, 2016)。然而，很少有神经影像学研究报道海马参与创造性思维。现有有限的证据表明，海马可能对创造性思维中的适宜性(而非独创性)的加工非常敏感(Huang, Fan, & Luo, 2015)。

最后一个相关脑区是基底神经节，它是CEN的核心结构，参与认知和行为的抑制控

115

制(Aron, 2007)。多项神经影像学研究表明，基底节的灰质和白质的体积越大(Jauk et al., 2015; Takeuchi et al., 2010a, 2010b)，其内部的功能参与和连接就越强(Erhard, Kessler, Neumann, Ortheil, & Lotze, 2014a; Lotze, Erhard, Neumann, Eickhoff, & Langner, 2014)，创造力任务表现就越好。此外，也有一项研究发现了相反的模式(Jung et al., 2010)，它更符合行为研究的结果，例如，较弱的认知抑制(或认知去抑制)与更好的创造性成就相关(例如，Carson et al., 2003)。这表明，一些研究发现抑制控制的参与和更好的创造力表现相关，而另一些研究则发现抑制控制的降低会导致创造力的增强。这里便出现了一个问题，即如

何理解和协调这些相互冲突、矛盾的观点呢？一种可能性是，认知去抑制在信息处理方面的优势只在创造性想法产生的特定阶段才出现，这也确实被一些神经心理学研究所证实。例如，基底节病变患者在创造性认知的某些方面表现较差（如“创造性意象的实用性”或产生功能性发明的能力），但在创造性认知的其他方面，他们的表现不受影响（如“创造性意象中的独创性”或产生独特发明的能力），甚至表现更好（在创意生成过程中克服了样例的限制）（Abraham, Beudt, et al., 2012）（见章节 5.3.5）。

5.3 “过程到大脑”的解释

另一种基于局部解释来理解创造性思维的路径是从创造性认知的特定过程开始的，并评估这些过程的大脑基础（Abraham & Windmann, 2007; Finke et al., 1996），以此将它们与相关脑区的功能联系起来。与创造性神经认知相关的心理过程（也可参见章节 3.4）包括：解决分析问题（顿悟）的“啊哈”体验，扩展现有的概念知识结构以融入新的元素（概念扩展），克服优势信息的干扰影响（克服知识限制），通过组合简单的抽象元素（创造性意象）来想象新颖和实用的客体，将一个领域的知识应用到另一个领域以解决问题（类比推理），以及获得对不同语境下的特定现象的概念性理解（隐喻加工）（见专栏 5.3）。 116

5.3.1 顿悟 117

我们都有过陷入僵局、无法解决问题的经历。这时挫败感会接踵而至。但通常当我们暂时脱离问题情境后，一个解决方案可能突然出现在意识中，似乎不知道从哪里冒出来的。这种“惊喜”时刻或“啊哈”体验通常被称为顿悟，它是创造力的神经认知研究中被探究最广泛的心理过程（Kounios & Beeman, 2014）。顿悟体验会在解决问题的过程中突然出现。顿悟被认为与创造力尤为相关，因为这种伴随着解决方案突然达成的感觉，是克服功能固着和进行视角转换的结果。与顿悟相关的脑区是右侧颞叶前部（DMN和SCN的核心区域之一），包含部分颞上回和颞中回（Chi & Snyder, 2011; Jung-Beeman et al., 2004）。

CEN的部分脑区也被证明与问题解决中的顿悟有关，如背外侧PFC、腹外侧PFC和前扣带回。然而，不同的研究结果还需进一步整合。一些研究表明腹外侧区参与了顿悟过程（Aziz-Zadeh, Kaplan, & Iacoboni, 2009），而另一些研究表明，背外侧区的损伤与更好的顿悟任务表现有关（Reverberi et al., 2005）。因此，不同的前额叶区域在顿悟中的作用尚待进一步研究。

由于顿悟的时间特异性，使用EEG方法研究这个过程非常有效，这个方法可以用来揭示顿悟的神经特征。研究表明，一些EEG能量指标与顿悟过程有关，如顿悟发生前右

专栏 5.3 创造性认知过程之间的交互作用

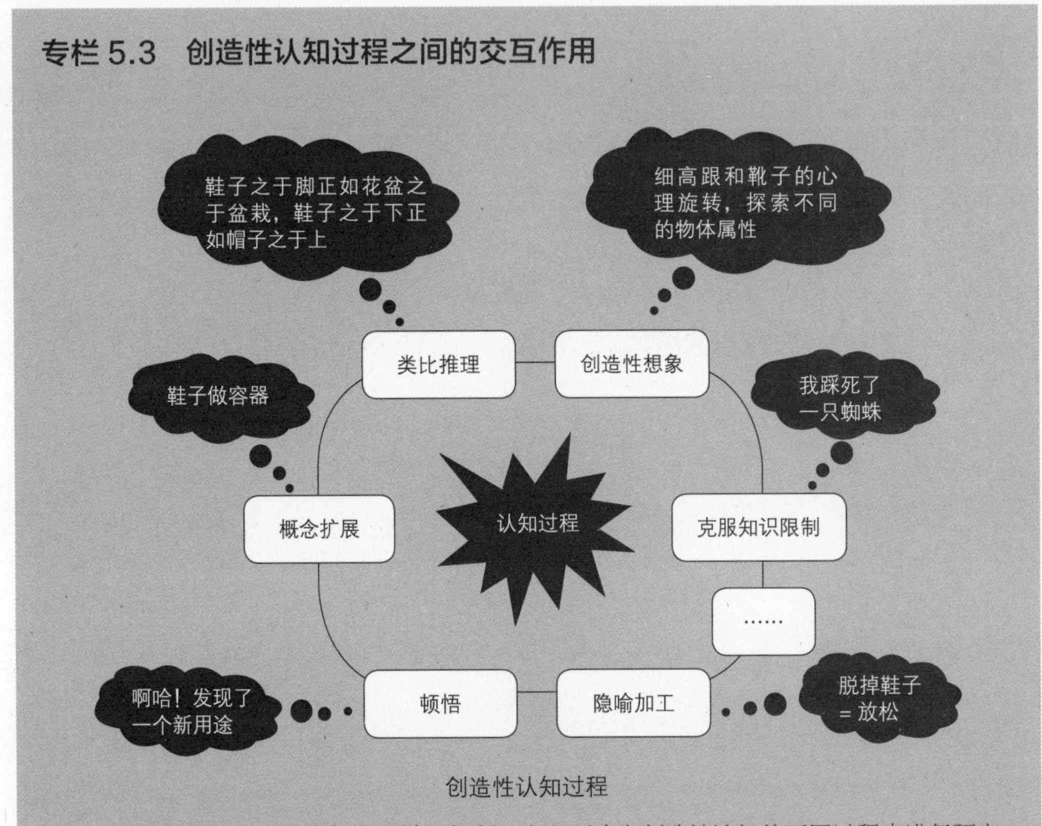

创造性认知过程

为了揭示创造力的信息加工和神经机制，有必要分离创造性认知的不同过程来进行研究。在知觉、认知和行为的各个方面都已经使用了这种方法进行研究。但是必须注意的是，这些过程并不是彼此独立的，它们之间存在交互作用。事实上，当我们在任何领域努力追求创造性成果时，这些过程都是相似的。上面的示意图使用了一个假设性的例子来说明按照创造力的"生理学"方法进行研究，又同时涉及创意生成的心理活动的综合动态过程（改编自 Abraham, 2014a）。

侧顶枕区的 α 波活动增加，而顿悟发生时右侧颞区的 γ 波能量增加（Kounios & Beeman, 2014）。"α 波顿悟效应"是指 α 波活动反映了神经抑制，即"瞬时感觉门控"，它能减少干扰性输入的噪声，从而易化为对微弱的、无意识激活的问题解决方案的提取。而"γ 波顿悟效应"是指 γ 波活动意味着当一个人意识到解决方案时的"绑定信息的机制"（Kounios & Beeman, 2014, 79–80）。α 波能量的增加与问题解决过程中内在的或自我生成的顿悟有关，而 α 波能量的下降与外在诱导的顿悟（通过暗示或提供解决方案）有关（Rothmaler, Nigbur, & Ivanova, 2017）。

5.3.2 类比推理

请完成以下句子：小猫对猫，正如小狗对______（Kitten is to cat as puppy is to _____）。这是一个简单类比的例子（参见章节 3.4.2），其中概念之间的关系映射（A:B::C:D）是在两个非常相似的上下文中进行的[小猫：猫]以及[小狗：狗]。然而，通过改变语境之间的语义距离，类比迁移会变得更具挑战性。例如，失明对视力，正如贫穷对_____（Blindness is to sight as poverty is to _____）。这是一个更复杂的类比的例子，其中的关系映射需要在不同的上下文情境中形成：[失明：视力]以及[贫穷：金钱]。然而，值得注意的是，这些领域间的表面差异遮掩了洞察领域内概念之间更深层的相似之处的潜在可能性（Green et al., 2012）。

类比推理通常指一种信息处理方式，将高度熟悉领域中的概念知识节点的性质和关系应用到另一个不太熟悉的领域，以解决问题或更好地理解问题的情境（Holyoak & Thagard, 1995; Speed, 2010）。类比推理的一个典型例子是欧内斯特・卢瑟福（Ernest Rutherford）对太阳系结构和原子结构之间的类比映射。这是一个革命性的概念性进展，奠定了由英国物理学家、诺贝尔奖获得者约瑟夫・约翰・汤姆孙（Joseph John Thomas）提出的梅子布丁模型的主导地位。类比推理被认为是理解创造力的核心，因为创造性的想法是通过在先前不相关或只有弱关联的概念之间，建立新的概念联系而产生的，因此，它与科学创造力的关键进步有关（Dunbar, 1997）（章节 12.2.2）。

大量证据支持这样一种观点，即额极（BA 10）通常是涉及类比推理处理的关键结构（Urbanski et al., 2016）。这与额极在信息处理过程中（特别是考虑到其独特的解剖特征时）的功能作用相吻合。额极参与整合多种认知操作（Ramnani & Owen, 2004）。在进行复杂的关系推理和概念的关系整合时，对多种认知操作进行整合是很有必要的（Christoff et al., 2001; Parkin, Hellyer, Leech, & Hampshire, 2015; Wendelken et al., 2008）。有证据表明，额极的这种功能特异性也延伸到了创造性类比推理过程（Green, 2016; Green et al., 2012）。为了证明这一点，相关研究需要评估发现或生成新的类比时的大脑活动模式，但鉴于创作过程的不可预测性，这一点又很难做到。到目前为止，这种在相似或不相似语境中进行类比的方法，已经被用于探索推理过程的大脑活动。

119

5.3.3 隐喻

隐喻加工是另一个通过映射不同上下文之间的相似性来处理学习、表达或发现的领域（另见章节 3.4.3）。隐喻和类比之间的区别在于，在隐喻情况下（例如，你的词是空洞的），联想的关系性并不像类比那样具有方向性的指示。语言隐喻是指“由于所涉及的参照物中存在真实或隐含的相似之处，用本属于某个情境的词或表达方式去表达另一个情境中的意义”（Anderson, 1964, 53）。概念性隐喻的含义远不止于此，因为隐喻主要被视为概念性的，其次才被视为语言的、手势的或视觉的（Lakoff, 2014）。阿瑟·科斯特勒（Arthur Koestler, 1969）很早就注意到隐喻加工与创造力之间的相关性。他假设科学、艺术和幽默的独创性源于两个不相关的思维矩阵的双联（Bisociation）或并置（Juxtaposition），而不是单纯的联结（Association）。

与其他创造性认知过程相比，参与隐喻加工的脑区并不明确，涉及数个大脑区域。这里重点关注在多个跨范式的研究中，有一致发现的几个脑区。大量对语义加工的研究表明，隐喻加工涉及与语义认知相关的脑网络的特定区域（Binder et al., 2009; Bookheimer, 2002），尤其是额下回（BA 45 和 47）和左侧角回的前部（BA 39）（Beaty, Silvia, & Benedek, 2017; Benedek, Beaty, et al., 2014; Rapp, Leube, Erb, Grodd, & Kircher, 2004; Rutter, Kröger, Stark, et al., 2012; Stringaris, Medford, Giampietro, Brammer, & David, 2007）。这些脑区在语义加工中有特殊作用，额下回前部（也称为腹外侧前额叶皮层）的作用是控制语义检索，而角回（神经科学文献也将角回部分称为颞顶联合区）通过整合多种感觉信息来辅助概念关联的检测（Badre & Wagner, 2007; Lau et al., 2008; Seghier, 2013）。

120

5.3.4 概念扩展

试试下面这个富有想象力的练习：请你想象一个鸡蛋，它应该不像一个典型的鸡蛋，而是一种从未有人见过的蛋，一种全新的蛋。一旦你想到了，就画出你想象的鸡蛋。在上面这个练习中，你的任务就是思考你想的这个鸡蛋在形状、大小、质地、密度等方面与普通鸡蛋有多大的不同。一个典型的鸡蛋具有圆形、对称、易碎等特征。你想的鸡蛋与典型鸡蛋越不相同，你的概念扩展的能力就越强（参见章节 3.4.5）。

概念扩展是创造性认知的一个核心的心理过程，它指的是扩展我们的概念或超越已建立的语义知识概念结构的限制的能力（Ward, 1994）。它是创意生成的基础，因为想要创造一个独创的想法，就必须通过添加新的元素来修改现有的概念。神经影像学研究表明，在概念扩展过程中，CEN的一些脑区［如额极（BA 10）和腹外侧PFC（BA 45 和 47）］以及DMN的脑区［如颞极（BA 38）］都参与其中（Abraham, 2014a）。这些脑区也是SCN的重要组成部分（Binder & Desai, 2011），在不同的实验范式中均发现它们参与了与发散思维以及高认知需求相关的概念扩展过程（Abraham, Pieritz, et al., 2012），以及与语义新颖性和语义适宜性加工相关的概念扩展过程（Kröger et al., 2012; Rutter, Kröger, Stark, et al., 2012）。EEG研究表明，有两个事件相关电位（ERP）成分与概念扩展有很高的相关性，分别是N400（与语义独创性相关）（Kutas & Federmeier, 2011）和一个ERP晚期正成分（与语义知识的整合相关）（Brouwer, Fitz, & Hoeks, 2012），它们同为概念扩展的神经信号特征（Kröger et al., 2013;

Rutter, Kröger, Hill, et al., 2012)。

5.3.5 克服知识限制

121

另一个富有想象力的活动是：请你现在不去想你的妈妈，你能做到吗？我怀疑这对你来说是一项艰巨的任务，对几乎所有人来说都是如此。仅仅是告诉某人不要去想某件事，会产生相反的效果。这个简单的练习揭示了当我们试图产生一个新的想法时所面临的一个障碍，也就是说，我们很难超越我们已知的东西。我们的知识可以通过施加概念上的限制，来制约我们的创造力。因此，创造力所需的一个重要的认知能力是能够克服知识的限制从而创造出新的东西。个体被知识所限制的倾向，可以通过评估其抑制典型样例影响的能力来检验。这些优势样例激活了其知识背景，阻碍个体想象出新的东西(Smith et al., 1993)(另见章节 3.4.6)。神经心理学证据表明，大脑顶－颞区(与DMN和语义控制网络相关)的损伤伴随着克服知识限制能力的下降(Abraham, Beudt, et al., 2012)，这一脑区的病变通常与持续的语义干扰反应相关(Corbett, Jefferies, & Ralph, 2009, 2011)。结构神经影像学研究表明，该部分脑区皮层越厚，个体的创造表现和创造成就便越好(Jung et al., 2010)。

然而有趣的是，CEN的特定脑区(基底神经节和额极)的损伤与创造性观念生成过程中克服典型样例限制的能力增强有关(Abraham, Beudt, et al., 2012)。这种优势是特定于创造性观念生成过程的，因为这两个脑区的损伤对创造力的其他方面并没有表现出益处。这种信息加工的优势也特异于上述两个脑区，因为CEN的其他脑区(如外侧前额叶皮层)的损伤，对克服创造性观念生成中典型样例的限制，并没有显著的正向或负向影响。此前我们曾讨论过这样一种假设(章节 5.2.1)，在CEN部分受损后，那些侵入思维过程并抑制创造性观念生成的凸显的或活动的情境，变得不那么强有力，从而有利于创造力活动。这种假设不仅适用于解释CEN部分受损对克服知识限制的有益作用，也适用于解释其对创造性顿悟和即兴创作的促进作用。

5.3.6 意象

122

从神经科学研究的早期开始，心理意象就一直是一个广受关注的研究话题。许多研究试图探讨参与感知加工的脑区是否也参与了心理意象过程，研究结果表明事实确实如此(Pearson & Kosslyn, 2015)。心理意象被认为在科学发现和艺术表达中发挥着重要作用，例如，据说凯库勒对苯分子结构的顿悟，来自他在做白日梦时，梦到一条蛇咬自己尾巴的意象。创造性意象最具代表性的是抽象的、生动的视觉想象，它有助于产生新的观点(Finke, 1990)(另见章节 3.4.4)。

与其他创造性认知过程不同，关乎创造性意象过程的神经科学研究很少。如果从一致性的角度来看，现有有限的证据也暗示了一些模式。研究意象的任务差别很大，有的任务是利用一组简单的几何元素创建独特且实用的组合（Abraham, Beudt, et al., 2012; Aziz-Zadeh et al., 2012），有的任务则是更具体的任务，如要求人们创作一本书的封面或一件艺术品（De Pisapia, Bacci, Parrott, & Melcher, 2016; Ellamil et al., 2012; Li, Yang, Zhang, Li, & Qiu, 2016）。

有证据表明，在完成创造性意象任务过程中，DMN和CEN间存在动态交互作用（De Pisapia et al., 2016; Ellamil et al., 2012）。一些研究者特别主张CEN的不同区域在创造性意象中所起的作用，如与非创造性意象相比，创造性意象会导致背外侧和腹外侧PFC的激活（Aziz-Zadeh et al., 2012; Huang et al., 2013）。神经心理学研究表明，基底节（CEN）和颞－顶外侧皮层（DMN，SCN）病变的患者表现出更差的创造性意象（仅在实用性指标上，即生成产品的功能性，表现更差）。然而，外侧前额叶皮层（CEN）损伤的患者在创造性意象任务中的独创性和实用性方面均表现不佳（Abraham, Beudt, et al., 2012）。

123

5.4 局部解释的批判性评价

如果回顾前面的章节，你会发现局部解释存在的问题是显而易见的。由于聚焦在细节层面，研究者面临着纷繁复杂的信息，例如，不断增多的大脑感兴趣区域，各种需要注意的认知过程，将这些过程操作化为任务时的多样性，以及不同认知过程与某个特定脑区（如额叶）、大脑系统（α 活动）或大脑网络（默认模式或中央执行或语义认知网络）之间复杂的交互作用。要清楚理解上述纷繁复杂的信息非常具有挑战性。当面对许多细节时，即使在结果中发现了主要的大脑模式，研究者也不知道该如何解释。为了使结果更容易理解，研究人员往往不得不妥协，他们会更聚焦于某个过程或大脑感兴趣区，而忽略了其他部分，这往往会导致严重的偏差。

那么，为什么要采取基于过程的方法呢？事实上，如果我们的首要目标是勾勒出人类生活中不同背景下创造性思维的信息加工和神经机制，并能够就此提出强有力和有效的理论，那么人们就需要采取局部解释。虽然在创造力研究中局部解释目前仍蓬勃发展，但也受到限制。其他认知和想象领域（如记忆或社会认知）在局部解释方面可能做得更好，因为全世界有大量的研究团队和科学家致力于研究这些领域的关键问题；此外，还有良好的研究环境帮助研究者在该领域取得进展，以及有为支持这些研究而提供的大量资助机会和倡议。这种情况在创造力研究中是缺乏的，尽管创造力研究也在迅速发展，但研究者投入其中的动力和批判性讨论，远未达到推动该领域真实且快速发展所需的程度。

因此，反对采纳局部解释的主要理由是目前与创造力神经科学研究相关的基础设施和经费投资不足，导致研究进展缓慢。其后果是理论方面缺乏创新，特别是与全局观点[基于网络（Abraham, 2014a; Beaty et al., 2016）/进化原理（Dietrich, 2015; Jung et al., 2013]对比更是如此。这个领域需要新的想法，既要进行经验性的检验，又要在生态学和生物学上有效，同时还要揭示潜在的机制。因此，越来越少研究者选择遵循局部观点的研究方向，也就不足为奇了。

124

本章总结

- 创造性生理学方法的局部解释，聚焦于解释参与创造性认知的特定过程的特定脑区。
- “大脑到过程”的局部解释侧重于描述神经指标，这些指标可作为创造性认知的特定生物标志。
- 额叶是“大脑到过程”的解释中涉及的核心区域，包括额叶功能和机能障碍，以及暂时的额叶功能低下。
- 电生理学的研究表明大脑活动中 α 能量的增加与创造性认知相关。
- “过程到大脑”的局部解释侧重于特定的创造性认知过程，并试图揭示其潜在的神经认知机制。
- 额叶与类比推理和概念扩展密切相关，腹外侧PFC参与概念扩展和隐喻加工。
- CEN的部分功能失调有助于促进问题解决过程中的顿悟，有利于在创造性观念生成过程中克服优势样例的限制影响。

回顾思考

1. 以大脑为基础对创造力的局部解释是怎样的？
2. “大脑到过程”的主要解释是什么？
3. “过程到大脑”的主要解释是什么？
4. 在解释与创造力相关的大脑活动模式时，会出现什么问题？
5. 考虑并概述每个局部解释所带来的概念发展。

拓展阅读

- Abraham, A. (2014). Creative thinking as orchestrated by semantic processing vs. cognitive control brain networks. *Frontiers in Human Neuroscience, 8*, 87–95.
- Fink, A., & Benedek, M. (2014). EEG alpha power and creative ideation. *Neuroscience and Biobehavioral Reviews, 44*, 111–123.
- Green, A. E. (2016). Creativity, within reason semantic distance and dynamic state

creativity in relational thinking and reasoning. *Current Directions in Psychological Science, 25* (1), 28–35.

- Kounios, J., & Beeman, M. (2014). The cognitive neuroscience of insight. *Annual Review of Psychology, 65*, 71–93.
- Martindale, C. (1999). Biological basis of creativity. In R. J. Sternberg (Ed.), *The Cambridge handbook of creativity* (pp. 137–152). New York: Cambridge University Press.

第6章

创造力研究中的神经科学方法

“这是一片广袤的土壤，它的纤维将遗忘的事物埋葬……我的意识就来源于你的某处，像一束复杂的光亮。”

——玛格丽特·阿特伍德（Margaret Atwood）

学习目标

- 了解如何将神经科学方法应用于创造力研究
- 了解功能神经影像学方法的聚焦范围
- 掌握结构神经成像方法相关的优势
- 认识到基于电生理学方法的优势
- 区分多种神经调节方法及其效果
- 思考神经心理学方法所提供的独特见解

6.1 绘制大脑图谱：大体解剖、电活动和血流

人类似乎有一种收集关于世界的各方面信息的嗜好，并以典型且易理解的方式总结和记录这些信息。其中一种常见的方式就是构建地图，可用于记录一系列自然和文化景观（Brunn & Dodge, 2017）。类似地，很久以前人类就致力于对人脑各区域进行标记，并对它们的功能进行总结。这种对大脑结构和功能的探索可以追溯至古代。已知最古老的脑地图出现在公元前3世纪的“亚历山大系列图集”（Alexandrian Series）中（Harp & High, 2017）。最早进行大脑解剖的学者是盖伦（Galen）（129—210）。由于解剖人类在古罗马是被禁止的，因此盖伦通过对哺乳动物的解剖，推论出人类的神经系统也是一个网状结构。这一发现极大影响了早期的基督教思想家，如圣奥古斯丁（St Augustine）（354—430）进一步提出了脑室学说，将脑的三个中空区域称为“脑室”，认为每个脑室都拥有其独特的能力。勒内·笛卡尔（René Descartes）（1596—1650）则将感知眼睛与四肢的大脑区域添加在了脑地图上，从根本上扩展了大脑结构和功能之间的关系。安德烈·维萨里（Andreas Vesalius）（1514—1564）被誉为现代人体解剖学的创始人，他在其重要著作《人体组织》（*On the Fabric of the*

Human Body）中提供了精美详细的插图以描绘大脑的解剖学结构，其中包括大脑皮层的脑回、胼胝体、视神经交叉、小脑、基底神经节等。

随着技术的进步，人们可以观察到更精细的解剖细节。研究的焦点从描绘大脑的宏观结构转向描绘大脑的微观结构上。这为圣地亚哥·拉蒙·卡哈尔（Santiago Ramón y Cajal）（1852—1934）所阐述的神经元学说铺平了道路。卡哈尔发表了《人和脊椎动物神经系统的结构》（*Texture of the Nervous System of Man and the Vertebrates*）等著作，其中收录了大量精美的脑细胞微观结构图。卡哈尔的基本观点是，大脑是由细胞组成的，这些细胞不是在网络中相互连接的，而是在空间上相互分离的。科比尼安·布罗德曼（Korbinian Brodmann）（1868—1918）利用不同脑区细胞结构特性的差异，绘制了一幅包含 52 个不同脑区的细胞结构图。时至今日，"布罗德曼分区"仍然被用来指代大脑的特殊区域。例如，额极对应布罗德曼 10 区，或简称为BA 10。

尽管揭示心理功能相关的脑结构的工作开始于诸如莫索（Mosso）循环设备（见专栏 6.1）之类的简易设备的发明，但这些人物是神经心理学研究的先驱，探索了特定的脑损伤与心理功能缺陷之间的关联（见专栏 6.2）。保罗·布洛卡（Paul Broca）（1824—1880）的研究开创了这一领域的先河，他的研究表明，额叶特定区域（额下回）的病变导致言语生成障碍。从那时起，这种病症就被称为"布洛卡失语症"。最著名的早期经典个案之一是菲尼亚斯·盖奇（Phineas Gage），他在一场事故中幸存了下来，当时一枚铁棒在爆炸中击中了他的头部。铁棒从他的左脸颊底部插入，向上穿过眼后，损伤了左额叶的部分脑区，包括眶额前部到背侧、内侧、外侧前额叶。约翰·哈洛（John Harlow）（1819—1907）对该病例进行了检查，他注意到脑部损伤导致了永久性的人格改变。专栏 6.3 讲述了如何在创造力研究中采用神经心理学方法。

128

专栏 6.1　安吉洛·莫索（Angelo Mosso）（1884）：第一个神经科学技术发明者

首个测量脑血流量的仪器是由莫索发明的。他在 1884 年提出假设：执行认知任务会导致流入大脑的血流量增加（转引自Sandrone et al., 2014）。在解释第一个用来测量脑功能活动的神经科学技术时，威廉·詹姆斯的报道如下：

> 受试者躺在一张保持着微妙平衡的桌子上，如果桌子一端的重量增加，桌子就会向头或脚倾斜。受试者一旦开始了情感或智力活动，由于血液在体内的重新分配，头部的重量会增加，桌子的头部那一端就会下降。（1891, 98）

尽管许多人对这一原始探索的有效性和可靠性表示怀疑（这是可以理解的），但事实上，在当代神经心理学中，依然存在原理类似的“循环平衡”仪器（Field & Inman, 2014）。

专栏 6.2　神经心理学方法

神经影像学方法在提供行为和大脑功能联系方面的实用性受到一些神经心理学家的质疑（Coltheart, 2013; Page, 2006）；然而，另一些研究者则论述了可以互补地使用神经科学方法和心理学方法的特定情境（Shallice, 2003）。临床、系统和认知神经科学家通常综合使用多种技术，以更好地理解心理功能与生理因素之间的关系。神经心理学领域的目标是通过检查大脑损伤导致的功能障碍，从生理学的角度理解人类的心理功能（Ellis & Young, 2000; Gurd, 2012; Heilman & Valenstein, 2012; Schwartz & Dell, 2010）。这可以通过对有特定神经损伤的个体进行个案研究，或对具有特定神经疾病或精神状况的目标人群进行群体研究来实现。在这两种情况下，基本思想是通过对脑损伤或脑功能缺陷导致的心理障碍进行分析，可以获取关于健康人脑的丰富信息。神经心理学方法的优点是它能够提供理论信息，缺点是不能完全排除伴随大脑功能障碍的共病（即副发病变：如情感缺失、肌肉运动受阻等）的影响。并且，这一方法对于脑损伤后的神经重组和可塑性也缺乏清晰的认识。了解这些大脑的自动愈合和应对机制，可以对我们理解心理和大脑功能的关系产生深刻影响。

129

专栏 6.3　创造力的神经生理学研究

目前，创造力领域已经使用了多种不同类型的基于神经心理学方法的研究设计来评估创造过程。例如：

• 关于特定神经系统损伤个体的个案研究（de Souza et al., 2010; Liu et al., 2009; Miller et al., 1996, 2000; Pring, Ryder, Crane, & Hermelin, 2012; Treffert, 2014; Zaidel, 2010）：其中常见的是对因特殊额颞叶损伤而表现出高创造力的患者进行研究，或对具有极高创造力的专家进行分析（见章节 4.2.2 和章节 10.4.3）。

• 关于创造力的神经病学群体研究：到目前为止，此类研究主要探查了额叶、颞顶叶皮层、基底节和海马体等不同部位的损伤对创造性认知的影响（Abraham, Beudt, et al., 2012; Duff et al., 2013; Mayseless, Aharon-Peretz, & Shamay-Tsoory, 2014; Reverberi et al., 2005; Shamay-Tsoory, Adler, Aharon-Peretz, Perry, & Mayseless, 2011; Warren et al., 2016）。

• 关于创造力的精神病学群体研究：主要研究了与躁郁症、精神分裂症、多动症和自闭症有关的创造力神经认知机制（Abraham et al., 2006, 2007; Andreasen, 1987; Craig & Baron-Cohen, 1999; Power et al., 2015; Soeiro-de-Souza, Dias, Bio, Post, & Moreno, 2011）。

• 准神经心理学方法：关注与创造力相关的亚临床人格特征，如精神质和分裂性人格与创造力的关系（Abraham, 2014b; Fink et al., 2013; Nettle & Clegg, 2006; Park, Kirk, & Waldie, 2015）。

怀尔德·潘菲尔德（Wilder Penfield）（1891—1976）是第一个实时刺激大脑并记录其活动的人。他发明了蒙特利尔疗法，即用电极刺激麻醉病人大脑皮层上的神经元。这个信号会引发行为反应，从而指导手术切口。利用这项技术，潘菲尔德创建了“至今仍在使用的大脑皮层与四肢和身体器官的连接地图”，加强了功能定位的经验基础（Harp & High, 2017, 133）。现代的脑刺激技术，如经颅磁刺激（Transcranial Magnetic Stimulation, TMS）和经颅直流电刺激（transcranial Direct Current Stimulation, tDCS）则试图干扰或调节神经活动（见章节 6.5）。

130

汉斯·伯杰（Hans Berger）（1873—1941）发明了脑电图（Electroencephalography, EEG），首次对清醒受试者的大脑活动进行了长时间记录（见章节 6.4）。人类脑电图首次被记录是在 1924 年，其使得通过颅外头皮电极记录细胞信号成为可能。在早期，使用这种非侵入性技术测量脑活动有着显而易见的效用，因为它能够检测到癫痫发作期的典型生理特征——尖峰波。

目前用于大脑研究的脑成像技术始于断层摄影（Tomography）技术的进步，断层摄影是指通过切片对物体的形态进行成像或再现。它是使用特定类型的穿透波进行的，如计算机断层扫描（Computed Tomography, CT）中的X射线，磁共振成像（Magnetic Resonance Imaging, MRI）中的射频波，正电子发射断层扫描（Positron Emission Tomography, PET）中的电子–正电子湮灭，以及单光子发射计算机断层扫描（Single-Photon Emission Computed Tomography, SPECT）中的伽马射线（见章节 6.3）。由于物体的密度和成分不同，波对不同物体的穿透率也不同，由此可以利用重建算法从剖面中生成图像。大脑活动增强会导致相关脑区血流量增加，因此大脑成像技术可以进行实时的基于血流动力学反应的功能成像（见章节 6.2）。经典的PET功能神经成像研究[如单个单词的视觉和听觉处理的神经基础（Petersen, Fox, Posner, Mintun, & Raichle, 1988）]，见证了现代认知神经科学的兴起；从那时起，各种脑成像技术百舸争流，竿头日上。

在接下来的章节中，我们将通过具有代表性的例子，对创造性思维的神经科学研究方法进行简要概述，以便更清楚地理解这类研究的目的和方法。

6.2 功能成像的方法

创造力研究领域最早的功能性神经影像学研究，使用了放射性示踪剂的局部脑血流（regional Cerebral Blood Flow, rCBF）技术，如氙气增强计算机断层扫描、PET和SPECT等（Bechtereva et al., 2004; Carlsson et al., 2000; Chávez-Eakle, Graff-Guerrero, García-Reyna, Vaugier, & Cruz-Fuentes, 2007）。虽然一些创造力研究已经使用近红外光谱成像技术（Near-Infrared Spectroscopy, NIRS; Folley & Park, 2005; Gibson, Folley, & Park, 2009），但功能磁共振成像技术（fMRI）还是创造力研究中最主要的脑成像技术（Dietrich & Kanso, 2010），就如它在认知神经科学研究中的重要地位一样（Huettel, Song, & McCarthy, 2014; Otte & Halsband, 2006; Rinck, 2017; Shibasaki, 2008）。

131

rCBF技术是通过热扩散，测量在一定时间内脑血流到特定脑区的速率。它以放射性示踪剂技术为基础，受试者吸入或注入少量放射性同位素（可在体外检测到该物质的放射活动），由此探测脑血流的变化。相比之下，功能磁共振成像不涉及任何异物的摄入。相反，它是通过检测体内血液氧合变化来工作的。依据体内平衡原理，富含营养物质（如氧和葡萄糖）的血液会快速输送到活跃的身体组织，如大脑的神经组织里。fMRI信号反映了氧合血红蛋白与脱氧血红蛋白比例的变化，因为当强磁场作用于大脑时，可以检测到氧合血红蛋白与脱氧血红蛋白磁性的差异。与其他成像技术相比，功能磁共振成像有几个优点，如无创伤性以及测试时间可以更长（Raichle, 2009; Savoy, 2001）。目前使用fMRI的神经生理学研究已经证实了神经活动与区域脑血流之间的耦合关系（Logothetis, Pauls, Augath, Trinath, & Oeltermann, 2001）。

6.2.1 以放射性示踪技术为基础的rCBF技术

2000年，卡尔森（Carlsson）等人首次进行了创造力的神经影像研究，他们探讨了创造性思维中个体差异与大脑的关联，特别是与创造力相关的右脑优势假说（有关大脑的全局解释，请参见章节4.2.1）。具体来说，他们预测，在创造性思维期间，高创造力个体会表现出双侧额叶的参与，而低创造力个体仅表现出单侧左额叶的参与（Carlsson et al., 2000）。他们的结果在很大程度上证实了他们的假设：与低创造力组相比，高创造性组主要表现出双侧脑活动增加或保持不变；而低创造力组则主要表现出前额叶前部区（额极）、额颞区（腹外侧前额叶、颞极）、额上区（背外侧前额叶）的脑活动降低（这些脑区在创造性认知中的作用见章节4.2.3和章节5.1；也可参见图6.1）。

132

那么如何区分创造力高或低的个体呢？在上述研究中，高/低创造力的受试者是根据其在创造性功能测试（Creative Functioning Test, CFT）中的表现被挑选出来的。CFT是一项瑞典的创造性视觉感知测试。在正式实验中，高/低创造力受试者（每组12名男性）完成了三个言语任务：自动语音任务（从数字1开始按顺序大声计数）、单词流畅性任务（尽可能多地大声说出以字母“f”开头的单词，然后是“a”和“s”），以及非常规用途任务（尽可能

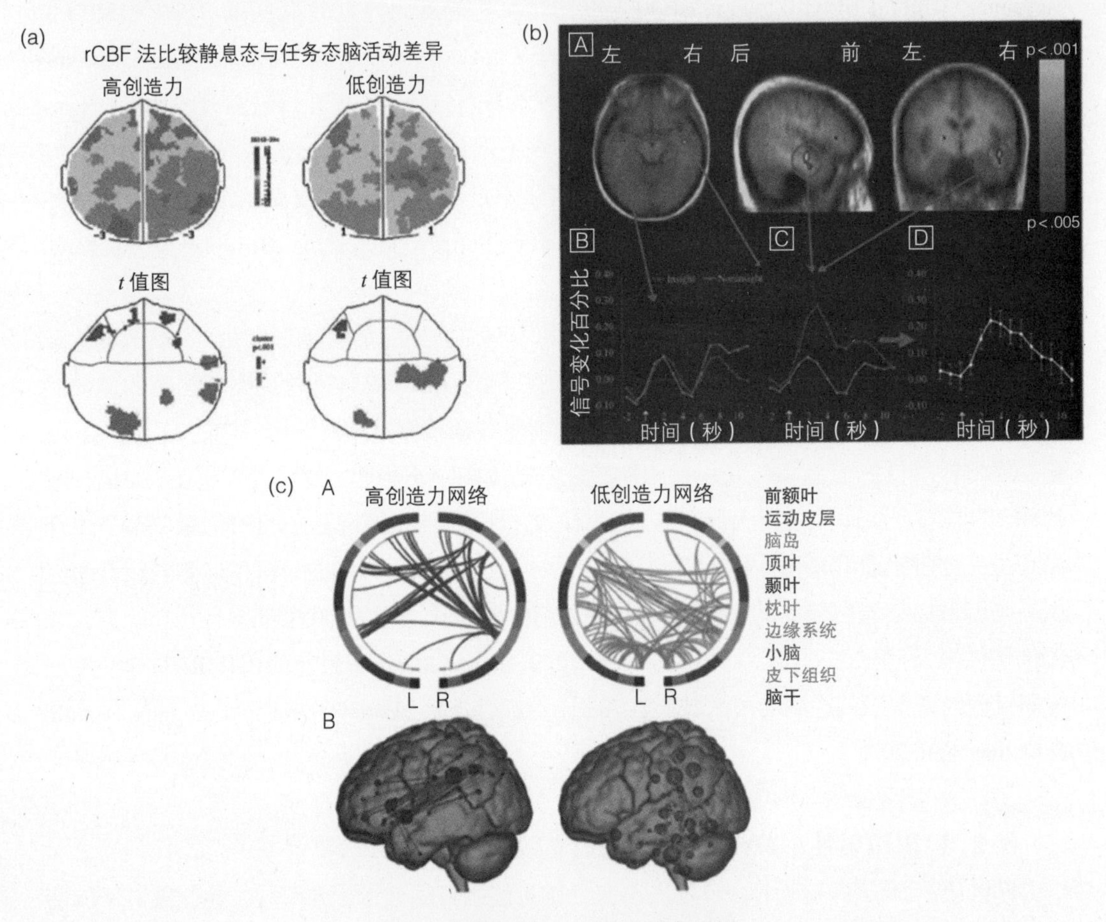

图6.1 功能成像：创造力研究样例

（a）一项PET研究显示，在思考砖头的非常规用途时，创造力高/低者的区域脑血流量(rCBF)存在差异。转载自*Neuropsychologia*, 38, Carlsson, I., Wendt, P. E., & Risberg, J. (2000). On the neurobiology of creativity: Differences in frontal activity between high and low creative subjects, 873–885, 经Elsevier许可。（b）一项功能磁共振成像研究，比较了在创造性与非创造性问题解决过程中，左右半球前后部分脑区的活动差异。转载自*PLoS Biology* 2 (4): e97, Jung-Beeman, M., Bowden, E. M., Haberman, J., Frymiare, J. L., Arambel-Liu, S., Greenblatt, R., Reber, P, J., & Kounios, J. (2004). Neural activity when people solve verbal problems with insight.（c）一项fMRI研究，揭示了高/低创造力个体的左右半球脑网络连接差异。转载自*Proceedings of the National Academy of Sciences*, 201713532, Beaty, R. E., Kenett, Y. N., Christensen, A. P., Rosenberg, M. D., Benedek, M., Chen, Q., Fink, A., Qiu, J., Kwapil, T. R., Kane, M. J., & Silvia, P. J. (2018). Robust prediction of individual creative ability from brain functional connectivity. 彩色版本请扫描附录二维码查看。

多地大声说出砖头的用途，无论是普通的还是不常见的）。在上述任务期间，研究人员会记录受试者的脑活动信号。行为评价指标包括单词流畅性任务中每分钟生成的单词数（忽略第一分钟和最后一分钟的回答）和非常规用途任务中生成的观点类别数（对应发散思维中的“灵活性”）。该实验没有提供与创造性的重要评价指标有关的数据，例如非常规用途任务中观点的“流畅性”或“独创性”。该研究发现，高低创造力组在单词流畅性任务中的词汇流畅性，以及非常规用途任务中的灵活性上没有显著差异；但CFT中的概念灵活性与非常规用途任务的灵活性有显著正相关，且在高创造力样本中相关更为显著。

卡尔森等人（2000）在一个本科生样本中，研究了创造性思维个体差异的大脑基础（其研究的创造力为“普通”创造力，见专栏2.1）。另一个由罗莎·奥罗拉·查韦斯－埃克尔（Rosa Aurora Chávez-Eakle）领导的团队则在拥有更高创造力水平的人群中，进行了同样的探索（其研究的创造力为“大”创造力）。该实验的受试者是根据托伦斯创造性思维测验（TTCT；见章节2.2.1）中图形创造力的表现，从大样本中筛选出来的，其中包括40名获国家或国际奖项的艺术家和科学家。如果受试者的TTCT创造力测验得分非常高，即能够达到前百分之一的“天才”水平，则将其分配到高创造力组，然后将他们的大脑活动和行为表现与拥有中等TTCT创造力得分的普通群体进行对比（Chávez-Eakle et al., 2007）。

134

在查韦斯－埃克尔的研究中，高创造力和中等创造力的受试者（每组12个，未报告性别分布，未报告每个组中艺术家或科学家分布）在大脑成像期间完成一项非常规用途任务（尽可能多地报告纸板箱“有趣、不寻常、智能”的用途）。对比两组受试者的大脑活动发现，高创造力者在先前研究报告过的相似区域处，表现出更强的区域脑血流活动——即左侧额中回（额极：BA 10）和左侧眶额皮层（腹外侧前额叶：BA 47）区域。其他出现差异的脑区包括双侧前运动皮层、右眶额皮层、左颞下回和小脑右丘脑。研究者还进一步分析了不同区域的大脑活动水平与非常规用途任务的观点独创性、灵活性和流畅性之间的关联，发现额极血流量水平与观点独创性呈正相关，而前额叶腹外侧皮层的血流量则与观点流畅性和灵活性呈正相关。行为数据则显示，高创造力者与一般创造力者在TTCT的各指标上均存在显著差异（包括图形创造力指标，言语创造力指标，思维独创性、流畅性和灵活性；Chávez-Eakle et al., 2007）。

卡尔森等人里程碑式的研究为后来的神经影像学研究指明了道路，其优点主要有以下几方面。首先，他的假设是理论驱动的，相比之下，查韦斯－埃克尔等人的研究则主要是实证探索性的。其次，卡尔森的研究还包括两个控制条件和两个控制变量（焦虑和智力），而查韦斯－埃克尔等人的研究只考察了创造性思维，这导致无法验证两组受试者在非创造性心理功能等其他方面是否还存在差异。查韦斯－埃克尔等人研究的优点是样本本身——他们通过招募高成就的创造性专业人员，用心理测量学方法评估他们的创造性潜能，并探索创造性思维过程中的大脑活动，进而探索创造性潜能、创造性成就和创造性表现之间的关系。相比之下，卡尔森研究中的行为证据没有能够明显区分出不同群体的创造力差异，这就使其实验结论有待商榷。查韦斯－埃克尔等人的这项研究还对大脑活动和创造力指标进行了相关分析，但其发现缺乏普适性，因为该研究是分别针对高创造力群体和普通创造力群体进行的相关分析。这两项研究有共同之处，它们都是对创造力个体差异的考察。它们也有一个共同的缺陷，即两项研究的结果都只基于一次短时的创造力任务。然而，鉴于这种脑成像技术的性质和放射性示踪剂丧失效力的速度，上述缺陷也难以避免。

135

6.2.2 fMRI

马克·荣格－比曼（Mark Jung-Beeman）领导了一项使用功能磁共振成像技术研究创造力过程的重要研究，探索了问题解决中顿悟的脑活动基础（Jung-Beeman et al., 2004）（见图 6.1）。顿悟的创造性认知过程可以在时间上被较为精确地锁定，因为顿悟过程伴随着人们主观上“恍然大悟”的心理感受。借助这一主观感受出现的时间，可以对顿悟及其认知加工过程进行精细的时间锚定。这项研究对受试者获得解决方案前的一小段时间的大脑活动模式进行分析，试图揭示顿悟过程的大脑活动基础，并验证右半球在顿悟中的贡献是否大于左半球（见章节 4.2.1）。为此，研究者使用了复合联想测验任务（改编自远距离联想测验；见章节 2.3.1），即呈现三个单词（例如，黑、晚、幕），要求受试者找到一个目标词（例如，夜），能与所有三个给定单词联系起来形成复合词（例如，黑夜、夜晚、夜幕）。研究者比较了受试者成功给出关联词时的脑活动（即顿悟试次的脑活动，这个试次中受试者突然产生一个解决方案，并伴随着对解决方案的自信）与未能成功给出关联词时的脑活动（即非顿悟试次的脑活动，这个试次中受试者未能找到解决方案）。

研究结果显示，顿悟问题的解决涉及双侧额下回（腹外侧前额叶皮层）、左侧额极以及右侧颞上回等区域的活动。虽然这些区域通常被认为是语义网络的一部分，但默认网络的一些区域，如后扣带回、杏仁核和海马旁回，也与之有关（关于这些大脑区域和创造性思维过程的关系，见章节 4.2.3 和章节 5.1）。比曼等人将关注的重点放在右侧颞上回，因为来自EEG研究的证据表明，它与顿悟过程的脑活动尤为相关。在行为数据方面，受试者（共 13 人，6 名男性和 7 名女性）平均每人解决了 59% 的问题（共 124 个问题），其中 56% 的解决方案是通过顿悟方式获得的。也就是说，每个受试者参与问题/试次的平均数量是很高的，这使本实验归纳出的大脑活动模式得到了有力的数据支撑。

136

荣格－比曼等人将顿悟作为创造性认知中的兴趣领域，而亚伯拉罕（Abraham）和皮里茨（Pieritz）等人（2012）则研究了创造性思维的概念扩展过程。他们让受试者完成两个发散性思维任务：非常规用途任务（例如，尽可能多地想出一只鞋的可能用途）和物体定位任务

（例如，尽可能多地想出能在办公室里发现的物品），并使用两个工作记忆任务作为控制任务，以排除与认知控制相关的大脑活动。

研究者比较了完成这些任务时大脑活动的差异，发现了与概念扩展有关的大脑活动特征。因为非常规用途任务需要在不相关的概念（例如，鞋作为花盆）之间建立新颖的联结，而物体定位任务只需要将同类概念联系起来即可（例如，办公室：桌子，椅子，计算机，台灯），所以研究者假设，涉及语义知识检索（腹外侧前额叶皮层）、语义知识存储（颞极）和知识关系整合（额极）的大脑区域将参与概念扩展的认知过程。其研究结果支持了这些假设（Abraham, Pieritz, et al., 2012）。

在行为数据方面，受试者（共19名，8名男性和11名女性）在每项任务中需要完成20次实验。在每个试次中，受试者在非常规用途任务中生成答案数的平均数为4个，在物体定位任务中报告答案数的平均数为8个。与荣格－比曼等人（2004）的研究相似，研究者分析了每次做出回答前的大脑活动。因此，每个受试者可分析的时间段非常多（非常规用途任务为80个，物品定位任务为160个）。大量的试次有助于获得更可靠、更普适的脑活动反应，使得检测出的大脑活动模式更加可信。

荣格－比曼等人以及亚伯拉罕和皮里茨等人的研究都是对创造性认知的内部动态过程的检验。二者关注了创造性认知的不同过程，荣格－比曼等人采用聚合性思维范式研究顿悟过程，而亚伯拉罕和皮里茨等人则采用发散性思维范式研究概念扩展过程。二者都是理论驱动的假设检验，并采用了匹配的对照任务或严格的控制条件。这两项研究的一个关键区别是，荣格－比曼等人的研究需要受试者在脑成像的同时进行口头报告（在这种情况下，由说话造成的头部运动可能会造成数据中的伪影），而亚伯拉罕和皮里茨等人的研究则不需要在脑成像时报告答案，只需在成像结束后回忆报告答案（在这种情况下，可能会产生遗忘或精细化效应）。

137

6.2.3 fMRI 连接

考虑到大脑始终是活跃的，即使在休息的条件下也会表现出特定的活动模式，由此产生了这样一个问题：创造力个体差异的大脑基础是否不仅表现在活跃的观念生成过程（见章节6.2.1和章节6.2.2）中，还根植于静息状态时的大脑活动模式里？这个想法是由贝蒂（Beaty）和贝内德克（Benedek）等人首先提出的。他们研究了发散性思维任务表现与静息态功能连接（即休息时大脑区域间的关联模式）之间的关系。他们根据受试者在三个非常规用途任务（例如，吹风机的创造性用途）和三个样例任务（例如，什么东西有弹性）的表现，从91名个体中选出受试者，并将受试者分为高创造力组（得分最高的33%；共12人：5男7女）和低创造力组（得分最低的33%；共12人：5男7女），比较两组受试者在静息状态功能连接模式上的差异。结果显示，高创造力组的双侧额下回（腹外侧前额叶皮层）与默认网络内的脑区（如腹内侧和背内侧前额叶皮层、后扣带回和顶叶下小叶）之间的功能连接显著增强（见章节 4.2.3 和章节 5.1）。可能的原因为“这体现了高创造力个体的高想象掌控能力，主要表现为执行复杂的搜索过程，抑制与任务无关的信息，在大量相互竞争的备选方案中选择想法”（Beaty, Benedek, et al., 2014）。研究者进一步扩大样本，采集了 163 人的数据进行了脑网络分析。结果发现，高创造力与默认网络、中央执行网络和凸显网络之间的更强的功能连接有关（Beaty et al., 2018）（见图 6.1）。

138

贝蒂和贝内德克等人（2014）研究了创造性潜能个体差异与静息态功能连接之间的关系，而德·皮萨皮亚（De Pisapia）等人（2016）则研究了创造性思维过程中的脑功能连接。同时，他们还研究了表现出重大创造性成就的专业艺术家与普通的非艺术家大脑功能连接的个体差异。该实验的脑成像过程分为三个 8 分钟的阶段:（1）静息，受试者只需休息，不做任务;（2）字母表任务，要求受试者在头脑中按照字母表中从 A 到 Z 的顺序形象化地呈现字母;（3）创造性任务，要求受试者在头脑中创造一幅新的图像，将其归入“风景”范畴。受试者须在大脑成像扫描后，用纸笔画出这一图像。在该实验中，功能连接分析选择的 15 个感兴趣脑区是属于 DMN（如内侧前额叶皮层、楔前叶）和 CEN（如额极、背外侧前额叶皮层、腹外侧前额叶皮层）的一些区域。

结果发现，与静息状态和完成字母表任务相比，受试者在完成创造性任务期间大脑 DMN 和 CEN 之间的连接显著增强，但 CEN 内部的连接显著降低。研究者将这一结果解释为“需要在创造性思维过程中平衡聚合和发散思维”（De Pisapia et al., 2016）。右腹外侧前额叶皮层（BA 47）被认为是中枢节点，因为它与其他节点形成了“数量最多的重要功能连接”。这些发现与贝蒂和贝内德克等人的发现相似。对艺术家和非艺术家（每组 12 人，其中 14 名男性、10 名女性）在创作任务期间的大脑活动进行比较，结果发现，楔前叶、后扣带皮层、左侧背外侧前额叶皮层以及其他几个脑区有更强的功能连接，其中包括几个不属于 DMN 或 CEN 的脑区，如前运动皮层。这可能与专业艺术家具有在物理层面上复现出视觉想象物的强大能力有关。

139

上述两项研究表明，大脑功能连接分析可以在多种情况下进行（休息期间和任务执行期间），并且可以用来探查个体差异和个体内部的动态思维过程。虽然对大脑感兴趣区域的选择是基于已发表的文献，但功能连接研究（就目前的情况而言）在本质上主要是探索性的，因为它们很少预测哪些特定的大脑区域可能与创造性思维特别相关，以及在什么条件下与其他特定脑区相耦合。这也意味着很少有人对相互竞争的假设进行任何检验。

6.3 结构神经成像方法

磁共振成像（MRI）是唯一一种用于研究与创造性思维有关的大脑容积或结构的神经成像方法。该技术需要将人体置于特殊的磁场中，用无线电射频脉冲激发人体内氢原子核的运动。在这一过程中，氢原子核会共振并吸收能量。在停止射频脉冲后，氢原子核会按照特定的频率发出电信号，并将吸收的能量释放出来。这一电信号被体外的接收器记录，经计算机处理重建获得图像，这就是磁共振成像的物理原理。目前，一系列被广泛应用于其他认知神经科学领域的分析技术（Johansen-Berg & Behrens, 2014; Rinck, 2017; Zatorre, Fields, & Johansen-Berg, 2012），也被应用于创造性思维神经成像研究中，以检测大脑中白质和灰质的密度水平。例如，弥散张量成像（DTI）可以测量水分子在多个方向上的扩散。定向估计算法可以通过生成脑内的白质束成像图建立"弥散示踪图"。

此外，还有基于表面的形态测量学分析方法（例如，使用FreeSurfer图像分析插件进行基于表面的皮层重建和体积分割）。在这种方法中，诸如皮层厚度和灰质体积等形态测量是从大脑皮层表面的几何模型中得出的。相比之下，基于体素的形态计量方法则是通过标准化，将单个大脑图像配准到标准脑空间模板中，从而能够根据大脑区域的密度或体积来衡量受试者之间的差异。不过，需要注意的是，这些结构磁共振成像技术的解剖术语"与潜在的神经元密度没有直接的联系"（Zatorre et al., 2012, 529）。在决定采用哪种方法时，研究者需要考虑基于表面和基于体素的方法之间的差异，因为这些结构神经成像技术（Greve, 2011; Grimm et al., 2015）和相应软件工具箱的使用存在巨大差异（Rajagopalan & Pioro, 2015）。 140

6.3.1 基于表面和基于体素的分析方法

雷克斯·荣格开创了第一项与创造力有关的结构性神经成像研究，他们探查了大脑皮层厚度与两个创造力行为指标之间的相关性（61 名受试者，其中 33 名男性、28 名女性）。一项指标是创造性成就问卷（CAQ）得分，CAQ给出了 10 个关于领域内创造性产出水平的问题（见章节 2.2.2）。另一项指标是发散性思维的综合能力得分，该指标来源于三个发散性思维任务的行为表现——非常规用途任务（在 1 分钟内，尽可能多地想出回形针的新颖用途）、自由设计任务（在 5 分钟内，尽可能多地绘制独特的设计），以及线条设计任务（在 4 分钟内，使用预先指定的线条类型，尽可能多地设计、绘制图案）；任务表现由 3 名独立评分者根据同感评估技术进行评分（见章节 2.4）。

创造力测量的不同指标与脑神经解剖学特征的相关有所不同。例如，右角回皮层厚度（BA 39）与发散性思维得分呈负相关，但与创造性成就呈正相关（图 6.2）。角回是DMN和

SCN的关键节点（见章节 4.2.3 和章节 5.1）。高水平的发散性思维能力主要与枕叶部分皮层体积的减少有关，而更高水平的创造性成就与眶额区皮层体积的减少有关。由于很少有理论探讨创造性潜能和创造性成就之间本质的联系，如何理解这些发现是一个挑战。在这项研究中，创造性成就与发散性思维得分之间存在显著但微弱的正相关（Jung et al., 2010）。

张伯伦（Chamberlain）等人（2014）关注具象绘画的能力。他们对艺术学院本科生（21 名受试者：14 名女性和 7 名男性）与非艺术学院本科生（23 名受试者：16 名女性和 7 名男性）进行了比较。所有受试者都完成两个观察性绘图任务，并由 10 个非艺术专家评分者对其准确性（而不是美感）进行评分，以评分的平均值作为每个受试者的绘图能力得分。这项研究的目的是利用基于体素的形态计量学（VBM）方法，探索大脑不同区域的白质和灰质体积与绘图能力的关系函数，以确定大脑中哪些区域与具象绘画能力有关（Chamberlain et al., 2014）。

141

如果不加以深入思考，张伯伦等人的神经影像学研究（2014）通常被认为属于创造力研究领域，因为研究的受试者来自与创造力高度相关的专业。然而，受试者本身并不一定是创造力研究的核心。与荣格等人的研究（2010）不同，这一研究既不关注回答的独创性，也不关注受试者的创造性成就水平；它关注的是在临摹图像的过程中特定的视觉运动技能。因此，需要谨记的一点是，要根据学术理论和研究对创造力的定义，对所研究的心理活动是否与创造力存在联系进行思考和鉴定，以判断该研究是否属于创造力相关研究（见图 1.3）。

6.3.2 弥散张量成像（DTI）

竹内（Takeuchi）等人（2010a，2010b）试图通过弥散张量成像技术（DTI）检测白质结构，以找出创造性能力与大脑结构网络连接之间的关系。他们采用了发散思维的S-A创造力测验，即要求受试者（55 名受试者，其中 42 名男性、13 名女性）在以下三项任务中，尽可能多地说出答案：生成非常规用途（“除了阅读，我们还能用报纸做什么？”），想象物品的优点（“好电视的特点是什么？”），想象非正常事件的后果（“如果世界上所有的老鼠都消失了会发生什么？”）。根据这些任务表现，研究者计算了受试者思维的流畅性、灵活性、独创性、精致性和创造力（独创性+精致性）总分。在控制了年龄、性别和智商等变量后，数据分析结果显示，双侧前额叶和前扣带回皮层、双侧基底节、双侧颞顶联合区、胼胝体和右侧顶叶下小叶内附近的白质完整性与创造力总分呈正相关（Takeuchi et al., 2010b）（见图 6.2）。这些发现表明，大脑多个区域的白质连接增强与发散性思维水平的提升有关。

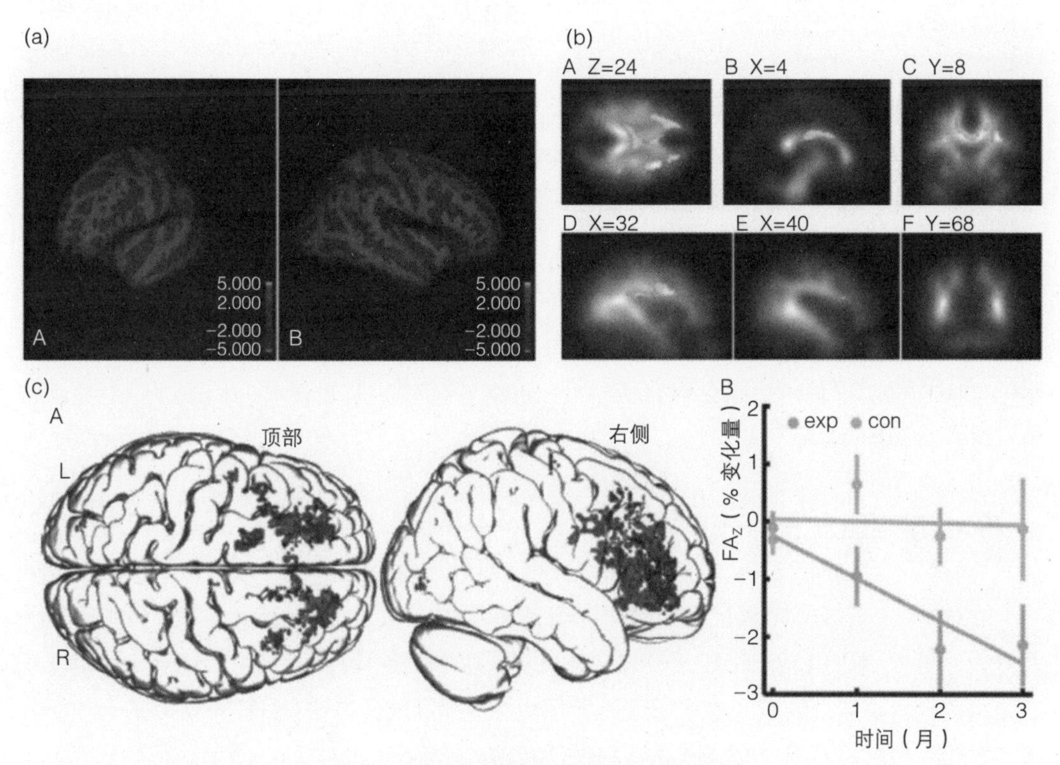

图6.2　结构神经影像学的创造力研究实例

（a）基于表面的MRI成像方法显示出与高创造力水平相关的皮层厚度增加（红色）和皮层厚度减少（蓝色）。转载自*Human Brain Mapping*, 31, Jung, R. E., Segall, J. M., Jeremy Bockholt, H., Flores, R. A., Smith, S. M., Chavez, R. S., & Haier, R. J. (2010). Neuroanatomy of creativity, 398–409, 经Wiley许可。（b）一项DTI研究显示，特定白质区的结构完整性（黄色）与更高水平的创造力相关。转载自*NeuroImage*, 51, Takeuchi, H., Taki, Y., Sassa, Y., Hashizume, H., Sekiguchi, A., Fukushima, A., & Kawashima, R., (2010). White matter structures associated with creativity: Evidence from diffusion tensor imaging, 11–18, 经Elsevier许可。（c）一项纵向DTI研究表明，随着艺术训练的发展，白质完整性（以FA / 各向异性分数为指标）随时间下降。转载自*NeuroImage*, 105, Schlegel, A., Alexander, P., Fogelson, S. V., Li, X., Lu, Z., Kohler, P. J., Riley, E., Tse, P. U., & Meng, M., (2015). The artist emerges: Visual art learning alters neural structure and function, 440–451, 经Elsevier许可。彩色版本请扫描附录二维码查看。

另一项引人注目的DTI研究是一项纵向研究，该研究考察了视觉艺术训练对个体白质组织结构变化的影响（Schlegel et al., 2015）。实验组为已经完成观摩绘画导论课程的艺术本科生（17 名受试者，其中 13 名女性、4 名男性），对照组为一组化学专业学生（18 名受试者，其中 9 名女性、9 名男性）。两组受试者均需在研究开始和结束时，完成托伦斯创造性思维测验的图形A测验（TTCT的图形测试；见章节 2.2.1），以评估其创造力。这项研究历时 4 个月，每个月都需要对受试者进行一次大脑结构和功能成像扫描。在功能成像期间，

144

受试者要完成两项任务。第一项任务要求受试者要对视错觉的物理特征（长度和亮度）做出判断；第二项任务要求受试者在观察人像照片后30秒内，以手势作画。在4个月的艺术课程学习过程中，艺术类学生的发散性思维能力有了显著提升。与对照组相比，实验组个体的前额叶皮层中的白质发生了重组，主要表现为白质完整性持续下降（见图6.2）。这一变化可能源于他们在研究期间接受到的艺术训练。艺术类学生的手势素描能力（但不是知觉判断能力）也随着艺术训练的进行有所提高，这与右小脑前部的特殊活动模式尤为相关。

尽管存在样本量小以及与对照组不匹配的问题（由于本研究的纵向性质，这些问题难以避免），施莱格尔（Schlegel）等人（2015）的这项研究少见地将领域特殊性创造力（手势绘画）和领域一般性创造力（发散思维）的脑神经基础结合在一起探讨，以揭示艺术学习经历对大脑结构的动态影响。

6.4 脑电图方法（EEG）

EEG方法使用头皮电极记录“大脑中大量同步放电神经元的电活动”，对大脑活动进行非侵入性直接测量（Light et al., 2010），并被广泛应用于创造力研究中（Srinivasan, 2007）。脑电图技术对脑活动的时间分辨率远远优于功能性神经成像方法（后者的优势在于具有更高的空间分辨率）。头皮上检测到的电压波动反映了神经元群的突触后活动，而不是单个神经元动作电位信号的总和（Nunez & Srinivasan, 2006）。因此，脑电信号是“当离子流过细胞膜，神经元通过神经递质相互联系时，细胞外液中产生的电位”（Woodman, 2010）。脑电信号或波形主要根据其频率、振幅和头皮电极的位置进行分类。按照频率，脑电信号可以分为 δ（0.1—4Hz）、θ（4—8Hz）、α（8—13Hz）、β（13—30Hz），和 γ（30—100Hz）五个频段。每一个脑电频段对应不同的唤醒、注意、认知和行为状态（Kumar & Bhuvaneswari, 2012; Nidal & Malik, 2014）。

145

诱发电位或事件相关电位（ERP）是指脑电活动的变化，这些变化是由特定刺激触发的，因此是时间锁定的（Luck, 2014）。事件相关电位的一个独特优点是能够将实验过程中发生的信息处理操作过程可视化。研究者已经发现了数个经典的ERP成分，它们可以反映特定的注意、知觉或认知操作，并且“由它们的极性（正向或负向电压）、时间、头皮分布和对任务操作的敏感性来定义”（Woodman, 2010）。

6.4.1 功率

创造力领域的大多数脑电研究都将 α 波活动归为与创造性思维特别相关的脑活动，因为与任务相关的 α 波同步被认为反映了有利于创造性思维的皮层空转状态或低唤醒状态

（见第5.2.3节）。安德里亚斯·芬克（Andreas Fink）等人（2009）的一项脑电研究报告了上述结果。在该研究中，受试者（共47人，其中22名女性、25名男性）需要完成4项任务：非常规用途任务（想出一个罐头的非常规用途）、物体特征任务（想出鞋子有什么典型特征）、名称发明任务（想出缩写为KM的原始名称）、单词补全任务（想出后缀为"-ung"的单词）（Fink, Grabbner, et al., 2009）。为了让20秒的观念生成阶段先于9秒的回答阶段，各测试事件是分开的。不同条件下的α波活动水平的分析结果表明，相比于名称发明任务和单词补全任务，非常规用途任务和物体特征任务期间的高频α波和低频α波的同步性更强。此外，该研究还发现了个体差异，即非常规用途任务中独创性得分高的受试者，比之得分低的受试者，其右半球高频α波的同步性比左半球更强（见图6.3）。

148

一项研究探讨了音乐即兴创作的个体差异背后的神经基础，比较了接受过正规即兴创作培训的音乐专家（10名受试者，其中3名女性、7名男性）和未接受过此类培训的音乐专家（12名受试者，其中6名女性、6名男性）间的高频α波活动（10—12 Hz）的差异（Lopata, Nowicki, & Joanisse, 2017）。所有受试者都完成了6个80秒长的音乐任务：听（听音乐旋律）、学习（学习在键盘上弹奏刚刚听到的旋律）、想象回放（想象这一旋律）、实际回放（弹奏旋律）、想象即兴创作（想象自己在即兴创作），以及实际的即兴创作（进行即兴创作）。与其他任务相比，个体在完成即兴创作任务（更需要创造力）时，额叶部位的高频α波活动更强，这一效应对于受过正规即兴训练的音乐专家来说更为明显。

6.4.2 诱发电位

创造性思维的ERP研究非常少，其中一项研究通过改编的非常规用途任务，评估了概念扩展的认知过程（Kröger et al., 2013）。受试者（总共20人，其中11名女性、9名男性）在脑电扫描的同时观看了一些词组，这些词组为"物品－用途"组合（例如"砖头－盖房子"）。受试者需要从新颖性、适用性两个维度对这些词组进行评分。研究者根据受试者评分将这些物品组合分为三类：高适用性低新颖性的普通类（如"鞋子－衣服"）、高新颖性低适用性的无意义类（如"鞋子－复活节兔子"）以及高适用性高新颖性的创意类（如"鞋子－植物盆栽"）。研究者主要关注两个已被广泛认可的ERP成分：N400和后N400。N400成分主要在刺激呈现后200—600毫秒出现，其特征是脑电图呈负向波形，且常在400毫秒左右达到峰值（Kutas & Federmeier, 2011）。后N400成分则主要在刺激呈现后500—900毫秒（N400负向波形结束后）出现。前人研究表明，N400成分对语义不匹配或违反常识的思维过程敏感，而后N400成分对解释概念、整合概念的思维过程敏感（Baggio et al., 2008）。本实验结果发现：N400成分对"物品－用途"组合的新颖性敏感，即无意义组=创意组>普通组；而后N400成分则对"物品－用途"组合的适用性敏感，即无意义组>创意组=普通组。

这一结果表明，这两个ERP成分都能有效反映创造性认知加工过程（见图6.3）。

相比之下，扎贝林（Zabelina）等人（2015）利用脑电P50成分——由ERP测量的感官门控，探索了注意控制与发散性思维、创造性成就之间的关系。P50与个体在没有任务相关目标的情况下，对无意义刺激进行感官抑制有关。它是大脑的一种自动化的早期注意反应，一般发生在刺激开始50毫秒后。P50感官门控通常是在实验范式中测得的。该范式将两个

149

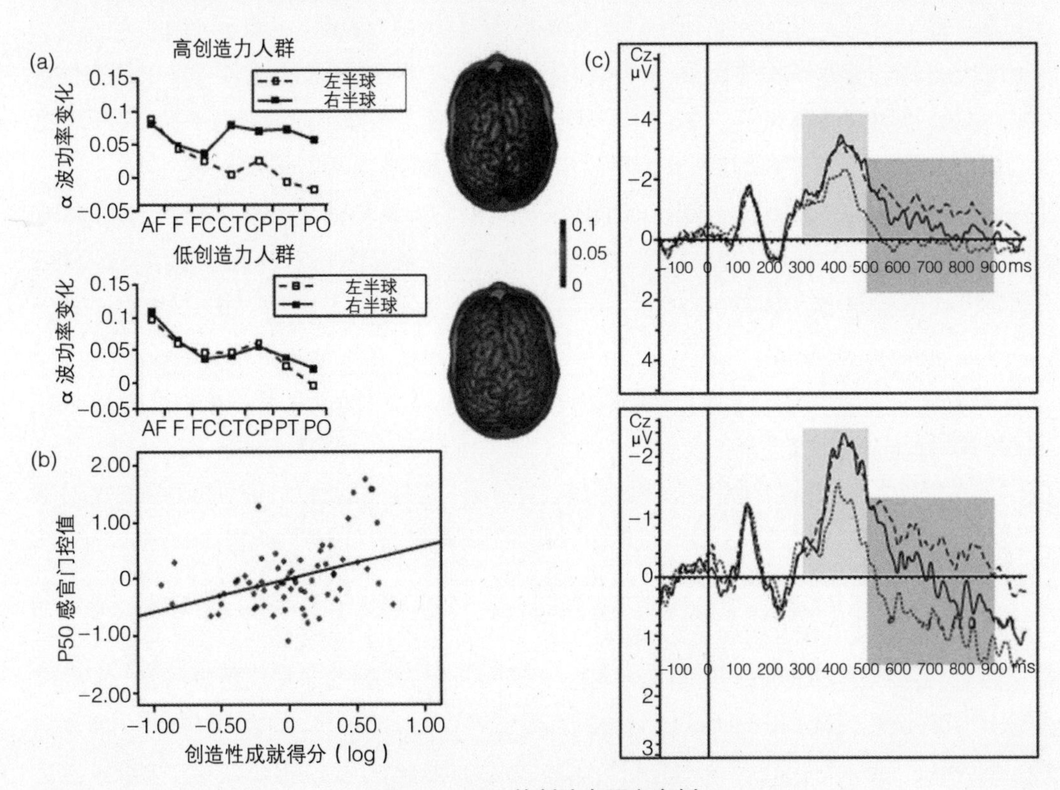

图6.3　EEG的创造力研究实例

（a）一项脑电研究，观察高/低创造力人群不同头皮电极位置的α波功率差异。转载自*Human Brain Mapping*, 30, Fink, A., Grabner, R. H., Benedek, M., Reishofer, G., Hauswirth, V., Fally, M., Neuper, C., Ebner, F., & Neubauer, A. C., (2009). The creative brain: Investigation of brain activity during creative problem solving by means of EEG and FMRI, 734–748, 经Wiley许可。（b）一项关于注意衰减反应与自我报告创造性成就相关的ERP研究。转载自*Neuropsychologia*, 69, Zabelina, D. L., O'Leary, D., Pornpattananangkul, N., Nusslock, R., & Beeman, M., (2015), Creativity and sensory gating indexed by the P50: Selective versus leaky sensory gating in divergent thinkers and creative achievers, 77–84, 经Elsevier许可。（c）一项ERP研究显示了，当对用途评分为有创造性的（实线）、无意义的（虚线）和普通的（点线）时，两个中央头皮电极的大脑活动模式的总体平均值。N400（浅灰色框）和后N400（深灰色框）时间窗展示了创造性与一般用途，以及创造性与无意义用途的显著区别。转载自*Brain Research*, 1527, Kröger, S., Rutter, B., Hill, H., Windmann, S., Hermann, C., & Abraham, A., (2013). An ERP study of passive creative conceptual expansion using a modified alternate uses task, 189–198, 经Elsevier许可。彩色版本请扫描附录二维码查看。

听觉刺激一个接一个地呈现给受试者。大脑对第二次刺激的反应比第一次反应减弱的程度（第二次刺激诱发的电位/第一次刺激诱发的电位）被视为感官门控。在扎贝林等人的研究中，受试者（共 84 人，其中 27 名男性、57 名女性）完成了两项创造力任务：一是成人简式托伦斯测试（ATTA），这是一种发散性思维测试，从中可以计算出个体的流畅性和独创性得分；二是完成创造性成就问卷（CAQ）。相关分析揭示了分离的研究结果：较高的发散性思维伴随着以低P50 分数形式出现的“选择性的感官门控”（即抑制无关刺激的能力较强），而更高的创造性成就则伴随着以更高P50 分数形式出现的“有漏洞的感官门控”（即抑制无关刺激的能力较弱）（图 6.3）。

克罗格（Kröger）等人（2013）的研究考察了被动诱导的创造性概念扩展的大脑基础。这种创造性概念扩展是实时变化的，反映了创造性认知中个体内部的动态变化。扎贝林等人（2015）的研究则反映了一种个体差异对比的方法，即通过对创造力测量和注意力捕捉门控的ERP指标之间的相关分析，反映不同个体信息处理方面的偏差，以及个体差异在发散性思维和创造性成就中的作用。

6.5 神经调控方法

神经调控技术（Kadosh, 2014; Lewis, Thomson, Rosenfeld, & Fitzgerald, 2016; Miniussi & Ruzzoli, 2013; Reti, 2015）越来越多地被用于创造性神经认知的研究。经颅磁刺激（TMS）是一种比较成熟的技术，但在创造力研究中应用较少。它的主要原理是利用脉冲磁场作用于中枢神经系统，改变皮层神经细胞的膜电位，使之产生感应电流，从而影响脑内代谢和神经电活动（Wasserman, Epstein, & Ziemann, 2008; Ziemann, 2017）。

与TMS和类似的经颅电刺激（Transcranial Electrical Stimulation, TES）不同的是，经颅直流电刺激（tDCS）不会诱发神经元动作电位，因为该技术不会产生引起相同动作电位所必需的快速去极化（Antal, Ambrus, & Chaieb, 2014; Reinhart, Cosman, Fukuda, & Woodman, 2017）。相反，tDCS“通过静息膜电位的强去极化或超极化来改变神经元自发的兴奋性和活动性”（Nitsche et al., 2008）。其中，阳极刺激被认为可以增加皮层的兴奋性，而阴极刺激会降低皮层兴奋性。然而，人们对tDCS领域的研究也有一些担忧（Horvath, Carter, & Forte, 2014; Horvath, Forte, & Carter, 2015）。目前关于tDCS的研究设计多样化，尚未有一个统合的实验范式。例如，关于刺激强度和持续时间，有些研究采用 1 毫安电流刺激 20 分钟，有些研究则采用 1.5 毫安刺激 15 分钟；还有任务出现时间的不明确，有些研究采用刺激的同时进行开展任务的范式，而有些研究则在刺激结束后再开展任务。

150

6.5.1 神经调控与创造性认知

目前，只有一项创造性神经认知研究采用了TMS技术，探究了在大脑额颞区施加低频磁脉冲对绘图能力的影响（Snyder et al., 2003）。这项小样本研究旨在探查概念驱动思维的减少是否有助于提升创造性表现（见章节4.2.2）。11名受试者（均为男性）在一个试次中接受15分钟假刺激（实际不施加刺激），在另一个试次中接受15分钟的真刺激。9名受试者接受0.5Hz的刺激，2名受试者接受1Hz频率的刺激。受试者要在以下阶段画一条狗或一匹马：TMS刺激前、TMS刺激期间、TMS刺激后立即、TMS刺激后45分钟。虽然结果发现这种刺激形式并没有改善整体的艺术表现，但11名受试者中有4名被认为表现出绘画手法和构图的重大变化（根据研究中未具体定义的"评分委员会"的判断），其变得更加复杂、详细或逼真。尽管只有少数受试者发生了这些变化，但研究者得出结论认为，这一结果证明TMS对神经活动具有抑制作用，TMS刺激有可能诱发普通人的专家技能。

其他一些神经调控研究使用了tDCS技术（Weinberger, Green, & Chrysikou, 2017），并在实验设计中表现出更好的控制和更优的一致性。例如，奇（Chi）和斯奈德（Snyder）（2011）探查了刺激大脑前颞叶（ATL）是否能促进不同类型顿悟问题的解决。个体在解决了一种顿悟问题后，如果遇到另一种类型的顿悟问题不知变通，仍然采用前一种策略，便产生了"功能固着"。解决不同类型顿悟问题的关键就是克服功能固着。本实验中，研究者将60名受试者（29名女性，31名男性）随机分配到3种实验条件中：假刺激条件、阳极刺激左ATL条件、阳极刺激右ATL条件。以"火柴棍算术题"作为顿悟认知任务。本研究的目的是探究在解决不同类型的顿悟问题时，在右侧ATL上施加tDCS刺激是否会提升受试者的任务表现。实验结果证实了这一预测，即在对右侧ATL施加阳性刺激下，问题解决的准确性和速度都得到了提高。所有刺激组在解决问题的第一分钟的表现相当；但在150秒后，只有右侧ATL刺激组能够继续成功地解决问题。此外，60%的右侧ATL阳极刺激组受试者在6分钟时间内解决了2种类型的顿悟问题，而假刺激组和左侧ATL阳极刺激组只有20%的受试者成功解决了2种类型的顿悟问题。但这项研究有一个因素没有控制好，即受试者在解决问题的过程中是否真的经历了顿悟的体验。

151

格林（Green）等人（2016）探讨了额极在远距离概念的关系整合中的作用。他们进行了一项tDCS研究，受试者被随机分配到tDCS刺激组（14—15名受试者；性别分布未知）或假刺激组（12—16名受试者；性别分布未知）。在受试者的左额极施加tDCS阳极刺激，受试者执行类比发现任务和创造性动词生成任务。在类比发现任务中，受试者须通过将网格一侧的单词对与同一网格顶部的单词对相结合，来生成有创意的且恰当的类比。在创造性动词生成任务中，受试者要提供一个与给定名词有关的动词（任何关系都可以）。在一半的试次中，受试者被要求给出富有创造力的回答。研究者使用潜在语义距离分析法（LSA）评估任意两个词之间的语义距离，由此获得给定词和受试者回答之间的语义关联程度。研究结果发现，在类比发现任务和动词生成任务中，在受试者左额极上施加tDCS阳极刺激能够诱发更远距离的语义联结，表明此区域在概念知识的关系整合中起着重要作用（Green et al., 2016）。

虽然TMS是一种比tDCS更好的方法，但它很少被用于创造性神经认知的研究。到目前为止，神经调控的方法显示出可以适度地提升创造性思维水平。例如，上述研究揭示了tDCS刺激有助于在解决顿悟问题过程中克服功能固着的影响，以及在ATL和额极区域施加阳极刺激后受试者能更好地完成创造性类比推理任务。另一些研究则发现，在施加神经调控时，还需要考虑其他因素，例如专业知识（Rosen et al., 2016）或者左右半球的相互影响等（Mayseless & Shamay-Tsoory, 2015）。利用神经调控方法研究创造性神经认知还处于早期阶段，这些方法在解释大脑功能的适用性和有效性方面还未得到广泛地探索与讨论，其发展前景是广阔而未知的。 152

6.6 未来需要进一步讨论的问题

本章的目的是让读者更深入地了解在创造力研究中使用的神经科学方法，并通过举例说明这些方法具体是如何实现的。在创造性神经认知研究中选择使用何种技术时，有许多问题需要考虑（也可参考第7章）。一些神经科学方法和影像分析技术尚未广泛应用于创造力研究。例如，联合方法（如同时进行功能磁共振成像和记录脑电；见Ullsperger & Debener, 2010）尚未得到实施。脑磁技术（MEG）也尚未用于创造性神经认知的直接调查。纵向方法（Skup, 2010）和多模态分析（Multivariate Pattern Analyses, MVPA；见Haxby, Connolly, & Guntupalli, 2014）在创造力研究中也很少见（Schlegel et al., 2015）。

即使有研究者决定选择一种惯用的神经科学方法，仍有一个问题值得思考，即创造性任务和神经科学实验范式的多样性是否兼容（Arden et al., 2010）。研究者要仔细考虑任务选择、样本大小、测量创造力的类型，以及方法的逻辑性等方面的问题。此外，还有一些独特的问题困扰着创造力的神经科学研究，这些问题将在下一章（第7章）中详细介绍。

本章总结

- 为大脑的结构和功能绘制地图是一个悠久的传统，始于公元前3世纪，并一直持续到今天。
- 功能性神经影像学方法展示了创造性思维加工过程，它可以在高空间分辨率下实时记录大脑活动地图。 153

- 结构神经成像方法能够帮助我们在大脑的解剖学结构和个体的创造性思维能力或成就之间产生联系。
- 神经心理学方法通过评估脑损伤的心理后果来建立大脑结构和功能之间的对应关系。
- 脑电技术允许直接、实时地研究大脑活动，而创造力的脑电研究的主要焦点是 α 波的活动。
- 脑刺激或神经调控技术，如TMS和tDCS的使用，在创造力研究领域正慢慢得到普及。
- 创造力的神经科学研究面临着众多挑战，其中之一是任务和实验设计在本领域中存在着巨大的差异。

回顾思考

1. 找出多种功能性神经影像学方法之间的异同。
2. 结构神经影像学研究如何帮助我们理解创造性的神经认知?
3. 描述神经心理学方法的优点和缺点。
4. 当需要在实验中进行信息处理的操作时，哪种神经影像学方法能够得到可视化数据?
5. 概述不同的神经调控技术。在创造力研究中，哪一种技术使用得更为广泛?

拓展阅读

- Amaro, E., Jr, & Barker, G. J. (2006). Study design in fMRI: Basic principles. *Brain and Cognition, 60* (3), 220–232.
- Gurd, J. M. (Ed.). (2012). *Handbook of clinical neuropsychology* (2nd edn.). Oxford: Oxford University Press.
- Huettel, S. A., Song, A. W., & McCarthy, G. (2014). *Functional magnetic resonance imaging* (3rd edn.). Sunderland, MA: Sinauer Publishers.
- Johansen-Berg, H., & Behrens, T. E. J. (Eds.). (2014). *Diffusion MRI: From quantitative measurement to in-vivo neuroanatomy* (2nd edn.). London: Elsevier/ Academic Press.
- Lewis, P. M., Thomson, R. H., Rosenfeld, J. V., & Fitzgerald, P. B. (2016). Brain neuromodulation techniques: A review. *The Neuroscientist: A Review Journal Bringing Neurobiology, Neurology and Psychiatry, 22* (4), 406–421.

- Nidal, K., & Malik, A. S. (Eds.). (2014). *EEG/ERP analysis: Methods and applications*. Boca Raton, FL: CRC Press.
- Rinck, P. A. (2017). *Magnetic resonance in medicine: The basic textbook of the European Magnetic Resonance Forum* (10th ed.). E version 10.1 beta.

第7章 创造力神经科学研究中的独特问题

“我的思绪在我的血液中，奔流不息。”

——赖内·马利亚·里尔克（Rainer Maria Rilke）

学习目标

- 了解为什么关于创造力的神经科学研究存在独特的问题
- 区分方法问题和概念问题
- 掌握关于试次数量和试次时长的问题
- 识别由主观性或运动造成的受试者反应问题
- 明确不同任务的问题和不同人群的问题
- 评估创造力研究的效度问题

7.1 问题？什么问题？

神经科学的每一项技术进步都使我们能够更清楚、更详细地探索大脑因素和心理功能之间的关系（见第6章）。与几乎所有的心理学领域一样，五花八门的神经影像设备见证了创造力神经科学研究数量的指数级增长。然而，这些技术的使用环境在一定程度上限制了研究的实验设计。例如，使用磁共振成像设备进行功能性神经成像要求受试者仰卧在一个非常狭小的空间中。在整个成像期间，受试者需要保持头部静止不动。这就限制了可以在该环境中执行的任务类型以及任务的持续时间。此外，由于成像环境涉及磁场，因此在这些环境中使用的硬件不能由铁磁部件组成，从而限制了可以进入该环境的硬件类型。在大多数情况下，调整心理学中的行为范式来适应神经科学的环境并不困难。但不幸的是，对于创造力研究的实验范式来说，情况并非如此。无论是创造力研究的概念问题还是方法问题，都受到难以改编范式的困扰。对于创造力领域来说，尽管这些重要问题已被充分讨论（Abraham, 2013; Dietrich, 2007b, 2015; K. Sawyer, 2011），但似乎仍未获得重大改进；这是一个严重的问题。

本章将概述我们关注的中心问题，即与创造力神经科学研究相关的独特问题，而不是神经科学领域的一般问题。关于神经科学领域的一般问题在其他地方已经得到了很好的阐述（Bennett & Hacker, 2003; Legrenzi & Umilta, 2011）（了解当前神经科学方法无法直接探索创造力的相关方面，可参见专栏 7.1、专栏 7.2 和专栏 7.3）。为了更好地理解这些问题，我们将比较在磁共振成像研究领域中，创造性认知的研究范式与其他高阶"非创造性"认知的研究范式有何不同。在阅读本章时要着重记住，某些突出的问题并非唯一值得注意的问题，且不是每一个神经科学研究都会受到所列问题的影响。对潜在问题的了解，有助于在已发表的研究和即将开展的研究中及时明确、修改研究设计，这是十分关键的；因为深思熟虑的实验设计和严谨的研究范式是优秀研究成果的基石。

专栏 7.1　遗漏了什么？自发的创造力

尽管都属于创造性认知，但有意创造力和自发创造力之间存在着较大的区别（Dietrich, 2004b）。大多数神经科学研究——尤其是那些采用功能性神经成像、脑电图和神经调节方法的研究——都是对有意创造力的研究。这是因为自发的创造性思维常常是突然地、没有预警地、不费吹灰之力地出现的，因此难以在实验室条件下诱发和捕捉。我们将任何一项关于创造力的研究结果推广到更广泛的背景下时，都不能忽视这一问题。值得注意的是，使用结构性神经成像和静息态功能成像方法的研究同样不能对有意或自发的创造性思维进行特定的解释或界定，因为这些属于基于个体特质的研究。

然而，无可避免地，几乎所有人类发展背景下的创造性思维，例如绘画、诗歌、写作等创造过程，都涉及有意和自发的创造性信息处理形式之间复杂而动态的相互作用。其他关于自发性创造性思维的主张通常基于轶事证据，其真实性值得质疑。

157

专栏 7.2　遗漏了什么？创造性思维的时间进程

所有关于创造力的神经科学研究都考察了在当前时刻（功能性神经成像、脑电图和神经调节方法）或创造性思维输出过程（功能性神经成像、静息态成像和结构神经成像研究）中创造性加工的大脑相关因素。在这些研究中，我们完全忽略了创造性思维从开始到结束的所有阶段的大脑基础。经典的创造性思维阶段理论是格雷厄姆·华莱士的理论，他的四阶段模型以"准备"开始，主要包括深思熟虑和有意识的构思（Wallas, 1926）（见章节 3.3.1）。接下来是"酝酿"阶段，即停止有意识地思考问题，让大脑中的无意识力量继续加工，并最终以突如其来的顿悟的形式，在第三阶段“明朗”中，获得问题的答案。最后一个阶段是“验证”，主要包括以有形的输出或产品的形式有意识地将想法具现化。创造性思维的每个阶段的时间长短是极为多变的，因为它可以持续几天或几个月，甚至可以长达几年。

专栏 7.3　遗漏了什么？动作复杂的创造力形式

由于本章后面详述的许多原因，无法使用当前神经科学方法以最佳方式直接研究的创造力形式包括：（1）以复杂的身体运动为核心的创造性思维（例如舞蹈编排）；（2）涉及多个受试者进行实时互动的创造性交互（例如，戏剧中的即兴表演、同步的集体舞）（事实上，最近已有利用基于fNIRS和EEG的超扫描技术，探讨创造性交互过程的脑-脑间神经互动机制的诸多研究，请读者自行查阅文献——译者注）；（3）统一调用多方面技能的表演过程（例如，音乐剧中的音乐、语言和动觉技能的联合）。为了解决这些看似无法克服的问题，需要开发新颖的实验设计（间接的研究方法），来专门研究这些创造力形式（见第8—11章，探索音乐、文学、视觉艺术和运动创造力）。

158

7.2 试次问题

所有成熟的实验范式都是由实验条件（一个或多个）和试次组成的，以捕捉每个实验条件所引发的不同认知思维过程。每种条件下的试次在很大程度上取决于想要探测的心理功能以及前人的研究经验，因为诱发这些不同的心理功能所需的时间存在很大差异。关于创造力研究范式，首先要注意的是，由于受试者对创造性任务的回答是生成性的，而不是反应性的，因此实验通常需要较长的持续时间。但是在功能磁共振成像环境中，受试者必须保持静止不动，从而无法长时间开展任务，这意味着创造力的实验范式通常比其他认知活动的范式具有更少的试次（图7.1）。

磁共振成像的总时长通常被限制在40分钟左右，包括记录任务和休息时的大脑活动。每个试次一般由许多事件组成，主要包括刺激呈现、受试者反应以及许多时长不同的停顿（一般达到数秒钟）；这些都是每个范式的必要组成部分。因此，在功能磁共振成像环境下，单一试次所需要的时间通常比行为背景下相同范式的时间长。综上可知，功能磁共振成像持续时间的上限，直接限制了一次实验中所包含试次的数量；这对实验的具体设计和效度有相当大的影响。因此，在设计功能磁共振成像实验的范式时，对于效力-精确度的权衡是至关重要的（Liu, Frank, Wong, & Buxton, 2001）。“效力”是指检测记录大脑活动的能力，“精确度”是指有关的脑活动反映刺激诱发的心理功能的准确程度。

159

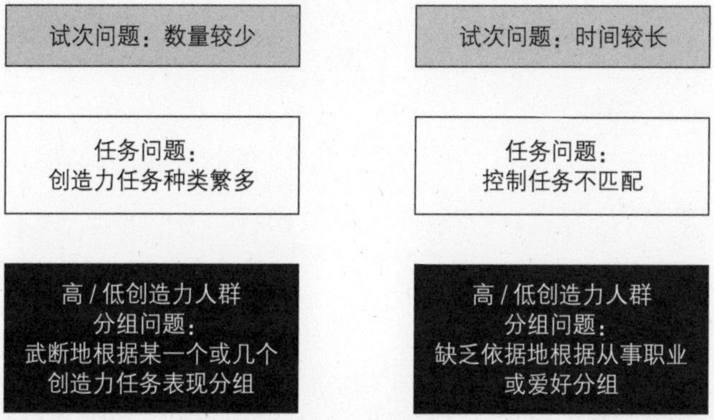

试次问题：数量较少

试次问题：时间较长

任务问题：
创造力任务种类繁多

任务问题：
控制任务不匹配

高 / 低创造力人群
分组问题：
武断地根据某一个或几个
创造力任务表现分组

高 / 低创造力人群
分组问题：
缺乏依据地根据从事职业
或爱好分组

图7.1　创造力神经科学研究中的试次问题、任务问题和分组问题

7.2.1 试次的数量

想要计算人们判断一张图片之前是否看过需要花费多长时间，并不是给受试者呈现一张图片，并记录受试者回答“是”需要多长时间，而是给受试者看一系列图片，然后计算受试者回答“是”所需要的平均时间。相应地，大脑对某种情况的反应并不是通过一次实验测量的，而是计算符合条件的所有试次中的平均反应。因此，不管是计算反应时间还是脑血流活动，其结果稳健性或平均反应的准确性都取决于每种条件下的试次。虽然没有关于每种实验条件所需最少试次的确切指南，但一般规则是，试次越多，计算出的平均反应越可信。因此，每个条件下试次较少的研究必然会受到质疑。早期使用放射性示踪剂评估局部脑血流的功能性神经影像学研究（例如，PET，SPECT）特别容易受到这个问题的影响，因为在许多研究中，每种条件下仅有一次实验（Carlsson et al., 2000; Chávez-Eakle et al., 2007）。但即使是功能磁共振成像的研究，在很多实验范式中，每种条件下的试次也不到 20 次（Fink, Grabner, et al., 2009; Howard-Jones, Blakemore, Samuel, Summers, & Claxton, 2005）。针对此情况，一些研究试图通过减少研究中对比条件的数量（Benedek, Beaty, et al., 2014; Jung-Beeman et al., 2004）或设计新颖的任务，来整合更多的试次（Abraham, Pieritz, et al., 2012）（见章节 6.2.2）。

160

7.2.2 试次持续时间

在实验中，每个条件的试次数量在很大程度上取决于一个试次的持续时间。大多数创造性思维的行为范式都需要较长的实验时间（2—5 分钟），而这一时长是无法得到精细的脑活动的。即使设计出“事件相关”的特殊创造力任务范式，每个试次时间通常也需要超过 10 秒(Abraham, Pieritz, et al., 2012; Chrysikou & Thompson-Schill, 2011)。这是不可避免的，因为创造性思维任务通常涉及想法的产生以及复杂概念联想的形成，而不是仅仅对所呈现的刺激作出反应。此外，受试者的反应本身也可能需要较长的时间，因为它们可能涉及语言或非语言(音乐，绘画)的表达，而非仅仅是按键等(Aziz-Zadeh et al., 2012; Limb & Braun, 2008; Shah et al., 2011)。

一些研究避免试次时间过长的方法是基于“区块设计”(Block Design)对创造力的信息加工过程进行“阶段相关”分析。例如，在一个试次中，将隐喻生成(条件 1)与同义词生成(条件 2)阶段中的脑活动相减，即可得到一个试次中创造性思维生成阶段(持续 10 秒)的大脑活动(Benedek, Beaty, et al., 2014)。然而，这类单试次的阶段相关分析与神经科学研究中通常采用的区块设计不完全相同，因为区块设计通常在一个单独的区块中依次呈现同一条件(条件 1)的多个试次(Amaro & Barker, 2006)。而单试次的阶段相关分析，则是在一个试次中呈现两种条件的刺激，并直接对比两者的脑活动。对全部条件 1 区块的大脑活动进行平均，然后将其与全部条件 2 区块的平均大脑活动进行比较(Beaty et al., 2017)。然而，这种阶段相关的比较还需要考虑其他一些因素，例如创造性和非创造性/控制任务之间差异的本质(见章节 7.4)，以及下文所探讨的与受试者反应相关的因素。

161

7.3 受试者反应的问题

在神经科学研究中使用创造性行为范式时，最大的挑战是确保任务的还原度以及找准分析的目标过程(也就是创造性思维过程)。创造力任务通常涉及高度个体化和主观化的受试者反应，这些反应通常包括手(通过绘画和书写)或嘴(声音)的精细运动。并且，创造力任务的反应通常是非二元的或非客观的，这使得设计出适合神经科学研究环境的创造力实验范式非常具有挑战性(图 7.2)。

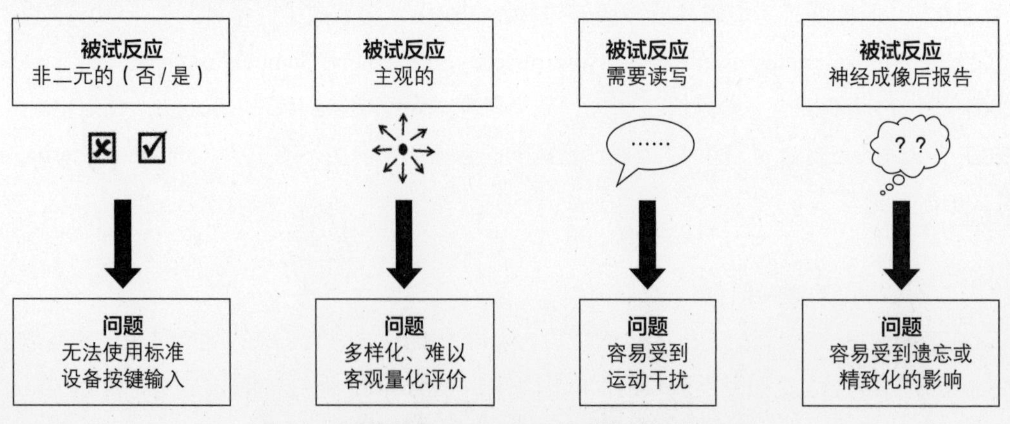

图7.2 创造力神经科学研究中受试者反应的问题

7.3.1 非二元的主观反应

刺激和实验任务有许多种类型，但绝大多数实验范式的受试者反应指标具有共同点：通常是速度或准确性等指标——即反应时间（Reaction Time, RT），以及目标命中、未命中或错误警报的比例等（Green & Swets, 1966; Stanislaw & Todorov, 1999）。还有一些范式，特别是涉及问卷调查的范式，也经常使用评分量表，如利克特量表（Likert, 1932），以在预先规定的范围内（例如，从 1 到 5 分的 5 点量表）获得量表反应。 162

在创造力任务中，除了少数需要找到客观正确解决方案的聚合性思维任务（如远距离联想测验），绝大多数发散性思维任务（如非常规用途任务或创造性想象任务）都是高度个体化的（见章节 2.3）。因此，创造力神经科学家在评价受试者的反应时，面临着独特的问题，因为受试者的反应是非二元的（不可简单还原为是或否的回答）、开放式的（有多种反应，没有标准答案）、主观的（尽管可以计算“反应有效性”，但仍然无法得出“客观的准确性”），并且常常包含时间上的延伸和复杂的动作（口头报告、书面或绘画表达等）。这类发散性思维任务所产生的反应是定性的而非定量的，没有两个人的反应类型或数量完全可比。事实上，创造力的测量方法是独特的，因为定量数据（如独创性程度、概念扩展程度）是通过评估定性反应（非二元的、主观的）得出的。

7.3.2 由受试者反应诱发的运动

二元（是/否）或进行客观反应的最大好处是，可以使用标准硬件（如键盘、鼠标、反应按钮等）记录运动反应（即只使用一个或几个手指），从而很容易地将反应装置纳入神经科学设备（例如，在 fMRI 中安装反应按钮），使头部在反应过程中只进行极其轻微的运动。但是，对于创造性任务来说，这是非常具有挑战性的，甚至是难以实现的。

大多数神经科学的创造力研究范式将思考阶段与反应阶段分开（Aziz-Zadeh et al., 2012; Fink, Grabner, et al., 2009; Jung-Beeman et al., 2004）。一般情况下，受试者会得到一个刺激提示，告诉他们在接下来的时间内需要完成思考任务（例如，尽可能多地思考砖块的新颖用途）。在这个思考期结束后，他们会得到一个反应提示，指示他们现在可以报告自己的反应，而反应形式通常是口头报告（单个单词或更精细的发音）。这种思考和反应之间的时间延迟是为了排除运动对探测创造性思维过程的干扰（即由运动引发的大脑激活和潜在的运动伪影）。

口头报告对数据质量有着至关重要的影响。众所周知，下颌和头部运动引起的磁场变化会导致功能磁共振成像数据中的运动伪影（例如，Birn, Bandettini, Cox, Jesmanowicz, & Shaker, 1998; Chouinard, Boliek, & Cummine, 2016; Chouinard et al., 2016）。针对这一现象，许多研究者提出了在设计实验时规避这一问题的方法（Birn, Bandettini, Cox, & Shaker, 1999; 163

Diedrichsen & Shadmehr, 2005; Gracco, Tremblay, & Pike, 2005; Huang, Francis, & Carr, 2008），例如采用实验任务和控制任务时长均为10秒的区块设计（Birn, Cox, & Bandettini, 2004）。然而，这些建议都没有考虑到如何在发散性思维任务中避免这一点，因为发散性思维任务的特点是持续时间较长，涉及多种口头反应。值得关注的是，除了极少数的研究（Fink et al., 2010），大多数关于创造力的神经影像学研究既没有明确承认这些问题，也没有指出他们如何在实验设计中规避这些问题。

7.3.3 神经成像后的反应记录

创造力神经影像实验设计中的思考－反应分离策略并非万无一失。另一种方法是直接避免受试者在磁共振成像环境中产生涉及复杂运动的反应，让他们在神经成像后再报告刚刚在成像阶段产生的反应（Abraham, Pieritz, et al., 2012; De Pisapia et al., 2016）。这种神经成像后再记录反应的方法也存在问题，即除非实验范式包含有效的反应检查，以确保受试者正在执行实验任务（Abraham, Pieritz, et al., 2012），否则我们无法确定他们在成像过程中是否真的遵循了任务指示。此外，这一方法也无法确定成像期间“悄悄产生的反应”与成像之后“公开报告的反应”之间的对应程度，因为成像后公开的反应可能会受到遗忘或过度精致化的影响。

7.4 实验任务的问题

创造力神经科学研究中实验任务的问题，既与测量创造性思维的任务（见第2章）有关，也与作为对照的控制任务有关（见图7.1）。

164

7.4.1 多种多样的创造力任务

创造力神经科学研究中的一个关键问题是，在不同的实验方法（功能性神经成像、结构神经成像、脑电图、神经调节技术）中，用于评估创造性思维的任务种类繁多（Arden et al., 2010）。这使得在特定的语境之外很难解释以及恰当地概括这些研究结果。虽然能查阅到许多测量创造力的范式本身并不是一件坏事，甚至可以说是非常有用的，但创造力的神经科学领域中缺少对这些任务详细的分类和描述。未来的研究者需要解释其研究对创造性认知中哪些具体方面感兴趣，针对这一目的所采取的有效操作是什么，以及研究结果如何与创造性和非创造性认知联系起来。

另一个问题是，许多研究报告的结果常常过分推论，缺乏特异性和明确性。目前的研究很少局限于其结果的含义；很少有人明确界定其结果属于创造力的某个方面（例如，创意生成的流畅性)。相反，大多数报告都是不分青红皂白地将结果推广到整体的创造力能力上，尤其是在期刊文章的摘要部分(且摘要所有人都可以阅读，更容易造成误导)。此外，还有在非英语环境中使用翻译或改编的经典英语创造力任务时，其测验效力是否与原任务等价的问题(例如，关于远距离联想测试的讨论，见 Abraham, Beudt, et al., 2012)。

7.4.2 要求较低的控制任务

实验测量得到的脑活动是否能有效反映创造性思维过程，完全取决于非创造性的控制任务是否恰当。大多数研究将创造性任务(例如，使用三个语义无关的单词生成一个故事)过程中的大脑活动与控制任务(例如，使用三个语义相关的词生成一个故事)或基线状态(如休息状态)时的脑活动进行比较。由于休息与任务差异巨大，直接将基线作为对比控制条件是非常不妥的(Stark & Squire, 2001)。事实上，早期的一项关于情景记忆的研究将静息态大脑称为“不仅是创造过程的基础，还是冥想状态、宗教经验和梦境的基础”，并指出其活动反映了“创造性过程的底板”(Andreasen et al., 1995, 1577, 1583)。

165

然而，使用控制任务进行对照也并非是完美的；相比于创造性任务，许多控制任务的认知要求较低。在这种情况下，不太可能分辨出二者大脑活动的差异中哪些部分是由于认知控制的增加造成的，哪些部分与创造性想法的生成特别相关。虽然有些研究通过使用不同的策略、任务条件和分析技术，力图量化控制非创造性任务的认知需求水平，使之与创造性任务相匹配(Abraham, Pieritz, et al., 2012; Aziz-Zadeh et al., 2012)，但这通常是以降低任务质量为代价的(关于创造性和非创造性条件之间的最佳匹配，见 Jung-Beeman et al., 2004)。

7.5 人群的问题

创造力的神经科学研究主要有两个目标(见第 3 章)：其一是探索创造性思维的个体内动态过程，其二是揭示创造力个体差异的神经生理学基础。后一种研究的结果揭示，高创造性个体与一般或低创造性个体之间通常存在大脑活动差异；更高的创造力与许多特殊的大脑结构或活动模式有关，例如腹外侧前额叶皮层的白质完整性降低(Jung et al., 2010)，背外侧前额叶和基底节灰质密度的增加(Takeuchi et al., 2010a)，更集成的胼胝体、基底神经节和顶叶下区白质束(Takeuchi et al., 2010b)，以及额叶功能性脑活动的增强(Carlsson et al., 2000)，大脑 DMN 区域和腹外侧前额叶之间静息态功能连接的增强(Beaty, Benedek, et al., 2014)。

在这些背景下产生的一个问题是，高创造性和低创造性群体之间的大脑差异是否真的

166

只与创造力高低有关，而对认知的其他方面几乎没有影响（图 7.1）？这个问题的理论意义十分重大，无论答案是肯定的还是否定的，都需要公开地研究与讨论。如果这些差异会对创造力之外的认知操作产生影响，那么会具体影响哪些方面？与低创造力的人相比，高创造力的人在认知操作方面是更擅长还是更笨拙呢？或者，如果这种差异仅限于创造力，那么这个特定的创造力信息处理工具箱在大脑中的特征是什么？还有一个类似于“先有鸡还是先有蛋”的问题：是因为特殊大脑结构的产生从而使人更具创造性，还是更具有创造性的人产生了特殊的大脑结构？此外，这些发现在创造力领域内和跨领域的普遍性如何？例如，区域A的灰质体积与言语创造力任务X的得分之间存在正相关；那么当使用另一个言语创造力任务Y时，区域A的灰质体积与任务Y得分是否也存在正相关？结果是否还能延伸到非言语类的创造力任务Z上？

如何选取与高创造力组相匹配的控制组也是一个问题。高/低创造力小组通常根据受试者在一个或多个创造性任务上的表现进行划分。然而，即便是一些最广泛使用的创造力任务（例如，非常规用途任务、远距离联想测验等），也没有全面标准化（例如，智力测验），不能清楚地推断出不同的任务表现水平真正反映了什么。即使只取测试中表现最好（前25%）和最差（后25%）的受试者进行比较，这一问题也是存在的。例如，远距离联想测验任务的低分是否意味着低于平均水平的创造力？此外，选择哪一个控制组，例如是低创造力组还是一般创造力组，能够提供更好的对照效果？如何将研究结果推广到更广泛的人群中？这些问题都亟待解决。

有些研究者认为，创造力是一种固有的特质，不需要给予其他影响因素太多关注。这一主张是存在问题的。研究杰出的富有创造力的个体（如毕加索或爱因斯坦）的创新成就的产出轨迹可以发现，即便是他们，在一生中产出的作品质量仍然有很大的变化。这表明，创造性产出不能仅从固有特征来解释；还需要考虑创造性认知的波动或状态性的方面（Harnad, 2006），且即使在具有非凡创造力的情况下也是如此。

167

也有一些研究不使用创造性任务表现的优劣来划分高/低创造力群体。它们通过比较从事与创造力高度相关的工作（如艺术、音乐、舞蹈）与不相关工作（如会计等）的人，来评估高/低创造力群体的大脑活动基础。这一做法的一个主要缺点是未能确保组内和组间样本的同质性。此外，这一做法的隐藏假设是，艺术家具有比非艺术家更高的创造力。这一假设是基于刻板印象且无法被完全证实的。创造力在几乎所有的职业中都是一种很有价值的特质，包括医药、工程、市场营销、法律、广告、科研、教育甚至会计。认为所有从事艺术工作的人都具有较高的创造力，是无稽之谈。

7.6 效度问题

在章节7.3中我们已介绍了创造力研究者在受试者反应层面上所面临的独特问题。在本节中，我们将部分重申这些问题，因为以下效度问题也与受试者的反应有关:（1）无法明确创造性思维产生的具体时间点;（2）无法可靠地、确实地激发创造力;（3）将尝试进行创新等同于实际创新（图7.3）。一般来说，创造性任务的答案是非二元化的（很少可以简化为是/否答案）、开放式的（有多种反应）、主观的（反应不分正确或错误的）以及涉及动作的（口头报告、书写或绘画）。因此，受试者的反应很少以清晰的时间标记“实时”记录，也就是说，无法明确每个创造性的反应生成的具体时间。通常，受试者会接触到一个刺激线索（例如，用途→砖块），这表明他们必须在一定时间内完成思考任务（如何尽可能多地想出砖块的用途）。在沉默的思考阶段之后，受试者通常会得到一个反应提示，这表明是时候汇报他们的答案了（例如，口头报告一个词或更详细的表达）。

没有实时记录和编码反应时间的问题是，无法确定长时间的实验期内，哪些时间点产生了创造性想法，更不用说确定所有用途中最具创造性的用途是什么时候产生的。同样地，无法精确定位创造性想法产生的时刻，就无法准确揭示这一过程的大脑基础。

不幸的是，创造性思考过程不能以一种可靠或必然有效的方式被诱发，即刺激事件或任务线索不会自动唤起所要研究的认知过程；因此在创造力的神经科学研究中，研究者特别依赖于受试者的行为反应来判断是否发生了创造性思维过程。这是一个重要的问题，它把创造力的研究与认知的大多数其他方面区分开来，使研究变得非常具有挑战性。如果问你上周是否去看了牙医，或是能否说出塞尔维亚首都的名字，这个问题本身就足以让你做出可靠有效的回答（是或否）。而当你必须为物体创造新的用途，或创造一个原创的故事，或操纵几何图形来形成一个新颖而有意义的结构时，情况就不是这样了。在没有行为标记物的情况下，我们对感兴趣的认知事件（即创意生成）的具体过程一无所知。没有这些信息，就无法分析大脑对创造性思维具体的功能反应。 168

效度问题：无法明确创造性想法产生的具体时间点

效度问题：外部刺激无法确保诱发内部创造性思考

效度问题：试图创造并不等于实际进行了创造

产生了新的想法 + 试图产生新的想法

图7.3　创造力神经科学研究中的效度问题

此外，在受试者必须为一个物体创造新颖用途的较长时间内（从几秒钟到几分钟不等），大脑的活动包括了制定解决问题的策略（即尝试创新）以及问题答案的实际生成（即真正进行创新）两个过程。因此，对整体的脑活动进行平均，并声称这是创意生成的脑活动模式，是不正确的。

更棘手的问题是，在这段较长的任务时间内，生成的解决方案可能有效，也可能无效；即受试者的反应可能是有创造力的，也可能是没有创造力的。在大多数实验设计中，这些因素都不能有效地加以区分。一些研究认为这样的问题无关紧要，因为研究者明确地指示受试者在实验过程中“要富有创造性”。然而，“有创造性”并不是说到就可以做到的；仅仅教导人们要有创造力，并不能保证他们成功地做到这一点。对创造力意味着什么的定义存在问题（可能不是所有人都能将“富有创造力”理解为同一件事），我们的大脑很容易受到“阻力最小路径”策略的影响。这是指我们追求高性价比的大脑在产生答案的过程中，不由自主地选择认知要求最低的路线的倾向（Ward, 1994）。

169

以上提到的创造力实验范式中的所有问题，都是难以避免的，且都与一个更大的理论问题有关：即“努力试图创造”和“真正地创造”是不一样的。大多数人都可以从个人经历中敏锐地意识到这一点。尽管评估人们“努力试图创造”时大脑的反应模式也是有用的，但重要的是，我们要认识到这一关键的区别，并让它指导我们对实验结果的解释。

一些使用结构像或静息态脑成像的神经影像学研究，主要对任务测量出的创造力表现与大脑结构体积或静息态的脑指标进行相关分析。这看上去似乎可以绕过一些效度问题。但其实，这种做法的效度问题更为突出，因为它们甚至脱离了真正进行创造性思考的过程。

7.7 如何处理这些问题?

虽然心理学中的大多数行为范式都可以较为容易地改编应用于神经科学研究领域，但在创造力领域，改编行为实验范式是很困难的。如果实验设计无法很好地回答研究的科学问题，那么使用任何技术，无论其如何先进，都将是无效的。在创造力的神经科学领域进行实验设计时，遵循以下三个指导原则有助于我们以最佳的方式进行实验。

首先，根据迪特里希所说，“创造力的研究人员需要创造力”（Dietrich, 2007a）。创造力的研究者需要构思巧妙的范式，使其既适用于神经科学装置，也适用于研究创造力的本质内核。例如测试音乐即兴创作（Limb & Braun, 2008）、概念扩展（Abraham, Pieritz, et al., 2012）和顿悟任务（Jung-Beeman et al., 2004）的范式。

170

其次，学术出版物必须清楚地描述其研究中使用的实验设计的优点和局限性。举例来说，更贴近现实的创造力研究范式，如音乐即兴创作和故事生成（Limb & Braun, 2008; Liu et al., 2012, 2015; Shah et al., 2011），其缺点是难以进行精细的控制对照，优点是更具生态效度。在学术著作中，明确阐述这样的优缺点权衡是非常有用的。

最后，一个行之有效的策略是同时运用多种实验方法和设计，反复直接或间接地研究创造性认知的某一方面。一些研究人员在同一个实验设计中使用了多种成像方法，如脑电图和功能磁共振成像等（Fink, Grabner, et al., 2009; Jung-Beeman et al., 2004）。其他研究者还使用了多种实验范式来验证同一创造性思维过程（Abraham, Pieritz, et al., 2012; Kröger et al., 2012; Rutter, Kröger, Stark, et al., 2012）。这一方法的实用性在于，不同范式研究结果中的共同点表明了特定的创造性神经认知机制。

把创造性研究中遇到的问题与如何在心理功能和大脑功能之间架起桥梁这一更深层的问题联系起来，是至关重要的。"心－脑对应问题"反映了大脑状态和心理状态并不是完全对等的，同样的脑中"想法"可能引发不同的心理"感受"（Barrett & Satpute, 2013; Bennett & Hacker, 2003; Bressler & Menon, 2010; Haueis, 2014），这意味着我们需要进一步探索心理感受是如何从更基础的认知成分中产生的（Barrett, 2009）。

公开讨论创造力的神经科学领域中难以避免的问题和挑战，以及如何更好地克服这些问题，为未来的研究指明了前进的道路，促进了本领域的繁荣发展。

171

本章总结

- 创造力的神经科学领域具有独特的技术问题和概念问题，并且会因此影响对研究结果的解释。
- 试次的数量和持续时间受到限制。
- 由于非二元性和主观性，以及常常涉及复杂的动作，受试者的反应可能会存在问题。
- 由于任务之间存在很大的差异，创造力任务本身可能存在问题；此外，控制任务可能不完全适合。
- 如何对人群进行分类可能存在问题。例如，划分高创造力群体和低创造力群体的理由不完全可信。
- 有效性问题，即刺激本身并不能激发创造力，或实验不能区分试图创造和实际创造的问题。
- 另一个需要考虑的因素是，难以用神经科学的方法直接研究某些类型的创造力。

回顾思考

1. 是什么使得创造力的神经科学研究不同于其他认知过程的神经科学研究？
2. 试次问题和受试者反应问题是如何相互影响的？
3. 在单个实验设计中，如何优化创造力任务和控制任务？
4. 划分高创造力和低创造力群体的理由是可疑的还是合理的？
5. 描述在创造力神经科学研究中关于有效性的独特问题。

拓展阅读

- Abraham, A. (2013). The promises and perils of the neuroscience of creativity. *Frontiers in Human Neuroscience, 7*, 246.
- Arden, R., Chavez, R. S., Grazioplene, R., & Jung, R. E. (2010). Neuroimaging creativity: A psychometric view. *Behavioural Brain Research, 214*(2), 143–156.
- Dietrich, A. (2007b). Who's afraid of a cognitive neuroscience of creativity? *Methods, 42*(1), 22–27.
- Dietrich, A. (2015). *How creativity happens in the brain*. New York: Palgrave Macmillan.
- Sawyer, K. (2011). The cognitive neuroscience of creativity: A critical review. *Creativity Research Journal, 23*(2), 137–154.

第8章

音乐创造力

“音乐是人类向自己解释大脑是如何工作所做出的努力。我们之所以能全神贯注地听巴赫的音乐，因为那就像在倾听我们自己的心灵。”

——刘易斯·托马斯(Lewis Thomas)

学习目标

- 评估音乐和乐感的哪些方面是创造性的
- 认识专业知识对音乐知觉的影响
- 区分音乐表演的各种成分
- 掌握针对音乐创作的神经科学研究相关问题
- 了解音乐即兴创作过程的大脑活动
- 辨识音乐与大脑可塑性之间的相互影响

8.1 音乐和乐感

关于音乐有两个事实。其一，乐感(进行音乐创作的能力或对音乐的敏感性)具有普遍性，并且存在于每种已知的人类文明中。其二，虽然乐感是人类的重要特征，但其在不同文化内部、文化之间以及不同年代的表现形式各不相同，从而使得对音乐本质的概括极具挑战性。我们仍在努力探索这种人类基本能力的生物和文化起源，以及发展和成熟的动态过程(Cross, 2001; Peretz, 2006)。

“乐感可以被定义为自然的、自发发展的特征，它建立在生物和认知的基础上，并受其约束。相较之下，音乐可以被定义为基于乐感的社会和文化结构”(Honing, ten Cate, Peretz, & Trehub, 2015, 1)。虽然这些定义阐明了乐感和音乐的区别，但由于忽略了关键术语“声音”，所以它们仍然是不完整的。克罗斯(Cross)(2001, 33)提出了一个概括性定义：“音乐可以被定义为那些以时间为模式的个人和社会层面的人类活动。这些活动涉及声音的产生和感知，没有明显和直接的效应，也没有固定的共识参照。”这种描述聚焦于音乐的中心特征，即声音和运动上。

音乐和创造力有什么关系呢？这是一个复杂的问题，因为我们不得不考虑不同类型的音乐创造力（图 8.1）。虽然音乐作曲和即兴创作属于创造力的体现形式是无可争议的（图 8.2），但是音乐表达和创造力之间是否存在同样的关系呢？创造性过程是从何时开始的呢？虽然交流和想象的相关过程是由音乐知觉和音乐表现所触发的（Hargreaves, Miell, & MacDonald, 2012; Malloch & Trevarthen, 2009），但这是否可以进一步概括为创造力萌芽源于学习在乐器上准确弹奏音符或按音调唱歌？或者个体是否只能在试图传达具体的感觉或情感的表演中，有意识地表达创造力？音乐创造力的神经科学或行为研究很少仔细探讨这些理论问题（见专栏 8.1）。

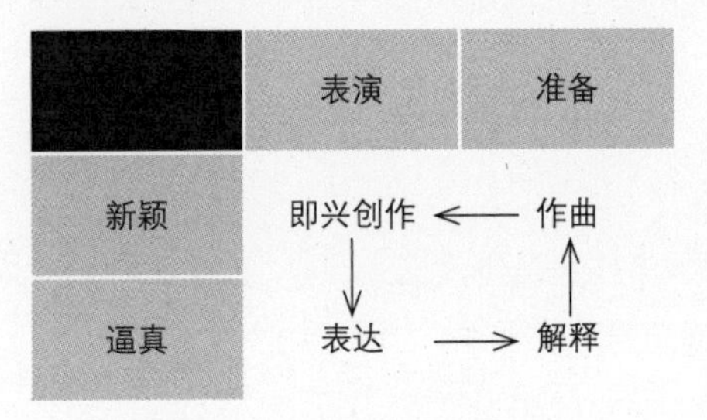

图8.1　音乐创造力的类型

两个正交维度（新颖－逼真；表演－准备）共产生四种音乐创造力类型（改编自 Merker, 2006）。

关于演奏音乐是否足以产生更高的创造力，有限的证据表明，事实并不一定如此。例如，只有通过作曲或即兴创作来创作音乐的专业音乐家，才能想出关于音乐用品更多的创造性用途。对于非音乐家或不创作音乐的专业音乐家来说，情况并非如此（Sovansky, Wieth, Francis, & McIlhagga, 2016）。此外，与音乐创造力更加相关的音乐类型，如爵士乐，强调实践中的即兴创作，从事该类型音乐的音乐家表现出了更广泛的创造性。一项研究比较了学习古典音乐、民间音乐和爵士乐学生的音乐活动，结果发现，学习爵士乐的学生有更多样的创造性成就，并且参与课外音乐活动的频率更高。爵士音乐家还表现出更高的经验开放性（创造力的一大核心人格特征），而且他们在非音乐的发散性思维任务中也表现出更高的观点独创性（Benedek, Borovnjak, Neubauer, & Kruse-Weber, 2014）。

175

专栏 8.1　当你只是聆听音乐时，你有创造力吗？

这个问题只能用大卫·哈格里夫斯（David Hargreaves）的观点来回答。虽然已有前人探索过听和其他形式的音乐创造力（如作曲）之间的关系（Lerdahl, 2001），但他的观点明确指出需要将想象性聆听本身视为一种创造性活动（Hargreaves et al., 2012）。音乐反应的相互反馈模型强调了音乐、聆听情景和听众之间的相互作用，这三者共同决定了对音乐的反应（Hargreaves, 2012）。第一种来源于音乐作品的结构层次，这是由作曲家与他们个人内在的音乐库相互作用，并利用音乐参照与听众互动而产生的。第二种是指文化关联，它以人们听音乐的环境和典型情景为形式，并对个体的音乐体验产生直接影响。第三种是指个体的关联网络，它是通过将音乐和文化关联与个体自身关联网络中的人物、环境和事件相结合而产生的。后者与创造力激活扩散理论的观点密切相关（Schubert, 2011）。听音乐会导致一个新的关联路径的自发形成。这与章节 1.4 所探讨的创造力识别的内容相关。

由于生成过程是音乐表演、音乐创作和音乐即兴创作所固有的（Sloboda, 2000），本章将主要致力于探索这一过程。在接下来的内容中，首先将对音乐知觉领域进行总结，尤其是音乐经验对音乐知觉的影响。接着，简要概述音乐表演、音乐作曲和音乐即兴创作领域的神经科学和心理学文献，尤其是创造力相关的。最后，本章将对音乐与大脑可塑性的关系进行回顾性分析。

176

8.2 音乐知觉

当我们听音乐时大脑内会发生什么？很显然，听音乐不仅仅是对声音的单纯采集。我们也在感知形式、运动、主题、情绪和其他抽象概念。因此，到达我们感官的声音信息有一种自动的、无意识的结构，我们似乎是通过它来理解音乐的。那么，这些“音乐结构”是什么，它们是如何运作的呢？

音乐结构是通过对一系列构成“音乐表层”的音符或“具有音高、音色、音强和音长的同时和连续的声音阵列”的反应而形成的（Jackendoff & Lerdahl, 2006, 37）。音乐的“分组”结构是以乐汇、乐句和乐节的形式体现的。这些形式都是通过对音乐表层的分割而产生的。它们大部分起源于格式塔知觉原则，并决定了音乐边界。“分组”是音乐中“节奏”的一个组成部分；另一个是“节律结构”，其基本单位是标记时间点的“节拍”。节律网络构成了“一个与音乐表层一致且连续的节拍层次性时间框架”（Jackendoff & Lerdahl, 2006,39）。“音高”是另一种主要的音乐结构，它的基本单位是属于音调的“音高空间”（例如音阶）的音符。音调和音高以一致的方式工作，远离主音音高的运动会增加“张力”，靠近主音音高的运动会引起“松弛”。“旋律”是根据不同抽象水平的音高和音程的顺序构成的。从音乐的表层开始，随后，像音高和节奏这样的音乐结构的构建带来了音乐情感体验。

8.2.1 节奏、音高和情感

“有一个几乎适用于世界上所有音乐的要素，即一种规律性和周期性的时间组织，有时也被称为节拍。它与音乐中人们跺脚或拍手的规律点相对应……即使听到以往从未听过的、来自未知文化的音乐，听者仍然可以‘保持节拍’。”（Cross, 2001, 30−31）

177 事实上，从新生儿的大脑活动就可以发现节拍知觉的先天性特征，具体表现为，当忽略了他们所期望的作为节律周期开端的节拍后，他们的感官预期被打破了（Winkler, Háden, Ladinig, Sziller, & Honing, 2009）。

节奏和音高的感知是由相互独立的大脑系统协调的，它们相互作用以产生音乐知觉（Peretz & Coltheart, 2003; Zatorre, Chen, & Penhune, 2007）。尤其是节奏，被认为与听觉和大脑运动系统之间的相互作用有关，像基底神经节、小脑、背侧前运动皮层和辅助运动区（SMA）等脑区也经常涉及。例如，基底神经节是节奏监测的关键结构，因为其参与时间关系和时间结构的评估（Schwartze, Keller, Patel, & Kotz, 2011）。对音高的感知会激活听觉皮层的不同区域，初级听觉皮层以外的区域参与对旋律和和声的感知，颞上回和脑沟中听觉皮层的喙侧和腹侧区域对和声、旋律音程和旋律模式的知觉非常敏感（Janata, 2015）。

对音乐结构如节奏和音调的感知与音乐情感的体验有着千丝万缕的关系。例如，在音乐处理的皮下区域，如脑干，根据该区域对声音频率做出反应的强度以及一致性，可以监测其音乐偏好（Bidelman & Krishnan, 2011）。一般而言，参与奖赏加工的神经回路“包括多巴胺能脑干核，尤其是腹侧背盖区、腹内侧和眶额叶皮层、杏仁核、脑岛和纹状体”（Zatorre, 2015, 203）。一项有关音乐聆听的正电子发射断层扫描（PET）研究发现了大脑奖赏系统在其中的关键作用。具体而言，纹状体中内源性多巴胺的释放伴随着情绪觉醒的峰值状态，在此状态中，伏隔核在音乐的情绪反应达到峰值时期有更强的激活，而尾状核则更多地参与预期阶段（Salimpoor, Benovoy, Larcher, Dagher, & Zatorre, 2011）。

8.2.2 训练效应

对未经训练的听众（如非音乐家和儿童）进行的行为和神经科学研究发现，这些听众在音乐听觉组织方式上与专业音乐家使用了相同的原则，证明了我们监测音乐规律性的内在能力（Bigand, 2003; Koelsch & Friederici, 2003）。未经音乐训练的听众在以下方面与音乐家相似：（1）“感知旋律和和声序列中音乐的张力和松弛”；（2）“根据基本序列中微妙的类似语法的特征预测音乐活动”；（3）体验到类似于“在大规模结构中整合局部结构的困难程度”；（4）“以情绪（情感）的方式对音乐做出非常一致的反应”，而“情绪的内容并没有差异”（Bigand & Poulin-Charronnat, 2006, 119）。有研究指出，即使是未经音乐训练的听者的大脑活动也会诱发显著的ERP成分，如失匹配负波（MMN；位于听觉皮层的，由感觉

178

偏差诱发的预注意反应）和早期右前部负波（ERAN；位于额下回，由音乐结构的不规则诱发），这说明对诱发音乐预期的复杂乐音的检测是自动化的（Koelsch, Gunter, Friederici, & Schröger, 2000; Tervaniemi, 2001）。

随着音乐训练的开始，我们与生俱来的乐感在与音乐发展一致的特定方式中得到磨炼。有项纵向研究旨在分离并表征从儿童期到成年期，音乐家和非音乐家听觉辨别的神经标记物。结果表明，在音乐训练之前，两组之间没有预先存在的感知差异，而成年音乐家的听觉感知技能在音乐训练过程中得到了更好的发展（Putkinen, Tervaniemi, Saarikivi, Ojala, & Huotilainen, 2014）。比如说，相对于非音乐家，音乐家在旋律或音程而非纯音频率改变时，诱发了更大的MMN成分。这一模式暗示了音乐家音调和音程信息编码及辨别自动化能力的增强（Pantev et al., 2003）。

音乐家对声音的处理也受到乐器、表演实践和专业水平的影响。一项研究调查了三种音乐风格（古典、爵士、摇滚/流行）的音乐家，探讨他们音乐特征的六种变化与MMN活动之间的关系。结果发现，相较于其他组，爵士音乐家在所有声音特征上均诱发了更大的MMN波幅，这说明其总体上对听觉异常值的敏感性更高。因此，音乐家演奏的音乐风格的特征会影响他们对音乐中声学信息的感知加工（Vuust, Brattico, Seppänen, Näätänen, & Tervaniemi, 2012）。

对打击乐手、声乐家和非音乐家的比较表明，语音信息感知编码的选择性增强是基于乐器的典型声学特征的。与非音乐家相比，打击乐手对快速变化的声学特征有着更加准确的编码，而声乐家则更擅长频率辨别和和声编码。此外，与声乐家和非音乐家相比，打击乐手在抑制控制方面的表现也更好（Slater, Azem, Nicol, Swedenborg, & Kraus, 2017）。因此，感知技能的选择性甚至可以延伸到非音乐的声学信息中。

179

一项研究比较古典、爵士和摇滚音乐家以及非音乐家对旋律相关特征（包含音调、音色、节奏、旋律变化和旋律轮廓等）的神经编码准确性的大脑活动（通过MMN指标）。结果表明，不同流派的音乐家的知觉敏感性具有选择性。只有古典音乐家会选择性地为音调偏差做出调整，只有爵士音乐家表现出相同的移调。古典音乐家和爵士音乐家都表现出对节奏的敏感性，而爵士音乐家和摇滚音乐家则对旋律轮廓的敏感性更高（Tervaniemi, 2009; Tervaniemi, Janhunen, Kruck, Putkinen, & Huotilainen, 2015）。

即使在音乐分析的意识层面，也有证据证明基于经验的差异的存在。根据“更有经验的听众更懂得表演者”假设，拥有更多爵士乐经验以及与表演者有着演奏相同乐器经验的听众，比那些拥有较少的爵士乐经验以及有着与表演者不同的乐器经验的听众，更有可能认可表演者对其爵士乐即兴创作的陈述（Schober & Spiro, 2016）。

此外，音乐家感知加工能力的增强也能延伸到音乐意象上。受过音乐训练的受试者在音乐的和非音乐的听觉表象任务上的表现，均优于没接受过训练的受试者。这种优势仅限于声学领域，因为在视觉表象任务中并没有发现受训群体的显著优势（Aleman, Nieuwenstein, Böcker, & de Haan, 2000）。神经科学方面的研究结果也与此一致。一项脑磁图（MEG）研究对比了音乐家和非音乐家在想象熟悉旋律时的大脑活动。所有受试者的任务都是指出所呈现的音调是否正确延续了原有旋律。研究结果发现，只有音乐家在面对不正确的音调时诱发了MMN成分，这表明即使在想象的背景下，通过音乐训练也可以检测到违反既定规则的行为（Herholz, Lappe, Knief, & Pantev, 2009）。

180

8.3 音乐表演

音乐表演是独一无二的，原因有以下几点。我们人类从事的活动很少会有：（1）与复杂而精确的运动协调密切相关的多通道感知体验；（2）参与人数范围从一人（独奏）到多人（合奏表演），不受限；（3）表演时间范围从短（几秒钟）到长（几个小时），不受限。

所有类型的音乐表演都有一个共同点，即需要大脑运动控制系统的参与，以确保三个核心功能的实现。它们分别是“掌握节奏”（以实现音乐节奏），“音序”和“运动的空间组织”（以实现在乐器上演奏音符）（Zatorre et al., 2007）。在音序中需要考虑的一个重要因素是它的时间进程，因为即将演奏的音符的项目检索与动作准备之间存在时间重叠（Palmer, 2005）。虽然这些因素反映了音乐表演的技术要求，但是它们的表达方式则与音乐创作力尤其相关。对这些因素进行研究是非常困难的（Wöllner, 2013），因为音乐家的表达意图既基于特征因素（例如，通过实践和经验的积累），也基于状态因素（例如，当前的情绪状态，与在场其他音乐家的互动）（De Poli, 2003）。在考虑音乐欣赏的审美享受时，音乐表演的技术性和表现性两方面是不可分割的。尽管音乐诱导听者情绪的机制很复杂，并且依赖于先天的听觉反应和习得联想之间的相互作用（Huron, 2015），但其主要还是源于听者对音乐的期待（Huron, 2006; Zatorre & Salimpoor, 2013）。

与其他艺术形式相比，在识别音乐所特有的因素时，乐器的存在似乎是一个重要的相关变量，尤其是在使用外部乐器，而不是单纯歌唱的音乐表演中。有些人甚至指出乐器是音乐家身体的自然延伸（Nijs, Lesaffre, & Leman, 2013）。

181

无论“乐器”属于哪种类型，音乐表演都是一项持续的感觉运动任务，因此，练习会导致大脑中感觉区域（视觉和听觉）和运动区域之间的强烈“耦合”。这种耦合被认为有两个主要功能。第一，它能够在音乐知觉和音乐表演两方面，生成关于哪个事件可能发生以及何时发生的等效预测。第二，耦合构成了感知和行动之间共同编码的基础，这使得多个音乐家可以通过训练参与音乐协作任务，这是在朝着共同的目标努力的过程中，通过相互预测和适应实现的（Novembre & Keller, 2014）。

8.3.1 行为特征

对一个表演者而言，表演的创作周期从学习和练习作品开始，目的是培养对作曲家创作意图的理解，同时将自己的本心和个性带到作品中，以实现“与作品的一致”（Lund & Kranz, 1994）。这些微小偏差表现在每个人身上，成为明显的个体差异。例如，通过提取专业钢琴家触摸、蹬踏和力度等高度精确的行为特征，研究者发现钢琴家既展示了每个音色意图的共享模式，也展示了不同音色意图之间独特的特征模式（Bernays & Traube, 2014）。

音乐意象也是音乐表演的核心。音乐家从听觉意象和运动意象两方面展现了他们参与音乐意象的杰出能力，其中听觉意象是对声音的想象，运动意象是对“实际运动中动觉的想象”（Zatorre & Halpern, 2005, 10）。多模态心理意象通常是在听觉、运动，有时甚至是视觉领域的音乐表演条件下诱发的。与支持听觉意象和时间预测所涉及脑区存在重叠的证据相一致，有研究指出，想象背后的信息加工机制包括内部模型、动作模拟和工作记忆。这为“以效率、时间精度和生物力学经济性为特征的行动规划和运动执行提供了预期图像”（Keller, 2012, 206）。

182

这种多模态是音乐及其广泛效应中存在的同步化现象的关键。仅仅是与另一个人进入同步的听觉节奏模式，便可以增加人际同步和亲社会行为（Trainor & Cirelli, 2015）。多模态同步也会影响表演的表现力，而头部运动可作为区别独奏音乐表演和联合音乐表演的特征（Glowinski et al., 2013）。事实上，身体摇摆与合奏表演的交流会对表演成功的感知产生影响（Chang, Livingstone, Bosnyak, & Trainor, 2017）。

心流状态通常是在音乐表演的情境中讨论的，包括乐器演奏和演唱过程。例如，较长的练习时间会增加声乐家在演唱过程中产生心流体验的可能性，且这种体验与具体的音乐类型无关（Heller, Bullerjahn, & von Georgi, 2015）。根据音乐演奏后自我报告的心流状态，专业古典钢琴家的心流体验与其心血管和呼吸系统指标以及肌电活动显著相关。在这里，心流体验与“自主神经系统交感神经分支激活的增强以及深呼吸”或者“微笑肌”相关（de Manzano, Theorell, Harmat, & Ullén, 2010, 306）。练习时间的长短和情商特质也可以预测音乐表演中心流体验的倾向（Marin & Bhattacharya, 2013）。

8.3.2 大脑基础

动作的时间、顺序和空间组织构成了音乐表演过程中信息处理的三元体（Peretz & Zatorre, 2003; Zatorre et al., 2007）。虽然与“运动时间”有关的参数是由小脑、基底神经节和运动辅助区的加工共同决定的，但是对于学习、计划和执行这些需要更高控制水平的序列而言，除了上述脑区，还需要额外的大脑结构的参与，包括前运动皮层、前运动辅助区以及前额叶皮层。音乐表演过程中，运动空间组织的神经相关性还不太清楚，目前仅有很少的证据表明背侧前运动皮层似乎在其中发挥了重要作用。这一区域还与早期音乐训练（大约 6 岁之前）时大脑灰质的增加有关（Brown, Zatorre, & Penhune, 2015）。

183

音乐表演过程中，听觉和运动系统的耦合是由反馈和前反馈的相互作用协调的。反馈的交互作用反映了听觉系统对运动系统的影响，如根据周围音乐的节拍按键。前反馈的交互作用反映了由动作诱发的听觉信息的形成，而后这一信息又被用来调整随后的动作，如在音乐练习时，根据听觉反馈不断做出运动调整。尤其是小脑，它在运动优化中发挥了关键作用，因为其涉及错误纠正以及新运动技能的学习（Brown et al., 2015）。

与非音乐家相比，音乐家用以促进听觉运动耦合的听觉－运动通路在解剖结构上显著增强。这些通路由背侧和腹侧路径组成，其中腹侧涉及音程、音乐轮廓以及其他旋律特征的表征。而背侧路径位于背侧前运动和顶叶通路，负责将声学模式转化为运动模式。长时记忆（与内侧颞叶活动有关）和工作记忆（与额叶活动有关）对于专业的音乐表演也很重要。专业音乐家的长时记忆能力更为出色，这使得他们不仅可以回忆出成百上千首乐曲，还可以回忆出自己对于这些经过有意识挑选并预先大量排练的音乐作品的诠释，从而根据记忆演奏出来。工作记忆涉及对音乐片段的检索、维持和操作，而专业音乐家的工作记忆能力反映在预先计划和分段执行上（Brown et al., 2015）。

音乐合奏表演需要感觉运动的协调，因为合奏时听觉运动信息和视觉运动信息在音乐家之间是实时动态传递的。这种情况下，大脑的“镜像”和“回声”系统往往会被唤起，这是因为腹侧前运动皮层和顶下小叶的重叠区域参与了动作观察、动作执行以及与动作相关声音的聆听（Volpe, D’Ausilio, Badino, Camurri, & Fadiga, 2016; Zatorre et al., 2007）。这也被认为是表征动作意义时，这些脑区作为感觉运动耦合抽象性质编码的证据。在合奏条件下，这种镜像系统的相关性得到增强，因为为了完成互补的联合行动，需要多个个体之间多模态的交流与协调（Volpe et al., 2016）。

184

8.4 音乐创作

作曲行为标志着一首乐曲的起源，“它可以被看作一种声音组织的艺术，这些声音本身并不具有明确的语义联系，但却可以通过一种新颖的方式使创作者和听众获得或诱导他们赋予其一定的意义”（Brattico & Tervaniemi, 2006, 290）。进行创作的条件是千差万别的，原则上来说，一首完整的交响乐乐谱可能需要花费几年的时间，经过连续不断的修改，最终才能无声地出现在纸上。更普遍的是，创作在寻找、制作、调整以及选择新的音乐结构过程的各个阶段都能发挥作用(Merker, 2006, 28)。

彼得·韦伯斯特(Peter Webster)(2003)提出的音乐创造性思维模型与音乐创作特别相关(Burnard & Younker, 2004)。该模型将发散性思维和聚合性思维置于中心位置，同时包含了华莱士提出的创造性思维阶段中的准备期、酝酿期和验证期，此外还增加了“消解”或修改、编辑过程，这也是音乐创作中必不可少的，因为音乐元素需要经过不断地构造、组合和重构。该模型采用了系统化的视角，因为它既考虑了促成思考的条件因素，包括个人层面(如动机)和社会文化层面(如同辈影响)的因素，也考虑了促成思考的能力因素(如审美敏感性、技艺)(图 8.2 和图 8.3)。时间知觉在音乐创作和音乐即兴创作中也是不同的。创作的特点是时间的“延展”，即“可以从作品中的任何时刻投射到其过去和未来的时间坐标”，而即兴创作在时间性上的特点是内部导向或“垂直的”，即“更强调现在，而过去和未

特征	即兴创作	作曲
情境	公开的或私人的	私人的
个人或团队	个人或团队	个人或团队(低频率的)
发展	连续的，线性的，实时的，行动的，即兴的创作	连续或非连续的行为，间接的创作
创作过程	即兴创作过程；它可以为作曲提供建议	理性创作过程
能力	表演和作曲能力	作曲能力
过程	预期，曲目的使用，情感交流，反馈和心流	计划，从声音到图像的转换，想法的生成，组织和构建，修改
可逆性	不可逆的行为，它不能被改变	可逆的行为，它可以被修改，直至最后一稿
修订	它不能被评审，只能在表演过程中根据反馈实时调整	它可以被评审以及改进
控制	可以控制个体因素，但不能控制群体因素	对配乐和作曲过程复杂性的整体把控
反馈	实时反馈	没有实时反馈的压力
动态过程	互动过程。它是具有适应性的，它可以对情境因素做出应答，并立即做出调整。表演者之间的挑战，承担风险	固定的产品。作品可以被解读，但是不能改变乐谱上的音符
交流	创作者与听众之间有直接的交流。它比作曲更加真实	创作者与听众之间的交流是由诠释创作者思想的表演者调节的

图8.2 音乐即兴创作和音乐创作

音乐即兴创作和音乐创作在特征上的共同点和不同点。转载自 Biasutti, M. (2015). Pedagogical applications of cognitive research on musical improvisation. *Frontiers in Psychology*, *6*, 614.

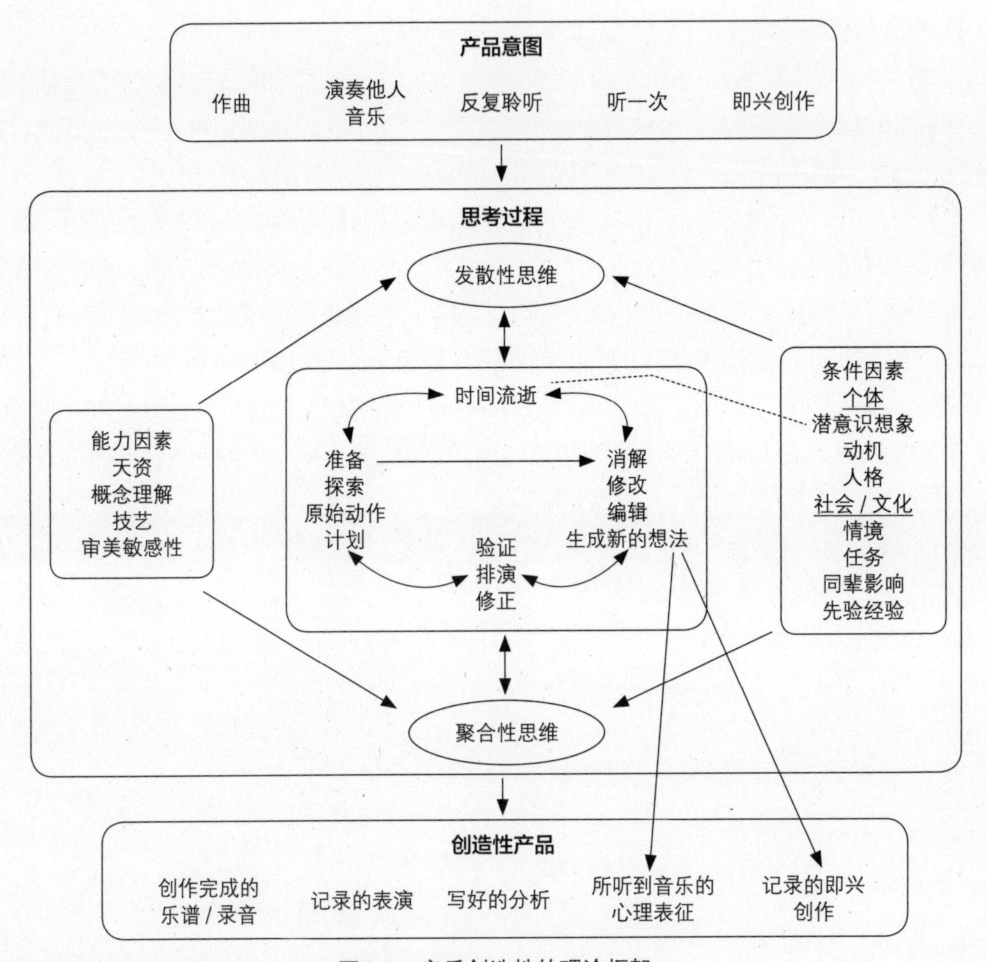

图8.3 音乐创造性的理论框架

彼得·韦伯斯特的音乐创造性思维模型。经作者许可转载。

来在感知上是从属的”（Sarath, 1996, 1）。

音乐创作的概念化通常表现出音乐和语言（Adorno & Gillespie, 1993）、音乐和建筑（Young, Bancroft, & Sanderson, 1993）、音乐和数学（Mode, 1962）领域之间的异同。“模式化”是跨文化音乐创作的基本要素，且建设性的创作形式与生成性的创作形式是不同的，我们所说的音乐中的建设性创作能力是指，音乐家通过有意识的工作，运用或（部分）重塑他所知道的元素和规则，最后形成原创作品的最终形式。生成性的创作很大程度是一种对元素和规则无意识或直觉式的变化应用，它虽会为最终作品形式带来改变，但也仅仅是一个新的变体（Sági & Vitányl, 2001, 3）。

8.4.1 行为研究

这一领域中大部分的实证研究聚焦于对幼儿参与音乐创作期间的个体内和个体间动态过程的考察（Burnard, 2012; Webster, 2016）。与音乐即兴创作相比，音乐创作时可以通过乐器偏好、乐器类型和身体运动之间的相互作用来定义不同的身体意图。即兴创作的特点是“感知”身体，因为它需要通过视觉、动觉和听觉之间的相互作用来进行连续的反馈，而创作的特点是“了解”身体，因为它需要“通过已经在动觉记忆中编码的运动模式来激发现有的思想源泉”（Burnard, 1999, 170–171）。 187

已有行为研究对音乐专业大学生的音乐创造过程进行考察，尤其是有关心流体验及其对创作作品的创造性的影响。在一项研究中，受试者被分为 3 人一组，要求共同完成一项创作任务，每周至少完成 3 次这样的任务，此外每次任务后受试者还需填写量表以测评其在完成任务过程中的心流体验。研究结果显示，心流水平更高的组别，其创作作品的创造性水平也更高（MacDonald et al., 2006）。在面向非音乐专业大学生和退休人员所做的调查中也发现，与单纯的音乐表演相比，他们在音乐创作过程中有着更高的心流体验，尽管他们的音乐创作只是作为一种治愈性的创作体验。同时这一结果与音乐创作的类型无关：如歌曲模仿、歌词创作和原创音乐。此外，与歌曲模仿和歌词创作相比，原创音乐被认为更有意义，且与更高的成就感和自我满足感相关（Baker & MacDonald, 2013）。

音乐创作中的创造力对信息反馈也有显著的影响。相较于被评定为创作水平较低的学生，高创造性的音乐家更倾向于在创作过程中多次实验，表达乐观的态度，在作品的标题中表达意图，并且批判性地分析自己的作品（Priest, 2006）。此外，高创造性的音乐家将其作品中的创造力和技巧归因于时间因素，或者循环出现的主题、过渡、对比、发展等形式随时间的变化，而低创造性的创作者则归因于例如隐喻和灵活等因素（Priest, 2001）。

过往针对专业音乐家音乐创造力的实证探究很少。相反，主要是针对音乐创作领域中杰出人群进行的理论、历史计量学和案例研究（Hass & Weisberg, 2009; Roels, 2016; Simonton, 1989b; Sloboda, 2000）。这并不奇怪，因为我们很难接触到这样的小众群体。但这也是令人遗憾的，因为我们缺乏帮助人们真正理解这种音乐创造力重要形式所必需的范式。 188

8.4.2 神经科学研究

有关音乐创作脑机制的研究十分罕见，并且大部分局限于对患有临床疾病的著名音乐家的个案研究（Altenmüller, Finger, & Boller, 2015）。少数关于音乐创作神经机制的探索始于 20 世纪 90 年代的EEG研究，例如有研究发现，相较于音乐分析和音乐记忆条件，音乐专业青年学生在音乐创作时左半球活动占优势地位（Beisteiner, Altenmuller, Lang, Lindinger, & Deecke, 1994）。另外，与听一段音乐相比，专业音乐家在作曲时EEG活动的一致性更高，具体表现为顶叶和额叶远端区域对侧合作的增强(Petsche, 1996)。

一项功能性神经成像研究考察了音乐创作时的大脑活动，揭示了个体在休息阶段和进行5分钟创作任务时大脑功能连接的差异(Lu et al., 2015)。该研究只选取音乐家进行研究，因此没有控制组或者控制条件来提供对照。研究结果显示，与休息阶段相比，个体在完成创作任务时视觉和运动区域的功能连接减少，前扣带回和后扣带回之间的功能连接增加。另一项研究将自我报告的创造性和大脑结构测量联系起来，结果发现，那些报告有"即兴创作或创作原创音乐"经历的受试者比其他受试者在"默认网络"的许多部分(包括背内侧前额叶、颞叶和颞外侧皮层)、"运动规划区域"(包括运动辅助区和前运动辅助区)以及"边缘区域"(如眶额皮层和杏仁核)有更大程度的激活(Bashwiner, Wertz, Flores, & Jung, 2016)。为了构建出一个可行的神经科学框架，后续有必要开展更多有关音乐创作脑机制的研究(见专栏8.2)。

189

专栏 8.2　如何更好地研究音乐创造力?

需要采用多管齐下的方式研究音乐创造力。其中一种是开发或者采用多种技术和方法来评估音乐创造性条件下的生理反应。例如，采用新的技术来测量音乐即兴创作过程中表演者的皮肤电信号(Skin Conductance, SC)，这种技术可以在受试者弹奏钢琴期间进行连续测量，同时检测音乐片段转换期间的相关变化(Dean & Bailes, 2015)。但仍然有个问题，即该技术是否能够有效适用于其他乐器。

在研究音乐创造力时，为了评估这些实验室开发的临床测验与现实世界中音乐创造力的对应程度，采用多种创造力测量方法或许是一种有用的途径。将这些方法与生理测量方法联合使用也是一种重要的方式。当前有几种应用较为广泛的音乐即兴创作和协作相关的量表，如人际音乐交流能力量表(Interpersonal Music-Communication Competence Scale, IMCCS; Hald, Baker, & Ridder, 2017)、韦伯斯特音乐创造性思维量表(Webster' s Measure of Creative Thinking in Music, MCTM Ⅱ; Webster, 1987, 1994)和音乐表达测试(Musical Expression Test; Bardot & Lubart, 2012)。

同样至关重要的是，我们需要在各种自然或刻意的音乐生成情境下，利用专业音乐家进行具有生态有效性和科学合理性的研究。这需要神经科学家和音乐家之间持续的合作与交流(McPherson & Limb, 2013)。

8.5 音乐即兴创作

音乐即兴创作结合了音乐表演和音乐创作，从相对受限的、以严格遵守和声序列和节律结构的传统爵士乐，到条件极度不确定的自由即兴创作都属于它的变化范畴。虽然断言即兴创作在表演过程中几乎不需要准备或计划是过于绝对的，但很明显，只有当一个人在表演中积累了丰富的音乐经验时，才会产生成熟和创造性的即兴表演。红辣椒乐队的贝斯手弗利（Flea）的一段话抓住了即兴表演过程中无意识方面的精髓：

"乐器必须为我们的不确定性以及即兴创作服务……仅仅有出众的能力，能演奏歌曲是不够的。只要娱乐性也是不够的……我们必须创作，我们必须进行实验并且做一些可能出错的事情，我们所带来的一切事物——人和乐器，都必须为这个目标服务。"（引自 Fitzpatrick, 2011）

190

当思考音乐即兴创作反映的内容时，必须小心谨慎，事实上，人们通常假设即兴创作反映的是音乐创造力。但这不一定是真的。以一种突破极限的方式即兴创作，从而展现显著高水平的独创性，这实际上是非常具有挑战性的。即兴创作的每一个行为并不一定都是高度创造性的，这一事实在行为或神经科学研究中很少得到明确支持。大多数音乐创造力的脑机制研究都是通过对比音乐表演中有无即兴创作条件来解决这一问题的。由于创造性想法或反应生成的不可预测性以及当前记录大脑反应技术的局限性（见第 7 章和专栏 8.2），我们还未到达能够充分测试音乐即兴创作过程中独创性程度的阶段。尽管如此，一些突破性研究让我们能够更好地理解如此惊人的能力是如何组织的。毕竟，音乐即兴创作是音乐创造力最自然的缩影。

8.5.1 行为特征

在许多已经提出的用来解释音乐即兴创作的理论框架中（Biasutti, 2015; Biasutti & Frezza, 2009），算法需求模型是爵士乐方面最具影响力的理论模型（Johnson-Laird, 2002）。约翰逊－莱尔德（Johnson-Laird）区分创造力的三种算法分别是新达尔文主义（随机/任意变异的生成和基于规则的选择）、新拉马克主义（基于经验/规则的随机生成和任意选择）以及两者之间的折中（类似于新达尔文主义的生成和类似于新拉马克主义的选择），他指出：

音调和弦序列的构成依赖于一种多级算法，该算法需要工作记忆（或者等价的符号）来获得过渡的结果，而默认旋律的即兴创作需要一种新拉马克算法，它不需要工作记忆来获得过渡的结果（Johnson-Laird, 2002, 423）。

杰夫·普雷辛（Jeff Pressing）（2001）提出了一个更详细的音乐即兴创作模型，他认为即兴创作能力的典型特征是"高效率、流畅性、灵活性、纠错能力、表现力……创造性以及条理性的实现"（50）。这些能力是由特定的认知变化带来的，例如，在音乐、声学、运动（和其他）方面对"事物、特征和过程"记忆能力的增强，而"记忆存储可访问性的增强源于其各组成成分之间冗余关系的建立，聚集成更大的认知集合"，以及"对细微的情境性相关感知信息的协调能力"的提高（Pressing, 2001）。

根据音乐即兴创作的不同框架，比亚苏蒂（Biasutti）和弗雷萨（Frezza）（2009）确定了与音乐即兴创作相关的五个因素（图 8.2）:（1）预期，指在旋律、节奏以及和声水平上对即兴创作发展过程进行计划的能力;（2）情感交流，指传递情感状态的能力;（3）心流，这是在表演过程中完全沉浸的最佳体验;（4）反馈，既可以是内部的（如音乐家的自我监控），也可以是外部的（通过其他音乐家、听众或环境情境从外部世界传达的），并用于即兴创作的实时更改;（5）借用曲目，指现有的规则、脚本、陈词滥调。这些因素是建立在另外两个要素基础之上的:（6）基本技能，例如音高的识别和节拍的感知;（7）音乐实践，这是通过不断地练习和学习发展起来的。实际上，音乐即兴创作的行为研究主要集中在训练时间和其他个体因素（如认知能力）对即兴创作能力的影响上。例如，累计练习的小时数可以很好地预测爵士音乐家的即兴创造力。此外，即兴创造力还与非音乐发散性思维任务中的观念独创性呈正相关，与流体智力中的工作记忆容量和归纳推理呈负相关（Beaty, Smeekens, Silvia, Hodges, & Kane, 2013）。

由于音乐即兴创作既可以在个人层面上发生，也可以在团体层面上发生，若在后一种情境下就有必要考虑其他额外因素的影响。团体创造力的三个中心要素为：即兴创作、合作和涌现（Sawyer, 2006）。下面的研究提供了这些要素发挥作用的示例。例如，一项研究要求 19 名有多年演奏经验的即兴表演者完成几组分类任务，每组包含 25 种声音。受试者根据他们所认为的声音的语用相似性，将这些声音分为尽可能多的小组，据此可以推断受试者在集体自由爵士乐情境中听到这些声音时的反应。研究结果发现，经常在一起演奏的音乐家倾向于以相同的方式"思考"即兴音乐，这可以归因于受试者心理模型的相似程度（Canonne & Aucouturier, 2016）。

音乐即兴创作中，其他群体动力因素的重要性也可通过非言语的社会反馈线索得到检验，例如感知到的交流的真实性。有研究要求音乐家用标准爵士乐风格（规则的脉冲节奏）和自由即兴风格（非脉冲节奏）进行双人即兴创作。独奏家和非独奏音乐家的即兴创作都是用运动捕捉系统记录的。在自由即兴创作条件下，音乐家对真实合奏二人组的敏感性高于伪（非匹配）二人组，且这与他们的音乐经验或节奏感知能力无关。这类研究中强调了人际动力因素的重要性，因为在自由即兴创作中提取非言语社会线索是一种不依赖于特定音乐技能的一般感觉——认知能力（Moran, Hadley, Bader, & Keller, 2015）。其他研究者也强调，为了理解创造性表达是如何产生的，还需要考虑即兴音乐家之间动作协调的动态过程（Walton, Richardson, Langland-Hassan, & Chemero, 2015）。

越来越多的证据表明，即兴创作经验可以促进音乐创造力的提升。在音乐课堂中，与仅采用教师为中心的教学活动相比，对6岁儿童进行为期6个月的创作培训，可以在广泛性、灵活性、独创性和句法规则这四个音乐指标方面，提升他们的创造性思维（Koutsoupidou & Hargreaves, 2009）。即兴创作对创造力的影响甚至可以延伸至非音乐情境中。将接受过即兴训练的音乐家、未接受过即兴训练的音乐家和非音乐家进行比较，结果发现，在完成创造性思维的发散思维任务时，第一组在观点的流畅性（生成观点的数量）和观点的独创性（生成观点的独特性）方面都优于其他组。因此，研究者推测，即兴创作的刻意练习对创造性思维有“释放”效应（Kleinmintz, Goldstein, Mayseless, Abecasis, & Shamay-Tsoory, 2014）。

8.5.2 大脑相关性

当回顾音乐即兴创作的神经科学研究时，结果似乎普遍表明协调认知控制和自发思维的两个大型脑网络——即CEN和DMN——之间存在交互作用（Beaty, 2015）（见章节4.2.3）。这些研究的不同之处在于大脑网络中的单个区域选择性参与的方式不同，一些研究显示大脑核心区域参与的增强或“激活”，而另一些研究则显示大脑核心区域参与度的降低或“去激活”。

193

最早发表的关于音乐即兴创作的神经影像学研究，是对受过古典音乐训练的钢琴家的考察，结果发现与休息以及从记忆中重现先前即兴创作的音乐相比，即时的即兴创作激活了背外侧前额叶皮层、背侧前运动皮层和右侧前运动辅助区（Bengtsson, Csíkszentmihályi, & Ullén, 2007）。尽管后两个脑区被认为在运动反应的计划和时间设置方面发挥作用，但背外侧前额叶皮层则特别强调了其在工作记忆维持以及音乐即兴创作中所必需的复杂认知控制的其他方面的功能。

另一项早期研究考察了与新动作生成相关的即兴创作，揭示了节奏和旋律运动序列的产生激活了与动作序列生成、动作序列的主动选择以及所选动作序列的执行有关的大脑区域，他们分别是额下回、中前扣带回和背侧前运动皮层（Berkowitz & Ansari, 2008）。然而，他们还报告了与旋律即兴创作（而不是节奏即兴创作）任务相关的去激活，这些去激活发生在外侧前额叶皮层的部分区域以及角回、后扣带回和缘上回，但作者并未详细讨论该研究的有关发现。

有一项研究对即兴创作相关的去激活给予了特别关注，该研究是以专业爵士乐钢琴家为受试者进行的（Limb & Braun, 2008）。该研究发现，与重现已知的音乐序列相比，即兴创作导致前额叶皮层本身参与模式的分离。该模式的特征表现为外侧区域，如背外侧前额叶皮层的去激活，同时伴随着内侧前额叶皮层，如额极的激活。利姆（Limb）和布劳恩（Braun）（2008）指出：

194

> 这一模式可能反映了自发即兴创作所需的心理过程的整合。在这一过程中，内部激励的、与刺激无关的行为在缺乏中枢过程控制的情况下展开，而中枢过程通常负责对正在进行行为的自我监控以及有意识的意志控制（2008, 1）。

后来的一项研究提出了一个相关的提议，但涉及另一个大脑区域。这项研究报告了在旋律即兴创作过程中，与非音乐家相比，受过古典音乐训练的音乐家在右侧颞顶联合区（rTPJ）（一个DMN区域）表现出去激活状态（Berkowitz & Ansari, 2010）。从腹侧注意网络角度来解释rTPJ，即它的去激活抑制了注意向任务无关刺激的转移。研究者推测，音乐家在即兴创作期间rTPJ去激活的一个潜在解释是，他们以一种更加自上而下的方式制定策略……因此在他们计划下一个即兴创作序列时，会抑制任何刺激驱动的反应（Berkowitz & Ansari, 2010, 717）。

EEG研究也提供了去激活的证据（Adhikari et al., 2016）。有研究比较了音乐家在演奏时或想象简单的学习过的旋律并即兴演奏时，他们在脑电 α 频段（8—12Hz）和 β 频段（13—30Hz）活动的差异。结果发现，即兴演奏条件下，参与认知控制的脑区，如额上回、运动辅助区和左侧顶下小叶之间的活动减少。

在以往考察古典乐音乐家的即兴创作研究中，并没有提供该群体即兴创作专业水平的相关信息。因此，很难将这些音乐家在音乐表演方面的经验与其音乐创作能力联系起来。因为如果他们在音乐表演方面的经验很少，那么他们在表演方面的专业知识可能与音乐即兴创作没有直接的关系。一项EEG研究考虑到了这一点，该研究将 α 波活动作为一个指标，将创造力相关的心理状态与受过或者没有受过正规即兴创作训练的音乐专家的艺术作品生成联系在一起。虽然在即兴创作过程中，所有音乐家在额叶的 α 波活动都显著增强，但是对受过正规即兴创作训练的音乐家来说，这种大脑反应是最强烈的（Lopata et al., 2017）。一项以 39 名专业钢琴家为受试者的功能性神经影像学研究考察了即兴创作的小时数与音乐即兴创作期间大脑活动之间的相关性（Pinho, Manzano, Fransson, Eriksson, & Ullén,

195

2014）。结果发现，经验水平越高，额顶叶执行网络的活动水平就越低。这似乎表明，随着训练的推进，自动化程度越高，背侧前运动区、前运动区辅助和背外侧前额叶区域的活动水平也更高。研究者认为，这与音乐创造力相关的联想网络效率的提高有关。背外侧前额叶的结果有些自相矛盾，这可以归因于情境因素。因为在预先指定情绪内容（快乐/恐惧）

的音乐即兴创作中，背外侧前额叶与默认网络强烈耦合；在预先指定音高设置（有调性/无调性）的音乐即兴创作中，它与前运动网络强烈耦合（Pinho, Ullén, Castelo-Branco, Fransson, & de Manzano, 2015）。

新的研究方向包括即兴创作中的音乐体验是否有助于音乐表演中的自发性感知（Engel & Keller, 2011）。虽然爵士音乐家在判断他们所听的钢琴旋律是即兴创作还是模仿时的准确率很低，但仍高于随机猜测水平，且他们的判断准确性与音乐体验呈正相关。事实上，对他们大脑活动的分析表明，相对于模仿，杏仁核在即兴创作期间的活动更强，而被判定为即兴创作的旋律激活了“动作模拟网络”的部分区域，如前运动辅助区、额盖区和前脑岛，且他们在判断为即兴创作的旋律中的活动最强烈。对音乐表演中自发性的准确评估，被认为受到“个体行为相关的经验和观点采择技巧是否能够对给定行为进行真实的内部模拟”的影响（Engel & Keller, 2011, 1）。

8.6 音乐和大脑可塑性

术语“大脑可塑性”或“神经可塑性”是指随着行为（例如，训练引起的）、环境（例如，丰富的、贫乏的）和生理过程（例如，成熟、脑损伤）的改变而发展的神经通路的变化。本章已经介绍了大脑对音乐行为训练的可塑性或延展性（Schlaug, 2015）。另一种与音乐相关的大脑可塑性发生在生物反馈训练情境下（见专栏 8.3）。最后一节将聚焦于音乐和大脑功能障碍。

196

专栏 8.3 通过行为/生物反馈进行音乐训练

- 音乐训练通过听觉反馈提高了对音乐相关的感觉运动关系或动作–效应关联的敏感性，这种关系和效应跨越了多个层次（Pfordresher, 2012）。
- 听觉反馈的音调或无调性具有识别效果，因此在有调性旋律规划期间，无调性反馈不会被视为是相关的；而在无调性旋律规划期间，调性反馈会对计划序列产生影响（Jebb & Pfordresher, 2016）。
- 与音乐知觉相比，音乐表演过程中，与预期相反的神经模式有更强的活动（Maidhof, Vavatzanidis, Prinz, Rieger, & Koelsch, 2010）。
- 基于EEG的神经反馈和生物反馈已被有效应用于音乐家生理反应的自我调节。在这一领域使用的众多训练方案，包括alpha/theta（A/T）、感觉运动节律和心率变异性训练方法，其中A/T神经反馈训练使一个人学会达到催眠状态，从而有助于不寻常的或梦幻或清醒的联想思维的产生。这种训练方式与创造性音乐表现的提高最为相关(Gruzelier, 2014)。

- 当前的训练方式还包括基于虚拟反馈的技术增强训练。其中一个实例是基于反馈的音乐交互(MIROR)训练项目。在该训练项目中，通过儿童-机器的交互，儿童可以在交互式反射性音乐系统中操纵自己的虚拟副本，从而进行身体表演、作曲和即兴创作(Addessi, 2014)。

大脑功能障碍和音乐能力间表现出两种不同方向的关系(Sacks, 2008)。一种是在脑功能障碍发作后突然表现出音乐能力的增强(见章节4.2.2)，如额颞叶痴呆症，或者大脑障碍的核心特征，如学者综合征(Fletcher, Downey, Witoonpanich, & Warren, 2013; Miller et al., 2000; Treffert, 2009, 2010)。由于大多数受上述障碍困扰的个体并没有表现出音乐技能的增强，同时也因为涉及这种脑部障碍的相关因素及其广泛网络的异质性(Seeley, Crawford, Zhou, Miller, & Greicius, 2009)，目前尚无法清楚地指出哪些特定脑区在音乐能力突然产生或意外出现中发挥重要作用。

197

另一个方向是在神经康复背景下，通过对音乐制作和音乐聆听的练习来改善由大脑疾病，如中风或神经退行性疾病引发的言语、运动和其他心理功能方面的缺陷。在这种背景下，旋律语调治疗、听觉-运动映射训练、音乐支持治疗和听觉节奏运动等是应用广泛的训练方法，这些方法在操作过程方面有部分重叠。也有证据表明，通过这些训练方法的使用，与神经康复和正常衰老相关的注意力、记忆、情绪和幸福感都有所改善或提升(Altenmüller & Schlaug, 2015; Särkämö & Soto, 2012; Schaefer, 2014; Schlaug, 2015; Thaut, 2015)。

当考虑音乐与大脑可塑性之间的关系及其更广泛的影响时，有几个有趣的问题需要探讨。例如，音乐作为一种强有力的社会黏合剂，在促进集体认同和团队意识方面的作用已经在不同学科领域受到关注(D'Ausilio, Novembre, Fadiga, & Keller, 2015; Malloch & Trevarthen, 2009)。但有一个相反的特殊情况是音乐知觉障碍(Alossa & Castelli, 2009; Stewart, von Kriegstein, Warren, & Griffiths, 2006)，它们并没有伴随着严重的社会认知缺陷(Gosselin, Paquette, & Peretz, 2015)。在非典型人群中，如在自闭症谱系障碍(ASD)患者中发现了较高的音乐易感性(Molnar-Szakacs & Heaton, 2012)，这有点违反常识，因为该人群的主要缺陷是严重的沟通和社会互动障碍(美国精神病学协会, 2013)。事实上，越来越多的证据表明，音乐疗法在ASD康复中可以提高言语和非言语沟通技能以及社会-情感互惠性(Geretsegger, Elefant, Mössler, & Gold, 2014)。虽然这种交互作用的确切机制尚不清楚，但有学者假设可能是高度交织和相互联系的大脑网络间复杂的交互在起作用。

杰拉尔德·埃德尔曼(Gerad Edelman)(1989)的神经元群选择理论或"神经达尔文主义"被视为一个很好的候选框架，用于解释这种交互作用是如何从整合和分化过程中产生的（Ballan & Abraham, 2016; Pearsall, 1999; Sacks, 2015）。事实上，埃德尔曼在接受英国广播公司的采访时用了一个音乐隐喻来传达这一理论的力量：

198

> 想想看：如果你有十万根电线随机连接着四个弦乐四重奏的演奏者，即使他们不说话，信号也会以各种隐蔽的方式来回传递（就像你通常通过演奏者之间微妙的非言语互动所得到的那样），使整套声音成为一个统一的整体。这就是大脑图谱的工作原理（引自Sacks, 2015, 364）。

我们其实仅仅揭开了音乐创造力何以产生的薄薄的面纱。

本章总结

- 音乐和乐感反映了人类的一种基本能力。
- 音乐的多模态特性始于音乐知觉层面，这也是从神经科学视角对音乐进行研究的最为广泛的层面。
- 音乐的产生或表演来源于紧密耦合的听觉–运动之间的相互作用。
- 与音乐表演相比，音乐创作和即兴创作的创作过程最为清晰。
- 很少有神经科学研究致力于探索音乐创作与大脑活动的相关性。
- 音乐即兴创作与协调执行功能或认知控制的大脑网络的去激活有关。
- 大脑的可塑性可以通过音乐训练产生。相反，神经系统的变化也会导致音乐技能的出现。

回顾思考

1. 哪些形式的音乐创作可以被认为是“创造性的”？为什么？
2. 概述音乐知觉和表演之间的交叉点。
3. 比较音乐创作和即兴创作的特点。
4. 音乐即兴创作的行为和大脑的相关性是什么？
5. 描述音乐和音乐创作如何导致大脑的可塑性，反之又是如何被大脑可塑性诱发的。

拓展阅读

- Beaty, R. E. (2015). The neuroscience of musical improvisation. *Neuroscience and Biobehavioral Reviews, 51*, 108–117.
- Biasutti, M. (2015). Pedagogical applications of cognitive research on musical improvisation. *Frontiers in Psychology*, 6.

- Brown, R. M., Zatorre, R. J., & Penhune, V. B. (2015). Expert music performance: Cognitive, neural, and developmental bases. *Progress in Brain Research, 217*, 57–86.
- Sacks, O. (2008). *Musicophilia: Tales of music and the brain.* New York: Vintage Books.
- Schlaug, G. (2015). Musicians and music making as a model for the study of brain plasticity. *Progress in Brain Research, 217,* 37–55.
- Sloboda, J. A. (Ed.). (2000). *Generative processes in music: The psychology of performance, improvisation, and composition*. New York: Oxford University Press.

第 9 章

文学创造力

“书是用来劈开我们内心冰封大海的斧头。”

——弗兰兹·卡夫卡（Franz Kafka）

学习目标

- 了解言语生成的基本原则
- 认识文学创作的因素、过程和阶段
- 理解与创造性言语表达相关的大脑网络
- 区分言语发散性思维和创造性认知
- 了解故事生成和创造性写作的神经基础
- 评估大脑功能障碍对文学创作的影响

9.1 言语和文学创造力

卡夫卡在本章开头的话是非常引人注目的，因为他捕捉到言语的内在创造性是如何在两个层面上动态地表现出来的。一个是作者的言语表达层面，这实际上是无限的；另一个是读者内在的解释层面，当一个人面对语言表达的输出时就会产生。言语的基本生成能力允许我们在一个有固定原则的空间内进行多种表达，例如了解任何给定语言的句子结构规则，以及理解以前从未遇过的陌生表达的能力（Chomsky, 2006）。

语言生成的创造力可以通过多种方式进行评估，包括句法创造力（Lieven, Behrens, Speares, & Tomasello, 2003）和词汇创造力（Allan, 2016）。但是文学创造力的要素远远不止于此。语言交流所发生的社会情境也应被视为一个关键因素。

句法和语义技能可能是潜在的言语引擎，但很少被注意到的是，个体必须要用这些神奇的技能说些什么；而这种创造性的过程证明，言语的“开放性”不是源于言语技能，而是源于社交以及一个人所处的社会矩阵。我们不是抽象地说话，而是和某个人谈论共同关心的事情。我们在言语方面最常做的也许不是操纵思想，而是相互操纵（引自 Carrithers, 1990, 202）。

我们对社会性的需求，以及与我们共同世界的成员进行联系和交流的能力，也激发了另一种动力，即与众不同且引人注意的脱离群体的动力。言语正是满足这一需求的主要介质，因为：

正是言语创造了人类的个性体验：言语通过语法主体的通用体系让主观性成为可能，从而使我们将世界分为自己和他人。通过谈话和行为的其他方面，个体表现出他们的个性……人们很容易相互理解，这是因为大多数情况下，使用熟悉的声音、单词和句法模式比使用需要进行解释的不熟悉的声音、单词和句法模式更实用。但是，人们可以将彼此视为独立的个体，是因为每个人都有一套独特的言语资源可供借鉴，并对其进行独特的、创造性的运用（引自 Johnstone, 2000, 407）。

事实上，布莱恩·博伊德（Brian Boyd）认为，复杂言语能力的发展、与他人有效沟通和在复杂的社会集体环境中独特地表达自己的需求，这些因素与其他复杂的人类能力的融合，一起构成了解释为何我们期望并沉浸于创造虚构叙事的基石（Boyd, 2010）。在这种背景下强调的关键能力包括事件理解（“人类理解、回忆和交流事件的能力”）、沟通（“模仿阶段”中“原型语言和原型叙述的人为前提”）、言语和记忆（“言语的发明”和“充分言语化叙事的出现及其对人类认知和社会性的影响”）以及想象（“虚构内容的出现来源于事实叙述和戏剧对发展及现代狩猎采集社会产生影响”和“虚构内容通过神话和宗教活动产生额外的影响”）（Boyd, 2017, 2）。

这就将我们引向另一个问题，即确定心理学和神经科学中对言语研究的共同关注，对文学理解有多大程度的影响（Alexandrov, 2007）。这是一个缺乏重视的问题。结构语言学家罗曼·雅各布森（Roman Jakobson）（1960）在确定言语交流行为中信息的基本要素时，提出了六个具有特定功能的构成要素（在括号中注明）：语境（指称功能）、说话者（表情功能）、受话者（意动功能）、说话者和受话者之间的接触或通道（交际功能）、交流产生的代码（元语言功能）和信息本身（诗学功能）。即使只有少数几个因素是看上去明显存在的，但所有六个因素都是话语中固有的，其中一个因素占主导地位。从“文学性”角度来看，“诗学功能”占主导地位，因为“一部文学中，诗学功能会主导其他五种功能，但并不能消除其中的任何一个”（Alexandrov, 2007, 102）。言语意义的创造源于对可以相互替代的词的“选择”，以及将词“组合”成更大的语言元素，如短语和句子。言语中的意义是通过诗学功能的扩展而产生的，它通过对这些组成成分的最佳整合，从而可以借助各种方式建立完全

202

或部分相似性，如节拍、重复音和韵律，并使得“最大程度表现出的相似性是叠加在充分发展的连续性上的”（Alexandrov, 2007, 102）。

根据雅各布森的观点，“被称为文学的作品的主要特征是词语和构成它们的其他语言元素间‘内在’关系的”倍增（Alexandrov, 2007, 101）。当考虑到我们的知识储备不仅是由词汇和语法结构组成的，而且是建立在巨大的“惯用话语”储存库上时，这些动态和复杂的内在关系得到进一步增强，另外也有助于“即兴演讲和需预先创作的文学作品”的产生（MacKenzie, 2000, 179）。“概念整合”或“概念融合”的创作过程是文学作品诗学特征的核心，因为这种心理操作允许从现有或旧的概念中产生新的含义，因此在语义表达、语法整合、意图表现、谈话、丰富语言幽默度、诗歌创作等方面都发挥作用（Turner & Fauconnier, 1999）。

9.2 文学创造力：因素、过程和阶段

本节将简要介绍与文学创作相关的实证研究。它们包括与创造性写作密切相关的个体因素，与文学创作特别相关的认知过程或心理操作，以及概述创造性写作过程中构思过程的组成成分或阶段的一些理论框架。

203

9.2.1 个体因素

伟大的创造性作家的特点是什么？詹姆斯·考夫曼（James Kaufman）（2002）在一篇评论文章中探讨了这个问题，他认为内部因素或个体内在的因素，如动机、智力、个性、思维方式和知识比外部或环境因素更加重要。例如，特定领域知识和技能的发展对作家获得杰出的创造性成就至关重要。不稳定性和冲动性等人格特征也与创造性作家相关。这些特征的极端情况表现在特定的精神疾病层面上（见专栏 9.1）。动机因素也被证明对创造性写作有重要影响，其中内在动机反映在为了获得任务本身的乐趣而进行的活动中，其有利于写作的创造性；外部动机反映在为了获得外部奖励和公众认可而从事的活动中，其对写作是有害的，并以较低的创造性写作水平为表现形式（Amabile, 1985）。尽管智力是高水平创造力的必要但不充分条件，但流体智力似乎是文学创作的一个重要因素。一项研究发现，在创造性隐喻生成任务中，流体智力解释了隐喻质量四分之一的变异（Silvia & Beaty, 2012）。

来自不同学科的专家们确定了对创造性写作技能的发展至关重要的五个因素——“观察、描述的产生、想象、内在动机和毅力”——与那些被认为相关性微乎其微的潜在因素，即“智力、工作记忆、外在动机和笔法”形成对比（Barbot, Tan, Randi, Santa-Donato, &

Grigorenko, 2012, 218）。而相关的技能，反过来又会影响创造性写作作品的质量。在一项考察了个体因素如何影响作家写作能力的研究中（Maslej, Oatley, & Mar, 2017），研究者向 93 名作家和 113 名非作家提供了一幅肖像画，并要求他们为其撰写人物描述。随后，由 144 名评分者根据亲和度、有趣度和复杂度对人物描述进行评分。结果显示，与非作家相比，由作家塑造的人物被认为更有趣、更复杂。还有其他几个个人因素也会对人物的评分产生显著影响，如更有趣、更具亲和力的人物是由那些具有更高开放性的受试者，以及那些更热衷于小说创作和诗歌创作，并且阅读了更多诗歌的受试者创造的。这说明个体特质和实践因素会影响作家在他们的故事中创造出引人注目的虚构人物的可能性。

204

专栏 9.1　精神疾病、药物滥用和创造力

- 创造力与精神疾病关系密切的观点由来已久，并从多个角度得到支持（如精神分析、认知、临床、遗传和进化）（Eysenck, 1995; Ludwig, 1995; Nettle, 2001; Richards, 1981）。它的主要理论观点是“矛盾的功能促进”，即直接或间接的神经缺陷可以促进心理功能发展（Kapur, 1996）。
- 尽管该领域关于创造力和精神疾病之间的联系仍存在争议（Abraham, 2015），甚至有人质疑其有效性（Dietrich, 2014; Rothenberg, 2006; Schlesinger, 2009），但这种关联的经验基础主要来源于创造性职业中杰出和高成就者严重精神疾病的高发病率，尤其是双相情感障碍和精神分裂症（Kyaga et al., 2011, 2013; Lauronen et al., 2004; Ludwig, 1992; Post, 1994）。在这种情形下，创造性作家被指出是精神疾病和药物滥用的易感人群（Andreasen, 1987; Andreasen & Powers, 1975; Jamison, 1989; Kyaga et al., 2013; Ludwig, 1994; Post, 1996）。
- 关于创造力和精神疾病之间的联系，在多个方面仍存在争议，这里将着重介绍其中三个。第一个争议问题是关于创造力与精神疾病之间的关系模型，有些研究者主张是倒U形函数（Abraham, 2014b; Carson, 2011; Richards, 1993）。第二个争议问题是如何整合我们所知道的创造力和精神疾病之间的关系，例如，一些文献表明，创造力与心理健康之间存在正相关（见专栏 4.3）。第三个争议问题，即药物滥用易感性、精神兴奋剂的使用、应用的文化背景与创造性成就之间的联系，是一个类似先有鸡还是先有蛋的问题（Smith, 2015）。

205

此外，作家在创意构思时特定的情绪状态，可以使读者阅读其作品时诱发读者相同的情绪状态。当评估作家写诗时体验的现象学状态（如灵感和敬畏）与读者阅读同一首诗时体验的现象学状态之间的联系时，发现了“灵感传染”的证据，即体验到灵感状态的作家在他们的读者中激发了更高水平的灵感。作家灵感的传染效应是受文字的深刻性和愉悦性调节的，同时也受读者对经验的开放程度的调节（Thrash, Maruskin, Moldovan, Oleynick, &

Belzak, 2016）。

9.2.2 过程和限制

与没有限制的条件相比，在有语境限制条件下产生的想法具有更高的独创性，这有时被亲切地称为“绿鸡蛋和火腿假说”（Haught-Tromp, 2017），它提出的背景是西奥多·盖塞尔（Theodor Geisel）[又名苏斯博士（Dr. Seuss）]在1960年写的同名经典儿童畅销书，以回应他和该书的出版商贝内特·瑟夫（Bennett Cerf）的打赌，即要用50个适合初学者的简单词汇写出一本引人入胜的儿童读物。

越来越多的实证证据支持了这个“限制提高创造力”假设。与没有限制的条件相比，施加外部限制（将实验者提供的具体名词合并成押韵的指令）会导致更具创造性的押韵的生成。它甚至导致了遗留效应，即在没有外部限制的条件下，通过施加外部限制来练习也可激发创造力。这可能反映了一个事实，即受试者根据自己在外部限制条件下的成功经验，使其在构思过程中产生了自身的限制（Haught-Tromp）。因此，言语中创造性思维的释放是通过施加限制和规则来实现的，就像通过视觉意象进行的创造性思维一样（Finke, 1990），这归因于在语境限制条件下不能采取“最小阻力路径”（Finke et al., 1996）。

事实上，在创造性写作中，限制对创造性和复杂性有着积极的影响。例如，与宽松的形式约束（通过明喻）相比，创造性写作中严格的形式约束（通过暗喻）会导致更复杂、更具创造性的言语使用（Tin, 2011）。言语的复杂性和创造性之间的关系也适用于叙事表现，例如，更高的独创性水平与篇幅较短但内容较复杂的故事具有相关性（Albert & Kormos, 2011）。复杂性也为创造性写作中的语义跳跃提供了可能，比如幽默。在一项考察促进幽默产生的相关因素的研究中发现，与语义相关概念相比，语义无关概念之间的比较使得有趣反应的发生率更高，关注概念之间的差异而不是相似性的反应时也是如此。这表明不一致消解是幽默加工中的核心成分（Hull, Tosun, & Vaid, 2017）。事实上，幽默被视为文学创造力的重要表现形式，并与“经验的开放性”这一与创造力的个体差异高度相关的人格特征密切相关（Nusbaum, Silvia, & Beaty, 2017）。

206

9.2.3 创造性写作的阶段/成分

在采访了22位著名的法国编剧之后，布尔乔-布格林（Bourgeois-Bougrine）等人（2014）提出剧本创作的三阶段模型。这个模型将创作过程设想为一次穿越迷宫的旅程，其中第一个为“注入”阶段（为旅行做准备），第二个为“构建”阶段（创建迷宫地图），第三个为“写作和修订”阶段（通过找到正确的路径并避开死胡同，成功通过迷宫）。完成最后的脚本后，可以成功到达迷宫的出口。该理论也有一个系统的关注点，即它在每一个阶段都考虑了相互影响的多重因素，包括认知、意识、情感和环境（图 9.1）。该模型也强调了无意识和有意识认知过程的重要性，因为作者报告了诸如走神、反思、阅读和信息收集等活动的重要性（尤其是在第一个阶段）。此外，模型还强调了在进行不相关任务中（例如，给孩子洗澡）想法生成的自发性，以及在直觉、自动化和无意识过程中产生创造性想法时的快乐情感体验。工作方式也同样被考虑在内，如选择有环境噪声的公共场所（如咖啡馆），以及与相关人员在个人情感和职业方面的互动。

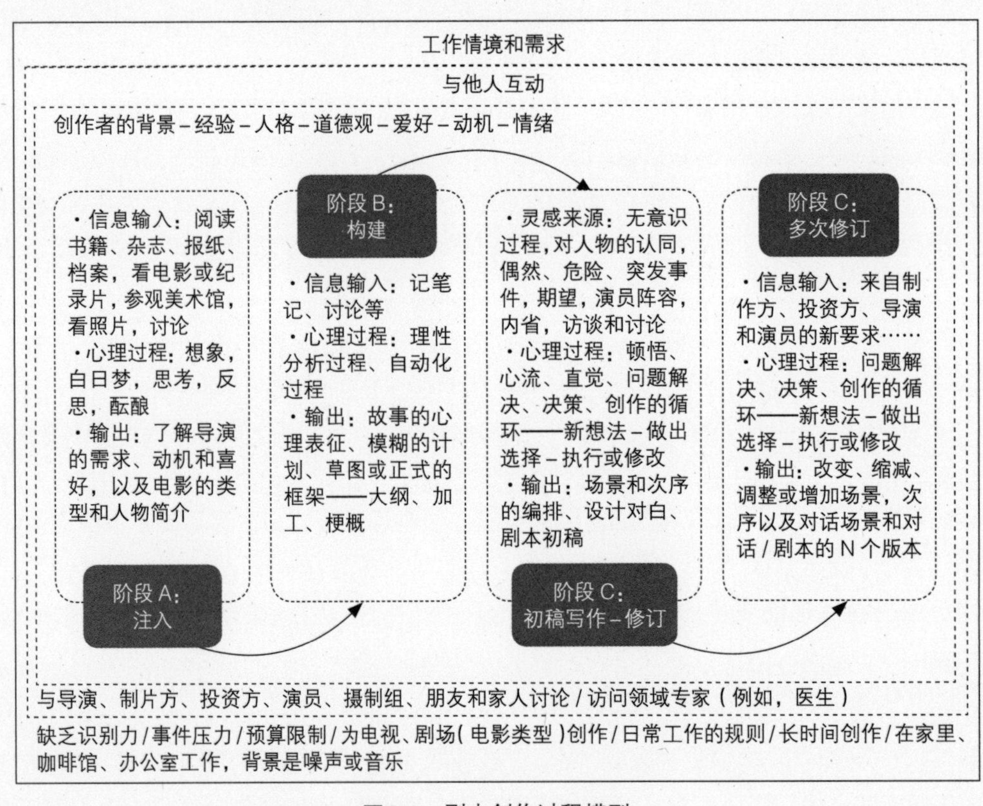

图9.1　剧本创作过程模型

转载自 Bourgeois-Bougrine, S., Glaveanu, V., Botella, M., Guillou, K., De Biasi, P. M. & Lubart, T. (2014). The creativity maze: Exploring creativity in screenplay writing. *Psychology of Aesthetics, Creativity, and the Arts*, *8* (4), 384–399. 彩色版本请扫描附录二维码查看。

另一项对小说家进行的访谈分析发现了与先前研究的几个相似之处，确定了在“创意阶段”对所有作家来说都一致的一系列影响因素（Doyle, 1998）。创作过程的开始通常以“种子事件”为标志，指的是作者亲身经历的，或通过他人遇到的，或自己读到的事件。种子事件被认为是压倒性的、难以忘怀的、感人的或耐人寻味的，因此提供了进一步探索的神秘感。在其他情况下，种子事件是当作者有目的地置身于一个“写作空间”时，从个体内

208

部诱发的。在这个空间里，“社交形式是孤独的；自我意识是高度觉知的；思维是有意图的、有目的的、反思的”（Doyle, 1998, 31）。经历了种子事件之后，作家们进入“小说世界”，这标志着写作阶段的开始，同时小说中的人物和事件也逐渐展开。写作阶段涉及写作空间和小说世界的相互作用，以反思（有意识）和非反思（无意识）思维过程的运作为特征，并需要与小说世界中不同元素深度接触。此外，也需强调个人和职业之间的互动对创造性过程的影响，以及写作、对繁重任务的不断修改、最终完成和分享作品之间的区别。

9.3 言语和大脑

关于言语加工和大脑功能有几个重要的理论。在本节中，我们将简要探讨近期研究中从脑网络角度形成的理论。例如，语音感知的双通道模型（Hickok & Poeppel, 2015）研究提出，在语音加工过程中，存在两条大脑路径，一条是腹侧听觉–概念路径，一条是背侧听觉–运动路径。这些路径在大脑网络中只有部分重叠（Hickok & Poeppel, 2007）（图 9.2）。当背侧颞上回和后部颞上沟中双侧听觉皮层参与语音加工的初始阶段之后，信息沿着这两条路径被进一步加工。腹侧束以颞叶为基础，通过词汇的提取与组合过程促进言语的理解。左半球的背侧束接受来自其他感觉模态的输入，并通过外侧颞顶交界处（威尔尼克区）的感觉运动皮层，以及包括后侧额下回（布洛卡区）、前运动皮层和前脑岛在内的发音网络，促进感觉–运动的整合。这两条路径之间相互作用，并和广泛分布在大脑中的更大的概念网络进行互动（Hickok & Poeppel, 2007, 2015）。

209

其他模型详细阐述了这种双路径的思想，并探索网络中每个区域所扮演角色的动态过程以及连接它们的各种路径。言语网络区域或节点包括布洛卡区（BA 44, 45）、威尔尼克区（BA 42, 22）和颞上回（BA 22, 38）的其他区域，以及颞中回（BA 21, 37）、顶下小叶和角回（BA 39）区域。几个腹侧和背侧白质束形成连接这些额叶、颞叶和顶叶区域不同部分的通路（Friederici, 2011, 2015; Hagoort, 2014）（图 9.2）。

句子理解是从对句子的“听觉–语音识别”开始的，它涉及双侧颞叶听觉皮层（BA 41）的活动。在这一初始阶段之后，句子加工的第一阶段负责句子中单词的构建，而句子内部句法和语义关系的建立发生在第二阶段。当语义和句法关系之间的映射不完全对应时，需要进行第三阶段，通过经验知识或情境信息的检索，实现句子整体信息的加工与整合。所有三个阶段都与言语韵律相互作用，从而突出句子中的重点短语或主题。这些阶段是由可分离的额颞脑网络进行加工的，即在句法加工情况下表现出强烈的左侧偏侧化，在韵律加工情况下表现出强烈的右侧偏侧化（Friederici, 2011）。

在这方面有一个关键点需要牢记，即将大脑言语网络设想为领域特殊的，因为它的不同区域（例如，布洛卡区，BA 44）只参与特定的言语加工过程（例如，复杂句法结构的加工），但是我们现有的证据并不能严密证明这一点。这是因为许多大脑区域也参与了非言语内容的加工，因此需要认知控制的参与。同时，这也构成该网络内大脑区域进行领域一般性加工的证据。对识别言语加工背后计算机制的需求越来越多，因为这可以使我们准确理解言语网络的特性，以及如何在非言语情境中进行相似的计算（Fedorenko & Thompson-Schill, 2014）。事实上，甚至有证据表明，在言语网络的同一区域（如布洛卡区）内，同时存在领域一般性区域和领域特殊性区域（言语选择区域）（Fedorenko, Duncan, & Kanwisher, 2012）。

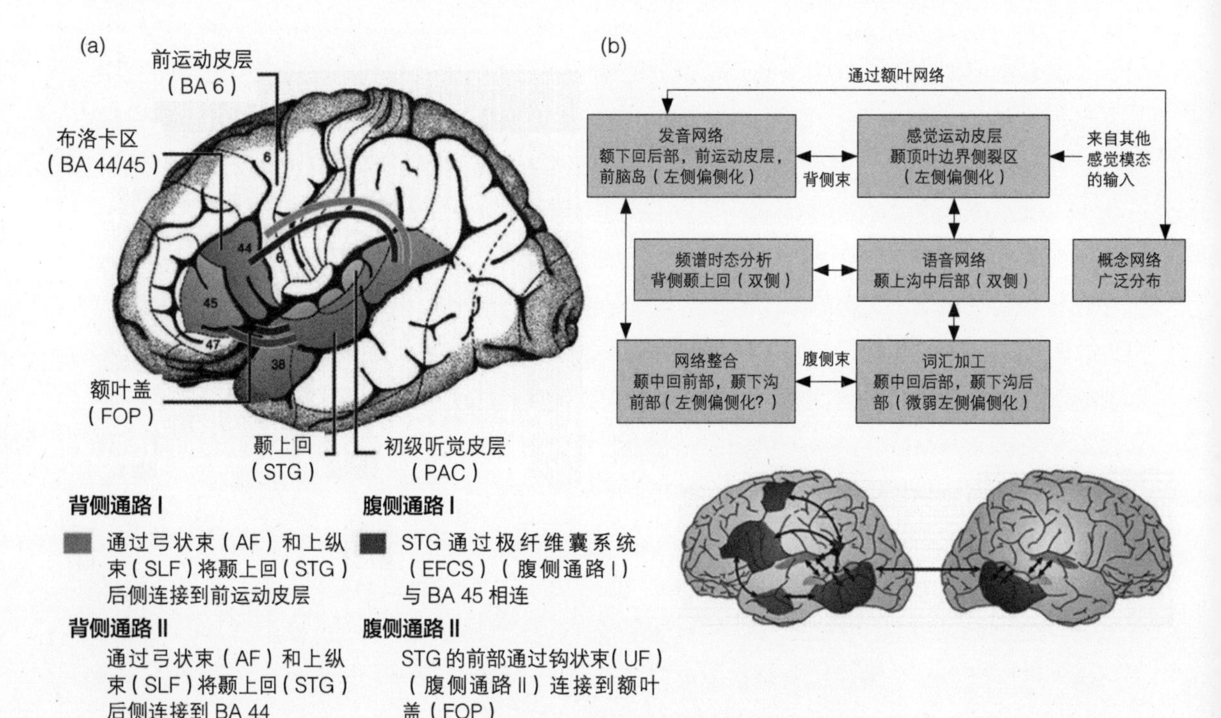

图9.2　大脑言语网络

（a）语言网络关键区域之间的结构路径。弓状束（AF）和上纵束（SLF）将颞上回（STG）的后部连接到前运动皮层（背侧通路I）和BA 44（背侧通路II）。STG通过极纤维囊系统（EFCS）（腹侧通路I）与BA 45 相连，通过钩状束（UF）（腹侧通路II）连接到额叶盖（FOP）。转载自 Friederici, A. D. (2011). The brain basis of language processing: From structure to function. *Physiological Reviews*, *91* (4), 1357–1392.（b）左右半球的双流模型。皮层语音加工开始于与语音网络相互作用的频谱时态分析。之后，腹侧和背侧的神经流都与广泛分布的概念网络相互作用。转载自 *Nature Reviews Neuroscience*. The cortical organization of speech processing. Hickok, G. & Poeppel, D. © 2008. 彩色版本请扫描附录二维码查看。

关于言语生成也有几种模型，但是它们主要局限于语言生成（发声）的语境（Hickok, 2012），而写作行为主要需要考虑阅读技巧及其中的缺陷（Hulme & Snowling, 2014）。研究者已经从心理语言学和运动控制两个不同的角度，对言语生成进行了研究。心理语言模型从概念表征层面开始，通过不同层级的短语单位、语素和因素进行加工。随后，在语音表征层面结束，并进入运动系统。相反，运动控制模型从感觉输入层面开始，通过正向和反向模型启动计划和反馈控制系统，产生运动输出。这些加工过程由言语网络区域协调（如上所述），并延伸至运动控制网络，其中包括体感皮层、运动皮层和小脑等区域（Hickok, 2012）。而心理语言和运动控制也已被整合至现代言语生成模型中，如语义－词汇－听觉－运动（Semantic-Lexical-Auditory-Motor, SLAM）模型（Walker & Hickok, 2016）。 212

9.4 文学创造力与大脑

第 4 章和第 5 章已经详细描述了被广泛讨论的与创造力相关的大脑网络。它们包括用于内部心理加工的DMN、用于目标定向加工的CEN（也称为认知控制网络，Cognitive Control Ntework, CCN; 或额顶网络，Fronto-parietal Network, FPN）以及用于概念知识加工的语义认知网络（SCN）（图 5.2 和图 5.3）。参与情境相关性加工的突显网络（Salience Network, SN）也受到越来越多的关注。就这些网络大脑区域之间的一般性差异而言，DMN 主要包括前额叶皮层（BA 8, 9, 10）、顶叶（BA 29, 31）的内侧区域、顶叶下叶和颞中回后部（BA 39）及颞叶（BA 38）的外侧区域；CEN 主要包括前额叶皮层（BA 8, 44, 45, 46, 47, 9, 10）、后顶叶皮层（BA 40）的侧面区域、基底神经节和小脑（图 5.2）。这些网络与SCN部分重叠，包括额下回的CEN外侧区域（BA 45, 47）、DMN 内侧前额叶区域（BA 8, 9, 10）（图 5.3）。SN的主要区域包括脑岛、眶额区和背侧前扣带回。由于言语加工是创造力的口头及言语形式所固有的，所以上述大脑的言语加工网络具有极大的相关性（图 9.2）。 213

许多创造力与大脑功能之间关系的早期研究都与创造力的右脑假说有关（见章节 4.2.1）。一项关于创造力的半球偏侧化研究的元分析表明，一般而言，右半球在创造力任务中占优势地位（Mihov et al., 2010），这归因于右半球采用了“粗编码”计算方式，从而导致远距离或弱相关概念之间的语义重叠（Jung-Beeman, 2005）。然而，虽然右半球的优势效应在图形创造性任务中十分显著，但在言语创造力任务中并不显著（Mihov et al., 2010）。在下面的章节中，我们将讨论证明与文学创造力相关的特定大脑结构和网络的神经科学证据。由于言语形式的创造力已经通过各种任务进行了研究，所以接下来的每一节都将简要概述使用特定言语创造力任务的主要研究发现（有关文学创造力测试的关键问题，请参见专栏 9.2）。

专栏 9.2　克服文学创作的困惑

● 将任何通过语言材料来测量创造性思维的任务都当作文学创造力任务是不准确的。创造性的言语任务并不等同于文学创造性任务。

● 近年一项元分析揭示了对大脑模式差异的认识，即在外侧前额叶皮层中，大脑活动模式在腹侧和背侧的分离，是由创造性思维的言语/非言语相应引发的（Gonen-Yaacovi et al., 2013）。

● 不能基于表面形式，将发散性思维测试的言语形式和非言语或图形形式分别与“文学创造力”和“视觉艺术创造力”直接对应。

● 任何评估言语创造力的研究都需要明确说明言语形式的创造力与非言语形式的创造力有何相似和不同。该研究还需要解释他们使用的范式是如何具体针对于言语创造力的。

● 探讨这一问题是很有意义的，即思考并考察创造力领域一般性方面的言语发散性思维任务的表现，是如何反映与文学创造力应用领域相关的过程的。

● 有证据表明，创造性写作的某些方面是可遗传的和家族性的，这可能与创造力领域一般性的可遗传因素有所不同（Tan & Grigorenko, 2013）。

214

9.4.1 言语发散性思维任务

发散性思维任务被广泛应用于言语创造力研究。一种方法是比较创造性任务的言语和非言语形式。在这种情况下，探索出恰当的模式以便对研究结果进行合理的解释，仍然是一个相当大的难题。下面将讨论相关的例子，从而使读者能体会其中难处。

有研究考察了托伦斯创造性思维测验（TTCT；见章节 2.2.1）中的言语和图形创造性任务表现与DMN和CEN之间的静息态功能连接的相关性。结果发现，言语创造力和视觉创造力表现与DMN和CEN之间的连接显著相关。就领域特殊性的差异而言，言语创造力与DMN中内侧前额叶皮层内的连接显著负相关，且DMN前部与言语创造力的关系受CEN的调节（Zhu et al., 2017）。该研究组的一些成员进行一项结构性神经影像学研究时，发现了另外一组结果，即通过TTCT测量的更高的言语创造力水平与双侧额下回（言语网络和CEN的一部分：BA 45）中更大的灰质和白质体积相关（Zhu, Zhang, & Qiu, 2013）。

一项对大脑结构和功能相关性进行考察的研究发现，较高的言语创造力与楔前叶（DMN的一部分）较低的功能区域同质性（大脑相邻体素在时间序列活动方面的同步性）相关，但同时也与该脑区的体积和厚度正相关。虽然这一模式也适用于观念独创性和观念灵活性的子成分，但很难从功能和结构神经成像中理解这些看似对立的发现，因此在本文中并未对此进行讨论。尽管其他研究者强调了楔前叶与言语创造力的特殊关联（Fink et al., 2014），但有研究指出言语创造力的训练与该区域的活动变化无关，而是与顶下小叶和颞中回的其他脑区存在相关（Fink et al., 2015）。 215

日本东北大学的研究人员在竹内的带领下，进行了一系列关于言语创造力的研究。他们通过多种研究技术来探索大脑活动与一项言语创造力任务表现，即S-A测试表现之间的相关性。这是一个发散性思维测试，共包含三种任务，分别是：一物多用任务（例如，思考除了阅读之外，报纸还有哪些其他用途）、理想功能列表任务（例如，列出一台好电视的所有特征）和反事实想象任务（例如，想象一个没有老鼠的世界，那里会是什么样子）。根据发散性思维任务所采用的标准，从流畅性、灵活性、独创性和精致性四个方面对观点进行评分，然后将后两者结合计算总分。结构性神经影像学研究证明了言语创造过程中CEN、DMN和言语网络的参与。这些研究发现，言语发散性思维任务表现与额叶、前扣带回、纹状体、顶下小叶前部、枕叶、胼胝体和弓状束区域的白质完整性（Takeuchi et al., 2010b），以及背外侧前额叶、纹状体、楔前叶和几个中脑区域的灰质体积呈正相关（Takeuchi et al., 2010a）。基底神经节的活动被认为与行为表现呈负相关，因为研究发现更好的言语发散性思维任务表现与较低的苍白球（CEN的一部分）平均扩散率有关（Takeuchi et al., 2015）。功能性神经影像学研究表明，言语发散思维任务表现与楔前叶静息状态下的活动呈正相关（Takeuchi et al., 2011）。从静息态功能连接角度而言，研究指出内侧前额叶与后扣带回之间的连接模式，与发散性思维任务表现呈正相关（Takeuchi et al., 2012）。

从言语发散性思维的神经影像学相关研究中，我们可以发现，要对言语发散性思维有关的结果进行系统总结是非常困难的。虽然这是因为在多个脑区中发现了各种各样的结果，但目前更大、更棘手的问题是，言语发散性思维任务是否能准确捕捉到有关创造力的具体的“言语”信息（见专栏 9.1）。很少有研究直接对言语和非言语形式的创造力进行比较，并就此得出一些结论。此外，对言语创造力的评估是基于与创造力相关的反应特性（如流畅性、灵活性）进行的，这些特性是从心理测量学角度认定的，且适用于创造性思维的所有形式。但这些并不是韵律学在虚构或非虚构作品（如小说、诗歌、歌词、脱口秀和演讲稿等）的应用领域中实例化的言语创造力。 216

9.4.2 隐喻和其他形式的语义跳跃

对言语创造力的考察是通过与语言形式高度相关的认知操作过程来进行的。隐喻的加工就是这样一个例子（也可参见章节 3.4.3 和章节 5.3.3），因为它反映了言语中比喻的使用。根据定义，比喻是指使用了在字面上与语境不符的单词或短语。在创造性认知的背景下，隐喻加工的脑机制研究可以遵循两个方向。

其中一个方向是比较新颖的隐喻表达与普通、字面的或无意义表达之间的加工过程的差异（Mashal et al., 2007; Rutter, Kröger, Stark, et al., 2012）。例如，一项功能性神经影像学研究发现，与字面和无意义表达相比，新颖隐喻表达涉及额下回（SCN和LAN的一部分：BA 45, 47）、颞叶（SCN和DMN的一部分：BA 38）和额叶外侧（CEN的一部分：BA 10）的活动（Rutter, Kröger, Stark, et al., 2012）。另一个方向是考察新颖隐喻生成的神经基础（Beaty et al., 2017; Benedek, Beaty, et al., 2014）。如有研究发现，与新颖隐喻生成有关的大脑活动集中于背内侧前额叶皮层（dmPFC、SCN和DMN的一部分：BA 8, 9）、后扣带回（DMN和SCN的一部分：BA 23, 30）以及角回（SCN和DMN的一部分：BA39）（Benedek, Beaty, et al., 2014）。

有趣的是，上述许多脑区，尤其是背内侧前额叶皮层（BA 8, 9, 10）的活动也在需要“语义跳跃”的语境中被观测到。这包括抽象概念深度解释期间的推理生成过程（Baetens, Ma, & Overwalle, 2017），如语篇理解中的连贯测试过程（Ferstl & von Cramon, 2001; Siebörger, Ferstl, & von Cramon, 2007）以及言语领域的幽默加工与理解过程（Campbell et al., 2015; Chan et al., 2013）。研究发现，与无法进行连贯性推理的文本相比（如“有时卡车从房子旁边开过。汽车无法发动起来”），在加工可以进行连贯性推理的文本（如“有时卡车从房子旁边开过。这时盘子开始嘎嘎作响”）时，背内侧前额叶皮层和其他默认网络的脑区产生了更加活跃的大脑活动（Ferstl & von Cramon, 2002, 1601）。在加工隐喻（如他是草丛里的一条蛇）时，推理生成也是必不可少的过程，因为在隐喻中，相关概念之间的划分比转喻（如他是我哭泣时的肩膀）更加宽泛。而转喻是另一种比喻型语言，它需要将一个术语替换成语境中与它相关的另一个术语。事实上，行为研究也支持了隐喻比转喻存在更大的认知距离的观点（Rundblad & Annaz, 2010a）（见专栏 9.3，发展障碍中的隐喻加工）。

217

专栏 9.3 发展障碍中的隐喻加工

根据大脑的半球偏侧化假说，右半球（Right Hemisphere, RH）被认为对隐喻加工更为重要，因此，RH加工的受损可作为诸如在阿斯伯格综合征（降低的）和精神分裂症（过度的）等情况下，隐喻理解能力差的原因（Faust & Kenett, 2014）。但有证据表明，这种理论解释可能描绘了一幅过于简化的画面。虽然自闭症儿童的隐喻理解能力较差（Rundblad & Annaz, 2010b），生成常规隐喻的能力较低（Kasirer & Mashal, 2016b），但有证据表明，这种隐喻理解力的缺陷会随着时间的推移而消失（Melogno, Pinto, & Orsolini, 2016），因为在患有阿斯伯格综合征的成年人中，隐喻的自动加工能力是完好无损的（Hermann et al., 2013）。事实上，对患有阿斯伯格综合征的成年人组和一个典型发展中的对照组进行的比较显示，他们在传统和新颖的隐喻理解任务上的表现水平相似。然而，与对照组相比，患有阿斯伯格综合征的成年人组产生了更多的创造性隐喻（Kasirer & Mashal, 2014）。同时，患有阿斯伯格综合征的儿童和青少年在隐喻生成任务中也表现出更高的创造性水平（Kasirer & Mashal, 2016b）。类似的表现模式也适用于阅读障碍。虽然阅读障碍儿童在加工传统隐喻时的表现不如普通儿童，但他们在理解新颖隐喻时并没有表现出这样的劣势。甚至，他们在隐喻生成方面的表现还要优于他们的同辈群体（Kasirer & Mashal, 2016a）。

9.4.3 故事生成

218

一些神经影像学研究已经考察了故事生成和诗歌创作过程中的大脑活动模式。在一项早期的PET研究中（Bechtereva et al., 2004），研究者分别向16名受试者呈现一个单词列表，并要求他们将这些词串联成一个故事。在创造性故事生成条件下使用的是语义无关的词（例如：沉默、蘑菇、奶牛、扔东西），在非创造性故事生成条件下使用的是语义相关的词（例如：学校、课程、老师、解决问题）。此外还设置了阅读和记忆这两个控制条件。研究结果显示，与非创造性故事生成条件相比，创造性故事生成条件下唯一显著激活的脑区是左侧颞中回后部（BA 39），该脑区也是DMN和SCN的核心区域。另外，相对于两个控制任务，受试者在完成故事生成任务（创造性和非创造性）时，在背外侧前额叶皮层（CEN的一部分：BA 8）以及腹外侧前额叶皮层（CEN、SCN和言语网络的一部分：BA 44, 45, 47）有更强的激活。

一项fMRI研究中运用了一个使用三个单词的类似的故事生成任务范式，尽管该研究是一个只包含八名受试者的小样本研究（Howard-Jones et al., 2005）。研究发现，语义无关词生成的故事比语义相关词生成的故事更具创造性，且这种对比伴随着前扣带回（与DMN相邻：BA 24, 32）活动的增强。此外，将语义无关和语义相关的故事生成条件进行对比时发现，相较于“无创造性”指令，“创造性”指令会导致腹内侧前额叶活动增强（DMN的一部分：BA 9, 10）。

因此，贝克特瑞瓦（Bechtereva）等人（2004）和霍华德－琼斯（Howard-Jones）等人（2005）的研究结果之间并没有真正的重叠，这表明完成相似任务时大脑活动的共性。不过，这两项研究在方法上还存在一些差异，比如前一项研究中要求受试者在扫描的同时口头汇报所生成的言语内容，而后一项研究则采用扫描后再回忆所生成故事的方式来避免运动伪迹。这种言语创造力任务范式在报告结果方面的局限性将在章节9.5中进行讨论。

9.4.4 散文

一个研究小组采用相同的受试者样本，进行了三项功能性神经影像学研究，考察了创造性写作过程伴随的大脑活动（Erhard, Kessler, Neumann, Ortheil, & Lotze, 2014b; Lotze et al., 2014; Shah et al., 2013）。这些研究是在一个与众不同的MRI扫描仪中进行的，因为受试者的身体（从胸部往下）可以留在扫描仪的外面（图 9.3）。受试者用于写字的手被放在一张倾斜的塑料桌上，这样他们就可以用毡笔在纸上写字。扫描过程中会有一名实验助手，以便在必要时更换纸张。

219

在第一项使用这一程序的研究中，受试者被要求根据托马斯·伯恩哈德（Thomas Bernhard）的《失败者》（*The Loser*）中的节选内容完成四个任务：（1）默读节选内容；（2）将节选内容抄写在纸上；（3）在脑中进行“头脑风暴”，在节选内容的基础上想出一个创造性延续；（4）根据想出的内容进行创造性写作（Shah et al., 2013）。因此，有两个条件是不需要运动输出的“被动”加工条件（默读和头脑风暴），另两个条件是需要复杂运动的“主动”加工条件（抄写和创造性写作）。如图 9.3 所示，实验流程中，创造性写作任务的持续时间为 140s，其他任务每个各持续 60s。在fMRI研究中，过多的运动伪迹以及不同试次间长度的显著差异，都是数据分析过程中需要思考的问题（见第 7 章），因此在解释这些结果时需要牢记这些问题。

沙阿（Shah）等人在论文中并没有提供关于没有运动输出的创造性思维条件（条件对比：头脑风暴 > 默读）的相关结果。他们的研究结果显示，与抄写条件相比，创造性写作条件需要双侧海马、后扣带回（BA 31）和颞叶（BA 38）这些属于DMN和SCN脑区的参与。此外，研究还发现，与抄写条件相比，创造性写作条件下左侧额下回（BA 45）和颞叶（BA 38）（两者都属于SCN区域）的活动与更高的创造性特质呈正相关（通过单独的创造力指数来测量）（Shah et al., 2013）。

第二项研究使用了与前一个研究相同的实验程序[但使用了不同的实验材料：罗尔·沃尔夫（Ror Wolf）的《两三年后：四十九次离题》（*Zwei oder drei Jahre später. Neunundvierzig Ausschweifunden*）和杜尔斯·格伦宾（Durs Grünbein）的《昂贵的死亡》（*Denteueren Toten*）]，来考察专长对写作的影响（Erhard et al., 2014b）。参加功能性神经影像学研究的专家组成员为已完成 30 个月创造性写作学位课程（创造性写作和文化新闻学）学习的学生，他们平均有 12 年的写作经验（包括他们创造性写作的学习阶段），平均每周有 21 小时的写作训练，这些时间明显长于非专家组。非专家组由非创造性写作学位课程的学生组成，他们平均有 3 年的写作经验，且每周写作训练的平均时间为 30 分钟。研究结果发现：与非专家相比，专家组在创造性特质上的得分更高；同时，他们在创造性写作条件下生成的内容也比非专家组更有创造力。事实上，创造性特质和创造性表现之间存在显著正相关。此外，

220

(a) 各条件下每个试次流程：

+ 休息 20s | 默读 60s | + 休息 20s | 抄写 60s | + 休息 20s | 头脑风暴 60s | + 休息 20s | 创造性写作 140s | + 休息 20s

0 min — 7 min

(b)

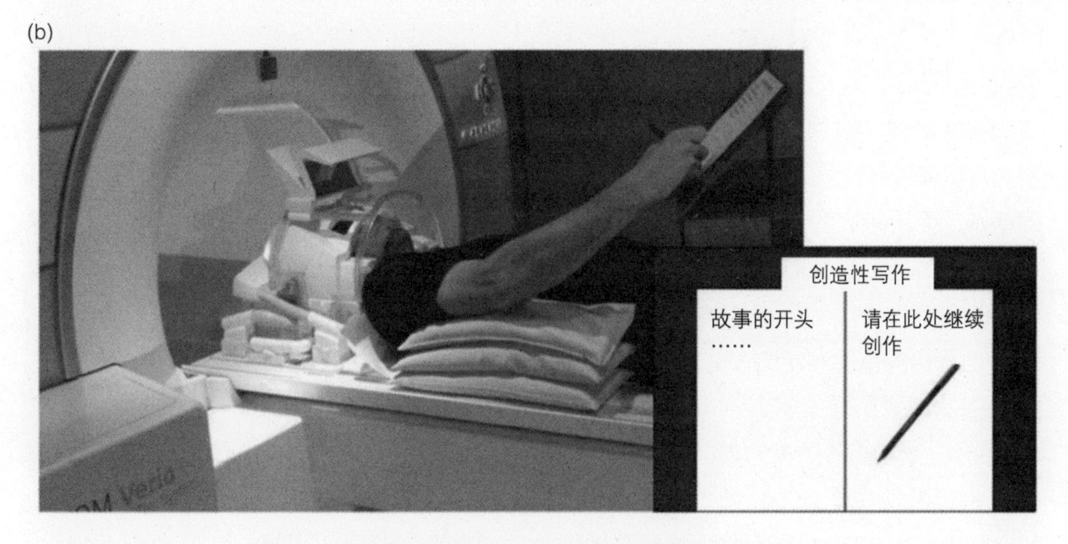

图9.3 功能磁共振成像环境下创造性写作研究的示例

（a）实验流程示意图。（b）实验设备设置图。转载自*Human Brain Mapping, 34*(5), Shah, C., Erhard, K., Ortheil, H-J., Kaza, E., Kessler, C., & Lotze, M., Neural correlates of creative writing: An fMRI study, 1088–1101, © 2013, 经Wiley许可。

更多的练习时间也与更高的创造性特质得分以及更好的创造性写作表现相关。

在头脑风暴期间，与非专家相比，专家组成员在扣带回中部（CEN的一部分：BA 24）、壳核（CEN的一部分）以及脑岛后部（突显网络的一部分：BA 13）的大脑活动显著增强。在创造性写作期间，与非专家相比，专家组成员在背外侧前额叶皮层（CEN的一部分：BA 9, 46）、尾状核（CEN的一部分）、双侧额下回（SCN和言语网络的一部分：BA 45, 47）以及背内侧前额叶皮层（mPFC：BA 8, 9）的大脑活动显著增强。背内侧前额叶皮层的激活具有特殊的意义，因为以往研究显示，稍靠前的背内侧前额叶皮层（BA 9）是DMN的核心区域，而靠后的背内侧前额叶皮层（BA 8）则被认为与CEN有关。该研究的作者支持后一种观点，他们认为这一区域与工作记忆和认知灵活性相关（Erhard et al., 2014b）。

221

综上所述，创造性写作通常需要DMN和SCN等区域的参与，但专业作家在创造性写作过程中还需要CEN的参与。

9.4.5 诗歌和歌词

借助上一节讨论的用来探索散文创造性写作时大脑活动特征的实验范式，研究人员正试图将研究扩展至文学创作的其他领域，例如诗歌和歌词的创作。一项研究比较了 13 名非专家（没有诗歌创作方面的经验或未接受过正式的培训）和 14 名专业作家（他们曾在诗歌杂志上发表过作品，且至少完成了一年的艺术硕士学位课程）在完成几个言语回忆和生成任务时表现水平的差异（Liu et al., 2015）。实验者向受试者提供 10 条事实陈述和两首 10 行诗歌［玛丽安·摩尔（Marianne Moore）的《岁月是什么》（*What are Year*）和罗伯特·洛威尔（Robert Lowell）的《1961 年的秋天》（*Fall 1961*）］，同时要求他们提前记忆这些内容，并在接受fMRI扫描阶段进行回忆。这一阶段还设置了一个控制任务，即要求受试者进行随机按键动作，而该研究的主要任务是要求受试者创作一首新诗并进行修改。受试者在三种任务下的反应是通过在MRI设备兼容的键盘上打字输入的。研究结果发现，与非专家组相比，专家组在创作诗歌的技巧（“结合声音、形式、比喻和感官言语等要素”）、言语的创造性（“技巧术语的创造性使用”）以及修改（创作诗歌的改进）方面的质量更高（Liu et al., 2015, 3559）。

此外，在 60 秒的时间里，与回忆记忆过的诗相比，创作一首新诗需要更广泛的大脑区域的参与，包括DMN（例如，背侧和腹侧前额叶皮层：BA 8, 9, 10）、SCN（例如，颞叶：BA 38；角回：BA 39）、言语网络（例如，额下回：BA 44, 45, 47；颞上回：BA 21, 22）和CEN（例如，基底神经节；小脑；缘上回：BA 40）等脑区的激活。此外，还伴随着DMN（楔前叶：BA 7）、SCN（顶内沟）、CEN（额叶和背外侧前额叶皮层：BA 9, 10）和突显网络（脑岛）等脑区的去激活。与这种高度非特异性的大脑参与模式相反，对专家和非专家在新诗创作过程中神经活动进行的比较说明，只有CEN中的部分区域，如丘脑和基底神经节，与专业水平高度相关。

222

在一项使用了不同研究范式的研究中，研究者考察自由说唱中歌词即兴创作的大脑基础，发现了一个非常相似的大脑活动模式（Liu et al., 2012）。该研究中，研究者向 12 名至少有 5 年专业经验的自由创作艺术家呈现一套他们以前没见过的歌词，并要求他们提前记忆。在控制条件下，艺术家需要回忆事先记忆的歌词，并根据 8 节拍的乐器节奏进行表演。相反，在即兴创作条件下，要求艺术家根据相同的 8 节拍节奏进行歌词即兴创作。研究结果发现，所有艺术家在语音和语义流畅性任务上的言语流畅性得分都在 80% 以上，这是言语加工能力增强的证据。与前文诗歌创作中所发现的结果一致，该研究也发现相对于控制条件，即兴创作条件下，DMN（背侧和腹侧前额叶皮层：BA 8, 9, 10）、SCN和言语网络（额下回：BA 44, 45, 47；颞上回：BA 21, 22）以及CEN（基底神经节；小脑；缘上回：BA 40）等区域的活动显著增强。同时，还伴随着其他区域，包括DMN（楔前叶：BA 7）、SCN（顶内沟）和CEN（额叶和背外侧前额叶皮层：BA 9, 10）等脑区的去激活。

总之，在创造性写作研究中，包括诗歌创作和歌词创作，大脑活动模式在多个参与观点生成的大脑网络间均表现出了一致性，另外，CEN的皮层下区域，如基底神经节的激活，体现了专业水平在创作中所产生的作用。

9.5 需进一步思考的问题

当谈及我们可以从言语创造力的神经科学研究中确切地得到什么时，人们可能倾向于认为更接近于“真实世界”的文学创造力研究范式，如故事生成和创造性写作，会比发散性思维范式更好。的确，他们在生态有效性方面有其独特的优势。但是，除了难以排除巨大的反应间的个体差异以及无法控制的严重技术缺陷对大脑活动模式的影响，创造性写作范式的一个关键局限是，创造性条件比控制条件有更大的认知需求。由于控制条件缺乏一定的认知挑战，因此，我们无法区分大脑活动的哪些因素是与创造性相关的，而不是一般的认知控制（Abraham, 2013; 见第 7 章）。

223

有大量关于精神疾病、药物滥用和创造力（尤其是文学创造力）之间关系的文献，与文学创造力神经科学研究中提出的问题具有相关性（见专栏 9.3）。很少有研究提出，在神经系统受到伤害之后，文学创造力的表达会突然激增。例如，有研究者对 3 名患有原发性进行性失语症（PPA）或语义性痴呆（SD）的神经系统疾病患者所表现出的文学创造力进行案例分析，其大脑扫描结果显示，他们大脑颞上回和颞中回外侧的部分区域相对疏松，同时伴随着颞极和颞叶内侧区域，如杏仁核和海马旁回，以及边缘区域（如脑岛）的严重萎缩（Wu et al., 2015）。但是，与视觉艺术和音乐领域相比，神经系统受损时的创意涌现现象（见专栏 4.2）在文学创造力领域很少见。

言语和非言语领域在神经和信息加工机制方面的差异也不应被夸大。在确定领域一般性与领域特殊性的动态过程中（Palmiero, Nakatani, Raver, Belardinelli, & van Leeuwen, 2010），人们可能会忽略对创造性过程来说至关重要的跨模态交互作用。例如，研究发现，经过视觉素养训练之后，如感知－解释－表达（Perception-Interpretation-Expression，PIE），个体创造性写作在独创性和叙事结构方面都有显著改进。视觉素养训练方法侧重于从视觉图像中获得意义，并支持关键技能如识别、分析、解释、分类和提问的发展，从而促进描述性写作和创造性写作过程中的想法生成（Barbot et al., 2013）。跨模式互动的另一个例子来源于对发散性思维的研究，即可以在问题解决之前的潜伏期内，通过执行空间心理旋转任务来促进言语创造性任务的创造性表现，而空间创造性任务的创造性表现可以通过在潜伏期内执行语言转换任务来提升（Gilhooly, Georgiou, & Devery, 2013）。

224 文学创作中有几个因素尚未从神经科学的角度探讨过，甚至也很少从心理学的角度进行研究。当前，在文学创作的领域中，以团体为基础的创作活动越来越普遍，如电视节目的编剧，因此在合作情境下研究文学创作也日益重要。此外，将事先准备的和即兴的文学创作作为不同的创作类型，并探索它们之间的差异也是至关重要的。因为创造力的跨领域比较结果显示，虽然视觉领域的创造力在逐渐上升，但言语创造力领域的情况正好相反，从整体趋势上看，其在独创性和技术熟练性方面都在下降（Weinstein, Clark, DiBartolomeo, & Davis, 2014）。

本章总结

- 文学创造力来源于人类内在生成的言语能力。
- 个体因素，如内在动机和特定领域的专业知识，对于文学创作是至关重要的。
- 需要考虑创造性写作的各阶段，包括开始构思到最终的产品交付，从而对个人、环境和文化因素之间的相互作用有一个系统的认识。
- 理解与文学创作相关的脑网络——言语网络、默认网络、中央执行网络和语义认知网络。
- 基于言语发散性思维任务的范式不一定能以有意义的方式来传达关于言语创造力的见解。
- 神经科学研究越来越多地采用创造性写作范式，这些范式的优点是有着更高的生态效度，但缺点是与其他范式相比，可控性更低。
- 文学创作与精神疾病之间存在关联，但这种关联的确切性质和程度仍有待确定。

回顾思考

1. 是哪些因素将言语和创造力紧密联系起来的?
2. 思考隐喻在文学创作中的作用。它们是如何与言语中更广泛的语义加工联系在一起的?
3. 只关注言语网络，我们能否理解文学创作的大脑基础?
4. 言语发散思维是文学创作的真正指标吗?
5. 评估在文学创造力神经科学研究中使用创造性写作范式的优缺点。

拓展阅读

- Alexandrov, V. E. (2007). Literature, literariness, and the brain. *Comparative Literature, 59*(2), 97–118.

- Boyd, B. (2017). The evolution of stories: From mimesis to language, from fact to fiction. *Cognitive Science, 9*(1). doi: 10.1002/ wcs.1444.
- Fedorenko, E., & Thompson-Schill, S. L. (2014). Reworking the language network. *Trends in Cognitive Sciences, 18*(3), 120–126.
- Friederici, A. D. (2011). The brain basis of language processing: From structure to function. *Physiological Reviews, 91*(4), 1357–1392.
- Shah, C., Erhard, K., Ortheil, H.-J., Kaza, E., Kessler, C., & Lotze, M. (2013). Neural correlates of creative writing: An fMRI study. *Human Brain Mapping, 34*(5), 1088–1101.

第10章 视觉艺术创造力

"我未曾发明，我只是重新发现。"

——奥古斯丁·罗丹（Auguste Rodin）

学习目标

- 区分艺术家自下而上和自上而下的知觉偏差
- 确定艺术专长如何影响视觉空间和运动能力
- 评估意象、联觉和创造力三者间的联系
- 了解视觉艺术创造力的研究范式和神经基础
- 洞察异常大脑的艺术创造力
- 认识艺术创造力的感知、生成和评价之间的联系

10.1 视觉艺术和大脑可塑性

多面手马蒂亚斯·布辛格（Matthias Buchinger）（1674—1739）的案例定义了想象力。他是一位善用微显术（Micrography）的艺术家和书法家，这种古老的技术需要极高的灵巧性；他也是一位可以演奏多种乐器的音乐家，这其中也包括演奏他自己发明的乐器；他还是一位投球手、手枪神射手、魔术师，等等。他曾受命为多名贵族和皇室成员绘制过肖像、盾形纹章和家谱图。这一系列广受赞誉的成就本身已不可思议。然而，这些成就竟是由一位生来无手无脚的海豹肢症（一种罕见的先天性畸形，这些畸形婴儿大多没有臂和腿，或者手和脚直接连在身体上，很像海豹的肢体，故称海豹肢症。——译者注）患者所实现的，这更加令人难以置信！作为一位用胳膊末端的残余部分蘸取颜料来绘画、创造艺术的人，他在生前被高度赞扬，逝世后，他的作品仍在世界各地的博物馆展出。公众称其为那个时代"最伟大的德国人"（Jay, 2016）。

这些非凡的造诣，是如何实现的？目前从心理学和神经科学研究中获得的关于视觉艺术创造的认识，能够解释马蒂亚斯·布辛格的案例吗？有一个假设是，通过手和前臂的大脑区域之间皮层的重新映射，他的残肢有了手的灵活性（Altschuler, 2016）。这是一个关于

227

神经可塑性的极端案例，即大脑可以根据经验建立新的神经连接，具有持续自我重组的能力。

在视觉艺术创造的背景下，大脑可塑性的绝对力量可通过盲人艺术家的案例进行说明。以EW（EW是一名双目完全失明的女性，1972年出生于日本，自2000年起一直居住在德国。由于视网膜病变，她6个月大时被切除左眼，11个月大时右眼也被切除。她在东京获得了英国文学和语言学学士学位，在不列颠哥伦比亚大学获得了图书馆学硕士学位。她于2003年结识了一位中学老师，在对方鼓励下开始进行绘画创作。——译者注）的个案为例，她借助凸起的线条和自己创设的符号装置，来表现她所经历和想象的物理元素和情感思想（Kennedy, 2009）。EA（EA是一名双目失明的男性，右利手，51岁。他不懂盲文，是自学成才的艺术家。在成长过程中，他因为双目失明而常常感到社交孤立，经常花几个小时独立在花园里画浮雕图案。在6岁时，他开始痴迷于绘画与艺术。他并未经过学校的正规教育，完全通过自学探索。——译者注）的例子非常吸引人，因为他可以通过触觉来生成一个物体的可识别的图像。在进行绘画时，他的大脑活动也涉及了包括初级视觉皮层在内的视觉加工相关区域（Amedi et al., 2008）。研究已证实让先天失明的人接受绘画训练，会导致大脑皮层的快速重组：个体在接受绘画训练之前，初级视觉皮层对于一个非视觉刺激具有无差别的反应，而在接受训练之后，则会表现出新的参与（Likova, 2012）。

本章将探索我们所了解的视觉艺术创造力的心理和神经基础，以及其作为艺术专长而言是如何进一步被区分的。

10.2 视觉艺术创造力中的信息加工

艺术家因其在艺术媒介方面的丰富经验而以不同的方式感知世界，这一观点已在包括心理学、艺术和艺术史在内的许多学科中引起了共鸣（Seeley & Kozbelt, 2008）。一个重要的观点认为，艺术家可以更好地获得原始的自下而上的信息或刺激特征，这些特征因为并非是必需的，所以通常不会被感知到。而这种“清晰的感官知觉”能使他们更好地感知组成整体的部分（Fry, 1909）。已有研究也支持了这一观点。例如，有一项研究比较了四个匹配的小组在一项区块设计任务中的表现：（1）自闭症视觉艺术家组；（2）非自闭症艺术家组；（3）非艺术家自闭症组；（4）非艺术家非自闭症组。该设计任务需要将模块化的小组块进行重组和整合，尽可能快地形成一个预先定义的、更大更复杂的模块。结果发现，艺术组（自闭症视觉艺术家组和非自闭症艺术家组）在这项任务中的速度显著快于其他组，这一发现揭示了艺术天赋在感知任务上的优异表现。此外，即使是非艺术家自闭症组的表现也优于非艺术家非自闭症控制组。由此可知：

依据部分而非统一的完形来知觉整体的能力，可能不仅仅是自闭症患者的特征，在有绘画天赋的个体身上也更具优势，无论他们是否患有自闭症（Pring, Hermelin, & Heavey, 1995, 1073）。

增强的直觉功能甚至被认为是专家能力（包括创造力在内）形成机制中不可或缺的一部分（Mottron, Dawson, & Soulières, 2009），即便是这些功能不同于与自闭症相关联的功能。

另一种观点则认为，艺术家和非艺术家的区别不在于知觉本身的自动加工，而在于用于分析知觉经验和产生预期的知觉效果中自上而下的因素不同（Gombrich, 1960）。支持这一观点的一个例子是对艺术家汉弗莱·奥逊（Humphrey Ocean）的个案研究，研究者在其进行创作艺术时，记录了他的大脑活动和眼动策略。他的眼动模式表明，进行绘画时的注视时长是未进行绘画时的两倍（Miall & Tchalenko, 2001），这表明了情境、经验和意图对知觉的影响作用。

虽然很少有心理学理论将视觉艺术创造力作为一个整体对其信息加工的原理进行解释，但阿尔伯特·罗森伯格（Albert Rothenberg）（1980, 2006）概括的创造性认知的三种操作或可提供一个解释的框架。他提出三种创造性认知操作，即接合（Articulation）、“两面神”思维（Janusian Processing，同时考虑两种截然不同的观点）和同空间思维（Homospatial Processing）；其中最后一种与视觉形式的创造力尤为相关。“接合”是“分离和连接相伴随”的过程，例如当一件艺术品的不同部分分离后，以一种新颖和有价值的方式组合成一个整体。当对“同时出现的多重对立或对偶”进行积极的概念化时，多面思维产生了，先前不可调和的观点将会共存。相比之下，当有目的地“设想两个或两个以上的独立实体身居同一空间，这一概念导致了新身份的清晰表达”，使视觉隐喻得以产生（Rothenberg, 2006, S9）。事实上，有证据表明，不同视觉图像的叠加需要内容的整合，因此需要同空间思维。艺术家认为这种叠加比以图形－背景的形式将相同图像进行单纯的结合要具有更高的创造力（Rothenberg, 1986）。

229

与此相关，值得注意的是，视觉艺术家在语义分类中也表现出高度的易受暗示性或更松散的联想思维（Tucker, Rothwell, Armstrong, & McConaghy, 1982），以及启发式而非算法式思维（Haller & Courvoisier, 2010）。由于这种倾向具有领域一般性，故而有理由期望这可转化为在领域一般创造力任务上有更好的表现。亦有实证研究支持这一观点：视觉艺术家相较于非视觉艺术家，在创造性发散思维任务中的表现更优（Ram-Vlasov, Tzischinsky, Green, & Shochat, 2016）（见章节 10.3.1）。

接下来的部分将探索在心理学领域中有实证研究支持的与视觉艺术创造力有关的主要因素。

10.2.1 视觉空间能力

已有研究中，关于艺术家和非艺术家之间单纯知觉差异的研究结果有些混杂。例如，对艺术家、艺术专业的学生和非艺术家之间的比较表明，这3组在大小、亮度和形状的知觉恒常性方面的表现完全一致（Perdreau & Cabanagh, 2011）。一项研究发现，艺术专长导致了对于模糊图形反转加工能力的加强。格式塔心理学中模糊图形是指，尽管刺激信息完全相同，但在感知过程中会产生图形－背景反转的图形，例如内克尔立方体错觉（Necker Cube Illusion）和贾斯特罗鸭兔图形（Jastrow Duck-Rabbit Image）。该研究还发现，对模糊图形反转加工的能力与自评的创造力和发散性流畅性存在显著正相关关系（Wiseman, Watt, Gihooly, & Georgiou, 2011）。

一项综合研究考察了艺术专业学生和非艺术专业学生在4项知觉任务和12项绘画任务上的差异，发现受过训练的学生在这两类任务上表现更优异（Kozbelt, 2001）。艺术生能够更好地辨识图像中的主体（失焦图片任务），辨识仅提供部分信息的图像中的主体（格式塔完形任务），在复杂模式中找出简单形式（嵌入图形任务），并想象旋转两个图形以判断它们是否匹配（心理旋转任务）。绘画任务主要涉及临摹线条画，在12项任务中，艺术生有10项表现优于非艺术生。此外，艺术生和非艺术生在知觉任务上的差异归因于知觉和绘画任务共有的视觉加工能力（Kozbelt, 2001）。这些研究表明艺术训练导致了视觉空间能力的增强。 230

视觉能力的增强也与视觉创造性思维存在显著的正相关关系。例如，在发散思维任务（流畅性、灵活性、独创性、精致性）和创造性意象（独创性）任务中的更好表现与对模糊图形更快的视觉重构速度存在关联（Palmiero er al., 2010）。

一些研究者关注了与注视频率（Gaze Frequency）相关的差异，注视频率是指在被临摹画作和正在绘制的画作之间进行扫视的比率。高注视频率意味着在两者之间的快速交替，低注视频率与之相反。在一项对于接受过训练的艺术家和未接受过训练的非艺术家的比较研究中发现，不仅专家组的绘画准确度更高，而且注视频率也与绘画准确度呈正相关，即注视频率越高，绘画准确度越高（Cohen, 2005）。

更准确地分析眼球运动模式也是研究者感兴趣的主要课题。在一项研究中，实验人员记录了艺术家与未接受过艺术训练的受试者在观看不同类别图画时（从普通的场景到抽象画均包括在内）的眼球运动。这些运动模式被分为3类，一种为物体识别导向（Object-oriented）的观看模式（选择可以识别的对象），还有一种为图形识别导向（Pictorial-oriented）的观看模式（选择更多的结构特征），最后一种则为抽象特征的观看模式（Vogt & Magnussen, 2007）。结果发现，艺术家在进行自由扫视时，会使用更多的时间观察图片的结构和抽象特征，而非艺术家则表现出更喜欢观察人物的特征和具体物体。而当被告知在观看图片之后会对看到的图片进行回忆测试时，艺术家的眼动模式也转向了人物的特征和具体的物体。此外，在所有类型的图片中，艺术家都更善于回忆他们看到的图形特征。这一发现表明，在自然条件下（例如与记忆阶段相反的自由扫视阶段），接受过视觉训练的艺术家的感知加工“将牺牲视觉感知的功能模式，而倾向于纯图像的模式”（Vogt, 1999, 325）。

231

10.2.2 绘画和手眼协调

与新手相比，无论对将要绘制的图像的熟悉程度如何，艺术家在感知加工和运动输出方面的效率都会更高（Glazek, 2012）。复杂的视觉运动转换（Visuomotor Transformations）发生在一切视觉艺术形式的产生过程中。蕴含于眼球运动（Eye Movements）和手眼互动（Hand–Eye Interactions）背后的策略依情境而异，例如直接临摹或依据记忆线索临摹。关于直接临摹，可以用“绘画假说”（Drawing Hypothesis）很好地进行解释，该理论认为“对于形状的绘制是视觉运动映射的结果，该映射可以在仅感知到原始物品而未看到正在画的图形情况下直接执行”（Tchalenko & Miall, 2009, 370）。在对被绘制的“原始”物体、模型或风景和在所选择的媒介上（如，纸、画布、触摸屏）绘制的“图画”之间的注视点转移的策略研究中发现，存在“盲画”（Blind Drawing）时期。在该时期，眼睛的注视点还停留在被绘制的原始对象上，而手部却在进行绘画（Tchalenko, Nam, Ladanga, & Miall, 2014）。“盲画”克服了自上而下的影响，由于视觉运动转化直接将视觉输入转换为绘画动作，因此不需要视觉编码来进行后续的回忆。当比较不同类型的线条绘制任务时，在临摹（“复现预先存在明确定义的线条”）、绘制轮廓（“描绘三维实体的边界”）和生成渐变区（绘制“用离散的线渲染明暗之间的过渡”）时，盲画现象逐渐增加（Tchalenko, Nam, Ladanga, & Miall, 2014）。更重要的是，基于专长研究的比较显示，这种用于盲画中的直接的手眼策略在更大程度上会为专家所使用，并且他们会通过将整个图像分割成一个接一个的简单片段，来实现更精确的绘图（Tchalenko, 2009）。

西利（Seeley）和科贝尔特（Kozbelt）（2007）提出了一个六阶段视觉运动模型（Six-stage Visuomotor Model）来解释艺术家的知觉加工优势（图 10.1）。第一阶段包括在“视觉缓冲区”（Visual Buffer）（初级视觉区）中对感觉输入信息的编码。第二阶段是对于基本结构的“特征提取”（Feature Extraction），通过模式识别（次级视觉区）从视觉缓冲区的感觉输入中捕获可判断的图像元素，如颜色、方向和轮廓。第三阶段，“客体识别”（Object

232

Recognition），寻求这些可判断的图像特征和艺术家联想记忆中基于类别的一般知识之间的匹配。匹配的最佳标准用于实例化关于刺激识别的“知觉假说”（Perceptual Hypothesis），如果进行了合适的匹配，客体识别加工环路将闭合。如若在前三个阶段未能进行合适的匹配（或者说存在多种匹配），那么第四和第五阶段就会发生匹配，最近产生的一个匹配会产生关于目标刺激的“知觉假说”，这个知觉假说会被保留在空间工作记忆中，关于潜在物体特征的类别信息或陈述性图式会从“长时记忆”中被提取出来，进而使注意转移并启动模式识别机制，以识别视野中的特征是否足以证实或驳斥关于目标刺激的特定知觉假设。第六个阶段发生在需要与环境存在动态交互的任务中，如在伸手、抓握或绘画时，此时的运动计划来自程序性知识（Procedural Knowledge）。正如陈述性图式将注意力导向于物体识别，运动计划则将注意力转向于对动作的准备。

艺术家所表现出的信息加工优势被认为是在陈述性图式和运动计划两个层面上产生的，它们在视觉艺术的产生中起着互补的作用（Kozbelt & Seeley, 2007; Seeley & Kozbelt, 2008）。从儿童到青年各个年龄段的绘画技能和艺术创造力之间的正相关关系为这一观点提供了支持（Chan & Zhao, 2010）。

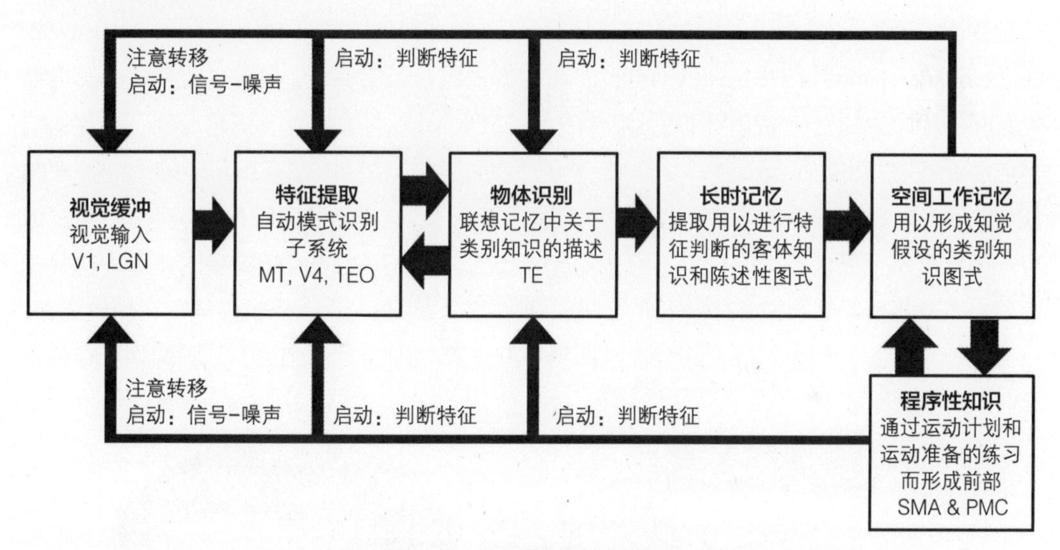

图10.1　视觉运动加工模型

由陈述性图式和运动计划引起的对于预期特征的编码和对于分心干扰的抑制的增强，用以解释艺术家的知觉优势（LGN：外侧膝状体；MT：次级视觉区－运动处理；PMC：运动前皮层；SMA：辅助运动区；TE和TEO：位于颞下皮层的区域；V1：初级视觉皮层；V4：次级视觉皮层－颜色处理）。转载自Kozbelt, A. & Seeley, W. P. (2007). Integrating art historical, psychological, and neuroscientific explanations of artists' advantages in drawing and perception. *Psychology of Aesthetics, Creativity, and the Arts, 1*(2), 80–90.

10.2.3 视觉意象

视觉创造力和视觉意象之间的关系是难以捉摸的。想象的未必是创造性的，但创造性必然来自想象。“意象的感知……从表达的字面意义和隐喻意义上来看，拓展了以新的方式看待事物的可能性”（Thomas, 2014, 167），正是在这样的背景下，概念上的独创性出现了。

但是视觉意象对视觉创造力有多重要呢？连接模型提出，知觉意象的生动性和独创性以及意象转化的能力引发了创造性意象的产生（图10.2）（Dziedziewicz & Karwowski, 2015）。有一些证据表明，这些变量之间存在复杂的相互作用，例如，更强的视觉意象转换能力与更高的“创造性意象的独创性”相关联，而更强的视觉意象生动性与更高的有用性或“创造性意象的实用性”相关联（Palmiero et al., 2011, 2015）。事实上，一项元分析的结果表明，自我报告的意象能力与创造性发散思维之间存在中等但显著的相关（LeBoutillier & Marks, 2003）。

然而，艺术专长如何影响这种关系呢？关于这个问题，研究者已经使用图形组合任务（Figure Combination Task）进行了系列探索（Finke, 1990），该任务要求用三个简单的几何形状（例如，立方体、圆柱体、圆锥体）组合成新的物体（Verstijnen, van Leeuwen, Goldschmidt, Hamel, & Hennessey, 1998）。研究者对组合和重构做了区分，组合反映了构建物空间结构配置的变化程度（例如，组件的垂直、水平或对角排列），重构反映了构建物结构的变化程度（例如，组件的嵌入、修改或成分配比）。对设计专家和新手的比较研究发现，艺术专长只与意象的效果（构建物的意象）和外化（构建物的速写草图）存在相关。组合和重构是两个极其分离的过程。组合不受专长的影响，因为专家和新手的任务表现并无差异。它是由新手和专家等效执行的，无论是需要速写（外化）还是仅仅停留在想象层面，专家和新手的表现均无差异，而且在这两种情况下都与创造力正相关。而重构则受专长和

235

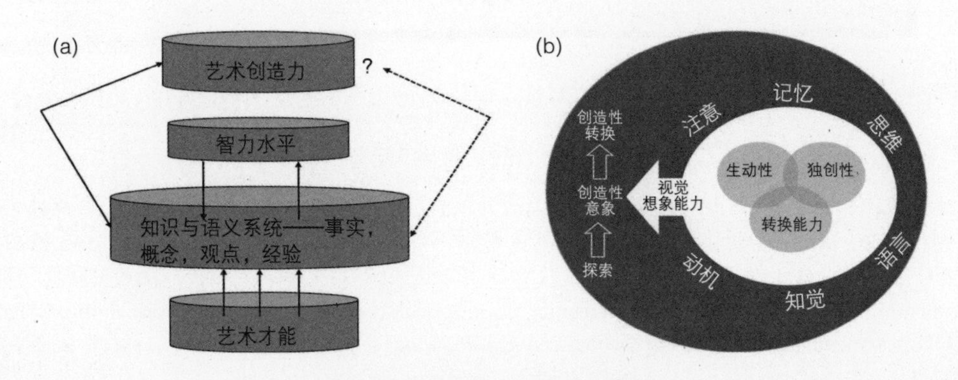

图10.2　视觉艺术创造力的模型

（a）健康和受损伤的大脑中艺术创造力的产生，其中对知识和语义系统的损害（虚线）会损害艺术创造力。经许可转载自Zaidel, D. W. (2014). Creativity, brain, and art: Biological and neurological considerations. *Frontiers in Human Neuroscience, 8,* 389.（b）儿童发展中创造性视觉意象的连接模型。由Dziedziewicz D.和Karwowski M.经出版商Taylor & Francis许可转载自Dziedziewicz, D., & Karwowski, M. (2015). Development of children's creative visual imagination: A theoretical model and enhancement programmes. *Education* 3–13, *43*(4), 382–392.

外化的影响，当允许专业设计师进行速写时，与不允许时相比，重构发生得更频繁。新手不会表现出这种模式，他们在重构中的表现不受速写的影响。此外，只有在速写条件下的重构与创造力呈正相关，而在想象条件下则不存在这种相关关系。因此，如果仅有意象，对于生成性图形任务中的重构是不充分的（Verstijnen, van Leeuwen, Goldschmidt, Hamel, & Hennessey, 1998）。

10.2.4 联觉

联觉是一种罕见的情况，人们有时会有某种不同寻常的知觉体验，这种体验可以是跨感官的，也可以是单感官的。在跨感官情况下，一种感官刺激的感知体验（例如，听到教堂钟声时的听觉感知）会触发另一种感官刺激的感知体验（例如，看到颜色时的视觉感知）。在单感官情况下，在一个感官刺激中的感知体验（例如，阅读数字时的视觉感知）触发了在相同感官刺激中的不相关的感知体验（例如，看到颜色时的视觉感知）。这些有意识的体验是自动和持续被引发的（Hubbard & Ramachandran, 2005）。联觉和创造力之间的一种可能联系已经受到“吹捧”，因为不寻常的跨感官和单感官联系表明，在我们的知识或语义网络中存在跨越广泛概念空间的桥梁。在典型的不相关概念之间形成联系的倾向，应该有利于创造力（Ramachandran & Hubbard, 2003）。这是一个合理的假设，因为创造性思维的独创性依赖于在无关概念之间形成新颖的联结。然而，联觉经验有很强的跨时间稳定性（例如，当面对数字 5 时总是看到粉红色），这一事实表明，概念联结扩展的灵活性一旦形成，是有限制的。

虽然艺术家的联觉发生率高于非艺术家（Domino, 1989; Rothen & Meier, 2010），但以往研究关于联觉者创造能力增强的证据是混杂的（Chun & Hupé, 2016; Domino, 1989; Ward, Thompson-Lake, Ely, & Kaminski, 2008）。例如，一项与联觉相关的创造力研究发现，相较于非联觉者，联觉者更多地参与艺术创作，并且在聚合性创造思维方面存在优势，而在发散性创造思维方面则没有优势。由此可知，联觉者在聚合性创造思维中的优异表现，的确为他们有更多的机会获得更广泛的联想知识提供了证据支持；在发散性创造思维中任务缺乏优势，则为他们不能灵活地使用这些信息提供了佐证（Ward et al., 2008）。

236

10.3 视觉艺术创造力与健康大脑

在详细说明欣赏和创作视觉艺术之间关系时，斯蒂芬·格罗斯伯格（Stephen Grossberg）（Grossberg, 2008; Grossberg & Zajac, 2017）假设大脑的关键感知单元是边界（Boundaries）和面（Surfaces）。此外，视觉系统远不是由独立的模块负责的，即所谓每个模块只处理视觉场景的一个方面（例如，深度、颜色、形状、运动），视觉处理实际上遵循“互补计算”（Complementary Computing）的原则，其中并行计算的加工通道（Processing Streams）在处理互补的刺激属性时表现出相互的信息动态性（Mutually Informative Dynamics）。当观察任何场景（在绘画作品中或现实世界中）时，从边界和面快速提取的信息称为“要点”（Gist），这使得观察者可以快速识别正在观看的内容。著名视觉艺术家的绘画作品表明了他们对知觉加工原则的敏感性，如无形的边界、“要点”如何来传达场景和画家的身份信息、特征轮廓的填充、图形－背景分离等。

目前，研究者已进行了两项元分析来确定视觉艺术创造力神经基础研究的共性（Boccia et al., 2015; Pidgeon et al., 2016）。尽管事实上关于这个问题的神经科学研究较少（2015 年的元分析中有 5 项 fMRI 研究，2016 年的元分析中有 7 项），而且不同研究中使用的范式彼此之间差异很大。与此同时，该综述强调，由于 EEG 研究中视觉创造力任务普遍缺乏合适的控制任务，这也是以往研究中存在不一致和矛盾结论的原因之一（Pidgeon et al., 2016）。

后续小节将详细介绍一些关于视觉艺术创造力神经基础的主要神经影像学研究，这些 237 小节区分了该领域中使用的不同研究范式。在下面的小节中提及的主要大脑网络包括默认网络、中央执行网络和语义认知网络。这些大脑网络在前面的章节中已经详细介绍过了（参见第 4 章和第 5 章）。

10.3.1 视觉发散性思维

研究者汇集了不同的方法来研究视觉发散性思维的神经基础。有一些研究使用神经科学研究中的视觉发散性思维任务来研究视觉创造力，另一些研究侧重于单个脑区发挥的作用，亦有一些研究考虑整个大脑网络发挥的作用。

一项研究使用来自 TTCT 中的图形任务，给受试者呈现由 1 至 2 条线组成的简单几何图形，并要求他们在脑海中扩展和补全这些图形。有些图形需要以创造性的方式完成（25 秒），有些需要以非创造性的方式完成（15 秒）。受试者需要在 MRI 扫描仪中安静地完成这些任务，并在接受扫描后绘制他们的作品。结果发现，在创造性生成指导语条件下产生的图形比在非创造性条件下产生的图形有更高的独创性，并且涉及与认知控制和语义提取有关的外侧额叶区域的参与，包括额下回（SCN 和 CEN 的一部分：BA 45, 47）和额中回（CEN 的一部分：BA 6, 9, 46）（Huang et al., 2013）。

对比图形和言语 TTCT 两种任务形式所涉及的脑网络的研究发现，视觉和言语创造力的更好表现与顶上回（CEN 的一部分）较低的静息状态活动有关。与视觉和言语创造力相关的另一个共性是，DMN 和 CEN 在这两种创造力任务中均存在积极的功能连接。特别是，较高的视觉创造力与两个区域较低的功能连接性有关——额中回后部（CEN 的一部分）和楔前叶（DMN的一部分）——且CEN的脑区在其中起到中介作用。因此，鉴于额中回和楔前叶在视觉空间信息处理、心理旋转、心理意象和物体表征中的参与，作者主张这些脑区在视觉创造力中存在特殊相关性（Zhu et al., 2017）。另一项研究使用相同的创造力测量方法，研究了静息态与视觉发散创造力之间的联系，得出了不同的结论。具体而言，该结果发现，DMN内部脑区功能连接的降低，以及CEN内部脑区功能连接的增加，与更优的视觉创造力表现相关（Li et al., 2016）。 238

10.3.2 创造性意象和绘画

另一个关注点则是研究是否伴随绘画活动的创造性意象。例如，当向受试者呈现罗夏墨迹图像并要求他们报告从图像中所知觉到的信息时，依据联想的共性，受试者的回答可被分为稀缺的、不常见的和常见的三类。与被归类为常见的知觉体验相比，被归类为稀缺的知觉体验的大脑活动，涉及更多的内侧前额叶前部皮层（BA 10）、颞极（BA 38）和角回（BA 39）的参与，这些均为DMN的核心区域。因此，DMN参与了稀缺的感知（Asari et al., 2008）。

与非创造性视觉任务相比，创造性的视觉任务涉及大脑左半球的参与，包括背外侧前额叶皮层（CEN的一部分：BA 8）、背内侧前额叶皮层（CEN和DMN的一部分：BA 8）、腹外侧前额叶皮层（SCN和LAN的一部分：BA 44, 45, 47）、颞中回后部（SCN的一部分：BA 22）以及运动前区皮层和辅助运动区（BA 6）（Aziz-Zadeh et al., 2012）。其中，非创造性任务包括在头脑中将简单几何形状（例如，矩形）的三个被切开的部分组合在一起，以形成原始形状并口头报告正确的解决方案，创造性任务则要求受试者将3个不同的形状（例如，"8"字形、"C"字形、圆形）重新排列并形成一个可命名的合成图像（例如，一个笑脸）。虽然这个图像的名称是在扫描仪内部口头报告的，但并没有在扫描仪内部或外部来核查受试者生成的图像。此外，在20个同类试次中，非创造性控制任务平均需要12秒就能完成，而视觉创造性任务的时间要更长，平均需要20秒。

使用磁共振兼容的绘图板，个体可以在扫描环境中实时绘制草图。例如，研究者借用磁共振兼容的画板为工具，在磁共振内进行了一项关于画词风格的图像创作（Pictionary-style Image Creation）（受试者被给予一个单词以进行图片描绘）与简单的绘图任务（他们只需要画"Z"形）的比较研究，发现画词风格的图像创作导致了运动控制区域的广泛激活，如小脑和运动前区皮层、枕叶的视觉感知区和丘脑，这些脑区参与了运动和视觉加工（Saggar et al., 2015）。 239

为了在视觉艺术创造力的研究中找寻更有生态效度的范式，埃拉米尔（Ellamil）等人（2012）也使用了一个与MRI兼容的绘图板，要求艺术专业大学生据主试提供的图书摘要进行封面设计，以测查在此过程中的大脑活动（图 10.3）。研究者区分了生成阶段（30 秒内画出或写下封面设计的想法）和评估阶段（20 秒内画出或写下对于想法的评估）以及作为控制任务的线条追踪任务。然而，生成和评估阶段是否可以仅仅通过指导语来进行清晰划分是存在疑问的；同时，在生成阶段不进行评估（以及在评估阶段不进行生成）的指导语会干扰创造性思维中固有的自发性。尽管如此，此项研究的独特之处在于研究方法上的创新。该研究结果表明，在年轻艺术家中，视觉艺术的产生相较于视觉艺术的评估，会导致双侧海马、运动前区和顶上叶区域的激活，而视觉艺术的评估相较于视觉艺术的产生而言，会伴随着多个脑网络的广泛区域的激活——DMN、CEN、SCN和视觉皮层。

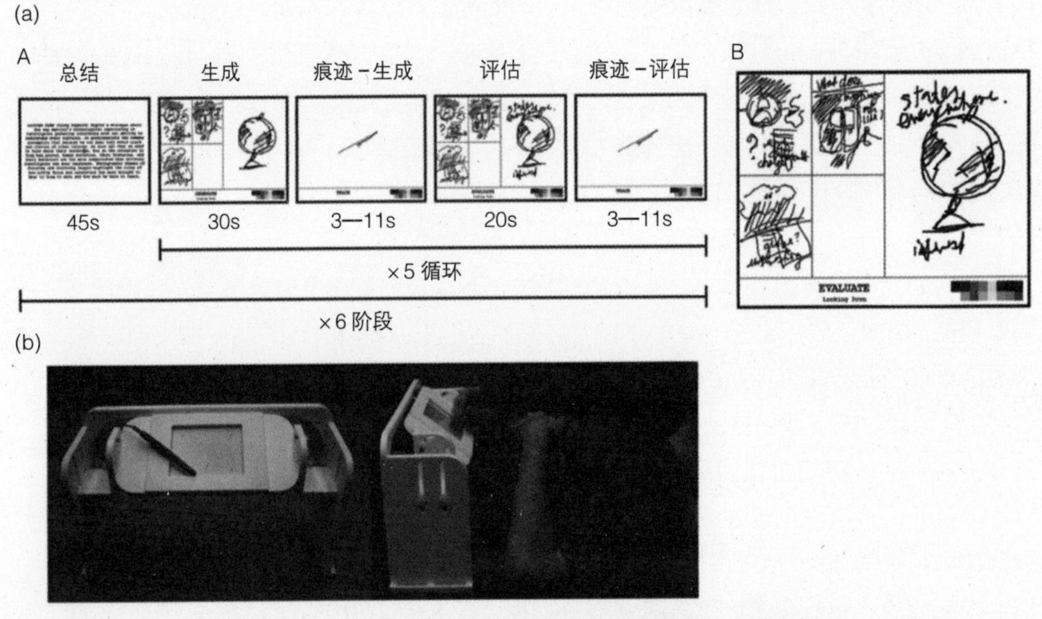

图 10.3　fMRI环境中进行视觉艺术创造力研究的一项实例

（a）示意图：A. 单个任务试次，B. 评估阶段的放大。（b）实验测试场景。转载自 Ellamil, M., Dobson, C., Beeman, M., & Christoff, K. (2012). Evaluative and generative modes of thought during the creative process. *Neuroimage, 59*(2), 1783–1794. 由 Elsevier 许可。

德·皮萨皮亚等人（2016）的一项研究则发现了相反的模式，他们对比研究了具有显著创作成就的艺术家与非艺术家在完成创造性任务时的大脑功能连接。其中，创造性的任务包括在脑海中创造一个新的图像，这种图像可以被归入“风景”的范畴中。结果表明，艺术家在完成此类创造力任务时，沿着大脑内侧顶壁和背外侧前额叶皮层的区域，以及其他几个非DMN和非CEN的脑区，如运动前区皮层，表现出更强的功能连接。

目前，这个领域尚未达到能够整合这些不一致结果的阶段。在神经心理学文献中，不同脑网络的大脑区域之间的复杂相互作用，是通过脑损伤对创造性意象的独创性和其他相关成分影响的分离来体现的。例如，虽然外侧前额叶皮层（CEN的一部分）的损伤选择性地损害了创造性意象的独创性，但在所有脑损伤患者中，无论损伤部分是在额叶、基底神经节还是顶颞区（CEN和SCN的一部分），均产生了对于实用性、功能性或其他相关指标的损害（Abraham, Beudt, et al., 2012）。

10.3.3 艺术专长和训练

绘画这一极其复杂的视觉运动技能的神经基础已被研究了数十载（见专栏10.1），顺其发展，越来越多的研究人员正在致力于对艺术家绘画技巧大脑基础进行研究。例如，向艺术专业学生和非艺术专业学生呈现一只手的照片和一座由积木搭成的塔的照片，并要求他们尽可能精确地绘制这些图像。结果表明，艺术专业学生绘制的画作比非艺术专业学生绘制的画作更为准确，且这种绘画的专业度与左小脑前部更大的灰质密度呈显著相关（Chamberlain et al., 2014）。

专栏10.1 绘画的大脑基础

绘画是一种复杂的运动行为，要确定其大脑基础极具挑战性。几个大脑区域参与了同样的活动，它们相互作用的性质是由绘画任务的微妙之处和它们产生的条件决定的（Trojano, Grossi, & Flash, 2009）。在该领域发表的一项关键研究中，研究者向未接受过视觉艺术训练的受试者呈现简单的卡通面孔，要求其对这些面孔进行观察、保持和记忆再现（Miall, Gowen, & Tchalenko, 2009）。研究发现，与随机放置的点域相比，对卡通人脸的编码伴随着枕叶纹外视觉区域和梭状回面孔区域（Fusiform Face Area, FFA）的激活。依据记忆信息进行绘画（回忆之前呈现过的漫画）、无记忆信息绘画（当前正在观看的新漫画）和同时基于记忆和视觉信息进行绘画（当前正在观看，且是先前已经呈现过的漫画）广泛激活了运动网络，包括感觉-运动皮层区域、运动前区皮层、辅助运动区域、顶叶区域和小脑。这意味着涉及指导和控制动作的背侧通路以及参与手部运动序列规划的额叶区域的参与。尤为关键的是依据视觉信息绘画和依据记忆信息绘画的大脑活动比较发现，从视觉中提取信息与枕叶皮层和FFA的视觉区域有关，而从记忆中提取信息则与顶下叶和运动前额叶区域有关。在记忆保持间隔期间，枕叶区域没有以面孔选择的方式参与，这为视觉信息转换成更精妙的视觉运动或空间信号提供了证据，这些信号更适合在没有直接视觉输入的情况下帮助面孔绘画。

242 一项开创性的纵向研究考察了两组受试者在接受为期 3 个月艺术训练后行为和大脑的变化（Schlegel et al., 2015）。实验组进行了为期 3 个月的绘画或绘画入门课程的学习，而对照组没有进行任何视觉艺术的课程学习。研究测查了两组受试者大脑结构的变化，以及与非语言发散思维（通过TTCT的图形测验来测查）、感知能力（通过他们对亮度和视错觉长度的判断来测查）和对于动作的感知能力（基于他们对观察到的人体形体进行的 30 秒简化形体速写来评判）有关的特定大脑结构的变化（见图 6.2）。

研究发现，训练组和控制组在总体大脑结构上存在差异，在接受视觉艺术训练的 3 个月后，艺术训练组额叶白质的结构完整性降低，而未训练组的大脑未随时间的推移而发生总体上神经解剖学的显著变化。行为结果表明，艺术训练未导致知觉能力的差异，但艺术训练组在形体速写能力和视觉发散思维方面的表现，比未经训练的对照组有所提高。因此，艺术训练提高了领域特殊的对于动作的感知技能（绘画能力）以及领域一般技能（创造性认知能力），即产生原创和灵活的观点、故事或过程的建构叙事能力，以及描绘丰富的、复杂的和有效的图像的能力。更重要的是，更熟练的形体速写能力与大脑特定区域的变化呈正相关，该区域投射到运动皮层的手和手臂区域，即小脑的右前叶（Schlegel et al., 2015）。因此，小脑的前部区域似乎起着关键的作用，该区域不仅促进一般的绘画能力（见专栏 10.1，绘画的大脑基础），而且与视觉艺术学习和绘画方面的专长尤为相关。

10.4 视觉艺术创造力与脑损伤

在关于创造性认知和大脑功能的文献中，一个有趣的悖论是，虽然某些关键的大脑结构，如前额叶皮层，明确参与了不同类型的创造性认知（Dietrich & Kanso, 2010），但前额

243 叶皮层的损伤在某些情况下会导致创造性表现的下降，在其他情况下却会导致创造性表现的提高（Abraham, Beudt, et al., 2012; Reverberi et al., 2005; Shamay-Tsoory et al., 2011）。这种悖论在特定的视觉艺术创造力和大脑功能损伤之间也很明显（de Souza et al., 2014）。下文将探讨其中的一些主题（关于多巴胺和创造力之间关系参见专栏 10.2）。

专栏 10.2　多巴胺与创造力

● 帕金森病（Parkinson's Disease, PD）是一种由中脑多巴胺分泌的逐渐减少而导致的慢性运动障碍。与其他心理功能不同，患有帕金森病的艺术家的艺术才能似乎不会受到疾病发作的不利影响（Lakke, 1999）。在疾病发作时服用多巴胺拮抗剂，甚至可以增强已经具有的艺术才能（Walker, Warwick, & Cercy, 2006），多巴胺激动剂的减少与创造力的下降有关（Lhommée et al.,

2014)。这些研究说明了多巴胺在创造性表达中的作用。

- 中脑缘多巴胺对创造力产生积极影响的本质被认为是通过其影响新异寻求而发挥作用，因为多巴胺本身并不直接影响创造力，而是间接影响驱动创造的动机(Flaherty, 2005)。
- 当前，有一个理论框架区分了前额叶和纹状体多巴胺的影响，前者促进坚持性的信息加工，后者调节灵活的信息加工。这两种形式的加工都被认为是创造性认知的必要组成部分，因为坚持性加工是聚合性创造思维的关键，而灵活加工是发散性创造思维的固有特征(Boot et al., 2017)。

10.4.1 艺术家的脑损伤

以往关于艺术家的脑损伤研究不胜枚举，这些艺术家大多经历了大脑功能的改变或某种形式的脑损伤(Finger, Boller, & Bogousslavsky, 2013; Rose, 2006)。著名的例子包括艺术家路易斯·科林斯(Louis Corinth)(右半球中风后伴随的视觉空间忽略)、文森特·梵高(Vincent van Gogh)(可能有精神病、药物滥用、癫痫)和威廉·德·库宁(Willem de Kooning)(阿尔茨海默病)。有趣的是，尽管大脑机能不全的艺术家往往表现出一系列心理缺陷，比如在记忆提取和语言产生方面存在问题，但他们往往继续艺术创作，且似乎不受阻碍，除非他们的运动功能受到直接影响。通常，由于不同程度运动功能受损所导致的绘画技能改变，则会影响他们的创作。虽然大多数脑损伤患者的创作体裁倾向于保持相对一致，但也有许多证据表明他们创作的表达方式和内容发生了变化(Chatterjee, 2004)。这种非凡的状态被认为是人脑通过艺术进行交流和表达的抗损伤特性的证据(Zaidel, 2013a)。

244

一项关于加拿大艺术家安妮·亚当斯的神经心理学研究是一个较好的叙事对称性案例，她患有原发性进行性失语症(PPA)，这是一种以言语和语言退化为特征的神经退行性疾病(另见章节2.1.2)。由于对同样患有PPA的作曲家毛里斯·拉韦尔(Maurice Ravel)的音乐着迷，她将毛里斯作品中的音乐元素转化成视觉形式呈现在自己的绘画中(Seeley et al., 2008)。极其偶然的是，医院记录了这位视觉艺术家出现症状前到确诊为PPA期间的脑成像数据。她是一位活跃的艺术家，并在此期间创作了多部作品，因此她的艺术作品可能与她的PPA症状的出现和加重以及持续的脑萎缩相关联。在她的案例中，她的作品风格发生了转变，在长达6年的时间里，她从高度抽象转变为近乎摄影般的现实主义。然而，不能肯定地说，她艺术风格的变化完全归因于大脑结构和功能的变化，因为许多艺术家的表达风格也会随着时间的推移而不断演变。事实上，另一项案例研究却报告了相反的轨迹模式，即患者在创伤性脑损伤后开始绘画，他的创作风格从现实和具象转变为抽象和模糊(Midorikawa & Kawamura, 2015)。

10.4.2 阅读障碍

阅读障碍(Dyslexia)和视觉创造力提高之间的关系主要来自个案研究。很大一部分极有天赋的人,不仅是那些在各自领域取得卓越成就的人,如托马斯·爱迪生(Thomas Edison)和刘易斯·卡罗尔(Lewis Carroll),还有那些名不见经传的人,都是视觉型思考者,他们可能有阅读障碍或其他学习困难(West, 1997)。事实上,阅读障碍者在艺术、工程和建筑等需要视觉空间技能的职业中占了很大比例。通过对竞争激烈的艺术学校的学生和非艺术大学的学生的比较发现,前者的阅读障碍发生率更高(Wolff & Lundberg, 2002)。然而,有点违反直觉的是,在实验室环境中测试的视觉空间加工能力,阅读障碍人群与一般人群相比,通常是无显著差异的,甚至会低于一般人群(Winner et al., 2001)。由此,区分不同类型的视觉空间加工可以揭示特定的优势。例如,阅读障碍与更快地识别不可能图形的能力有关,这说明了阅读障碍个体在整体信息加工中具有特殊优势(Von Károlyi, Winner, Gray, & Sherman, 2003),且可能仅限于男性(Brunswick, Martin, & Marzano, 2010)。这符合阅读障碍的大细胞理论,即视觉大细胞系统的不成熟,导致视觉小细胞系统的发展增强,从而使系统偏向整体信息处理(Stein, 2001)。

245

10.4.3 突如其来的艺术才能

另一个引人关注的现象是非艺术家在脑损伤后突然出现的艺术倾向。这种突如其来的能力通常表现在视觉和音乐艺术中(见章节 4.2.2)。这一现象与多种疾病有关,包括额颞叶痴呆(FTD)、偏头痛、癫痫和创伤性脑损伤(Schott, 2012)。该领域的第一篇论文是米勒(Miller)等人(1996)报告了三位患者在FTD发病后成为有成就的画家的案例。这三位患者均有颞叶型FTD,即额叶相对完整,但颞极功能失调。艺术才能的突然出现在FTD这种情况下是罕见的,因为它只是少数病例的特征(例如,米勒等人在2000年报告的69名FTD患者中出现这种情况的患者占17%),但各病例之间的一致性(例如,对绘画的强烈渴望)为这种行为提供了有意义的分析。诚然,这种特征的出现也很可能被低估了(Schott, 2012)。

那么,这种先前未知技能在这些个体身上的突然出现又该如何解释呢?一个令人信服的观点是,当脑损伤对一个人正常或习惯的交流能力产生有害影响时,交流和表达的需求有增无减,大脑会推动其他途径来适应这种驱动力。在提出这一建议时,达丽亚·扎德尔(Dahlia Zaidel)(2014, 2)就艺术能力的突然出现对艺术表达和创造性艺术表达进行了审慎的区分:"在这种神经病学案例中,转向艺术本身就是创造;然而,创作出来的艺术不一定具有创造性。"承载联想知识的语义网络的完整连接性是至关重要的,因为创造力的独创性

246

不仅包括产生开放式的反应，而且包括超越已知的反应（见第1章）。未注意或认识到这些限制因素，仅有单纯的生成性，并不会导致更高的艺术创造力（图10.2）。

10.5 需进一步研究的问题

我们如何体验艺术是由非常复杂的互动过程所决定的。当前尚未详细探讨的变量包括人格和个体偏好等个体因素（见专栏10.3）。在创造力的心理学研究中，前者比后者受到更多的关注。历史计量学研究表明，在杰出的视觉艺术家和作家中，精神病理学的患病率较高（Post, 1994）。当考虑到高创造力人群的人格特征时，大量的实证研究证实了这一点。与对照组相比，视觉艺术家和诗人表现出更高水平的分裂型人格特征，如不寻常的经历和冲动不一致等特征（Nettle, 2006）。这种关系在视觉艺术家的案例中显得尤为重要。例如，对53名视觉艺术家和54名非视觉艺术家的比较表明，精神分裂型人格特征，如不寻常的经历、认知紊乱和冲动的不一致，是视觉艺术家更显著的人格特征，其他人格特征如对经验的开放性和神经质亦是如此（Burch, Pavelis, Hemsley, & Corr, 2006）。对两组艺术家（视觉艺术家和音乐家）和两组科学家（生物学家和物理学家）的比较研究，揭示了艺术家和科学家群体的性格特征之间的相似性（Rawlings & Locarnini, 2008）。视觉艺术家在报告更多不寻常的经历和具有更高水平的轻躁狂特征方面与音乐家相似，且相对于两个科学家组，两个艺术家组在词汇联想任务中报告了更多的新异性反应。

专栏10.3 神经美学与艺术创造力神经科学

247

"神经美学"一词经常被用来反映艺术的神经科学。但这是一个过于模糊的描述，也是一个潜在的误导性解释。神经美学是对审美经验的大脑基础的研究（Zeki, 2002）。在断言视觉艺术"遵循视觉大脑的规律，并因此向我们揭示这些规律"时，扎基（Zeki）（2001, 52）概述了两个与艺术感知尤为相关的规律，即恒常性规律和抽象性规律。第一条规律是指视觉系统在感知一个物体或表面时，具有自动调整其形状、大小、颜色和运动等属性的倾向。第二条规律是指"特殊从属于一般的过程，因此抽象加工出的事物适用于许多特定事物"（Zeki, 2001, 52）。当观看一件艺术作品时，"抽象化"允许个体和集体经验的出现：当面对一件艺术作品时，"个体"与一个人独特的审美经验有关，而"集体"则是在许多人的审美经验中对艺术作品的属性形成共识。

虽然了解艺术感知和评价的大脑基础具有潜在价值，可以让我们理解艺术家创作的艺术品为什么会以多种方式影响我们，但它不能直接告诉我们艺术家是如何创作和完成作品的。想象的不同方面在此发挥作用，因为“欣赏用以表达或启示人类生命意义的事物的能力”不同于“创造用以表达生命意义的深层艺术作品的能力”，同样，“蕴含于艺术作品或自然美物品的欣赏中的美感”不同于“创造引发这种感官欣赏的艺术作品的能力”(Stevenson, 2003, 238)。事实上，创造性意象的大脑基础与审美评价的大脑基础截然不同(Abraham, 2016)。

在对创造力的研究背景下，个体偏好因素受到的关注较少，但其与创造力的相关性并不低。例如，当展示一组由几个不同艺术家群体(杰出的、普通的、偏离正常的)绘制的肖像时，偏离正常群体的绘画被认为比所有其他群体，甚至是杰出的艺术家，在创造性、亲和度等指标上的得分更高，这表明艺术背景和受试者背景对审美判断的复杂影响(White, Kaufman, & Riggs, 2014)。一些艺术形式，如抽象表现主义，是非具象的，它们通过使用颜色、笔触和构图来传达意义，有时需要很少的技巧。然而，有证据表明，我们可以区分有意产生的抽象艺术和(由幼儿和动物)偶然产生的抽象艺术(参见 Snapper, Oran, Hawley-Dolan, Nissel, & Winner, 2015)，计算机算法可以预测真正的抽象绘画背后所感知到的意向性(Shamir, Nissel, & Winner, 2016)。

248

艺术专长也在其中发挥作用，因为艺术史专家和外行人士对绘画的审美判断和情感评价存在关键差异。研究发现，仅对于非专家而言，随着作品从具象到抽象所伴随模糊性的增加，审美和情感评价会有所降低。即作品的抽象性越高，被评价为“好的艺术”越来越少，“引发的积极情感”越来越少。同样，艺术史专家会认为抽象和复杂的艺术更为有趣，更容易理解。因此，与抽象加工相关的现象学经验被视为由艺术专长所致。这也与神经科学的证据相吻合，即艺术家的大脑活动与非艺术家相比，对所有类型的艺术(具象的、抽象的、不确定的 20 世纪艺术)均表现出更强的注意参与和早期的视觉加工，在处理抽象艺术时表现出最强的活动(Else, Ellis, & Orme, 2015)。这些因素对创造力的影响需要进一步探索，因为正如我们在本章中详细看到的，我们如何感知和评价世界从根本上影响了我们如何创造艺术。

本章总结

- 视觉知觉加工的差异被认为是视觉艺术能力产生的基础。
- 艺术专长与视觉空间能力和手眼协调能力质和量的差异有关。
- 视觉运动模型可解释视觉艺术熟练水平所致的视觉感知能力的增强。
- 在基于知觉信息和基于记忆信息进行绘画的过程中，情境因素调节神经反应的动态性。

- 视觉意象能力的增强和联觉知觉中跨感官相互作用的倾向是视觉艺术创造的候选影响因素。
- 关于视觉艺术创造力的神经基础，研究者已经使用了发散性思维、意象和绘画等多个测量范式进行研究。 249
- 对于脑损伤患者的个案研究已经出现了批判性的见解，这些个体尽管大脑受到损伤，但是具有持久的视觉艺术才能，有时甚至在神经损伤后突然出现这种能力。

回顾思考

1. 艺术家的知觉能力能否用自上而下或自下而上的信息处理偏差来解释？
2. 与新手相比，艺术家在绘画过程中的眼球和手部运动在哪些方式上有所不同？
3. 意象是视觉艺术创造力的基石吗？
4. 相较于视觉艺术创造力，与绘画相关的大脑基础总体而言是怎样的？
5. 在何种条件下，受损伤的大脑比健康的大脑更具创造力？

拓展阅读

- Finke, R. A. (1990). *Creative imagery: Discoveries and inventions in visualization*. Hillsdale, NJ: Lawrence Erlbaum.
- Rose, F. C. (Ed.). (2006). *The neurobiology of painting*. Amsterdam: Elsevier.
- Schlegel, A., Alexander, P., Fogelson, S. V., Li, X., Lu, Z., Kohler, P. J., Riley, E., Tse, P. U., & Meng, M. (2015). The artist emerges: Visual art learning alters neural structure and function. *NeuroImage,105*, 440–451.
- Tchalenko, J. (2009). Segmentation and accuracy in copying and drawing: Experts and beginners. *Vision Research, 49*(8), 791–800.
- Trojano, L., Grossi, D., & Flash, T. (2009). Cognitive neuroscience of drawing: Contributions of neuropsychological, experimental and neurofunctional studies. *Cortex, 45*(3), 269–277.

第 **11** 章

运动创造力

“我花费了许许多多、不计其数的时间进行训练，只为了抓住球场上那一瞬间的、不知何时才会到来的机会。”

——塞雷娜·威廉姆斯（Serena Williams）

学习目标

- 确定身体运动中的创造力元素
- 认识感知和行为之间的联系
- 掌握心流的概念及其与运动创造力的联系
- 认识舞蹈背后的信息处理机制
- 了解与舞蹈表演、观察相关的神经机制
- 评估体育运动中影响创造力的相关因素

11.1 运动中的创造力：它真的存在吗？

当被捕食者追逐时，幼年瞪羚偶尔会做出一种奇特而美丽的行为——当一群瞪羚被追赶时，一只小瞪羚突然优雅地跳到空中，四肢同时离开地面，背部拱起，头部指向地面。小瞪羚在空中保持这种紧绷的姿势一秒钟，之后落回地面，继续在逃生的道路上奔跑。在这种极端危险的处境下，小瞪羚可能会为这一“踩脚”行为付出高昂的代价，因为它增加了死亡的风险。然而，“看看我能做什么”似乎是一种向捕食者发出的信号，即难以捕捉到如此矫健的瞪羚（FitzGibbon & Fanshawe, 1988）。在昆虫身上也可以看到以表达和传递信息为目的的身体运动。例如，蜜蜂有一种舞蹈语言，有助于它们在觅食时进行协作。蜜蜂摇摆舞的模式是精细的、信息丰富的，可以表明食物到它们群体的距离和方向（Dyer, 2002）。

人类是乐于展示身体和力量的物种。我们的注意力天生就被那些复杂精妙的动作所吸引。至今，我们已经发展了多种多样的体育活动和竞技项目。通过这些活动，人们既可以突破身体各方面的极限，又可以以此进行庆祝。我们的注意系统会不由自主地被复杂的基于动作的行为表现所吸引，这些行为表现展现了最佳的身体灵活性和掌握能力。2006 年，有研究者提出了身体的本体感觉概念。本体感觉是指感知自身肌、腱、关节等运动器官的位置和状态（运动或静止）的能力（例如，人在闭眼时仍然能感知身体各部分的位置）。它使我们能够觉察自身动作中的美与优雅（Montero, 2006）。另外，通过动觉移情、共情和传染，本体感觉也可以在对他人运动的审美过程中发挥作用（Montero, 2006; Reason & Reynolds, 2010）。

在物质世界中，人类用身体表达和解决问题的常见手段是舞蹈和体育。舞蹈是一种无处不在的艺术形式，它存在于几乎所有已知的人类文化中，且与音乐密不可分（见第8章）（Fitch, 2016; Laland, Wilkins, & Clayton, 2016）。许多舞蹈形式表现出强烈的身体张力，舞者甚至因此被视为"表演艺术家"（Koutedakis & Jamurtas, 2004）。在影响深远的多元智力理论中，加德纳提出了身体运动智力的概念，其特征包括：

> 能够细致和熟练地掌控身体，以达到表达信息或操纵某物的目的……熟练地操纵物体的能力，包括手指和手的精细运动；利用身体躯干运动的能力……我把这两种能力——控制身体运动和熟练操纵物体的能力——视为身体运动智力的核心……并且运用身体进行功能性表达的技能往往与操纵物体的技巧密切相关（Gardner, 1983, 206）。

然而，有些人质疑，对身体的了解与控制和熟练操作物体的能力是否一定属于同一个技能范畴，该问题尚有待商榷，尤其是在舞蹈领域（Blumenfeld-Jones, 2009）。

由于这本书的主题是创造力，因此一个需要思考的问题是，我们是否有足够的理由将基于运动或动觉的创造力形式视为一个独立的范畴。我们需要认识到：按照创造力的定义（见第1章），一个表演必须存在"独创性"和"适用性"的成分，才能被视为是创造性的表演。这意味着，仅仅是舞蹈或体育运动中的身体表演本身并不一定是创造性的。音乐表演也是如此（第8章）。话虽如此，对本段开头问题的简单回答是"是的"，这些独特的身体运动提供了不同于其他领域的创造力表现形式。例如，与言语或视觉空间的创造力形式不同，舞蹈和运动需要全身性的运动体觉或"动觉"的参与，即前庭系统（负责保持平衡和空间定向）和本体感觉系统（负责感知自身运动状态）的信息整合。还有一些研究者认为，动觉不仅包括本体感觉，还包括外部感觉（指来自外部刺激的感官体验，如视觉、听觉、触觉）；因此动觉也是多感官参与的、主动感知的一部分（Reason & Reynolds, 2010）。

252

身体本身的物理限制意味着，真正在运动中展现出极高创造力的例子可能很少。但这些创造性动作的影响是巨大的。例如，在体育运动中，它可以决定比赛的胜负，打破纪录，甚至成为经典。我们在每一项运动中都能看到这些时刻。作为观众，它们是我们渴望、享受和铭记的。在任何一项运动中，最优秀的运动员都是那些敢想敢为的人，他们能够把握住转瞬即逝的机会，创造一次精彩的表现。事实上，"创造力"这个词经常出现在体育领域。教练们经常在失败时哀叹他们的球队缺乏创造力，而在成功时赞扬他们的球员拥有高超的创造力。因此，体育和其他动觉活动中的创造力与美术和科学中的创造力在本质上是相同的（即独创性、适用性），因为它涉及发现或实施新颖的动作以达到最佳效果。

本章将探讨与运动创造力相关的因素。讨论主要聚焦于舞蹈和体育运动，因为其他潜在的运动形式，如戏剧（Kemp, 2012）和狩猎（Walls & Malafouris, 2016），涉及神经科学和心理学的研究较少。

253

11.2 心理学和神经科学中的相关概念

个体如何理解和评价他人的运动表现呢？目前最有影响力的解释是，个体自身的动觉经验使其拥有丰富的运动学内隐知识，这种知识会直接影响个体对另一个人运动表现和运动意图的理解与评价。这通常被称为具身认知视角，但也有其他一些术语与此相关，包括共同编码理论、镜像神经元系统、动作模拟和联合动作等。接下来的内容将简要地介绍这些不同的理论概念以及它们之间的关系。但必须指出的是，这些观点并没有被广泛接受（Davies, 2011）。然而，鉴于其他替代性的理论框架受到的关注程度相对较低（例如，行为动力学视角；Schmidt, Fitzpatrick, Caron, & Mergeche, 2011），而且大部分实证工作都是由具身认知这一理论框架指导的，因此本章主要聚焦在具身认知角度。

11.2.1 共同编码、镜像神经元和具身认知

共同编码理论认为，感知觉和动作的心理表征是重合的，在大脑中共享相同的神经网络回路，共用一套编码；由此“知行合一”，感知诱发了运动，而运动的效果又反馈给感知（Hommel, Müsseler, Aschersleben, & Prinz, 2001; Prinz, 1997）。研究者们在猕猴和人的大脑的运动前区和顶叶下区等区域中都发现了镜像神经元，其特点是它们不仅在执行一个动作时放电，而且在观察其他人执行同一个动作时也会发出信号；这一发现被广泛认为是共同编码理论的证据（Gallese, Fadiga, Fogassi, & Rizzolatti, 1996）。随后，还有研究者主张，镜像系统的功能不仅是观察目标导向的行动，而且是理解这一行动的基础（Rizzolatti, Cattaneo, Fabbri-Destro, & Rozzi, 2014）。不过，这一主张也受到了强烈的质疑（Dinstein, Thomas, Behrmann, & Heeger, 2008; Hickok, 2009）。

254

目前，共同编码和镜像神经元假说已经扩展到对更复杂的社会背景下的心理功能进行阐释，如动作模拟、动作预测和联合动作（Sebanz & Knoblich, 2009）。研究表明，不仅对动作的执行和观察会导致镜像神经系统的活动，而且想象该动作也能激活相同的大脑网络（Filimon, Nelson, Hagler, & Sereno, 2007）。这就产生了一种具身认知的观点，即我们对

世界的看法与我们自身的体觉经验是紧密联系在一起的，运动经验会影响我们的认知加工（Wilson, 2002）。例如，有证据表明运动经验影响语言加工。研究者让专业的冰球运动员倾听那些描述冰球动作或日常动作的句子，并在听这些句子时检测他们的大脑活动，结果发现听到有关冰球动作的句子时，运动系统的某些部分会被激活，而日常动作的句子则无法诱发这一系统的激活。这一结果表明，涉及动作选择和语言理解的大脑区域是整合的，而不是彼此独立的（Beilock, Lyons, Mattarella-Micke, Nusbaum, & Small, 2008）。

11.2.2 联合即兴表演

对联合行动（两个或以上个体同时进行一项运动）的研究非常有意义，因为它将目标导向行为的研究焦点转向考虑社会情境的作用（Sebanz, Bekkering, & Knoblich, 2006）。但在现实生活中，很少有情境需要两个人齐心协力地执行相同的动作。大多数联合行动的背景是两个或两个以上的人为了一个共同的目标而进行不同的动作。尤其是在以团队为基础的运动中，社会因素变得异常复杂，因为在团队运动中，受试者需要实时地观察领悟所有受试者的行为和意图，与有利于自身团队获胜的行动进行最佳的人际同步，并与对方小队的目标和意图直接对立，等等。

这一领域的新进展是在更复杂的情况下评估联合行动。其中一个例子是联合即兴创作。在过去的研究中，用来探究联合行动问题的常用范式是一种镜像任务，即两个人面对面沿着平行的轨迹移动手柄。而对于联合即兴创作，受试者被要求一起即兴演奏乐器并“相互模仿，创造同步有趣的动作，享受一起演奏的乐趣”。根据不同的研究目的，可以修改上述指导语，以在即兴演奏中诱导低或高水平的自发性（Noy, Dekel, & Alon, 2011, 2015）。受试者要么在即兴创作时不自觉地决定自己动态互动时的主从性，要么被要求在实验过程中系统地转换领导者和追随者的角色。这种无意识或自发的互动状态与是否产生卓越的同步水平有关。一项对运动学、生理学和行为表现指标之间关系的研究发现，联合即兴游戏时获得的人际同步感、社会联系感或“团结感”与生理指标有关，比如两个受试者的心血管活动均增强，两个受试者的心率之间的正相关提升（Noy, Levit-Binun, & Golland, 2015）。在联合即兴创作中，像这样的峰值时刻被认为反映了“群体心流”（Sawyer, 2003）。

255

11.2.3 心流：运动创造力的基石？

心流是指人们在专注地进行某行为时的心理状态，如艺术家在创作时的心理状态。通常在此状态下，个人不愿被打扰，抗拒中断。它是一种全神贯注地尽情发挥个人能力的体验（Csikszentmihalyi, 1997, 2008）。心流体验在某些方面是反直觉的，其主要现象包括一种扩展或扭曲的时间感知。在这种状态下，个体不会感知到疲劳或其他负面情绪。

研究者们在一系列活动（如舞蹈、体育活动、下棋、艺术创造、工作）中确定了心流的九个要素:（1）挑战-技能平衡，即个人技能与手头的挑战相称;（2）行动-意识融合，一个人的行动是自发的，本质上是无意识的;（3）对自己正在做的事情有明确的目标;（4）对自己的行动能够获得直接的明确反馈;（5）专注于手头的任务，聚精会神;（6）对形势的控制感;（7）自我意识的丧失;（8）对时间感知的缺失;（9）自主体验，即在这种体验中，参与活动的动机是内源性的、自发的。前三个要素被认为是心流体验的条件，后面六个要素是心流状态的一部分。这些要素通过自我报告的心流体验调查得到了证实（Kawabata & Mallett, 2011）。

256

涉及全身性运动的活动，如体育锻炼和舞蹈，是研究心流体验最为广泛的领域。因为在这些领域中，心流体验更容易实现（Jackson & Eklund, 2002）。毕竟，在这些体育活动中，良好的表现需要精确的时机把控，以及节奏和全身运动的同步性，这些情况都符合产生心流体验的先决条件。事实上，一些研究表明，涉及全身运动的活动比大多数活动都更容易产生心流体验。例如，基于自陈量表的测查，与歌剧演员相比，舞者和运动员的心流水平更高（Thomson & Jaque, 2016）。心流体验也与卓越的实际表现相关联。一项对近400名荷兰杰出足球运动员的研究发现，与输球相比，在赢球或平局的比赛中，团队层面的心流体验更强。这证明了良好的运动表现和心流之间存在着积极的联系（Bakker, Oerlemans, Demerouti, Slot, & Ali, 2011）。运动员和表演艺术家们认为，心流体验有助于提高他们的表现，并希望积极投入工作以更频繁地“进入忘我领域”（Kennedy, Miele, & Metcalfe, 2014）。克里斯托弗·伯格兰（Christopher Bergland）是一位世界级的耐力三项全能运动员和长跑运动员，他因24小时内在跑步机上跑了154英里而闻名。他提出了一个与心流相似的概念，将其命名为“超流”，指“一种零摩擦、零黏度和超导电性的个体状态；身在其中，个体获得了绝对的和谐和无尽的能量”（Bergland, 2011）。

关于心流体验的大脑基础，迄今为止最主要的观点是“暂时性的额叶功能低下”假说（Transient Hypofrontality）（Dietrich, 2004a）（见章节5.2.2）。大脑的额叶是大脑外显系统的关键枢纽，负责协调认知控制、问题解决和元意识操作。暂时性的额叶功能低下假说认为，当大脑的额叶被暂时抑制时，外显系统“离线”使得大脑被经验性的、内隐性的系统接管，此时的活动主要由大脑皮层下结构（如基底神经节）支撑。在这种情况下，通过反复学习和实践掌握的技能操作接管了信息处理，这些技能操作的特点是速度快、效率高和自动化，因为它们不受外显系统的干扰。由于神经科学技术的局限性，目前很难收集经验证据来检验这一理论，但也有一些间接证据支持这一假说（见专栏11.3）。

11.3 舞蹈

运动、本体感觉、前庭、听觉和视觉领域的多模态体验是舞蹈表演艺术的核心。从舞者的角度来看，舞蹈的核心要素是，它们反映了有目的、有节奏的“非言语的、身体动作的文化模式”，这些动作具有审美价值（由适当的参考群体决定），而不是“普通的运动活动”（Hanna et al., 1979, 316）（图 11.1）。所有的舞蹈形式都包括大范围和小范围的身体运动，这意味着整体和局部的运动控制是必不可少的，以协调身体内各部分肌肉的动作。在舞蹈中，听觉系统也起到了关键作用，它通过背景音乐感知节拍和节奏（见章节 8.2.1）。

事实上，在舞蹈中，听觉系统和运动系统之间的相互作用就像是音乐节拍与舞蹈动作一样和谐。例如，桑巴舞和雷鬼舞的节拍为 4/4，与简单的两足步行（右－上－左－上）相同，其中 1 和 3 表示脚接触地面时的下拍，2 和 4 表示抬起脚到最高点时的上拍（Fitch, 2016）。在舞蹈中，视觉系统也是至关重要的；因为舞者依靠它感知他人的舞蹈动作，从而进行模仿，继而让自身呈现必要的姿势。在表演练习中，视觉信息也是必不可少的，学员先观察指导老师编排的新舞步，然后通过镜子或视频进行自我观察（Laland et al., 2016），从而不断完善自身动作。因此，舞蹈涉及来自感觉和运动系统信息的多模式整合（Whitehead, 2010）。事实上，它被描述为一种“综合的、跨模态的、投射的动觉知觉能力，包含本体感觉、视觉和听觉的信息加工等多过程”（Carroll & Seeley, 2013, 178）。

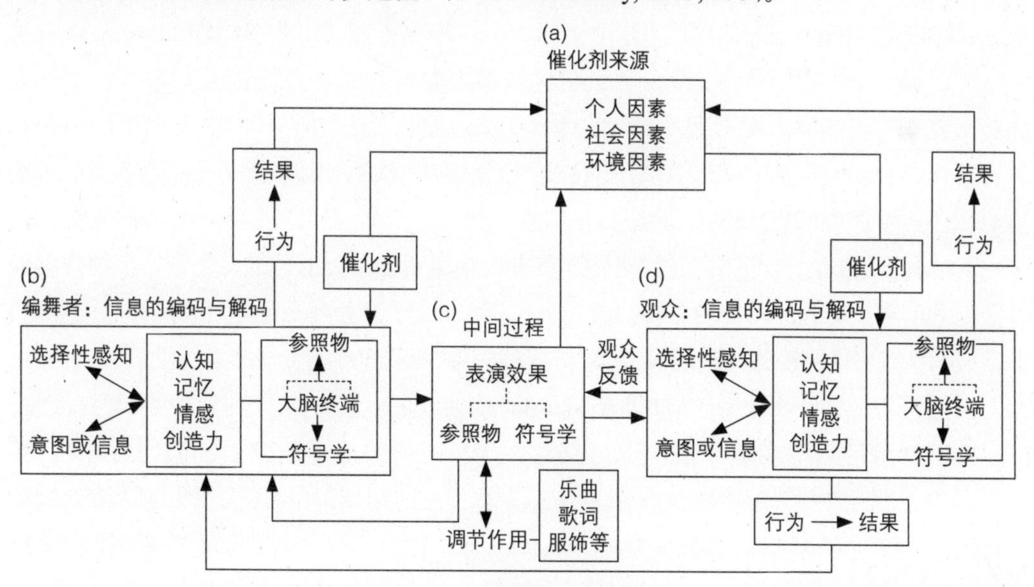

图11.1 舞蹈的过程性模型

人类学背景的舞蹈动态生成和交互模型。经芝加哥大学出版社许可转载。

由于舞蹈通常发生在集体环境中（例如在宗教仪式中），且通常需要两个或多个个体之间的协调，因此，我们还需要考虑个体外的其他因素。事实上，我们的信息处理系统似乎天生就擅长于相互协同配合。从出生起，个体就可以识别节奏均匀的节律。因为这些节律变化的可预测性，我们可以“预判捕捉”节奏，并使我们的动作与节奏同步。这一条件是集体的同步性的基础，并使有节奏的合唱和集体舞成为可能（Merker, Madison, & Eckerdal, 2009）。

259

11.3.1 舞蹈中的信息处理

舞蹈专业知识的核心是“动觉”（动作）和“审美”（感觉意识），表现为对自身动作的综合的、不言而喻的“个人认知”（Blumenfeld-Jones, 2009）。这里的“综合”一词是指舞者在做任何动作时都能即时地觉知到自己的整个身体。此外，由于舞蹈的表达意图是嵌入动作中的，且舞者在舞蹈的同时能体验到这些意图，所以舞者可以完全沉浸在表演中。这种对身体及其运动的敏锐“个体觉察”意识，对舞者来说是内隐的，旁观者无从得知。它也并不是一种能够轻易用语言准确表达的能力，因为舞者通常无法用语言来描述它。舞者仿佛天生懂得如何准确地引导注意力，以便在高峰和非高峰时刻都能充分引导观众注意到特定的表达意图。因此，除了“对自己的运动的内在了解”之外，舞蹈中身体运动智能的其他方面还包括“再现动作的能力，引导观众注意力的能力，对动作的精确了解，以及相对容易地完成特别困难的动作的能力”（Blumenfeld-Jones, 2009, 66）。

舞蹈通常发生在集体背景下，因此任何舞蹈表演理论都需要考虑到人际互动的影响。一些研究认为，在多人舞蹈即兴创作的动觉头脑风暴或“身体风暴”中，认知事件分布在舞者群体中（Stevens & Leach, 2015）。在戏剧即兴创作方面，也有研究者提出了类似的观点（Sawyer & DeZutter, 2009）。将生成－探索模型（见章节 3.3.2）扩展到舞蹈表演的领域中，可以解析舞蹈创作的详细时间进程。首先，编舞者创造出非凡的运动结构。根据编舞者提供的信息，这些运动结构由舞者进一步探索和演绎；舞者要么聚焦复现编舞者的信息，要么根据编舞者的意图进一步展开。舞者将舞蹈中独特动作序列合并起来，然后一直排练、改进，直到正式演出（Stevens, Malloch, McKechnie, & Steven, 2003）（图 11.2）。

舞蹈的意图是使用肢体语言进行交流，这是经典的舞蹈表演系统模型的核心（图 11.1）。这一“交流模型”强调了个体（个人禀赋）、社会文化和环境等关键影响因素之间的相互作用，此外还有舞蹈本身的影响等（Hanna et al., 1979）。这一模型认为，舞蹈始于一种“催化剂”（即刺激因素）（a），它决定了“谁跳舞、为什么跳舞、在哪里跳舞、如何跳舞”；文化、社会、政治、经济和宗教等都属于这一因素。舞者（b）则通过特定的动作作为沟通媒介（c），基于对情境的选择性感知，有意识地做出某些特定动作来传达信息。为了实现

260

交流，身体运动、空间、节奏和动态等核心舞蹈元素通过一系列“路径”（例如隐喻、标识符号、程式化），组合形成了种种“风格”（即整个舞蹈表演的特征气质）。催化剂也影响了观众（d）的审美语境，观众利用自己的选择性感知和主观意向来欣赏和评价舞蹈表演。根据审美语境的不同，观众和表演者之间的互动可能发生在个人或群体的层面上，观众可能认可、不认可或不在意表演。这个模型的每一个层次都存在互动和反馈系统。这种交流模式也可以理解为一种“舞蹈符号学”模式，因为它显然受到语言理论的影响。它强调符号学（符号是如何组合的）、语义学（符号与意义的关系）和语用学（符号是如何被解读的）是如何促进身体语言和交流的（Hanna et al., 1979）。

事实上，有证据表明，对于理解舞蹈表演，系统的研究总结是必要的。例如，有研究者利用照片和视频材料，追踪调查了一家顶尖的芭蕾舞培训公司60年来舞者身体姿势的变化，结果发现随着时间的推移，舞者的姿势越来越垂直（例如，阿拉贝斯画作中腿的仰角的变化）（Daprati, Iosa, & Haggard, 2009）。此外，对当代舞蹈评论家的审美偏好的研究发现，他们更喜欢后期的较垂直姿势，而不是早期的较不垂直姿势。这些发现证明了艺术传统、社会环境，以及舞者的艺术技巧之间存在动态互动。

11.3.2 舞蹈中的认知神经加工过程

到目前为止，很少有研究探索舞蹈创作时的大脑机制，也很少有针对舞蹈编排或舞蹈表演的神经科学研究（对单个受试者的功能磁共振成像研究，见May et al., 2011）。事实上，考虑到神经科学技术的局限性，很难设计出一个可行的实验范式来考察舞者舞蹈时的脑活动（见第7章）。因此，关于舞蹈的神经科学研究大多是探索个体观看舞蹈表演时的大脑活动（Karpati, Giacosa, Foster, Penhune, & Hyde, 2015），而个体实际进行舞蹈表演时的脑活动，则鲜有人知。此外，尽管在技术手段上，可以做到检测和识别与舞蹈创造力有关的大脑活动，但目前还未有研究对此进行系统探索。

261

一项EEG研究对比了舞蹈想象时专业舞者和新手舞者的大脑活动模式差异。研究者要求受试者想象创造新颖的舞步（高创造力要求的舞蹈条件）、想象固定的华尔兹舞步（低创造力要求的舞蹈条件）和想象物品的非常规用途（高创造力要求的非舞蹈条件）（Fink, Graif, & Neubauer, 2009）。结果发现，在舞蹈即兴创作条件下，专业舞者比新手表现出更多的右半球 α 波同步；而想象固定华尔兹舞步时的大脑活动，两组之间没有差异。有趣的是，在非常规用途任务（一项与舞蹈无关的创造力测试）中，专业舞者表现出更强的顶叶区域的 α 波活动，且在这项任务中，他们也取得了更高的言语创造力得分。这一研究表明，提升舞蹈这一领域特殊的创造力技能也有助于提高领域一般的整体创造力水平。

另外一些研究则检测了舞者进行舞蹈表演时的大脑活动。第一个这样做的神经影像学研究利用PET技术探索了业余舞者在进行两足舞蹈动作时的脑活动（Brown, Martinez, & Parsons, 2006）。研究者首先比较了舞蹈条件（根据音乐节拍进行探戈舞蹈的腿部运动）、运动条件（进行自定速度的踏步走运动）和被动听音乐条件（听探戈舞蹈节拍而不做动作）三种条件下受试者的脑活动。结果发现，仅在舞蹈条件下出现了小脑体前部的激活。这表明此区域在配合外部节奏进行运动中起着特殊的作用。此外，研究人员还比较了规律节奏条件（舞者伴随着规律的节奏进行探戈腿部运动）与不规律节奏条件（舞者进行同样的运动但伴随着高度不可预测和不规则的节奏）下的大脑活动差异。结果发现，在规律节奏条件下，262 大脑基底节的活动增强，与该区域在节律感知中的作用相吻合；而丘脑则在不规律节奏条件下活动增强，这与该区域在协调运动控制操作中的作用相吻合（Brown et al., 2006）。

另一项探索舞蹈表演神经机制的研究，采用了极具创新性的脑电图和运动捕捉联合范式（尽管该研究的受试者数量很少），来研究舞蹈演员如何通过身体动作传达思维信息（Cruz-Garza, Hernandez, Nepaul, Bradley, & Contreras-Vidal, 2014）。这些舞者是拉班动作分析（Laban Movement Analysis）和表演方面的专家（专栏 11.1）。除了记录舞者的大脑活动外，研究者还通过磁场、角速率和重力传感器捕捉他们的身体运动。舞者分别在三种条件下进行表演。“中性”条件下，舞者做出没有特定思想内涵的动作（非表达性动作）；“思考”条件下，舞者不仅需要想象之前做出的非表达性动作，还需要想象特定的能够表达某种思想特质的动作（表达性动作）；“动作”条件下，则需要表演先前“思考”条件下想象到的表达性动作。研究者使用机器学习算法对舞者思考和执行表达性动作时的脑活动进行了分类分析，结果发现，两阶段中相似的大脑区域包括动作观察网络的核心区域，如前运动皮层、运动皮层和背侧顶叶。

目前，可以部分替代人类观察者的电子系统，如运动技能观察系统（Observational System of Motor Skills, OSMOS），已被应用于研究群体舞蹈，例如研究接触式的双人舞蹈即兴创作（Torrents, Castañer, Dinošová, & Anguera, 2010）。

目前，绝大多数关于舞蹈神经基础的研究都是观察性质的（Observation-based）。这些研究中最一致的发现是，在舞蹈表演过程中，需要动作观察和动作模拟的脑网络参与，且其参与程度随着舞蹈练习的增加而增强。研究者比较了两组专家级舞蹈演员（芭蕾舞者和卡波埃拉舞者），以及一组未经过舞蹈训练的人，在观看芭蕾舞和卡波埃拉舞视频剪辑时的大脑活动。结果发现，专家级舞蹈演员在观看自己精通的舞蹈的视频时，动作观察大脑网络（前运动皮层、顶叶内沟、颞后上沟）的参与性更强，显示出了专长特异性效应（Calvo-263 Merino, Glaser, Grèzes, Passingham, & Haggard, 2005）。

专栏 11.1　评估动作中的创造力

舞蹈编排和动作指导家鲁道夫·拉班（Rudolph Laban）提出了一个“力效动作”（Effort Actions）系统，以描述在各种情境下如何将动作用于表达目的，大卫·彼得森（David Petersen）则在此基础上提出了对创造性动作进行结构化观察的运动学原理。动力是“行动的精神前兆”，可以分为四种类型：空间、时间、力量和流畅（Petersen, 2008）。这些可以用来评价个体的表达倾向和风格差异：

- 空间动力和运动学：通过肢体在空间中运动的线性特征（例如运动轨迹、伸展空间、空间中的形状等）来识别表演中的空间元素。
- 时间动力和运动学：通过运动轨迹上位置变化的特征（例如持续时间、速度、节奏等）评估表演中的时间要素。
- 力量动力和运动学：通过时间和空间的基础元素（例如节奏变化、肌肉张力、与重力的相互作用等）估计呈现中的重量或力量要素。
- 流畅动力和运动学：通过空间的重复性位置信息（例如连续性、节拍、控制等）来评估运动或“抖动”中的平滑性或急促性。

这一研究被认为是舞者使用独特的动作编码网络来模拟理解他人运动的证据。另一项研究比较了男女芭蕾舞演员在进行舞蹈观察时大脑活动的性别差异，进一步证实了这一观点。受试者从经验上对男女芭蕾舞动作都非常熟悉，但只对他们自己同性别的芭蕾舞动作有很熟练的感觉运动能力。研究者发现，当受试者观看与自己相同性别的舞者的舞蹈视频时，其动作观察网络（前运动皮层、顶叶内沟、小脑）的活动显著增强。

一项纵向研究要求专业舞蹈演员在5周内每天学习5小时新舞蹈序列，并在每周结束时测量行为表现和大脑功能（Cross, Hamilton, & Grafton, 2006）。结果发现，当想象（不做动作）一个动作序列时，激活的动作模拟脑回路包括前运动皮层、顶下小叶、颞上回、初级运动皮层和辅助运动区。这些区域与上述动作观察网络有部分重叠，其中，腹侧前运动皮层的活动水平又与动作模拟的效果密切相关。研究者还发现，与未学过的舞蹈序列相比，舞蹈演员对学过的舞蹈序列的观察和模拟，会提升涉及动作模拟和动作观察的脑网络活动水平；且他们对自我表演能力的评价调节了腹侧前运动皮层的顶下小叶的活动。此外，在没有接受过正式舞蹈训练的受试者中，也发现了类似的大脑活动模式（Cross, Kraemer, Hamilton, Kelley, & Grafton, 2009）。然而，某种程度上与直觉相反的是，结构性神经成像研究显示，与非舞蹈演员相比，专业芭蕾舞演员的前运动皮层灰质体积减小得更多（Hänggi, Koeneke, Bezzola, & Jäncke, 2010）。这一结构神经影像学的结果，很难与功能性神经影像学

264

的发现进行整合解释。

总而言之，关于舞蹈和表演的神经科学研究，其对结果的解释非常依赖于具身认知理论——尽管有人对这个框架及其越来越复杂的功能解释的科学严谨性提出了一些担忧。不能否认的是，舞蹈演员在姿势调节、平衡和稳定方面表现出出色的运动控制能力，他们的运动协作能力受其运动经验的影响，他们表现出增强的序列学习和序列记忆能力，他们拥有极佳的运动想象能力，他们对舞蹈的理解受到自身动觉经验的影响等（Bläsing et al., 2012）。然而，从实证的角度来看，舞蹈中的创造力仍然是一个未经系统探索的话题（见专栏 11.2）。

专栏 11.2　将神经反馈与生物反馈技术应用于表演艺术

与音乐表演（专栏 8.2）一样，有研究者将神经反馈与生物反馈技术应用于表演艺术，探索其是否会提高个体表演的水平（Gruzelier, 2014）。

265

- α / θ（A/T）训练的目的是将脑电图 α / θ 波比值提高到催眠状态的典型水平。这种状态有助于激发创造力，因为它有助于产生清晰、奇妙和非常规的思维观念。心率变异性（Heart Rate Variability, HRV）训练的目的是提高心率变异性，因为它与情绪/情感调节的灵活性有关。感觉运动节律（Sensory-Motor Rhythm, SMR）训练则旨在提高感觉运动节律，目的是获得放松、高效的持续注意力。
- 一项研究比较了进行A/T训练、进行HRV训练与不进行训练的交谊舞和拉丁舞运动员的表现，发现这两种形式的反馈训练都能提高运动员的整体表现。其中，A/T训练能改善运动员对时机的把握，而HRV训练则与提高运动员的专业技巧有关（Raymond, Sajid, Parkinson, & Gruzelier, 2005）。然而，这些发现并没有在另一项以舞蹈学院学生为受试者的研究中得到重复；尽管该研究发现HRV训练可以降低焦虑，而焦虑的减少与艺术和技巧水平的提升有关（Gruzelier, Thompson, Redding, Brandt, & Steffert, 2014）。
- 另一项与戏剧表演有关的研究发现，SMR训练改善了表演的整体表现，同时也提高了表演的创造力，如想象力的表达和角色塑造（Gruzelier, Inoue, Smart, Steed, & Steffert, 2010）。

11.3.3 舞蹈中的创造力：有哪些理论观点？

一种理论观点认为舞蹈中的创造力是“自我创生的”（Autopoetic），其动力学系统是类似于细胞这样的物理系统，他们自给自足，具有自我维持和再制的能力（Bishop & al-Rifaie, 2017）。一个自我创生的舞者处于一个“舞蹈场”中，它由不同的“意义特征”

（Meaning-distinctions）组成；这些“意义特征”来自在感官（视觉、听觉、触觉）空间里的移动，以及在编舞时与环境进行互动时所诱发的个人记忆。舞蹈中的创造性过程开始于对特定意义特征的关注，舞者在连续的表演中不停地演绎这些意义特征。这些重新演绎生成了新的意义并植入不断演化的“舞蹈场”中，其反过来又为新的重新演绎做了铺垫（图 11.2）。这导致的结果是，“自我创生的舞者永远不会对自己的工作完全满意，而是不断地重新进行复杂的创造过程，即‘注意’（感知当前的运动环境）和‘重建’（由身体动作表达特定的意义），从而创造性地反映和表达他/她的世界”（Bishop & al-Rifaie, 2017, 23）。尽管上述理论构想可部分解释个人舞蹈的一般性创造过程，但尚不清楚如何将其扩展到集体舞的领域中。从个体舞者的角度来看，有证据表明“舞蹈场”是不断发展的，因为一个人的

268

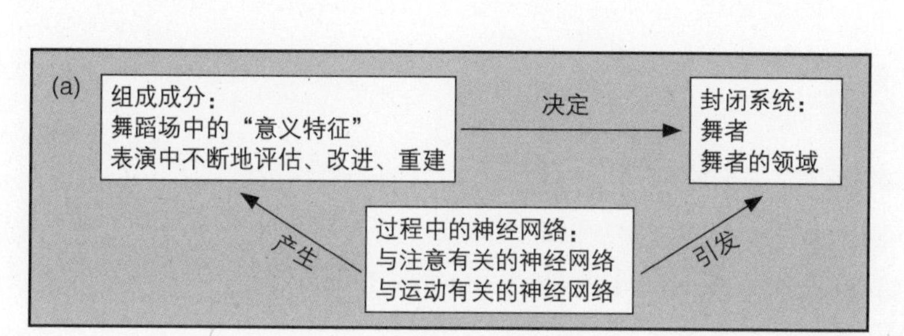

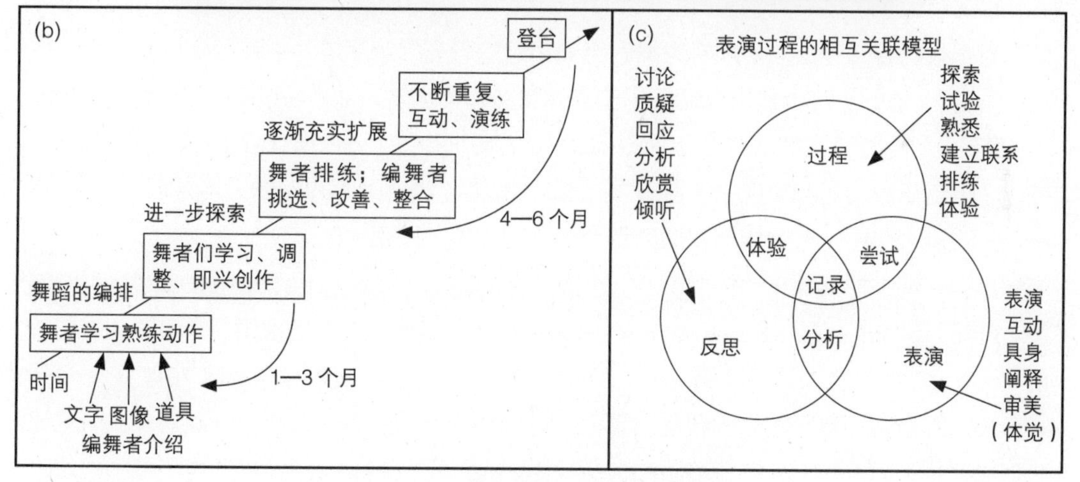

图 11.2　舞蹈表演中的创造力模型

（a）舞蹈中的“自我创生”系统和个体在“舞蹈场”中生成和表达创意的过程。转载自 *Connection Science*, 29 (1), 21–35. Bishop, J. M. & al−Rifaie M. M. (2017). Autopoiesis, creativity and dance.（b）生成－探索模型（见图 3.1）在舞蹈表演中的应用。转载自 *Pragmatics & Cognition*, 11(2), 297–326. Stevens, C., Malloch, S., McKechnie, S., & Steven, N. (2003). Choreographic cognition: The time-course and phenomenology of creating a dance.（c）表演过程的相互关联模型，突出了创作过程的互动性、协作性和综合性。转载自 *Research in Dance Education, 15* (2), 120–137. Brooks, P. (2014). Performers, creators and audience: Co-participants in an interconnected model of performance and creative process.

感觉运动经验（如观赏一次高水平的舞蹈演出）可以重塑一个人的审美。亦有证据表明，与直接观看某舞蹈动作相比，个体在自身体验过该动作后，再次观看该动作时的享受度增加了（Kirsch, Urgesi, & Cross, 2016）。

另一个常用的舞蹈理论模型是相互关联模型。它强调创作过程和表演效果之间的互动关系，且适用于团体舞的背景（Brooks, 2014）。在这一模型中，舞蹈表演包括三个阶段：排练阶段（舞蹈的编排和训练）、表演阶段和余波阶段（反思和回忆）。在这些阶段中，编舞者、表演者和观众之间时而平行，时而交叉，相互协作（例如，在排练阶段，编舞者帮助表演者排练熟悉舞蹈；在表演阶段，观众欣赏和理解舞蹈；在余波阶段，表演者批判性地分析自我和他人）（见图 11.2）。

11.4 运动

如何解释运动中的大脑活动已成为神经科学最大的挑战之一（Walsh, 2014）。这是因为在剧烈运动时，当前的神经科学技术难以准确监测大脑的神经活动（见第 7 章）。因此，如何对运动中的创造力进行评估并探索其背后神经机制，其难度就更大了。

目前有大量证据表明，先天因素（遗传因素）和后天因素（环境因素）在体育人才培养中起着至关重要的作用。一项对奥林匹克运动员的研究揭示了成为优秀运动员的 6 个先决条件：（1）合适的、符合目标运动要求的身体状态和灵活性；（2）快速掌握新技术和认知技能的能力；（3）能够高效地提升运动成绩；（4）以高纪律性、高主动性为特征的训练态度，并追求最高质量的运动表现；（5）高内在动机、毅力和创造力等有益的人格特征；（6）拥有有助于注意力集中、情绪调节和情绪稳定的心理技能，即强大的心理韧性。此外，有研究者提出，熟练掌握某项运动需要 10000 小时以上的练习，在某项运动达到杰出的水平则需要 10 年时间（Ericsson, Krampe, & Tesch-Römer, 1993）。但这一时间理论只适用于高度协调的审美运动（如体操），似乎并不适用于团队、格斗或耐力类的运动（Issurin, 2017）。

269

长期的运动训练可能会导致皮层重组，进而影响运动任务的表现。一项元分析研究比较了专家（运动员、音乐家和舞蹈演员）和新手在该领域的任务表现（观察类任务和执行类任务）以及大脑活动差异，结果发现专家的顶下小叶活动水平更高，且在运动观察类任务中前运动皮层参与度更高（Yang, 2015）。

11.4.1 运动中的神经活动和信息处理

对某项体育运动的精通，不仅是体魄上的擅长，也与心理功能有关。例如，更灵敏的感知觉等与运动相关的信息处理优势，有助于提升运动表现（见专栏 11.3）。目前，有越来越多的研究试图探索专家级运动员特殊的行为和神经活动模式。例如，有研究者测量了高分组、低分组足球运动员，以及普通人的认知灵活性、反应抑制和注意控制等执行功能。结果发现，高分组足球运动员的执行功能显著优于其他两组，而低分组足球运动员也显著好于普通人（Vestberg, Gustafson, Maurex, Ingvar, & Petrovic, 2012）。此外，研究者还发现，执行功能任务得分与比赛中的表现呈正相关，高执行功能的球员两年内进球和助攻的次数更多。一项结构性神经成像研究发现，与普通人相比，短道速滑运动员的右小脑体积更大，这反映了与平衡和协调有关的、高度专业化的全身技能所造成的神经变化（Park et al., 2012）。

270

专栏 11.3 运动对创造力的影响

- 简单、基础的体育锻炼益处良多，例如改善情绪和精神状态、提升健康水平等（Dietrich & McDaniel, 2004）。一项神经科学研究表明，跑步能够促进神经再生，提高神经可塑性，增强记忆力（Schulkin, 2016）。
- 关于运动是否会促进创造力，其证据是复杂的。有研究发现，在一次短暂的有氧运动后，积极情绪和发散性思维的灵活性都有所增加（Steinberg et al., 1997）。然而，受试者的运动水平、运动强度和创造力测试的类型等因素也需要考虑。一项研究表明，与适度运动或休息条件相比，非运动员在剧烈运动条件下表现出较差的聚合性思维能力，而运动员的表现在这三种情况下没有显著差异；发散性思维能力则不受运动水平的影响。此外，在所有受试者中，休息条件下的思维灵活性均优于高强度运动条件（Colzato, Szapora, Pannekoek, & Hommel, 2013）。还有研究发现，步行对不同的创造力思维类型提升程度不同。步行运动后，81%的受试者在发散性思维测验中的独创性得分有所提高；但在聚合性思维测验中，只有23%的受试者得分提高（Oppezzo & Schwartz, 2014）。
- 运动与心流体验有关。有研究比较了马拉松运动员在6小时跑步时间内的精神状态。结果显示，放松和心流体验水平在跑步1小时后达到峰值，然后在接下来的5小时内逐渐减弱。跑步的前1小时中，额叶β波脑电活动也相应减少；此后5小时内，这种神经活动模式保持稳定（Wollseiffen et al., 2016）。由于β波活动意味着注意力集中和警觉性提高，因此持续进行同样的运动可能导致额叶β波活动降低。这一发现也为心流的暂时性额叶功能低下假说提供了证据（Dietrich, 2004a）。

在这方面，最受关注的话题是，运动员的知觉优势是否与动作观察脑网络和运动控制脑网络密切相关。例如，一项对世界级和普通羽毛球运动员的对比研究发现，前者在预测

271

球体运动模式方面表现优异（Abernethy, Zawi, & Jackson, 2008）。另一项针对专业排球运动员、专家型司线员和排球新手的研究中也报道了类似的发现。该研究测量了受试者根据排球的初始轨迹预测排球后续轨迹的准确性；结果发现，同时拥有视觉经验和运动经验的专业运动员表现优于专家型司线员和新手，拥有视觉经验的专家型司线员的表现亦优于新手（Urgesi, Savonitto, Fabbro, & Aglioti, 2012）。在足球和篮球运动中也发现，视觉和运动经验有助于提取球体的运动信息，并进一步预测球体的运动轨迹。

还有研究比较了职业踢球者、职业守门员和新手预测足球运动方向的能力。研究者要求受试者根据足球运动员的身体运动预测足球的运动轨迹。结果发现，拥有更多专业知识的职业踢球者和守门员表现更出色。但相对于职业踢球者，职业守门员和新手展现出一项特殊优势，即他们较少被假动作愚弄，这可能是因为在这一特殊任务背景下，视觉经验比运动经验更重要，过多的运动经验反而不利于做出正确判断（Tomeo, Cesari, Aglioti, & Urgesi, 2013）。一项使用TMS技术的研究则表明，这类感知能力离不开运动观察网络的参与。TMS技术可以非侵入式地向大脑发射磁脉冲，暂时干扰神经信息处理过程。该研究发现，颞上回活动被干扰，会损害所有受试者的任务表现，且对守门员的影响最大，因为他们的视觉经验比其他组更丰富。此外，背侧前运动皮层活动受到干扰时，职业踢球者和守门员的任务表现也会下降，这与他们共同拥有广泛的视觉运动经验有关（Makris & Urgesi, 2015）。

在预测篮球的罚球成功率方面，优秀篮球运动员的准确率非常高，因为他们拥有丰富的视觉运动专业知识。而篮球教练和体育记者的表现则一般，因为他们虽然拥有丰富的视觉经验，但像新手一样没有直接的运动经验。他们对刺激信息的加工方式也不同：专业球员从罚球者的身体运动中收集信息，而其他人群（教练、体育记者、新手）则依据球的轨迹信息进行判断。心理生理学数据显示，在观察投掷动作时，所有篮球运动从业人员（运动员、教练和体育记者）的动作诱发电位都显示出了皮层脊髓的兴奋性，但只有运动员表现出时间锁相的激活，且可以通过神经活动区分投掷是否命中。这一证据表明，优秀篮球运动员具有特殊的运动共振神经机制；通过对动作的具身映射，其能更好地预测篮球的运动轨迹（Aglioti, Cesari, Romani, & Urgesi, 2008）。

然而，也存在与具身认知理论框架不相符的发现。例如，一项针对曲棍球和非曲棍球运动员的神经影像学研究并没有揭示出专业知识的影响，两组受试者在观看曲棍球比赛和羽毛球比赛时，大脑顶叶下区的活动无显著差异（Wimshurst, Sowden, & Wright, 2016）。尽管如此，主流观点仍然认为，"具身"是运动信息处理机制的核心，因为"感知和运动之间的共同编码对优秀运动员而言至关重要"（Aglioti et al., 2008, 1115）。然而，目前还不清楚运动中的创造力是如何产生的，以及其具体的神经机制是什么。

11.4.2 运动中的创造力

同舞蹈一样，目前还没有神经科学研究专门探索体育运动中的创造力。但已有多种形式的行为研究，例如有个案研究试图揭示有助于提升运动创造力的因素[对篮球运动员史蒂夫·纳什（Steve Nash）的个案研究，Martin & Cox, 2016]。一项针对团队球类运动（篮球、足球、曲棍球、手球）职业球员的研究发现，在早期训练阶段，刻意练习（Deliberate Practice）和游戏玩耍是日后运动创造力的重要影响因素。研究者要求球员们详细说明他们在 5 至 14 岁之间进行的体育活动的质量和数量，之后由教练对球员的创造力水平进行评分（Memmert, Baker, & Bertsch, 2010）。研究发现，刻意练习和玩耍的质量和次数与创造力得分呈正相关。这一发现是创造力发展框架的核心（Santos, Memmert, Sampaio, & Leite, 2016）。该框架阐明了团队运动中的创造力是如何产生和发展的（图 11.3）。

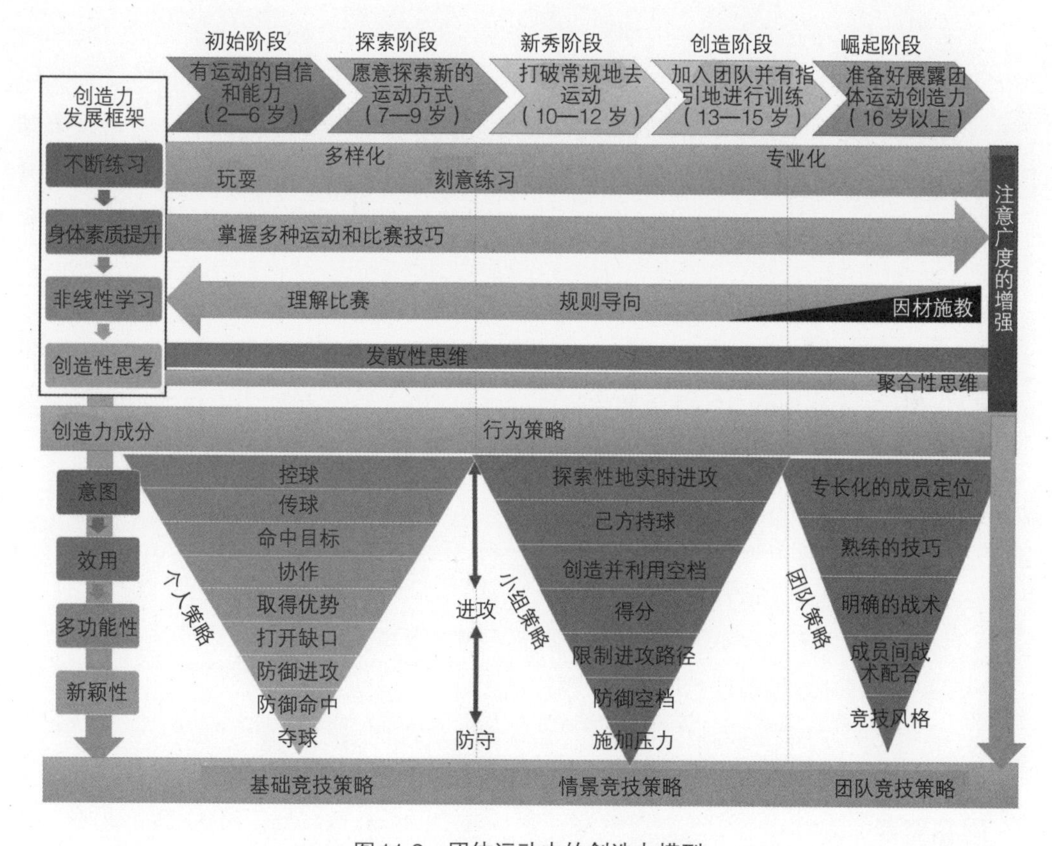

图11.3　团体运动中的创造力模型

创造力发展框架（The Creativity Development Framework, CDF）模型。转载自 *Frontiers in Psychology, 7*, 1282. Santos, S. D. L., Memmert, D., Sampaio, J., & Leite, N. (2016). The spawns of creative behavior in team sports: A creativity developmental framework. 彩色版本请扫描附录二维码查看。

与其他创造力形式相比，运动创造力尤为关注注意力的影响。丹尼尔·门默特（Daniel Memmert）是从心理学的角度研究运动创造力的专家。他的主要研究兴趣是非注意盲视现象（Inattentional Blindness）。非注意盲视现象是指因为注意力集中在手头的任务上，而没有知觉到背景中出现的醒目意外刺激的现象。研究者认为，减少非注意盲视有助于发现动态空间中的意外刺激，并因此产生更发散的创造力战术。“聚合思维战术”关注的是如何达成最佳解决方案，而“发散思维战术”则是“令人惊讶的、新颖的、灵活的战术策略”（Memmert, 2009, 132）。教练在指导充满变数的团队球类运动时，需要考虑的一个重要因素是，详细的战术指导会增加非注意盲视现象（也就是说，球员们不太容易产生发散思维战术），而较少的战术指导则使注意焦点扩大，有利于球员们随机应变地使用发散思维战术（Memmert & Furley, 2007）。此外，注意力扩展训练也有助于提高复杂运动任务中的创造力（Memmert, 2007）。

274

唯一一个适用于运动创造力的神经科学理论是进化预测视角的多因素模型（Dietrich, 2015）（详见章节 4.3.2）。从前面提到的暂时性额叶功能低下假设出发，该理论认为，基于表演的创造力是由内隐系统协调的，它以运动技能为基础，所涉及的操作不能被表演者有意识地表达出来。虽然目前的理论还无法解释在这种情况下如何提高创造力，但很明显，精细控制自身运动的能力和信心是一个关键因素。正如著名网球运动员罗杰·费德勒（Roger Federer）所说：“我的比赛很注重步法。如果我跑动得好，我就打得好。”

本章总结

- 舞蹈和运动是创造力的动觉形式，它们依赖于人体的本体感受、前庭和外部感受系统。
- 共同编码理论认为，感知和运动的心理表征是相同的，共用一套编码。
- 镜像神经元理论是具身认知、动作模拟和联合行动理论的基础。
- 心流体验与运动创造力尤为相关。
- 对舞蹈的神经影像学研究发现了动作观察网络的参与。
- 在各种运动中均发现专业知识提供了知觉优势。
- 当前神经科学技术的局限性导致揭示运动创造力的神经机制十分困难。

回顾思考

1. 是什么使运动创造力不同于其他形式的创造力？
2. 描述具身认知理论的形成和发展。
3. 比较不同的舞蹈创造力模型。

4. 阐释注意力和运动创造力的关系。
5. 描述体育运动经验对创造力的影响。

拓展阅读

- Carroll, N., & Seeley, W. P. (2013). Kinesthetic understanding and appreciation in dance. *Journal of Aesthetics and Art Criticism, 71*(2), 177–186.
- Dietrich, A. (2015). *How creativity happens in the brain*. New York: Palgrave Macmillan.
- Karpati, F. J., Giacosa, C., Foster, N. E. V., Penhune, V. B., & Hyde, K. L. (2015). Dance and the brain: A review. *Annals of the New York Academy of Sciences, 1337*, 140–146.
- Santos, S. D. L., Memmert, D., Sampaio, J., & Leite, N. (2016). The spawns of creative behavior in team sports: A creativity developmental framework. *Frontiers in Psychology, 7*, 1282.
- Yang, J. (2015). The influence of motor expertise on the brain activity of motor task performance: A meta-analysis of functional magnetic resonance imaging studies. *Cognitive, Affective, & Behavioral Neuroscience, 15*(2), 381–394.

第12章 科学创造力

“我是一个认为科学有大美的人。实验室里的科学家不仅是一个技术员，他还是一个孩子，他被置于自然现象面前，自然现象给他留下了童话般的印象。”

——玛丽·居里

学习目标

- 找出科学创造力被忽视的原因
- 区分科学创造力中不同类型的推理
- 认识推理过程的大脑基础和其中的关键结构
- 掌握知识深度和广度对创造性思维的影响
- 理解现实世界中促进科学创造力的因素
- 讨论不同科学创造力理论框架之间的差异

12.1 科学创造力受到忽视

在探究创造力本质时，大多数心理学和神经科学的研究者主要把他们的精力放在理解领域一般性创造力（所有类型创造力所共通的部分）或者艺术领域内的领域特殊性创造力（言语、音乐、视觉艺术或者动觉形式的创造力）上。科学创造力是一个相对被忽视的领域。然而，实际上，研究者可以在工作室、会议室等场所较为容易地招募到科学家参与其研究。这与科学创造力研究的匮乏现象相矛盾！

值得去深思造成这种现象的原因。一种原因可能是可使用的科学创造力测验很少。然而，艺术领域内的领域特殊性创造力面临着相同处境。另一种原因可能是用于评估领域特殊性创造力产品/产出的主导方法——同感评估技术（见章节 2.4）较难被应用于科学创造力的评估。毕竟，评分者需要高水平的相关专业知识，才能对产品所展示的科学创造力水平做出正确的判断。这是因为只有在某一特定学科（如心理学）下的特定领域（如意识）内获得大量学术训练，个体才能对与该领域的新发展（如新的理论）相关的创造力水平做出合理评价（见章节 1.4.2）。

另一个需要考虑的问题是，许多人（包括科学家）不愿意将科学视为能够证明人类创造力的一个领域，即使能，也肯定不及艺术领域。将逻辑推理与创造性思维互相对立是一个极其错误的观念，因为不同形式的逻辑推理——演绎、归纳、溯因和类比——均被应用于创造性思维中（Morris, 1992）。研究者主要以卓越人才或者科学天才为对象来探讨科学创造力，重点是自然科学、生命科学或社会科学中具有强大解释力或对我们理解世界产生重大影响的革命性理论（如达尔文、爱因斯坦、卡扎尔、弗洛伊德、福柯、马克思等的理论）。然而，科学创造力也发生在其他方面。举个例子，科学观点不仅可能是开拓性的理论，也可能是具有开创性的新颖实验范式，帮助我们以之前不可能的方式来理解现象（Bohm, 2004）。实验心理学中的斯特鲁普（Stroop）任务就是一个例子。斯特鲁普任务的开发对科学理解注意控制做出了开创性的贡献，并且 80 多年来一直被广泛使用（Washburn, 2016）。

如果只能通过“对人类认识论基础（知识－认识）的彻底反思”来展示真正的科学创造力（Pope, 2005, 59），那门槛会非常高。因此，除了遵循历史计量学方法的研究之外（通过回溯性数据分析来评估创造性的影响因素），很少有研究采用这种手段来研究科学创造力（Simonton, 2004）。

识别科学创造力的高标准主要源于托马斯·库恩（Thomas Kuhn）关于科学中智力发展的思想。他在他的著作《科学革命的结构》（*The Structure of Scientific Revolutions*）（1970）中概述了这一影响深远的思想。该思想把“普通科学”和“科学革命”区分开来，前者基于现有思想的累积，后者则是一种非累积性的发展。后者与流行的范式或者正统学说互不相容，因而它是一种观点的转变。

278

库恩的核心观点，即科学革命是通过范式转变而发生的，受到了一些人的质疑。保罗·费耶阿本德（Paul Feyerabend）在《无政府主义知识理论纲要》（*Outline of an Anarchistic Theory of Knowledge*）（1974）一书中指出，基于单一范式的“正常科学”概念是错误的，因为无论何时，总是有多种范式和世界观共同争夺主权地位。这种观点根植于认识论的无政府主义，认为无论何时都存在思想革命，但我们并不一定总能意识到它们的存在。如果将对科学创造力的探索局限于超凡的和著名的案例，我们会失去通过其他类型创造力来认识科学创造力的机会（见专栏 12.1）。实际上，心理学领域杰出的创造力研究者都支持这样一种观点：创造性思维是通过有目的的、目标导向的操作，从“普通思维”中产生的（Weisberg, 2006）。

专栏 12.1 科学与对美的追求

唯物主义者大卫·博姆（David Bohm）（2004）在其关于创造力的论著里，对科学创造力背后的驱动因素进行了反思。他驳斥了一些单一解释，例如工作的效用，从解谜中获得的乐趣，以及想要预测自然现象和参与自然过程以求获得预期结果。他提出了一个他认为最好的解释，即对科学的追求是由发现新奇的、不为人知的事物的创造性动力所驱使的。一个有创造力的科学家真正追求的是学习一些具有基本意义的新事物：即一种至今未知的自然规律——其在各种现象中都表现出了统一性。因此，他希望在他生活的现实中找到某种统一性和整体性，或完整性，进而构成一种美妙的和谐。从这方面来看，科学家与艺术家、建筑师、音乐作曲家等基本上没有什么不同，他们都想在工作中创造这种东西。为了发现统一性和整体性，科学家必须创造新的系统性观点，以展现自然界的和谐与美。同样，他们必须创造能够帮助感知的灵敏工具，从而实现对新想法的真实性或虚假性的检验，并揭露新的和意想不到的事实。艺术家、作曲家、建筑师、科学家都感到有一种基本需要，即去发现和创造一种全新的、整体的、和谐的、美丽的东西。很少有人有机会尝试这样做，真正做到的人则更少（Bohm, 1968, 138）。

279

12.2 与科学创造力相关的心理操作

假设生成（问题发现）、假设检验（问题解决）和逻辑推理生成是科学推理的核心。其中，对创造力背景下问题解决的研究最为广泛（章节 12.2.3），而在逻辑推理策略中，类比推理得到了最广泛的关注（章节 12.2.2）。然而，必须记住的是，对这种与科学创造力直接相关的心理操作的研究极其匮乏。这是因为这类研究主要局限于领域一般性而非领域特殊性的问题解决和推理。

12.2.1 演绎推理、归纳推理和溯因推理

总体来说，与创造力相关的逻辑推理类型有演绎推理、归纳推理和溯因推理，它们是逻辑学家查尔斯·桑德斯·皮尔斯（Charles Sanders Peirce）确定的三大关键推理类型（Morris, 1992）。由于演绎推理所得出的结论必然来自正确的前提（如果p，那么q：每周篮球比赛在周四或者周五举行。这场比赛不是在本周四举行。因此，本场比赛必定在周五举行），研究者们通常认为演绎推理过程中并不会发生创造性思维。然而，从数学演绎领域来看，演绎推理明显不仅仅是对显而易见的事物的认同，而且通常是具有变革性的，因为“其目的是看一个人是否能使不同的事物相同，或使相同的事物不同”（Morris, 1992, 93）。因此，演绎推理过程中也可能产生新颖见解，这一点取决于具体情境。此外，归纳推理涉及从可能为真的前提中得出结论（与确定为真相反）。前提的可能性可弱可强，这反过来会影响所得结论的可能性（如我校所有篮球运动员的身高都很高，所以我校所有篮球运动员

都必须是高个子）。因此，与演绎推理相比，归纳推理过程更容易产生创造性的想法，因为“推理者正在超越完全已知的东西，从而得出一个新的假设”（Morris, 1992）。

这一点在溯因推理中更为明显，因为归纳推理的结论来自“很可能”的前提，而溯因推理的结论来自“可能”的前提。因此，“溯因推理是一种创造性活动，因为它是一种远远超出给定内容的逻辑活动”（Morris, 1992, 95）。溯因推理始于不完全的观察，而我们会根据观察的结果，有依据地做出一些最可能的解释。有几种与科学创造力特别相关的溯因推理（考虑到它们涉及新假设的产生），如预测一个未知因素来解释观察结果的“要素－创造性溯因”，和假设一个新定律来总结观察结果的“规则－创造性溯因”（Prendinger & Ishizuka, 2005）。

280

在科学、数学、医学和工程学等领域中，无论是理论还是应用方面的科学进步，都会运用这几种逻辑推理方式。研究者对演绎推理的研究最多，而对溯因推理的研究最少。有关推理任务脑活动基础的元分析研究和综述一致表明，中央执行网络的大部分脑区都有参与推理任务，如腹外侧和背外侧前额叶皮层、后侧顶叶皮层和基底核（Goel, 2007; Prado, Chadha, & Booth, 2011; Turner, Marinsek, Ryhal, & Miller, 2015; Van Overwalle, 2011）。值得注意的是，这些额顶区域的脑区与一般智力的相关脑区有相当大的重叠（Colom, Karama, Jung, & Haier, 2010; Jung & Haier, 2007）。智力的顶－颞整合（P－FIT）理论认为，额叶区域与假设检验（阶段 3：BA 6, 9, 10, 45, 46, 47）和反应选择有关（阶段 4：BA 32），而顶叶区域与感觉信息的整合和提取有关（阶段 2：BA 7, 39, 40）。此外，两者在问题解决、评价和假

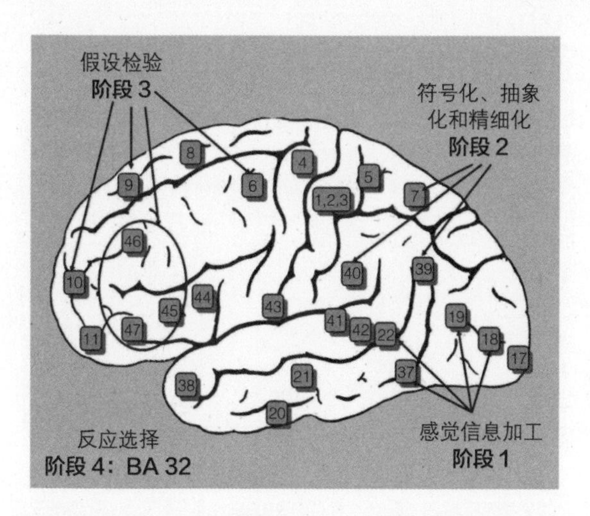

图12.1　智力的顶－颞整合模型中的不同信息处理阶段

经出版商许可，转载自*Dialogues in Clinical Neuroscience*（Les Laboratories Servier, Suresnes, France）：Colom, R., Karama, S., Jung, R. E., & Haier, R. J. Human intelligence and brain networks. Dialogues Clin Neurosci. 2010; *12*(4): 489–501. © Les Laboratories Servier. 彩色版本请扫描附录二维码查看。

设检验过程中存在动态交互（见图 12.1）。虽然有证据表明，较好的归纳推理表现与较好的创造力表现存在联系（Silvia & Beaty, 2012; Vartanian, Martindale, & Kwiatkowski, 2003），但在脑机制研究方面还没有类似发现。

最后一个需要注意的问题是推理和高阶认知的双重系统模型。该模型认为，推理过程反映了类型 1 操作，它是直观的、快速的、自发的、关联的、自主的和内隐的。这与内省的、缓慢的、控制性的、基于规则的、明确的且需要工作记忆的类型 2 操作不同（Evans & Stanovich, 2013）（见图 12.2）。根据这个模型，那些用于假设检验和假设推理的“基于推理的操作”，将由类型 2 系统执行。然而，这种整齐的划分方式并没有考虑到专业知识对推理过程的自发性的影响。

有证据表明，在涉及复杂问题解决的应用情境中，新手会使用外显性的推理过程，而专家会运用内隐性的推理过程。例如，在一项纵向研究中，研究者追踪了一批处于 4 年住院实习期的病理学家，使用眼动技术记录了病理学家在进行乳腺活组织检查过程中的眼部活动。结果显示，这些病理学家对每张幻灯片的注视时间和非诊断区域的观察量，每年都会显著下降（Krupinski, Graham, & Weinstein, 2013）。在复杂问题解决领域中，如国际象棋等，这种视觉搜索和模式识别能力随专业知识的累积而增强的现象，也被视为内隐加工和无意识获得的默会知识存在的证据（Reingold & Sheridan, 2011）（见专栏 12.2）。

283

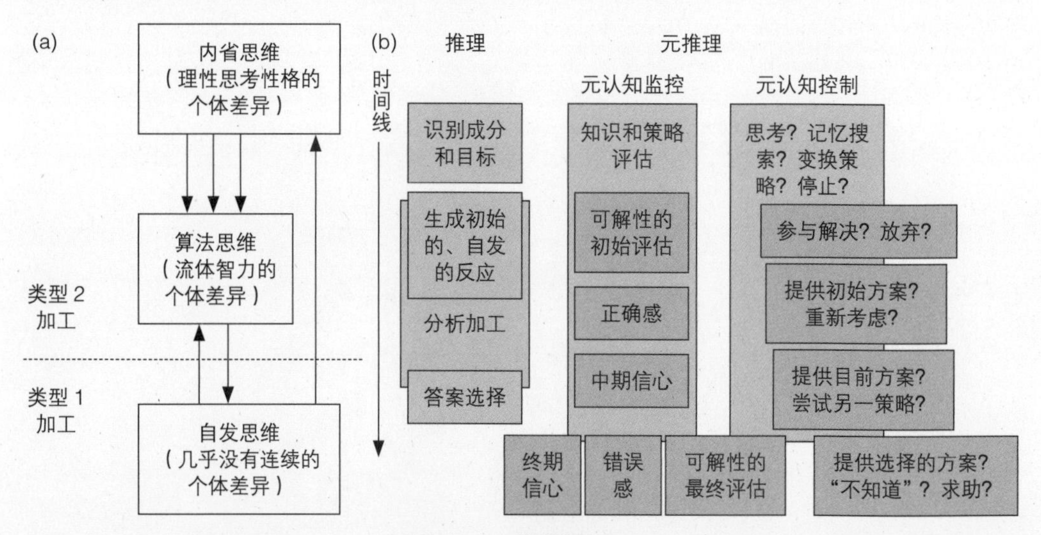

图 12.2　推理模型

（a）基于双系统推理理论的心智三元模型。转载自 Evans, J. S. B. T. & Stanovich, K. E. (2013). Dual-process theories of higher cognition: Advancing the debate. *Perspectives on Psychological Science: A Journal of the Association for Psychological Science, 8*(3), 223–241.（b）假定的推理和元推理操作的时间过程。经 Elsevier 许可转载自 *Trends in Cognitive Sciences*, *21*(8), Ackerman, R. & Thompson, V. A., Meta-reasoning: Monitoring and control of thinking and reasoning, 607–617, © 2017。彩色版本请扫描附录二维码查看。

这些发现表明，与科学创造力相关的讨论需要领域特殊性的专业知识，同时需要考虑类型 1（直觉的）和类型 2（内省的）操作之间的关系，从而准确地理解其背后机制。 283

专栏 12.2 数学创造力

在所有的科学学科中，数学通常被置于基础位置，因为它代表了推理中的抽象巅峰。由于数学推理与优雅、模式制作、表征、创造力、发现和发明等标准存在联系，许多研究者都注意到数学和艺术之间的相似性（Emmer, 1994; Miller, 1995）。

关于涉及数学推理的大脑区域，有研究者认为顶内沟脑区与数字和初等算数有关（Dehaene, 2009）。高级数学推理的神经环路包括这些顶内脑区以及双侧前额区域和颞下脑区，这些神经环路不同于语言处理的神经网络（Amalric & Dehaene, 2016）。大量研究也发现广泛的双侧脑网络与数学早熟存在紧密联系（Desco et al., 2011; Navas-Sánchez et al., 2014; O'Boyle et al., 2005）。

有证据表明数学能力的提高与创造性成就存在联系。例如，13 岁时的杰出数学天赋（数学推理能力排名前 1%）与未来生活中更高的创造性成就显著相关，这些成就指标包括书籍出版和专利获取数量（Lubinski, Benbow, & Kell, 2014）。

12.2.2 类比推理和关系推理

重大科学突破源于以类比方式，将知识从一个领域运用到另一个领域，从而发现两个不同领域内的概念关系结构虽在内容上有所不同，但在形式上是相似的。一个著名的例子是卢瑟福提出的关于太阳系和原子结构之间关系的隐喻（Miller, 1996）。在当代，受神经科学启发的人工智能算法已展现了迅猛的发展势头（Cox & Dean, 2014; Hassabis, Kumaran, Summerfeld, & Botvinick, 2017）。关于这种结合，近期最著名的案例是DeepMind公司创建的AlphaGo程序击败了围棋冠军樊麾（Silver et al., 2016）。 284

类比推理被认为是流体智力的核心，而视觉−空间类比推理任务通常用来评估流体推理（Geake & Hansen, 2005）。很早就有研究者注意到类比推理和创造力之间的密切联系（Hofstadter & Fluid Analogies Research Group, 1996），且探索类比思维的心理学和神经科学研究也为创造力与类比距离之间的关联提供了证据。这是指类比推理中，连接所映射的不同领域之间的语义距离水平（见章节 3.4.2 和章节 5.3.2）。实际上，为远距离言语类比生成解决方案的行为，会诱发一种关系思维模式，这种思维模式会促进不相关任务中的类比迁移（Vendetti, Wu, & Holyoak, 2014）。发散性和聚合性创造思维均能有效预测言语类比的产生和选择（Jones & Estes, 2015）。在视觉空间和言语类比任务中，左侧额极区域（BA 10）始终参与类比推理过程(Hobeika, Diard-Detoeuf, Garcin, Levy, & Volle, 2016)。

长期以来，研究者一直认为额极在创造性思维中起着关键作用，因为它会根据情境需求对其他脑区进行动态控制(Heilman, Nadeau, & Beversdorf, 2003)。特别是前额叶皮层，其一直被证明会参与到复杂推理过程中，其中，后部区域更多参与更具体的操作，而前部区域更多参与更抽象的操作(Badre, 2008; Krawczyk, McClelland, & Donovan, 2011)。额极也被认为是代表关系推理中最抽象和最复杂方面的顶点，因为它起着整合两种或两种以上不同认知操作输出的作用(Ramnani & Owen, 2004)。例如，将演绎推理过程和数学计算过程背后的脑活动相比较发现，只有当问题需要寻找与结论相反的反例时，即在需要更高阶的关系推理的情境中，额极才会与演绎推理过程发生联系(Kroger, Nystrom, Cohen, & Johnson-Laird, 2008)。复杂问题解决过程中的相关规则整合被称为关系整合，其关键脑区是额极区域(Krawczyk, 2012; Parkin et al., 2015)。实际上，一项结构性神经成像研究揭示了额极与科学创造力之间的正向联系，具体表现为额极区域的灰质体积越大，科学领域的创造性成就便越高(Shi, Cao, Chen, Zhuang, & Qiu, 2017)。

285

需要注意的是，由于类比推理并不特异于科学问题解决，所以心理学和神经科学通常采用一种通用的方式来检验类比推理(另见专栏 12.3)。然而，来自工程应用科学领域的证据表明，使用远距离类比推理会产生高度新颖的概念(Chan & Schunn, 2015)。但必须注意的是，工程学对创造性问题解决中的类比推理的解释更为广泛。它不一定局限于语义距离的概念：

> 根据惯常理解，通常将类比推理定位于创造性连续体的一端，这个连续体的范围从可被同步研究的纯句法转换，到随时间传播且非常复杂的实例和外部结构……为了理解类比在科学创造性问题解决中的作用，认知理论需要考虑这些模型构造、意象和模拟过程(Nersessian & Chandrasekharan, 2009, 187)。

专栏 12.3　现实生活中的科学创造力：三大有利因素

大多数创造力研究是以实验室为基础的，测量创造力的任务往往与现实生活中的创造活动没有相似之处。心理学家凯文·邓巴(Kevin Dunbar)(1997, 1999, 2001)认识到这个问题在科学创造力中尤为突出。在科学创造力中，许多领域的研究都涉及多人合作。因此，他放弃正统理论，转而做了一些完全不同的事情。邓巴在一年的时间里跟踪了 4 所大学分子生物学实验室的 21 名科学家，以此调查他们在现实生活中的创造力，并收集了 19 个项目的观察结果。该项目的目标是确定实验室日常生活中创造性科学思维的发生点。他整天待在实验室中，观察和采访科学家们，并参加他们的实验室会议，阅读他们的研究论文和方案草稿。邓巴的研究给我们的关键启示是，定期的实验室会议（研究人员会在会议上介绍他们的工作）是科学环境中创造性观念产生的中心点。在实验室会议中，通常会出现自发讨论和开放性推理。实验室的资深科学家和研究人员会向报告者提供有依据的反馈，通常包括提出关键的修改意见，为新的实验提出建议，并对研究解释提供更深入的见解。在这一背景下，邓巴强调了三种创造性认知（促进科学概念转变）的来源：

286

- 类比推理：类比通常被用作科学问题解决的支架。科学家们在思考假设和解释意外发现时，主要是通过从相关领域中建立近似类比的联系。当向其他实验室成员或者更一般的听众解释研究结果时，则主要依赖于远距离领域之间的类比联系。
- 分布推理：导致新颖想法产生的推理过程通常发生在多个个体上，这些个体均以独特的方式推进讨论（例如归纳和演绎）。团队结构是一个关键点，因为与由背景相似的个体组成的团队相比，来自不同背景的个体组成的团队可以提供多种观点。
- 注意意外：这种方法不仅避免了科学界的验证性偏见，而且能够督促研究者去理解为什么会有意外发现（而不是忽略它），由于它揭示了需要考虑的新研究方向，所以也会加深研究者对这一现象的理解。

12.2.3 问题解决和顿悟

我们运用多方面的推理能力来解决问题。虽然问题解决是所有领域创造性思维的组成成分，但在科学创造力中，特异于问题解决和问题发现的相关操作极其受重视（Hoover & Feldhusen, 1994）。问题被定义为没有明确且直接的解决办法的情况。问题解决过程包括初始状态（问题）、目标状态（解决方案）和操作状态（从初始状态到目标状态的路径）。可以通过一系列逻辑步骤来解决的问题被归为渐进式问题或者非顿悟问题，这些问题仅仅涉及“分析”。而非渐进式问题或者“顿悟”问题是指需要进行视角转换或对问题要素进行重组的问题，并且其解决方案往往是突然出现的（见章节 3.4.1）。研究者们认为，与单纯的分析性问题解决相比，顿悟问题与创造力之间的联系更为密切。研究者们还设计了一系列问题来评估顿悟问题解决——谜语、数学、几何和操作性问题（Weisberg, 1995）（示例可见章节 2.3.1）。

287

长期以来，虽然顿悟和纯分析性问题解决一直被认为是相对分离的，且存在质的不同，但现有证据并不完全支持这一观点。没有分析思维能力，问题解决中的顿悟就难以出现。这意味着将两者关系视为互相排斥的观点是错误的。实际上，近来已有研究者提议采用一种综合的方法来理解问题解决，这种方法假定顿悟是建立在不同层次的分析操作上的（Weisberg, 2018）。在这个模型中，分析性操作被连续应用于三个阶段。在第一阶段中，问题解决是通过从一个旧问题中转移特定知识来解决新问题而实现的。当第一阶段的操作不成功且没有新的信息暴露出来时，第二阶段便开始了。它涉及将经验法则或启发式（Heuristics）应用到问题中。当问题仍未成功解决，且没有任何信息出现时，问题解决会陷入僵局并且进入第三阶段。这个过程涉及对问题进行有意且清醒的重组，以便能够通过分析思维来解决问题。僵局的出现会导致对问题状态的抑制或者最初的错误解释被推翻，迫使个体重新考虑其他解释。若这种重构发现了解决方法，顿悟就发生了（见图 12.3）。

只有少数研究通过分析性问题来比较顿悟问题解决与渐进式问题解决在神经活动方面的差异。在一项研究中，基底核病变的患者在渐进式问题解决任务上的表现比健康个体更差，而在顿悟问题解决任务上的表现与健康个体相比无显著差异（Abraham, Beudt, et al., 2012）。此外，在另一项研究中，外侧前额叶病变的患者在顿悟问题解决任务上的表现比健康个体更好，而在渐进式问题解决任务上的表现与健康个体无显著差异（Reverberi et al., 2005）。这表明中央执行网络（与逻辑推理有关）相关脑区的病变，并不会削弱顿悟问题解决能力，甚至会在特定情境中对顿悟问题解决起到促进作用。这和顿悟与执行过程分离的证据相吻合，如工作记忆、言语智力、发散思维和功能固着克服能力等因素能够独立预测顿悟问题解决表现（DeYoung, Flanders, & Peterson, 2008）。以 5 至 8 岁儿童为对象的研究表明，发散思维、工作记忆或执行功能的其他方面并不能预测这些儿童在创新问题解决能力方面的差异（Beck, Williams, Cutting, Apperly, & Chappell, 2016）。

289

12.2.4 知识广度

领域特殊性知识在创造力中的重要性广受关注（见专栏 3.2），尽管人们对这种重要性程度有不同看法，但有一点很明确，即领域专业知识对于创造性成就是必不可少的（Weisberg, 1999）。实际上，有证据证明存在领域特殊性性格，例如基于人格的研究表明，“智力”（一种倾向于通过推理和其他形式的复杂认知来处理抽象和语义信息的特质）能够预测科学领域中的创造性成就（Kaufman et al., 2016）。此外，也有研究证明创造力与一系列智力特质存在联系，例如偏爱智力挑战、敏锐的观察力、“对显而易见的事物不满”，以及使用“宽”而不是“窄”的类别来汇编信息（Boxenbaum, 1991, 480）。然而，科学创造力的知识广度却较少受到关注。众所周知，杰出的创造性科学家有着广泛的兴趣，且会对自己专业领域之外的信息进行深入探索（Root-Bernstein et al., 2008; Simonton, 2004）。创造性的科学家以他们多年来创造的“事业网络”而闻名，因为他们所从事的不同项目之间并不一定相互关联（Gruber, 1989）。实际上，高度成功的科学家往往具有整合良好的事业网络和多种业余爱好的能力（Root-Bernstein, Bernstein, & Garnier, 1995）。一项研究利用同行提名的方式，

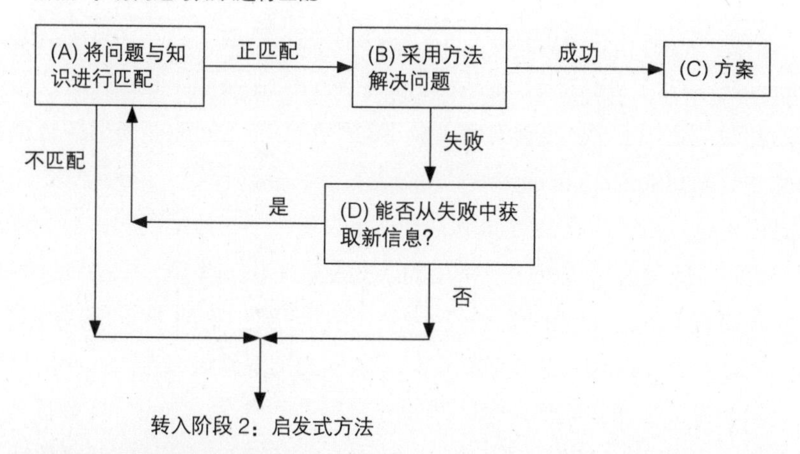

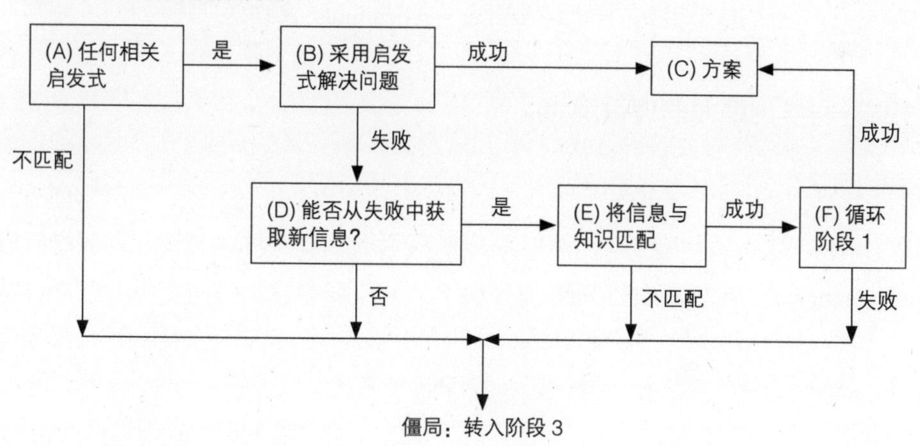

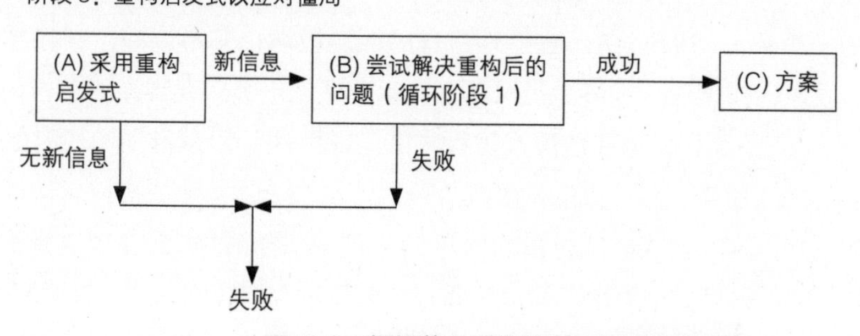

图12.3 顿悟整合理论的不同问题解决阶段

经许可转载自 Weisberg, R. W. (2018). Reflections on a personal journey studying the psychology of creativity. In R. J. Sternberg & J. C. Kaufman (Eds.), *The nature of human creativity*. New York: Cambridge University Press.

将65名物理学家分为三类——创造性和高产的、非创造性但高产的、非创造性和非高产的——结果发现，创造性科学家的特点在于他们会从多个学科获取信息，并且强调知识广度的重要性（Kasperson, 1978）。事实上，即使把科学家从研究视域中删除，转而仅考察观点的影响力，也会发现“搜索范围、搜索深度以及不同研究领域之间的非典型结合都会显著增加论文的影响力”（Schilling & Green, 2011, 1321）。

290

另一点需要记住的是，知识广度会随情境的改变而改变。一些证据表明，当个体面对一个需要解决的问题时，问题解决过程中所采用的认知搜索策略的类型，取决于问题相关知识领域与个人专业知识领域之间的距离。一项考察了科学竞赛中用于探索解决方案的认知搜索策略的研究表明，当参赛人员的专业知识与问题相关知识领域接近时，使用贯穿不同知识领域的高变化性的认知搜索策略，会让他们变得更具创造性。然而，当参赛人员的专业知识与问题相关知识领域相差很远时，使用专注于某一特定知识领域的低变化性认知搜索策略，会让他们变得更具创造性（Acar & van den Ende, 2016）。

12.3 科学创造力的理论观点

关于科学创造力的理论框架很少。一个早期理论采用系统的方法，对科学创造力和艺术创造力进行了区分，并确定了几个相关因素，例如艺术领域的主观测试和科学领域的客观测试（Pearlman, 1983）。另一个模型基于科学产出的领域特殊性影响，提出了一种从物理的“硬”科学到社会科学的“软”科学的科学学科分层结构，前者的领域特殊性影响远高于后者（Simonton, 2009）。此外，结构模型则强调需要考虑人口因素、个性、动机和工作方式对科学卓越性的影响（Feist, 1993）。当代科学创造力研究讨论的三大概念是：（1）创造性过程的四阶段模型；（2）作为约束随机行为的科学创造力；（3）科学创造力的机会配置理论。

虽然格雷厄姆·华莱士（1926）关于创造性过程的四阶段理论并不局限于在科学背景下解释创造力，但该理论模型很大程度上是对著名数学家亨利·彭加勒观点的内省和反思（Ghiselin, 1985）（见章节3.3.1）。创造性思维过程中的问题解决阶段从准备阶段开始，这个阶段会对问题进行彻底检查。接下来的是酝酿阶段，这是一个休息和脱离待解决问题的时期。解决方案的突然出现是进入明朗阶段的标志，完全成型的解决方案会在这个阶段中以顿悟的形式突然出现。最后一个阶段是验证阶段，其涉及对方案实施细节的有意识检验。这个模型同时强调了意识和无意识力量在科学发现中的重要性。

291

迪恩·基思·西蒙顿是研究科学创造力的权威专家，他倡导用历史计量法来研究卓越的创造性成就（Simonton, 2004）。他认为，在整合多种创造力研究方式（人、环境和过程）的见解时，除非将随机决定的或者随机因素作为发现过程的一部分，否则难以对科学创造力的真实实例进行彻底解释（Simonton, 2003）。许多科学发现和成功轨迹的发生都源于偶然事件。让我们以本书的核心主题——神经影像技术的发展为例。第一批接触到神经影像设备的科学家，在认知神经科学领域中进行了最早的神经影像学研究。他们的论文将心理变量与大脑功能相联系，并成为各自学术领域中最具影响力且引用量最高的论文。西蒙顿（2003）强调了其他的机会因素，如同行评审过程的低可靠性，以及良好观念组合在同一领域内不同科学家的职业生涯中的随机分布。观念组合之所以是随机的，是因为它的产生是没有目的的，是不能用提示线索来预测的。在这种情况下，还需要注意的是基于学科的差异，因为一些学科领域的科学家比其他学科领域的科学家有更多"重叠的观念样本"。由于随机原则在人、过程和环境等多个层次上运作，因此，任何不考虑机会因素的科学创造力概念模型都是不完整的。

西蒙顿提出的另一个关键观点，建立在创造性思维的盲目变异–选择性保留模型（BVSR）上（Campbell, 1960）。这一理论的本质是，创造力通过"盲目变异"产生不同的想法，然后通过"选择性保留"选择可行的想法，用于保存和复制（从进化原则衍生出来的其他理论，见章节4.3）。机会配置理论强调观念生成过程是概率性的而不是随机的（Simonton, 1989a），心理要素（如事实、关系、图像）通过要素的"机会排列"相互结合。机会排列的稳定性随着多重行列式的机会合并而变化，排列范围从短暂和不稳定的"聚合体"到稳定和模式化的"配置"。一旦某个配置被认为是实用的，且能成功诱发认知重构，这一发现就需要被传递给他人。倘若其获得相关学科内的同事的接受，它就是成功的。当代认知科学的理论模型结合了进化原则和贝叶斯推理，将随机搜索算法构想为同时包含BVSR的生成和选择要素。研究者认为，创造力来自语义网络中的随机搜索（Suchow, Bourgin, & Griffths, 2017）。

292

12.4 需要进一步关注的问题

为了通过心理学和神经科学的视角进一步理解科学创造力，我们还有很多工作要做。一方面，如果有基本的行为证据能够指明科学推理能力（包括问题发现、问题解决和推理生成）中的信息处理偏向，是否会随科学专长、科学天赋和科学领域的变化而变化，那将会非常有意义。现有的少量证据表明，实验室中测量的一些能力（例如顿悟问题解决能力）——全书也主要讨论这些能力，并不能预测创造性成就（Beaty, Nusbaum, & Silvia, 2014）。另一方面，对天才个体的研究明确表明，青年时期的科学认知能力与未来的科学创造性成就之间存在积极联系（Heller, 2007; Kell, Lubinski, & Benbow, 2013; Lubinski, Webb, Morelock, & Benbow, 2001; Park, Lubinski, & Benbow, 2008）。

此外，除了考虑简单的问题解决和推理过程之外，还应重视复杂的问题解决和科学创造力中的其他变量，这一点看起来至关重要。这包括考虑相关知识与工作记忆、语义认知和推理过程之间的动态联系（Halford, Wilson, & Phillips, 2010），推理相关概率（Johnson-Laird, Khemlani, & Goodwin, 2015; Oaksford, 2015），科学推理中的概念模拟（Trickett & Trafton, 2007），元认知监控和元认知控制的元推理（Ackerman & Thompson, 2017; Fletcher & Carruthers, 2012）（见图 12.2）。其他需要考虑的因素是，与不同科学领域相关的信息处理偏向差异（例如Trickett, Trafton, & Schunn, 2009）以及环境因素对科学创新的影响。实际上，对获得相似资助（但资助机构期望不同）的科学家进行比较，结果发现高影响力文章往往是由有较大实验自由——容忍早期失败，激励长期成功——的研究人员撰写的（Azoulay, Zivin, & Manso, 2011）。只有完成大量基础工作之后，才能到达最终的边界；即确定科学和艺术创造力之间的共性和差异，因为很少有理论模型尝试解释不同实例是如何从我们的创造性思维中产生的（Guillemin, 2010; Lionnais, 1969; Pearlman, 1983）。

293

科学知识的发展极大地促进了我们知识的积累，并且通常使我们能够用新的视角来观察世界。我们需要调整我们的镜头来观察科学的原本面目：科学是一种巨大的创造性努力，这种努力与惊讶、好奇心和可以带来新发现的冒险精神相联系。本章以玛丽·居里的一句体现科学探究精神的话语作为开始，那就让紧随其后的句子作为结束：

> 我们不应该相信所有的科学进步都可以归结为机械、机器、齿轮，尽管这类机器也有它的美。我也不相信冒险精神会在我们的世界上消失。如果说我看到身边有什么至关重要的东西，那便是看似坚不可摧且近乎好奇心的冒险精神（Marie Curie, 1937, 341）。

本章总结

- 科学创造力是被研究最少的创造力领域，这可能是由于对该领域创造力构成的错误认识导致的。
- 演绎推理、归纳推理和溯因推理等逻辑过程与科学创造力紧密相关。
- 研究一致表明中央执行网络的额叶和顶叶区域与逻辑推理有关。
- 类比推理和关系推理被认为是创造性问题解决中的关键操作，且与额极区域存在紧密联系。
- 与推理或一般问题解决不同，顿悟问题解决与中央执行网络的活动无紧密联系。
- 知识广度是影响科学成功的关键变量。
- 有关现实生活创造力的研究强调了同一集体的不同成员在创造性观念生成过程中的动态联系。

回顾思考

1. 为什么心理学和神经科学不重视科学创造力？
2. 推理过程如何促进新颖观念的生成？
3. 顿悟问题解决和非顿悟问题解决存在哪些方面的差异？
4. 知识和科学产出之间存在何种交互？
5. 请描述源于现实生活的科学创造力研究的独特见解是如何对实验室科学创造力研究产生启发的。

拓展阅读

- Ackerman, R., & Thompson, V. A. (2017). Meta-reasoning: Monitoring and control of thinking and reasoning. *Trends in Cognitive Sciences, 21*(8), 607–617.
- Dunbar, K. N. (1999). Scientific creativity. In M. A. Runco & S. R. Pritzker (Eds.), *Encyclopedia of creativity*, Vol. 1 (pp. 1379–1384). New York: Academic Press.
- Morris, H. C. (1992). Logical creativity. *Theory & Psychology*, *2*(1), 89–107.
- Simonton, D. K. (2004). *Creativity in science: Chance, logic, genius, and Zeitgeist*. New York: Cambridge University Press.
- Weisberg, R. W. (2015). Toward an integrated theory of insight in problem solving. *Thinking & Reasoning, 21*(1), 5–39.

附　录

（扫描下方二维码查看彩色插图）

参考文献

Aarts, E., van Holstein, M., & Cools, R. (2011). Striatal dopamine and the interface between motivation and cognition. *Frontiers in Psychology*, *2*, 163.

Abernethy, B., Zawi, K., & Jackson, R. C. (2008). Expertise and attunement to kinematic constraints. *Perception*, *37*(6), 931–948.

Abraham, A. (2013). The promises and perils of the neuroscience of creativity. *Frontiers in Human Neuroscience*, *7*, 246.

(2014a). Creative thinking as orchestrated by semantic processing vs. cognitive control brain networks. *Frontiers in Human Neuroscience*, *8*, 95.

(2014b). Is there an inverted-U relationship between creativity and psychopathology? *Frontiers in Psychology*, *5*, 750.

(2014c). Neurocognitive mechanisms underlying creative thinking: Indications from studies of mental illness. In J. C. Kaufman (Ed.), *Creativity and mental illness*. Cambridge: Cambridge University Press.

(Ed.).(2015).*Madness and creativity: Yes, no or maybe?* Lausanne: Frontiers Media SA.

(2016). The imaginative mind. *Human Brain Mapping*, *37*(11), 4197– 4211.

(2018). The forest versus the trees: Creativity, cognition and imagination. In R. E. Jung & O. Vartanian (Eds.), *The Cambridge handbook of the neuroscience of creativity* (pp. 195–210). New York: Cambridge University Press.

Abraham, A., & Windmann, S. (2007). Creative cognition: The diverse operations and the prospect of applying a cognitive neuroscience perspective. *Methods*, *42*(1), 38–48.

Abraham, A., Beudt, S., Ott, D. V. M., & von Cramon, D. Y. (2012). Creative cognition and the brain: Dissociations between frontal, parietal-temporal and basal ganglia groups. *Brain Research*, *1482*, 55–70.

Abraham, A., Pieritz, K., Thybusch, K., Rutter, B., Kröger, S., Schweckendiek, J., ... Hermann, C. (2012). Creativity and the brain: Uncovering the neural signature of conceptual expansion. *Neuropsychologia*, *50*(8), 1906–1917.

Abraham, A., Schubotz, R. I., & von Cramon, D. Y. (2008). Thinking about the future versus the past in personal and non-personal contexts. *Brain Research*, *1233*, 106–119.

Abraham, A., Windmann, S., Daum, I., & Güntürkün, O. (2005). Conceptual expansion and creative imagery as a function of psychoticism. *Consciousness and Cognition*, *14*(3), 520–534.

Abraham, A., Windmann, S., McKenna, P., & Güntürkün, O. (2007). Creative thinking in schizophrenia: The role of executive dysfunction and symptom severity. *Cognitive Neuropsychiatry*, *12*(3), 235–258.

Abraham, A., Windmann, S., Siefen, R., Daum, I., & Güntürkün, O. (2006). Creative thinking in adolescents with attention deficit hyperactivity disorder (ADHD). *Child Neuropsychology: A Journal on Normal and Abnormal Development in Childhood and Adolescence*, *12*(2), 111–123.

Acar, O. A., & van den Ende, J. (2016). Knowledge distance, cognitive-search processes, and creativity: The making of winning solutions in science contests. *Psychological Science*, *27*(5), 692–699.

Ackerman, R., & Thompson, V. A. (2017). Meta-reasoning: Monitoring and control of thinking and reasoning. *Trends in Cognitive Sciences*, *21*(8), 607–617.

Addessi, A. R. (2014). Developing a theoretical foundation for the reflexive interaction paradigm with implications for training music skill and creativity. *Psychomusicology: Music, Mind, and Brain*, *24*(3), 214–230.

Adhikari, B. M., Norgaard, M., Quinn, K. M., Ampudia, J., Squirek, J., & Dhamala, M. (2016). The brain network underpinning novel melody creation. *Brain Connectivity*, *6*(10), 772–785.

Adorno, T. W., & Gillespie, S. (1993). Music, language, and composition. *Musical Quarterly*, *77*(3), 401–414.

Aglioti, S. M., Cesari, P., Romani, M., & Urgesi, C. (2008). Action anticipation and motor resonance in elite basketball players. *Nature Neuroscience*, *11*(9), 1109–1116.

Albert, Á., & Kormos, J. (2011). Creativity and narrative task performance: An exploratory study. *Language Learning*, *61*, 73–99.

Aleman, A., Nieuwenstein, M. R., Böcker, K. B., & de Haan, E. H. (2000). Music training and mental imagery ability. *Neuropsychologia*, *38*(12), 1664–1668.

Alexandrov, V. E. (2007). Literature, literariness, and the brain. *Comparative Literature*, *59*(2), 97–118.

Allan, K. (2016). Pragmatics in language change and lexical creativity. *SpringerPlus*, *5*, 342.

Alossa, N., & Castelli, L. (2009). Amusia and musical functioning. *European Neurology*, *61*(5), 269–277.

Altenmüller, E., & Schlaug, G. (2015). Apollo's gift: New aspects of neurologic music therapy. *Progress in Brain Research*, *217*, 237–252.

Altenmüller, E., Finger, S., & Boller, F. (Eds.). (2015). *Music, neurology, and neuroscience: Historical connections and perspectives*. Amsterdam: Elsevier.

Altschuler, E. (2016). Did cortical remapping lend artist a hand? *Current Biology*, *26*(6), R228.

Amabile, T. M. (1982). Social psychology of creativity: A consensual assessment technique. *Journal of Personality and Social Psychology*, *43*(5), 997–1013.

(1983). The social psychology of creativity: A componential conceptualization. *Journal of Personality and Social Psychology*, *45*(2), 357–376.

(1985). Motivation and creativity: Effects of motivational orientation on creative writers. *Journal of Personality and Social Psychology*, *48*(2), 393–399.

(1996). *Creativity in context*. Boulder, CO: Westview Press.

(1998). How to kill creativity. *Harvard Business Review*, *76*(5), 76–87, 186.

(2014). Big C, Little C, Howard, and me: Approaches to understanding creativity. In H. Gardner, M. L. Kornhaber, & E. Winner (Eds.), *Mind, work, and life: A festschrift on the occasion of Howard Gardner's 70th birthday*, Vol. 1 (pp. 5–25). Cambridge, MA: CreateSpace Independent Publishing Platform.

Amabile, T. M., & Pillemer, J. (2012). Perspectives on the social psychology of creativity. *Journal of Creative Behavior*, *46*(1), 3–15.

Amalric, M., & Dehaene, S. (2016). Origins of the brain networks for advanced mathematics in expert mathematicians. *Proceedings of the National Academy of Sciences of the United States of America*, *113*(18), 4909–4917.

Amaro, E. Jr, & Barker, G. J. (2006). Study design in fMRI: Basic principles. *Brain and Cognition*, *60*(3), 220–232.

Amedi, A., Merabet, L. B., Camprodon, J., Bermpohl, F., Fox, S., Ronen, I., ... Pascual-Leone, A. (2008). Neural and behavioral correlates of drawing in an early blind painter: A case study. *Brain Research*, *1242*, 252–262.

American Psychiatric Association. (2013). *Diagnostic and statistical manual of mental disorders: DSM-5*. Washington, DC: American Psychiatric Association.

Anderson, C. C. (1964). The psychology of the metaphor. *Journal of Genetic Psychology*, *105*(1), 53–73.

Andreasen, N. C. (1987). Creativity and mental illness: Prevalence rates in writers and their first-degree relatives. *American Journal of Psychiatry*, *144*(10), 1288–1292.

(2006). *The creative brain: The science of genius*. New York: London: Plume.

(2012). Creativity in art and science: Are there two cultures? *Dialogues in Clinical Neuroscience*, *14*(1), 49–54.

Andreasen, N. C., & Powers, P. S. (1975). Creativity and psychosis. An examination of conceptual style. *Archives of General Psychiatry*, *32*(1), 70–73.

Andreasen, N. C., O'Leary, D. S., Cizadlo, T., Arndt, S., Rezai, K., Watkins, G. L., ... & Hichwa, R. D. (1995). Remembering the past: Two facets of episodic memory explored with positron emission tomography. *American Journal of Psychiatry*, *152*(11), 1576–1585.

Andrews-Hanna, J. R., Reidler, J. S., Huang, C., & Buckner, R. L. (2010). Evidence for the default network's role in spontaneous cognition. *Journal of Neurophysiology*, *104*(1), 322–335.

Andrews-Hanna, J. R., Smallwood, J., & Spreng, R. N. (2014). The default network and self-generated thought: Component processes, dynamic control, and clinical relevance. *Annals of the New York Academy of Sciences*, *1316*, 29–52.

Ansburg, P. I., & Hill, K. (2003). Creative and analytic thinkers differ in their use of attentional resources. *Personality and Individual Differences*, *34*(7), 1141–1152.

Antal, A., Ambrus, G. G., & Chaieb, L. (2014). The impact of electrical stimulation techniques on behavior. *Cognitive Science*, *5*(6), 649–659.

Arden, R., Chavez, R. S., Grazioplene, R., & Jung, R. E.(2010). Neuroimaging creativity: A psychometric view. *Behavioural Brain Research*, *214*(2), 143–156.

Aron, A. R. (2007). The neural basis of inhibition in cognitive control. *Neuroscientist: A Review Journal Bringing Neurobiology, Neurology and Psychiatry*, *13*(3), 214–228.

(2011). From reactive to proactive and selective control: Developing a richer model for stopping inappropriate responses. *Biological Psychiatry*, *69*(12), e55–e68.

Asari, T., Konishi, S., Jimura, K., Chikazoe, J., Nakamura, N., & Miyashita, Y. (2008). Right temporopolar activation associated with unique perception. *NeuroImage*, *41*(1), 145–152.

Ashby, W. R., & Bassett, M. (1949). The effect of leucotomy on creative ability. *British Journal of Psychiatry*, *95*(399), 418–430.

Atchley, R. A., Keeney, M., & Burgess, C. (1999). Cerebral hemispheric mechanisms linking ambiguous word meaning retrieval and creativity. *Brain and Cognition*, *40*(3), 479–499.

Averill, J. R., Chon, K. K., & Hahn, D. W. (2001). Emotions and creativity, East and West. *Asian Journal of Social Psychology*, *4*(3), 165–183.

Awh, E., Belopolsky, A. V., & Theeuwes, J. (2012). Top-down versus bottom-up attentional control: A failed theoretical dichotomy. *Trends in Cognitive Sciences*, *16*(8), 437–443.

Aziz-Zadeh, L., Kaplan, J. T., & Iacoboni, M. (2009). "Aha!": The neural correlates of verbal insight solutions. *Human Brain Mapping*, *30*(3), 908–916.

Aziz-Zadeh, L., Liew, S.-L., & Dandekar, F. (2012). Exploring the neural correlates of visual creativity. *Social Cognitive and Affective Neuroscience*, *8*(4), 475–480.

Azoulay, P., Zivin, J. S. G., & Manso, G. (2011). Incentives and creativity: Evidence from the academic life sciences. *RAND Journal of Economics*, *42*(3), 527–554.

Badre, D. (2008). Cognitive control, hierarchy, and the rostro-caudal organization of the frontal lobes. *Trends in Cognitive Sciences*, *12*(5), 193–200.

Badre, D., & Wagner, A. D. (2007). Left ventrolateral prefrontal cortex and the cognitive control of memory. *Neuropsychologia*, *45*(13), 2883–2901.

Baer, J. (2011). How divergent thinking tests mislead us: Are the Torrance Tests still relevant in the 21st century? The Division 10 debate. *Psychology of Aesthetics, Creativity, and the Arts*, *5*(4), 309–313.

Baer, J., & McKool, S. S. (2009). Assessing creativity using the consensual assessment technique. In C. S. Schreiner (Ed.), *Handbook of research on assessment technologies, methods, and applications in higher education* (pp. 1–13). IGI Global.

Baer, J., Kaufman, J. C., & Gentile, C. A. (2004). Extension of the consensual assessment technique to nonparallel creative products. *Creativity Research Journal*, *16*(1), 113–117.

Baetens, K. L. M. R., Ma, N., & Overwalle, F. V. (2017). The dorsal medial prefrontal cortex is recruited by high construal of non-social stimuli. *Frontiers in Behavioral Neuroscience*, *11*, 44.

Baker, F. A., & MacDonald, R. A. R. (2013). Flow, identity, achievement, satisfaction and ownership during therapeutic songwriting experiences with university students and retirees. *Musicae Scientiae*, *17*(2), 131–146.

Bakker, A. B., Oerlemans, W., Demerouti, E., Slot, B. B., & Ali, D. K. (2011). Flow and performance: A study among talented

Dutch soccer players. *Psychology of Sport and Exercise*, *12*(4), 442–450.

Ballan, H., & Abraham, A. (2016). Multimodal imagery in music: Active ingredients and mechanisms underlying musical engagement. *Music & Medicine*, *8*(4), 170–179.

Banfield, J., & Burgess, M. (2013). A phenomenology of artistic doing: Flow as embodied knowing in 2D and 3D professional artists. *Journal of Phenomenological Psychology*, *44*(1), 60–91.

Bar, M. (2007). The proactive brain: Using analogies and associations to generate predictions. *Trends in Cognitive Sciences*, *11*(7), 280–289.

Barbot, B., Randi, J., Tan, M., Levenson, C., Friedlaender, L., & Grigorenko, E. L. (2013). From perception to creative writing: A multi-method pilot study of a visual literacy instructional approach. *Learning and Individual Differences*, *28*, 167–176.

Barbot, B., Tan, M., Randi, J., Santa-Donato, G., & Grigorenko, E. L. (2012). Essential skills for creative writing: Integrating multiple domain-specific perspectives. *Thinking Skills and Creativity*, *7*(3), 209–223.

Baror, S., & Bar, M. (2016). Associative activation and its relation to exploration and exploitation in the brain. *Psychological Science*, *26*(7), 776–689.

Barrett, K. C., Ashley, R., Strait, D. L., & Kraus, N. (2013). Art and science: How musical training shapes the brain. *Frontiers in Psychology*, *4*, 713.

Barrett, L. F. (2009). The future of psychology: Connecting mind to brain. *Perspectives on Psychological Science: A Journal of the Association for Psychological Science*, *4*(4), 326–339.

Barrett, L. F., & Satpute, A. B. (2013). Large-scale brain networks in affective and social neuroscience: Towards an integrative functional architecture of the brain. *Current Opinion in Neurobiology*, *4*, 713.

Barron, F. (1955). The disposition toward originality. *Journal of Abnormal and Social Psychology*, *51*(3), 478–485.

Barron, F., & Harrington, D. M. (1981). Creativity, intelligence, and personality. *Annual Review of Psychology*, *32*(1), 439–476.

Başar, E. (2012). A review of alpha activity in integrative brain function: Fundamental physiology, sensory coding, cognition and pathology. *International Journal of Psychophysiology*, *86*(1), 1–24.

Bashwiner, D. M., Wertz, C. J., Flores, R. A., & Jung, R. E. (2016). Musical creativity "revealed" in brain structure: Interplay between motor, default mode, and limbic networks. *Scientific Reports*, *6*, 73–102.

Batey, M., & Furnham, A. (2006). Creativity, intelligence, and personality: A critical review of the scattered literature. *Genetic, Social, and General Psychology Monographs*, *132*(4), 355–429.

Bazanova, O. M., & Vernon, D. (2014). Interpreting EEG alpha activity. *Neuroscience and Biobehavioral Reviews*, *44*, 94–110.

Beaty, R. E. (2015). The neuroscience of musical improvisation. *Neuroscience and Biobehavioral Reviews*, *51*, 108–117.

Beaty, R. E., & Silvia, P. J. (2013). Metaphorically speaking: Cognitive abilities and the production of figurative language. *Memory & Cognition*, *41*(2), 255–267.

Beaty, R. E., Benedek, M., Kaufman, S. B., & Silvia, P. J. (2015). Default and executive network coupling supports creative idea production. *Scientific Reports*, *5*, 10964.

Beaty, R. E., Benedek, M., Silvia, P. J., & Schacter, D. L. (2016). Creative cognition and brain network dynamics. *Trends in Cognitive Sciences*, *20*(2), 87–95.

Beaty, R. E., Benedek, M., Wilkins, R. W., Jauk, E., Fink, A., Silvia, P. J., ... Neubauer, A. C. (2014). Creativity and the default network: Afunctional connectivity analysis of the creative brain at rest. *Neuropsychologia*, *64*, 92–98.

Beaty, R. E., Kenett, Y. N., Christensen, A. P., Rosenberg, M. D., Benedek, M., Chen, Q., ... Silvia, P. J. (2018). Robust prediction of individual creative ability from brain functional connectivity. *Proceedings of the National Academy of Sciences*, *115*(5), 1087–1092.

Beaty, R. E., Nusbaum, E. C., & Silvia, P. J. (2014). Does insight problem solving predict real-world creativity? *Psychology of Aesthetics, Creativity, and the Arts*, *8*(3), 287–292.

Beaty, R. E., Silvia, P. J., & Benedek, M. (2017). Brain networks underlying novel metaphor production. *Brain and Cognition*, *111*, 163–170.

Beaty, R. E., Silvia, P. J., Nusbaum, E. C., Jauk, E., & Benedek, M. (2014). The roles of associative and executive processes in creative cognition. *Memory & Cognition*, *42*(7), 1186–1197.

Beaty, R. E., Smeekens, B. A., Silvia, P. J., Hodges, D. A., & Kane, M. J. (2013). A first look at the role of domain-general cognitive and creative abilities in jazz improvisation. *Psychomusicology: Music, Mind, and Brain*, *23*(4), 262–268.

Bechtereva, N. P., Korotkov, A. D., Pakhomov, S. V., Roudas, M. S., Starchenko, M. G., & Medvedev, S. V. (2004). PET study of brain maintenance of verbal creative activity. *International Journal of Psychophysiology: Official Journal of the International Organization of Psychophysiology*, *53*(1), 11–20.

Beck, S. R., Williams, C., Cutting, N., Apperly, I. A., & Chappell, J. (2016). Individual differences in children's innovative problem-solving are not predicted by divergent thinking or executive functions. *Philosophical Transactins of the Royal Society B*, *19*, 371.

Beeman, M. J., & Bowden, E. M. (2000). The right hemisphere maintains solution-related activation for yet-to-be-solved problems. *Memory & Cognition*, *28*(7), 1231–1241.

Beghetto, R. A., & Kaufman, J. C. (2007). Toward a broader conception of creativity: A case for "mini-c" creativity. *Psychology of Aesthetics, Creativity, and the Arts*, *1*(2), 73–79.

Beilock, S. L., Lyons, I. M., Mattarella-Micke, A., Nusbaum, H. C., & Small, S. L. (2008). Sports experience changes the neural processing of action language. *Proceedings of the National Academy of Sciences*, *105*(36), 13269–13273.

Beisteiner, R., Altenmuller, E., Lang, W., Lindinger, G., & Deecke, L. (1994). Musicians processing music: Measurement of brain potentials with EEG. *European Journal of Cognitive Psychology*, *6*(3), 311–327.

Benedek, M., & Neubauer, A. C. (2013). Revisiting Mednick's model on creativity-related differences in associative hierarchies: Evidence for a common path to uncommon thought. *Journal of Creative Behavior*, *47*(4), 273–289.

Benedek, M., Beaty, R., Jauk, E., Koschutnig, K., Fink, A., Silvia, P. J., ... Neubauer, A. C. (2014). Creating metaphors: The neural basis of figurative language production. *NeuroImage*, *90*, 99–106.

Benedek, M., Borovnjak, B., Neubauer, A. C., & Kruse-Weber, S. (2014). Creativity and personality in classical, jazz and folk musicians. *Personality and Individual Differences*, *63*(100), 117–121.

Benedek, M., Franz, F., Heene, M., & Neubauer, A. C. (2012). Differential effects of cognitive inhibition and intelligence on creativity. *Personality and Individual Differences*, *53*(4), 480–485.

Benedek, M., Könen, T., & Neubauer, A. C. (2012). Associative abilities underlying creativity. *Psychology of Aesthetics, Creativity, and the Arts*, *6*(3), 273–281.

Benedek, M., Schickel, R. J., Jauk, E., Fink, A., & Neubauer, A. C. (2014). Alpha power increases in right parietal cortex reflect focused internal attention. *Neuropsychologia*, *56*, 393–400.

Bengtsson, S. L., Csíkszentmihályi, M., & Ullén, F. (2007). Cortical regions involved in the generation of musical structures during improvisation in pianists. *Journal of Cognitive Neuroscience*, *19*(5), 830–842.

Bennett, M. R., & Hacker, P. M. S. (2003). *Philosophical foundations of neuroscience*. Malden, MA: Blackwell.

Bergland, C. (2011). Superfluidity: Peak performance beyond a state of "flow." Retrieved from www.psychologytoday.com/blog/the-athletes-way/201110/superfluidity-peak-performance-beyond-state-flow

Berkowitz, A. L., & Ansari, D. (2008). Generation of novel motor sequences: The neural correlates of musical improvisation. *NeuroImage*, *41*(2), 535–543.

(2010). Expertise-related deactivation of the right temporoparietal junction during musical improvisation. *NeuroImage*, *49*(1), 712–719.

Bernays, M., & Traube, C. (2014). Investigating pianists' individuality in the performance of five timbral nuances through patterns of articulation, touch, dynamics, and pedaling. *Frontiers in Psychology*, *5*, 157.

Biasutti, M. (2015). Pedagogical applications of cognitive research on musical improvisation. *Frontiers in Psychology*, *6*, 614.

Biasutti, M., & Frezza, L. (2009). Dimensions of music improvisation. *Creativity Research Journal*, *21*(2–3), 232–242.

Bidelman, G. M., & Krishnan, A. (2011). Brainstem correlates of behavioral and compositional preferences of musical harmony. *NeuroReport: For Rapid Communication of Neuroscience Research*, *22*(5), 212–216.

Bigand, E. (2003). More about the musical expertise of musically untrained listeners. *Annals of the New York Academy of Sciences, 999*, 304–312.

Bigand, E., & Poulin-Charronnat, B. (2006). Are we "experienced listeners"? A review of the musical capacities that do not depend on formal musical training. *Cognition, 100*(1), 100–130.

Bilalić, M., McLeod, P., & Gobet, F. (2008). Why good thoughts block better ones: The mechanism of the pernicious Einstellung (set)effect. *Cognition,108*(3),652–661.

Binder, J. R., & Desai, R. H. (2011). The neurobiology of semantic memory. *Trends in Cognitive Sciences, 15*(11), 527–536.

Binder, J. R., Desai, R. H., Graves, W. W., & Conant, L. L. (2009).Where is the semantic system? A critical review and meta-analysis of 120 functional neuroimaging studies. *Cerebral Cortex, 19*(12), 2767–2796.

Birn, R. M., Bandettini, P.A., Cox, R. W., Jesmanowicz, A., & Shaker, R. (1998). Magnetic field changes in the human brain due to swallowing or speaking. *Magnetic Resonance in Medicine, 40*(1), 55–60.

Birn, R. M., Bandettini, P.A., Cox, R. W., & Shaker, R. (1999). Event-related fMRI of tasks involving brief motion. *Human Brain Mapping, 7*(2), 106–114.

Birn, R. M., Cox, R. W., & Bandettini, P.A. (2004). Experimental designs and processing strategies for fMRI studies involving overt verbal responses. *NeuroImage, 23*(3), 1046–1058.

Bishop, J. M., & al-Rifaie, M. M. (2017). Autopoiesis, creativity and dance. *Connection Science, 29*(1), 21–35.

Blanchette, I., & Dunbar, K. (2002). Representational change and analogy: How analogical inferences alter target representations. *Journal of Experimental Psychology: Learning, Memory, and Cognition, 28*(4), 672–685.

Blasi, G., Goldberg, T. E., Weickert, T., Das, S., Kohn, P., Zoltick, B., ... Mattay, V. S. (2006). Brain regions underlying response inhibition and interference monitoring and suppression. *European Journal of Neuroscience, 23*(6), 1658–1664.

Bläsing, B., Calvo-Merino, B., Cross, E. S., Jola, C., Honisch, J., & Stevens, C. J. (2012). Neurocognitive control in dance perception and performance. *Acta Psychologica, 139*(2), 300–308.

Blumenfeld-Jones, D. (2009). Bodily-kinesthetic intelligence and dance education: Critique, revision, and potentials for the democratic ideal. *Journal of Aesthetic Education, 43*(1), 59–76.

Boccia, M., Piccardi, L., Palermo, L., Nori, R., & Palmiero, M. (2015). Where do bright ideas occur in our brain? Meta-analytic evidence from neuroimaging studies of domain-specific creativity. *Frontiers in Psychology, 6*, 1195.

Boden, M. (2004). *The creative mind: Myths and mechanisms* (2nd edn.). London: Routledge.

(2012). *Creativity and art: Three roads to surprise*. Oxford: Oxford University Press.

Bogen, J. E., & Bogen, G. M. (1969). The other side of the brain. 3. The corpus callosum and creativity. *Bulletin of the Los Angeles Neurological Societies, 34*(4), 191–220.

Bohm, D. (1968). On creativity. *Leonardo, 1*(2), 137–149.

(2004). *On creativity* (2nd edn.). Abingdon: Routledge.

Boisgueheneuc, F. du, Levy, R., Volle, E., Seassau, M., Duffau, H., Kinkingnehun, S., ... Dubois, B. (2006). Functions of the left superior frontal gyrus in humans: A lesion study. *Brain: A Journal of Neurology, 129*(12), 3315–3328.

Bookheimer, S. (2002). Functional MRI of language: New approaches to understanding the cortical organization of semantic processing. *Annual Review of Neuroscience, 25*, 151–188.

Boot, N., Baas, M., van Gaal, S., Cools, R., & De Dreu, C. K. W. (2017). Creative cognition and dopaminergic modulation of fronto-striatal networks: Integrative review and research agenda. *Neuroscience and Biobehavioral Reviews, 78*, 13–23.

Bourgeois-Bougrine, S., Glaveanu, V., Botella, M., Guillou, K., De Biasi, P.M., & Lubart, T. (2014). The creativity maze: Exploring creativity in screenplay writing. *Psychology of Aesthetics, Creativity, and the Arts, 8*(4), 384–399.

Bowden, E. M.,& Jung-Beeman, M.(2003).Normative data for 144 compound remote associate problems. *Behavior Research Methods, Instruments, & Computers: A Journal of the Psychonomic Society, 35*(4), 634–639.

Bowden, E. M., Jung-Beeman, M., Fleck, J., & Kounios, J. (2005). New approaches to demystifying insight. *Trends in Cognitive Sciences, 9*(7), 322–328.

Boxenbaum, H. (1991). Scientific creativity: A review. *Drug Metabolism Reviews, 23*(5–6), 473–492.

Boyd, B. (2010). *On the origin of stories: Evolution, cognition, and fiction*. Cambridge, MA: Belknap Press of Harvard University Press.

(2017). The evolution of stories: From mimesis to language, from fact to fiction. *Cognitive Science*, *9*(1).

Brattico, E., & Tervaniemi, M. (2006). Musical creativity and the human brain. In I.Deliège & G. A.Wiggins (Eds.), *Musical creativity: Multidisciplinary research in theory and practice* (pp. 290–321). Hove: Psychology Press.

Bressler, S. L., & Menon, V. (2010). Large-scale brain networks in cognition: Emerging methods and principles. *Trends in Cognitive Sciences*, *14*(6), 277–290.

Brooks, P. (2014). Performers, creators and audience: Co-participants in an interconnected model of performance and creative process. *Research in Dance Education*, *15*(2), 120–137.

Brophy, D. R. (2001). Comparing the attributes, activities, and performance of divergent, convergent, and combination thinkers. *Creativity Research Journal*, *13*(3–4), 439–455.

Brouwer, H., Fitz, H., & Hoeks, J. (2012). Getting real about semantic illusions: Rethinking the functional role of the P600 in language comprehension. *Brain Research*, *1446*, 127–143.

Brown, A. S. (1973). An empirical verification of Mednick's associative theory of creativity. *Bulletin of the Psychonomic Society*, *2*(6), 429–430.

Brown, R. M., Zatorre, R. J., & Penhune, V. B. (2015). Expert music performance: Cognitive, neural, and developmental bases. *Progress in Brain Research*, *217*, 57–86.

Brown, S., Martinez, M. J., & Parsons, L. M. (2006). The neural basis of human dance. *Cerebral Cortex*, *16*(8), 1157–1167.

Brunn, S. D., & Dodge, M. (Eds.). (2017). *Mapping across academia*. Dordrecht: Springer Netherlands.

Brunswick, N., Martin, G. N., & Marzano, L. (2010). Visuospatial superiority in developmental dyslexia: Myth or reality? *Learning and Individual Differences*, *20*(5), 421–426.

Bubić, A., & Abraham, A. (2014). Neurocognitive bases of future oriented cognition. *Review of Psychology*, *21*(1), 3–15.

Bubić, A., von Cramon, D. Y., & Schubotz, R. I. (2010). Prediction, cognition and the brain. *Frontiers in Human Neuroscience*, *4*, 25.

Buckner, R. L., Andrews-Hanna, J. R., & Schacter, D. L. (2008). The brain's default network: Anatomy, function, and relevance to disease. *Annals of the New York Academy of Sciences*, *1124*, 1–38.

Bungay, H., & Vella-Burrows, T. (2013). The effects of participating in creative activities on the health and well-being of children and young people: A rapid review of the literature. *Perspectives in Public Health*, *133*(1), 44–52.

Bunge, S. A., Wendelken, C., Badre, D., & Wagner, A. D. (2005). Analogical reasoning and prefrontal cortex: Evidence for separable retrieval and integration mechanisms. *Cerebral Cortex*, *15*(3), 239–249.

Burch, G. S. J., Hemsley, D. R., Pavelis, C., & Corr, P. J. (2006). Personality, creativity and latent inhibition. *European Journal of Personality*, *20*(2), 107–122.

Burch, G. S. J., Pavelis, C., Hemsley, D. R., & Corr, P. J. (2006). Schizotypy and creativity in visual artists. *British Journal of Psychology*, *97*(2), 177–190.

Burnard, P. (1999). Bodily intention in children's improvisation and composition. *Psychology of Music*, *27*(2), 159–174.

(2012). *Musical creativities in practice*. Oxford: Oxford University Press.

Burnard, P., & Younker, B. A. (2004). Problem-solving and creativity: Insights from students' individual composing pathways. *International Journal of Music Education*, *22*(1), 59–76.

Burton, L. J., & Fogarty, G. J. (2003). The factor structure of visual imagery and spatial abilities. *Intelligence*, *31*(3), 289–318.

Byrne, C., MacDonald, R., & Carlton, L. (2003). Assessing creativity in musical compositions: Flow as an assessment tool. *British Journal of Music Education*, *20*(3), 277–290.

Cabeza, R., & St Jacques, P. (2007). Functional neuroimaging of autobiographical memory. *Trends in Cognitive Sciences*, *11*(5), 219–227.

Calvo-Merino, B., Glaser, D. E., Grèzes, J., Passingham, R. E., & Haggard, P. (2005). Action observation and acquired motor skills: An fMRI study with expert dancers. *Cerebral Cortex*, *15*(8), 1243–1249.

Calvo-Merino, B., Grèzes, J., Glaser, D. E., Passingham, R. E., & Haggard, P. (2006). Seeing or doing? Influence of visual and motor familiarity in action observation. *Current Biology*, *16*(19), 1905–1910.

Campbell, D. T. (1960). Blind variation and selective retention in creative thought as in other knowledge processes. *Psychological Review*, *67*, 380–400.

Campbell, D. W., Wallace, M. G., Modirrousta, M., Polimeni, J. O., McKeen, N. A., & Reiss, J. P. (2015). The neural basis of humour comprehension and humour appreciation: The roles of the temporoparietal junction and superior frontal gyrus. *Neuropsychologia*, *79*, 10–20.

Canonne, C., & Aucouturier, J.-J. (2016). Play together, think alike: Shared mental models in expert music improvisers. *Psychology of Music*, *44*(3), 544–558.

Carlsson, I., Wendt, P. E., & Risberg, J. (2000). On the neurobiology of creativity: Differences in frontal activity between high and low creative subjects. *Neuropsychologia*, *38*(6), 873–885.

Carrithers, M. (1990). Why humans have cultures. *Man*, *25*(2), 189–206.

Carroll, N., & Seeley, W. P. (2013). Kinesthetic understanding and appreciation in dance. *Journal of Aesthetics and Art Criticism*, *71*(2), 177–186.

Carruthers, P. (2002). Human creativity: Its cognitive basis, its evolution, and its connections with childhood pretence. *British Journal for the Philosophy of Science*, *53*(2),225–249.

Carson, S. H. (2011). Creativity and psychopathology: A shared vulnerability model. *Canadian Journal of Psychiatry*, *56*(3), 144–153.

Carson, S. H., Peterson, J. B., & Higgins, D. M. (2003). Decreased latent inhibition is associated with increased creative achievement in high-functioning individuals. *Journal of Personality and Social Psychology*, *85*(3), 499–506.

Carson, S. H., Peterson, J. B., & Higgins, D. M. (2005). Reliability, validity, and factor structure of the Creative Achievement Questionnaire. *Creativity Research Journal*, *17*(1), 37–50.

Cavanna, A. E., & Trimble, M. R. (2006). The precuneus: A review of its functional anatomy and behavioural correlates. *Brain: A Journal of Neurology*, *129*, 564–583.

Chamberlain, R., McManus, I. C., Brunswick, N., Rankin, Q., Riley, H., & Kanai, R. (2014). Drawing on the right side of the brain: A voxel-based morphometry analysis of observational drawing. *NeuroImage*, *96*, 167–173.

Chan, D. W., & Zhao, Y. (2010). The relationship between drawing skill and artistic creativity: Do age and artistic involvement make a difference? *Creativity Research Journal*, *22*(1), 27–36.

Chan, J., & Schunn, C. (2015). The impact of analogies on creative concept generation: Lessons from an in vivo study in engineering design. *Cognitive Science*, *39*(1), 126–155.

Chan, Y.-C., Chou, T.-L., Chen, H.-C., Yeh, Y.-C., Lavallee, J. P., Liang, K.-C., & Chang, K.-E. (2013). Towards a neural circuit model of verbal humor processing: An fMRI study of the neural substrates of incongruity detection and resolution. *NeuroImage*, *66*, 169–176.

Chand, G., & Dhamala, M. (2015). Interactions among the brain default- mode, salience and central-executive networks during perceptual decision-making of moving dots. *Brain Connectivity*, *6*(3), 249–254.

Chang, A., Livingstone, S. R., Bosnyak, D. J., & Trainor, L. J. (2017). Body sway reflects leadership in joint music performance. *Proceedings of the National Academy of Sciences of the United States of America*, *114*(21), 4134–4141.

Chatterjee, A. (2004). The neuropsychology of visual artistic production. *Neuropsychologia*, *42*(11), 1568–1583.

Chavez, R. A. (2016). Imagery as a core process in the creativity of successful and awarded artists and scientists and its neurobiological correlates. *Frontiers in Psychology*, *7*, 351.

Chávez-Eakle, R. A., Graff-Guerrero, A., García-Reyna, J.-C., Vaugier, V., & Cruz-Fuentes, C. (2007). Cerebral blood flow associated with creative performance: A comparative study. *NeuroImage*, *38*(3), 519–528.

Chemi, T. (2016). The experience of flow in artistic creation. In L. Harmat, F. Ø. Andersen, F. Ullén, J. Wright, & G. Sadlo (Eds.), *Flow experience: Emperical research and applications* (pp. 37–50). Berlin: Springer International.

Chen, A. C., Oathes, D. J., Chang, C., Bradley, T., Zhou, Z.-W., Williams, L. M., ... Etkin, A. (2013). Causal interactions between fronto-parietal central executive and default-mode networks in humans. *Proceedings of the National Academy of Sciences of the United States of America*, *110*(49), 19944–19949.

Chen, Q.-L., Xu, T., Yang, W.-J., Li, Y.-D., Sun, J.-Z., Wang, K.-C., ... Qiu, J.(2015). Individual differences in verbal creative thinking are reflected in the precuneus. *Neuropsychologia*, *75*, 441–449.

Chermahini, S. A., & Hommel, B. (2011). Creative mood swings: Divergent and convergent thinking affect mood in opposite ways. *Psychological Research,76*(5),634–640.

Chi, R. P., & Snyder, A. W. (2011). Facilitate insight by non-invasive brain stimulation. *PloS One*, *6*(2), e16655.

Chomsky, N. (2006). *Language and mind* (3rd edn.). New York: Cambridge University Press.

Chouinard, B., Boliek, C., & Cummine, J. (2016). How to interpret and critique neuroimaging research: A tutorial on use of functional magnetic resonance imaging in clinical populations. *American Journal of Speech-Language Pathology*, *25*(3), 269–289.

Christoff, K., Prabhakaran, V., Dorfman, J., Zhao, Z., Kroger, J. K., Holyoak, K. J., & Gabrieli, J. D. (2001). Rostrolateral prefrontal cortex involvement in relational integration during reasoning. *NeuroImage*, *14*(5), 1136–1149.

Chrysikou, E. G., & Thompson-Schill, S. L. (2011). Dissociable brain states linked to common and creative object use. *Human Brain Mapping*, *32*(4), 665–675.

Chrysikou, E. G., & Weisberg, R. W. (2005). Following the wrong footsteps: Fixation effects of pictorial examples in a design problem-solving task. *Journal of Experimental Psychology: Learning, Memory, and Cognition*, *31*(5), 1134–1148.

Chrysikou, E. G., Novick, J. M., Trueswell, J. C., & Thompson-Schill, S. L. (2011). The other side of cognitive control: Can a lack of cognitive control benefit language and cognition? *Topics in Cognitive Science*, *3*(2),253.

Chrysikou, E. G., Weber, M. J., & Thompson-Schill, S. L. (2014). A matched filter hypothesis for cognitive control. *Neuropsychologia*, *62*, 341–355.

Chun, C. A., & Hupé, J. (2016). Are synesthetes exceptional beyond their synesthetic associations? A systematic comparison of creativity, personality, cognition, and mental imagery in synesthetes and controls. *British Journal of Psychology*, *107*(3), 397–418.

Code, C. (Ed.). (2003). *Classic cases in neuropsychology*, Vol. 2. Hove: Psychology Press.

Cohen, D. J. (2005). Look little, look often: The influence of gaze frequency on drawing accuracy. *Perception & Psychophysics*, *67*(6), 997–1009.

Cole, M. W., & Schneider,W. (2007).The cognitive control network: Integrated cortical regions with dissociable functions. *NeuroImage*, *37*(1), 343–360.

Collins, A. M., & Loftus, E. F. (1975). A spreading-activation theory of semantic processing. *Psychological Review*, *82*(6), 407–428.

Collins, A. M., & Quillian, M. R. (1969). Retrieval time from semantic memory. *Journal of Verbal Learning and Verbal Behavior*, *8*(2), 240–247. Colom, R., Karama, S., Jung, R. E., & Haier, R. J. (2010). Human intelligence and brain networks. *Dialogues in Clinical Neuroscience*, *12*(4), 489–501.

Coltheart, M. (2013). How can functional neuroimaging inform cognitive theories? *Perspectives on Psychological Science: A Journal of the Association for Psychological Science*, *8*(1), 98–103.

Colzato, L., Szapora, A., Pannekoek, J. N., & Hommel, B. (2013). The impact of physical exercise on convergent and divergent thinking. *Frontiers in Human Neuroscience*, *7*, 824.

Corbett, F., Jefferies, E., & Ralph, M. A. L. (2009). Exploring multimodal semantic control impairments in semantic aphasia: Evidence from naturalistic object use. *Neuropsychologia*, *47*(13), 2721–2731.

Corbett, F., Jefferies, E., & Ralph, M. A. L. (2011). Deregulated semantic cognition follows prefrontal and temporo-parietal damage: Evidence from the impact of task constraint on nonverbal object use. *Journal of Cognitive Neuroscience*, *23*(5), 1125–1135.

Cox, D. D., & Dean, T. (2014). Neural networks and neuroscience-inspired computer vision. *Current Biology*, *24*(18), R921–R929.

Craig, J., & Baron-Cohen, S. (1999). Creativity and imagination in autism and Asperger syndrome. *Journal of Autism and Developmental Disorders*, *29*(4), 319–326.

Cramond, B., Matthews-Morgan, J., Bandalos, D., & Zuo, L. (2005). A report on the 40-year follow-up of the Torrance Tests of Creative Thinking: Alive and well in the new millennium. *Gifted Child Quarterly*, *49*(4), 283–291.

Cropley, A. J. (2000). Defining and measuring creativity: Are creativity tests worthusing? *Roeper Review*, *23*(2), 72–79.

(2006). In praise of convergent thinking. *Creativity Research Journal*, *18*(3), 391–404.

Cross, E. S., Hamilton, A. F. de C., & Grafton, S. T. (2006). Building a motor simulation de novo: Observation of dance by dancers. *NeuroImage*, *31*(3), 1257–1267.

Cross, E. S., Kraemer, D. J. M., Hamilton, A. F. de C., Kelley, W. M., & Grafton, S. T. (2009). Sensitivity of the action observation network tophysical and observational learning. *Cerebral Cortex*, *19*(2), 315–326.

Cross, I. (2001). Music, cognition, culture, and evolution. *Annals of the New York Academy of Sciences*, *930*, 28–42.

Crowther, P. (2003). Literary metaphor and philosophical insight: The significance of archilochus. In G. R. Boys-Stones (Ed.), *Metaphor, allegory, and the classical tradition: Ancient thought and modern revisions* (pp. 83–100). New York: Oxford University Press.

Cruz-Garza, J. G., Hernandez, Z. R., Nepaul, S., Bradley, K. K., & Contreras-Vidal, J. L. (2014). Neural decoding of expressive human movement from scalp electroencephalography (EEG). *Frontiers in Human Neuroscience*, *8*, 188.

Cseh, G. M. (2016). Flow in creativity: A review of potential theoretical conflict. In L. Harmat, F. Ørsted Andersen, F. Ullén, & G. Sadlo (Eds.), *Flow experience: Empirical research and applications*. Berlin: Springer International.

Cseh, G. M., Phillips, L. H., & Pearson, D. G. (2015). Flow, affect and visual creativity. *Cognition & Emotion*, *29*(2), 281–291.

Cseh, G. M., Phillips, L. H., & Pearson, D. G. (2016). Mental and perceptual feedback in the development of creative flow. *Consciousness and Cognition*, *42*, 150–161.

Csikszentmihalyi, M. (1988). Society, culture, and person: A systems view of creativity.In R. J.Sternberg(Ed.),*The nature of creativity: Contemporary psychological perspectives* (pp. 325–340). Cambridge: Cambridge University Press.

(1997). *Creativity: Flow and the psychology of discovery and invention*. London: Harper & Row.

(1999). Implications of a systems perspective for the study of creativity. In R. J. Sternberg (Ed.), *Handbook of creativity* (pp. 313–335). Cambridge: Cambridge University Press.

(2008). *Flow: The psychology of optimal experience*. New York: Harper Perennial.

Csikszentmihalyi, M., & Csikszentmihalyi, I. S. (1993). Family influences on the development of giftedness. *Ciba Foundation Symposium*, *178*, 187–200.

Csikszentmihalyi, M., & Sawyer, K. (1995). Creative insight: The social dimension of a solitary moment. In R. J. Sternberg & J. E. Davidson (Eds.), *The nature of insight* (pp. 329–363). Cambridge, MA: MIT Press.

Curie, E. (1937). *Madame Curie: A biography*. Literary Guild of America.

Custers, R., & Aarts, H.(2010).The unconscious will: How the pursuit of goals operates outside of conscious awareness. *Science*, *329*(5987), 47–50.

Cuypers, K., Krokstad, S., Holmen, T. L., Skjei Knudtsen, M., Bygren, L. O., & Holmen, J. (2012). Patterns of receptive and creative cultural activities and their association with perceived health, anxiety, depression and satisfaction with life among adults: The HUNT study, Norway. *Journal of Epidemiology and Community Health*, *66*(8), 698–703.

Dacey, J. S., & Madaus, G. F. (1969). Creativity: Definitions, explanations and facilitation. *Irish Journal of Education/ Iris Eireannach an Oideachais*, *3*(1), 55–69.

Daprati, E., Iosa, M., & Haggard, P. (2009). A dance to the music of time: Aesthetically-relevant changes in body posture in performing art. *PloS One*, *4*(3), e5023.

D'Ausilio, A., Novembre, G., Fadiga, L., & Keller, P. E. (2015). What can music tell us about social interaction? *Trends in Cognitive Sciences*, *19*(3), 111–114.

Davelaar, E. J. (2015). Semantic search in the remote associates test. *Topics in Cognitive Science*, *7*(3), 494–512.

Davies, D. (2011). "I'll Be Your Mirror"? Embodied agency, dance, and neuroscience. In E. Schellekens & P. Goldie (Eds.), *The aesthetic mind: Philosophy and psychology* (pp. 346–356). Oxford: Oxford University Press.

De Deyne, S., Navarro, D. J., Perfors, A., & Storms, G. (2016). Structure at every scale: A semantic network account of the similarities between unrelated concepts. *Journal of Experimental Psychology. General*, *145*(9), 1228–1254.

De Pisapia, N., Bacci, F., Parrott, D., & Melcher, D. (2016). Brain networks for visual creativity: A functional connectivity study of planning a visual artwork. *Scientific Reports*, *6*, 39185.

De Poli, G. (2003). Analysis and modeling of expressive intentions in music performance. *Annals of the New York Academy of Sciences*, *999*, 118–123.

Dean, R. T., & Bailes, F. (2015). Using time series analysis to evaluate skin conductance during movement in piano improvisation. *Psychology of Music*, *43*(1), 3–23.

Defelipe, J. (2011). The evolution of the brain, the human nature of cortical circuits, and intellectual creativity. *Frontiers in Neuroanatomy*, *5*, 29.

Dehaene, S. (2009). Origins of mathematical intuitions: The case of arithmetic. *Annals of the New York Academy of Sciences*, *1156*(1), 232–259.

Desco, M., Navas-Sanchez, F. J., Sanchez-González, J., Reig, S., Robles, O., Franco, C., ... Arango, C. (2011). Mathematically gifted adolescents use more extensive and more bilateral areas of the fronto-parietal network than controls during executive functioning and fluid reasoning tasks. *NeuroImage*, *57*(1), 281–292.

Desmond, J. E., & Glover, G. H. (2002). Estimating sample size in functional MRI (fMRI) neuroimaging studies: Statistical power analyses. *Journal of Neuroscience Methods*, *118*(2), 115–128.

DeYoung, C. G., Flanders, J. L., & Peterson, J. B. (2008). Cognitive abilities involved in insight problem solving: An individual differences model. *Creativity Research Journal*, *20*(3), 278–290.

Diamond, J. M. (1982). Evolution of bowerbirds' bowers: Animal origins of the aesthetic sense. *Nature*, *297*(5862), 99–102.

Diedrichsen, J., & Shadmehr, R. (2005). Detecting and adjusting for artifacts in fMRI time series data. *NeuroImage*, *27*(3), 624–634.

Dietrich, A. (2004a). Neurocognitive mechanisms underlying the experience of flow. *Consciousness and Cognition*, *13*(4), 746–761.

(2004b). The cognitive neuroscience of creativity. *Psychonomic Bulletin & Review*, *11*(6), 1011–1026.

(2007a). The wavicle of creativity. *Methods*, *42*(1), 1–2.

(2007b). Who's afraid of a cognitive neuroscience of creativity? *Methods*, *42*(1), 22–27.

(2014). The mythconception of the mad genius. *Frontier sin Psychology*, *5*, 79.

(2015). *How creativity happens in the brain*. Basingstoke: Palgrave Macmillan.

Dietrich, A., & Haider, H. (2015). Human creativity, evolutionary algorithms, and predictive representations: The mechanics of thought trials. *Psychonomic Bulletin & Review*, *22*(4), 897–915.

Dietrich, A., & Kanso, R. (2010). A review of EEG, ERP, and neuroimaging studies of creativity and insight. *Psychological Bulletin*, *136*(5), 822–848.

Dietrich, A., & McDaniel, W. (2004). Endocannabinoids and exercise. *British Journal of Sports Medicine*, *38*(5), 536.

Dijksterhuis, A., & Aarts, H. (2010). Goals, attention, and (un)consciousness. *Annual Review of Psychology*, *61*, 467–490.

Dijksterhuis, A., & Meurs, T. (2006). Where creativity resides: The generative power of unconscious thought. *Consciousness and Cognition*, *15*(1), 135–146.

Dinstein, I., Thomas, C., Behrmann, M., & Heeger, D. J. (2008). A mirror up to nature. *Current Biology*, *18*(1), R13–R18.

Dixon, M. L., Fox, K. C. R., & Christoff, K. (2014). A framework for understanding the relationship between externally and internally directed cognition. *Neuropsychologia*, *62*, 321–330.

Dollinger, S. J. (2003). Need for uniqueness, need for cognition, and creativity. *Journal of Creative Behavior*, *37*(2), 99–116.

Domino, G. (1989). Synesthesia and creativity in fine arts students: An empirical look. *Creativity Research Journal*, *2*(1–2), 17–29.

Donoso, M., Collins, A. G. E., & Koechlin, E. (2014). Foundations of human reasoning in the prefrontal cortex. *Science*, *344*(6191), 1481–1486.

Dorfman, L., Martindale, C., Gassimova, V., & Vartanian, O. (2008). Creativity and speed of information processing: A double dissociation involving elementary versus inhibitory cognitive tasks. *Personality and Individual Differenc-*

es, *44*(6), 1382–1390.

Doyle, C. L. (1998). The writer tells: The creative process in the writing of literary fiction. *Creativity Research Journal*, *11*(1), 29–37.

Drake, J. E., & Winner, E. (2009). Precocious realists: Perceptual and cognitive characteristics associated with drawing talent in non-autistic children. *Philosophical Transactions of the Royal Society B: Biological Sciences*, *364*(1522), 1449–1458.

Duff, M. C., Kurczek, J., Rubin, R., Cohen, N. J., & Tranel, D. (2013). Hippocampal amnesia disrupts creative thinking. *Hippocampus*, *23* (12), 1143–1149.

Dunbar, K. N. (1997). How scientists think: On-line creativity and conceptual change in science. In T. B. Ward, S. M. Smith, & J. Viad (Eds.), *Creative thought: An investigation of conceptual structures and processes* (pp. 461–493). Washington, DC: American Psychological Association.

(1999). Scientific creativity. In M. A. Runco & S. R. Pritzker (Eds.), *Encyclopedia of Creativity* (Vol. 1, pp. 1379–1384). New York:Academic Press.

(2001). What scientific thinking reveals about the nature of cognition. In K. Crowley, C. D. Schunn, & T. Okada (Eds.), *Designing for science: Implications from everyday classroom and professional settings* (pp. 115–140). Mahwah, NJ: Lawrence Erlbaum.

Duncker, K. (1945). On problem solving. *Psychological Monographs*, *58*(5), 1–113.

Durante, D., & Dunson, D. B. (2016). Bayesian inference and testing of group differences in brain networks. *Bayesian Analysis*, 13(1), 29–58.

Dutta, S. (Ed.). (2012). *The global innovation index 2012: Stronger innovation linkages for global growth*. New Delhi: INSEAD, World Intellectual Property Organization.

Dyer, F. C. (2002). The biology of the dance language. *Annual Review of Entomology*, *47*, 917–949.

Dykes, M., & McGhie, A. (1976). A comparative study of attentional strategies of schizophrenic and highly creative normal subjects. *British Journal of Psychiatry: The Journal of Mental Science*, *128*, 50–56.

Dziedziewicz, D., & Karwowski, M. (2015). Development of children's creative visual imagination: A theoretical model and enhancement programmes. *Education*, 43(4), 382–392.

Early, G. L. (2001). The art of the muscle: Miles Davis as American knight and American knave. In G. L. Early (Ed.), *Miles Davis and American culture* (pp. 2–23). St. Louis, MO: Missouri Historical Society Press.

Edelman, G. M. (1989). *The remembered present: A biological theory of consciousness*. New York: Basic Books.

Edwards, B. (1982). *Drawing on the right side of the brain*. Glasgow: Fontana.

Ellamil, M., Dobson, C., Beeman, M., & Christoff, K. (2012). Evaluative and generative modes of thought during the creative process. *NeuroImage*, *59*(2), 1783–1794.

Ellis, A. W., & Young, A. W. (2000). *Human cognitive neuropsychology: A textbook with readings*. Hove: Psychology Press.

Else, J. E., Ellis, J., & Orme, E. (2015). Art expertise modulates the emotional response to modern art, especially abstract: An ERP investigation. *Frontiers in Human Neuroscience*, *9*, 525.

Emmer, M. (1994). Art and visual mathematics. *Leonardo*, *27*(3), 237–240.

Endler, J. A. (2012). Bowerbirds, art and aesthetics. *Communicative & Integrative Biology*, *5*(3), 281–283.

Engel, A., & Keller, P. E. (2011). The perception of musical spontaneity in improvised and imitated jazz performances. *Frontiers in Psychology*, *2*, 83.

Erhard, K., Kessler, F., Neumann, N., Ortheil, H.-J., & Lotze, M. (2014a). Professional training in creative writing is associated with enhanced fronto-striatal activity in a literary text continuation task. *NeuroImage*, 100, 15–23.

Ericsson, K. A., Krampe, R. T., & Tesch-Römer, C. (1993). The role of deliberate practice in the acquisition of expert performance. *Psychological Review*, *100*(3), 363–406.

Eriksson, J., Vogel, E. K., Lansner, A., Bergström, F., & Nyberg, L. (2015). Neurocognitive architecture of working memory. *Neuron*, *88*(1), 33–46.

Evans, J. S. B. T. (2008). Dual-processing accounts of reasoning, judgment, and social cognition. *Annual Review of Psy-*

chology, 59, 255–278.

Evans, J. S. B. T., & Stanovich, K. E. (2013). Dual-process theories of higher cognition: Advancing the debate. *Perspectives on Psychological Science: A Journal of the Association for Psychological Science*, *8*(3), 223–241.

Eysenck, H. J. (1994). The measurement of creativity. In M. Boden (Ed.), *Dimensions of creativity* (pp. 199–242). Cambridge, MA: MIT Press.

(1995). *Genius: The natural history of creativity*. Cambridge: Cambridge University Press.

Faust, M.,& Kenett,Y. N.(2014). Rigidity, chaos and integration: Hemispheric interaction and individual differences in metaphor comprehension. *Frontiers in Human Neuroscience*, *8*, 511.

Fedorenko, E., & Thompson-Schill, S. L. (2014). Reworking the language network. *Trends in Cognitive Sciences*, *18*(3), 120–126.

Fedorenko, E., Duncan, J., & Kanwisher, N. (2012). Language-selective and domain-general regions lie side by side within Broca's area. *Current Biology*, *22*(21), 2059–2062.

Feist, G. J. (1993). A structural model of scientific eminence. *Psychological Science*, *4*(6), 366–371.

(1998). A meta-analysis of personality in scientific and artistic creativity. *Personality and Social Psychology Review*, *2*(4), 290–309.

Ferstl, E. C., & von Cramon, D. Y. (2001). The role of coherence and cohesion in text comprehension: An event-related fMRI study. *Cognitive Brain Research*, *11*(3), 325–340.

Ferstl, E. C., & von Cramon, D. Y. (2002). What does the frontomedian cortex contribute to language processing: Coherence or theory of mind? *NeuroImage*, *17*(3), 1599–1612.

Feyerabend, P. (1974). *Against method: Outline of an anarchistic theory of knowledge*. Atlantic Highlands, NJ: Humanities Press.

Field, D. T.,& Inman, L. A.(2014). Weighing brain activity with the balance: A contemporary replication of Angelo Mosso's historical experiment. *Brain*, *137*(2), 634–639.

Filimon, F., Nelson, J. D., Hagler, D. J., & Sereno, M. I. (2007). Human cortical representations for reaching: Mirror neurons for execution, observation, and imagery. *NeuroImage*, *37*(4), 1315–1328.

Finger, S., Zaidel, D. W., Boller, F., & Bogousslavsky, J. (Eds.). (2013). *The fine arts, neurology, and neuroscience: New discoveries and changing landscapes*. Amsterdam: Elsevier.

Fink, A., & Benedek, M. (2014). EEG alpha power and creative ideation. *Neuroscience and Biobehavioral Reviews*, *44*, 111–123.

Fink, A., Benedek, M., Koschutnig, K., Pirker, E., Berger, E., Meister, S., ... Weiss, E. M. (2015). Training of verbal creativity modulates brain activity in regions associated with language- and memory-related demands. *Human Brain Mapping*, *36*(10), 4104–4115.

Fink, A., Grabner, R. H., Benedek, M., Reishofer, G., Hauswirth, V., Fally, M., ... Neubauer, A. C. (2009). The creative brain: Investigation of brain activity during creative problem solving by means of EEG and fMRI. *Human Brain Mapping*, *30*(3), 734–748.

Fink, A., Grabner, R. H., Gebauer, D., Reishofer, G., Koschutnig, K., & Ebner, F. (2010). Enhancing creativity by means of cognitive stimulation: Evidence from an fMRI study. *NeuroImage*, *52*(4), 1687–1695.

Fink, A., Graif, B., & Neubauer, A. C. (2009). Brain correlates underlying creative thinking: EEG alpha activity in professional vs. novice dancers. *NeuroImage*, *46*(3), 854–862.

Fink, A., Koschutnig, K., Benedek, M., Reishofer, G., Ischebeck, A., Weiss, E. M., & Ebner, F. (2012). Stimulating creativity via the exposure to other people's ideas. *Human Brain Mapping*, *33*(11), 2603–2610.

Fink, A., Koschutnig, K., Hutterer, L., Steiner, E., Benedek, M., Weber, B., ... Weiss, E. M. (2014). Gray matter density in relation to different facets of verbal creativity. *Brain Structure & Function*, *219*(4), 1263–1269.

Fink, A., Weber, B., Koschutnig, K., Benedek, M., Reishofer, G., Ebner, F., ... Weiss, E. M. (2013). Creativity and schizotypy from the neuroscience perspective. *Cognitive, Affective, & Behavioral Neuroscience*, *14*(1), 1–10.

Finke, R. A. (1990). *Creative imagery: Discoveries and inventions in visualization*. Hillsdale, NJ: Lawrence Erlbaum.

(1996). Imagery, creativity, and emergent structure. *Consciousness and Cognition*, *5*(3), 381–393.

Finke, R. A., & Slayton, K. (1988). Explorations of creative visual synthesis in mental imagery. *Memory & Cognition, 16*(3), 252–257.

Finke, R. A., Ward, T. B., & Smith, S. M. (1996). *Creative cognition: Theory, research, and applications*. Cambridge, MA: MIT Press.

Fitch, W. T. (2016). Dance, music, meter and groove: A forgotten partnership. *Frontiers in Human Neuroscience, 10*, 64.

FitzGibbon, C. D.,& Fanshawe, J. H.(1988). Stotting in Thomson's gazelles: An honest signal of condition. *Behavioral Ecology and Sociobiology, 23*(2), 69–74.

Fitzpatrick, R. (2011, August 18). Red Hot Chili Peppers: The band that couldn't be stopped. *The Guardian*. Retrieved from www.theguardian. com/music/2011/aug/18/red-hot-chili-peppers-interview

Flaherty, A. W. (2005). Frontotemporal and dopaminergic control of idea generation and creative drive. *Journal of Comparative Neurology, 493*(1), 147–153.

Fletcher, L., & Carruthers, P. (2012). Metacognition and reasoning. *Philosophical Transactions of the Royal Society B: Biological Sciences, 367*(1594), 1366–1378.

Fletcher, P. D., Downey, L. E., Witoonpanich, P., & Warren, J. D. (2013). The brain basis of musicophilia: Evidence from frontotemporal lobar degeneration. *Frontiers in Psychology, 4*, 347.

Fogarty, L., Creanza, N., & Feldman, M. W. (2015). Cultural evolutionary perspectives on creativity and human innovation. *Trends in Ecology & Evolution, 30*(12),736–754.

Folley, B. S., & Park, S. (2005). Verbal creativity and schizotypal personality in relation to prefrontal hemispheric laterality: A behavioral and near-infrared optical imaging study. *Schizophrenia Research, 80*(2–3), 271–282.

Forgeard, M. J. C., & Eichner, K. V. (2014). Creativity as a target and tool for positive interventions. In A. C. Parks & S. M. Schueller (Eds.), *The Wiley Blackwell handbook of positive psychological interventions* (pp. 135–154). Chichester: Wiley.

Fothergill, A., & Linfield, M. (Directors) (2012). *Chimpanzee* [Motion picture]. USA: Walt Disney Studios Motion Pictures.

Fox, K. C. R., Spreng, R. N., Ellamil, M.,Andrews-Hanna, J. R., & Christoff, K. (2015).The wandering brain: Meta-analysis of functional neuroimaging studies of mind-wandering and related spontaneous thought processes. *NeuroImage*,111,611–621.

Fox, M. D., Snyder, A. Z., Vincent, J. L., Corbetta, M., Van Essen, D. C., & Raichle, M. E. (2005). The human brain is intrinsically organized into dynamic, anticorrelated functional networks. *Proceedings of the National Academy of Sciences of the United States of America, 102*(27), 9673–9678.

Fox, M. D., Zhang, D., Snyder, A. Z., & Raichle, M. E. (2009). The global signal and observed anticorrelated resting state brain networks.*Journal of Neurophysiology, 101*(6),3270–3283.

Freed, J., & Parsons, L. (1998). *Right-brained children in a left-brained world: Unlocking the potential of your ADD child.* New York: Simon & Schuster.

Friederici, A. D. (2011). The brain basis of language processing: From structure to function. *Physiological Reviews, 91*(4), 1357–1392.

(2015). White-matter pathways for speech and language processing. *Handbook of Clinical Neurology, 129*,177–186.

Fry, R. (1909). An essay in aesthetics. In J. B. Bullen (Ed.), *Vision and design* (pp. 12–27). Mineola, NY: Dover.

Fuchs-Beauchamp, K. D., Karnes, M. B., & Johnson, L. J. (1993). Creativity and intelligence in preschoolers. *Gifted Child Quarterly, 37*(3), 113–117.

Gallese, V., Fadiga, L., Fogassi, L., & Rizzolatti, G. (1996). Action recognition in the premotor cortex. *Brain, 119*(2), 593–609.

Gardner, H. E. (1983). *Frames of mind: The theory of multiple intelligences*. New York: Basic Books.

(1994). The creators' patterns. In M. Boden (Ed.), *Dimensions of creativity* (pp. 143–158). Cambridge, MA: MIT Press.

(2011). *Creating minds: An anatomy of creativity seen through the lives of Freud, Einstein, Picasso, Stravinsky, Eliot, Graham, and Ghandi*. New York: Basic Books.

Gazzaniga, M. S. (1967). The split brain in man. *Scientific American, 217*(2), 24–29.

(2000). Cerebral specialization and interhemispheric communication: Does the corpus callosum enable the human condition? *Brain, 123*(7), 1293–1326.

Geake, J. G., & Hansen, P. C. (2005). Neural correlates of intelligence as revealed by fMRI of fluid analogies. *NeuroImage, 26*(2), 555–564.

Geretsegger, M., Elefant, C., Mössler, K. A., & Gold, C. (2014). Music therapy for people with autism spectrum disorder. *Cochrane Database of Systematic Reviews, 6*, CD004381.

Getzels, J. W., & Jackson, P. W. (1962). *Creativity and intelligence: Explorations with gifted students*. New York: Wiley.

Ghiselin, B. (Ed.). (1985). *The creative process: A symposium*. Berkeley, CA: University of California Press.

Gibson, C., Folley, B. S., & Park, S. (2009). Enhanced divergent thinking and creativity in musicians: A behavioral and near-infrared spectroscopy study. *Brain and Cognition, 69*(1), 162–169.

Gilhooly, K. J. (2016). Incubation and intuition in creative problem solving. *Cognitive Science, 117*(3), 994–1024.

Gilhooly, K. J., Ball, L. J., & Macchi, L. (2015). Insight and creative thinking processes: Routine and special. *Thinking & Reasoning, 21*(1), 1–4.

Gilhooly, K. J., Georgiou, G., & Devery, U. (2013). Incubation and creativity: Do something different. *Thinking & Reasoning, 19*(2), 137–149.

Glăveanu, V. P. (2013). Rewriting the language of creativity: The Five A's framework. *Review of General Psychology, 17*(1), 69–81.

Glazek, K. (2012). Visual and motor processing in visual artists: Implications for cognitive and neural mechanisms. *Psychology of Aesthetics, Creativity, and the Arts, 6*(2), 155–167.

Glowinski, D., Mancini, M., Cowie, R., Camurri, A., Chiorri, C., & Doherty, C. (2013). The movements made by performers in a skilled quartet: A distinctive pattern, and the function that it serves. *Frontiers in Psychology, 4*, 841.

Goel, V. (2007). Anatomy of deductive reasoning. *Trends in Cognitive Sciences, 11*(10), 435–441.

(2014). Creative brains: Designing in the real world. *Frontiers in Human Neuroscience, 8*, 241.

Gold, R., Faust, M., & Ben-Artzi, E. (2012). Metaphors and verbal creativity: The role of the right hemisphere. *Laterality, 17*(5), 602–614.

Golden, C. J. (1975). The measurement of creativity by the Stroop Color and Word Test. *Journal of Personality Assessment, 39*(5), 502–506.

Gombrich, E. H. (1960). *Art and illusion: A study in the psychology of pictorial representation*. New York: Pantheon Books.

(2011). *The story of art*. London: Phaidon Press.

Gonen-Yaacovi, G., de Souza, L. C., Levy, R., Urbanski, M., Josse, G., & Volle, E. (2013). Rostral and caudal prefrontal contribution to creativity: A meta-analysis of functional imaging data. *Frontiers in Human Neuroscience, 7*, 465.

Gosselin, N., Paquette, S., & Peretz, I. (2015). Sensitivity to musical emotions in congenital amusia. *Cortex; a Journal Devoted to the Study of the Nervous System and Behavior, 71*, 171–182.

Gotts, S. J., Jo, H. J., Wallace, G. L., Saad, Z. S., Cox, R. W., & Martin, A. (2013). Two distinct forms of functional lateralization in the human brain. *Proceedings of the National Academy of Sciences of the United States of America, 110*(36), E3435.

Gough, H. G. (1979). A creative personality scale for the Adjective Check List. *Journal of Personality and Social Psychology, 37*(8), 1398–1405.

Goulden, N., Khusnulina, A., Davis, N. J., Bracewell, R. M., Bokde, A. L., McNulty, J. P., & Mullins, P. G. (2014). The salience network is responsible for switching between the default mode network and the central executive network: Replication from DCM. *NeuroImage, 99*, 180–190.

Gracco, V. L., Tremblay, P., & Pike, B. (2005). Imaging speech production using fMRI. *NeuroImage, 26*(1), 294–301.

Green, A. E. (2016). Creativity, within reason semantic distance and dynamic state creativity in relational thinking and reasoning. *Current Directions in Psychological Science, 25*(1), 28–35.

Green, A. E., Kraemer, D. J. M., Fugelsang, J. A., Gray, J. R., & Dunbar, K. N. (2010). Connecting long distance: Semantic distance in analogical reasoning modulates frontopolar cortex activity. *Cerebral Cortex*, *20*(1), 70–76.

Green, A. E., Kraemer, D. J. M., Fugelsang, J. A., Gray, J. R., & Dunbar, K. N. (2012). Neural correlates of creativity in analogical reasoning. *Journal of Experimental Psychology: Learning, Memory, and Cognition*, *38*(2), 264–272.

Green, A. E., Spiegel, K. A., Giangrande, E. J., Weinberger, A. B., Gallagher, N. M., & Turkeltaub, P. E. (2016). Thinking cap plus thinking zap: tDCS of frontopolar cortex improves creative analogical reasoning and facilitates conscious augmentation of state creativity in verb generation. *Cerebral Cortex*, 27(4), 2628–2639.

Green, D. M., & Swets, J. A. (1966). *Signal detection theory and psychophysics*. New York: Wiley.

Greve, D. N. (2011). An absolute beginner's guide to surface- and voxel- based morphometric analysis. *Proceedings of the International Society for Magnetic Resonance in Medicine*, 19, 7–13.

Griffiths, T. L., Steyvers, M., & Tenenbaum, J. B. (2007). Topics in semantic representation. *Psychological Review*, *114*(2), 211–244.

Grimm, O., Pohlack, S., Cacciaglia, R., Winkelmann, T., Plichta, M. M., Demirakca, T., & Flor, H. (2015). Amygdalar and hippocampal volume: A comparison between manual segmentation, Freesurfer and VBM. *Journal of Neuroscience Methods*, *253*, 254–261.

Groborz, M., & Nęcka, E. (2003). Creativity and cognitive control: Explorations of generation and evaluation skills. *Creativity Research Journal*, *15*(2–3), 183–197.

Grossberg, S. (2008). The art of seeing and painting. *Spatial Vision*, *21*(3–5), 463–486.

Grossberg, S., & Zajac, L. (2017). How humans consciously see paintings and paintings illuminate how humans see. *Art & Perception*, *5*(1), 1–95.

Gruber, H. E. (1989). Networks of enterprise in creative scientific work. In B. Gholson, W. R. Shadish Jr, R. A. Neimeyer, & A. C. Houts (Eds.), *Psychology of science: Contributions to metascience* (pp. 246–265). Cambridge: Cambridge University Press.

Gruzelier, J. H. (2014). EEG-neurofeedback for optimising performance. II: Creativity, the performing arts and ecological validity. *Neuroscience and Biobehavioral Reviews*, *44*, 142–158.

Gruzelier, J. H., Inoue, A., Smart, R., Steed, A., & Steffert, T. (2010). Acting performance and flow state enhanced with sensory-motor rhythm neurofeedback comparing ecologically valid immersive VR and training screen scenarios. *Neuroscience Letters*, *480*(2), 112–116.

Gruzelier, J. H., Thompson, T., Redding, E., Brandt, R., & Steffert, T. (2014). Application of alpha/theta neurofeedback and heart rate variability training to young contemporary dancers: State anxiety and creativity. *International Journal of Psychophysiology*, *93*(1), 105–111.

Guilford, J. P. (1950). Creativity. *American Psychologist*, *5*(9), 444–454.

(1957). Creative abilities in the arts. *Psychological Review*, *64*(2), 110–118.

(1959). Three faces of intellect. *American Psychologist*, *14*(8), 469–479.

(1967). *The nature of human intelligence*. New York: McGraw-Hill.

(1970). Creativity: Retrospect and prospect. *Journal of Creative Behavior*, *4*(3), 149–168.

(1975). Creativity: A quarter century of progress. In I. A. Taylor & J. W. Getzels (Eds.), *Perspectives in creativity* (pp. 37–59). Chicago, IL: Aldine.

(1988). Some changes in the structure-of-intellect model. *Educational and Psychological Measurement*, *48*(1), 1–4.

Guilford, J. P., Christensen, P. R., Merrifield, P. R., & Wilson, R. C. (1960). *Alternate Uses manual*. Menlo Park, CA: Mind Garden.

Guillemin, R. (2010). Similarities and contrasts in the creative processes of the sciences and the arts. *Leonardo*, *43*(1), 59–62.

Gupta, N., Jang, Y., Mednick, S. C., & Huber, D. E. (2012). The road not taken: Creative solutions require avoidance of high-frequency responses. *Psychological Science*, *23*(3), 288–294.

Gurd, J. M. (Ed.). (2012). *Handbook of clinical neuropsychology* (2nd edn.). Oxford: Oxford University Press.

Gusnard, D. A., Raichle, M. E., & Raichle, M. E. (2001). Searching for a baseline: Functional imaging and the resting human brain. *Nature Reviews Neuroscience*,*2*(10),685–694.

Hackman, D. A., Farah, M. J., & Meaney, M. J. (2010). Socioeconomic status and the brain: Mechanistic insights from human and animal research. *Nature Reviews Neuroscience*, *11*(9), 651–659.

Hagoort, P. (2014). Nodes and networks in the neural architecture for language: Broca's region and beyond. *Current Opinion in Neurobiology*, *28*, 136–141.

Hald, S. V., Baker, F. A., & Ridder, H. M. (2017). A preliminary evaluation of the interpersonal music-communication competence scales. *Nordic Journal of Music Therapy*, *26*(1), 40–61.

Halford, G. S., Wilson, W. H., & Phillips, S. (2010). Relational knowledge: The foundation of higher cognition. *Trends in Cognitive Sciences*, *14*(11), 497–505.

Haller, C. S., & Courvoisier, D. S. (2010). Personality and thinking style in different creative domains. *Psychology of Aesthetics, Creativity, and the Arts*, *4*(3), 149–160.

Hänggi, J., Koeneke, S., Bezzola, L., & Jäncke, L. (2010). Structural neuroplasticity in the sensorimotor network of professional female ballet dancers. *Human Brain Mapping*, *31*(8), 1196–1206.

Hanna, J. L., Abrahams, R. D., Crumrine, N. R., Dirks, R., Von Gizycki, R., Heyer, P., ... Wild, S. A. (1979). Movements toward understanding humans through the anthropological study of dance (and comments and reply). *Current Anthropology*, *20*(2), 313–339.

Hargreaves, D. J. (2012). Musical imagination: Perception and production, beauty and creativity. *Psychology of Music*, *40*(5), 539–557.

Hargreaves, D. J., Miell, D., & MacDonald, R. A. R. (Eds.). (2012). *Musical imaginations: Multidisciplinary perspectives on creativity, performance, and perception*. Oxford: Oxford University Press.

Harnad, S. (2006). Creativity: Method or magic? *Hungarian Studies*, *20*(1), 163–177.

Harp, J. P., & High, W. M. (2017). The brain and its maps: An illustrative history. In S. D. Brunn & M. Dodge (Eds.), *Mapping across academia* (pp. 123–144). Amsterdam: Springer.

Harrington, D. M. (1990). The ecology of human creativity: A psychological perspective. In M. A. Runco & R. S. Albert (Eds.), *Theories of creativity* (pp. 143–169). Thousand Oaks, CA: Sage.

Hart, E., & Di Blasi, Z. (2015). Combined flow in musical jam sessions: A pilot qualitative study. *Psychology of Music*, *43*(2), 275–290.

Hass, R. W., & Weisberg, R. W. (2009). Career development in two seminal American songwriters: A test of the equal odds rule. *Creativity Research Journal*, *21*(2–3), 183–190.

Hassabis, D., Kumaran, D., Summerfield, C., & Botvinick, M. (2017). Neuroscience-inspired artificial intelligence. *Neuron*, *95*(2), 245–258.

Haueis, P. (2014). Meeting the brain on its own terms. *Frontiers in Human Neuroscience*, *8*, 815.

Haught-Tromp, C. (2017). The Green Eggs and Ham hypothesis: How constraints facilitate creativity. *Psychology of Aesthetics, Creativity, and the Arts*, *11*(1), 10–17.

Haxby, J. V., Connolly, A. C., & Guntupalli, J. S. (2014). Decoding neural representational spaces using multivariate pattern analysis. *Annual Review of Neuroscience*, *37*, 435–456.

Heilman, K. M., & Valenstein, E. (Eds.). (2012). *Clinical neuropsychology* (5th edn.). Oxford: Oxford University Press.

Heilman, K. M., Nadeau, S. E., & Beversdorf, D. O. (2003). Creative innovation: Possible brain mechanisms. *Neurocase*, *9*(5), 369–379.

Heller, K. A. (2007). Scientific ability and creativity. *High Ability Studies*, *18*(2), 209–234.

Heller, K., Bullerjahn, C., & von Georgi, R. (2015). The relationship between personality traits, flow-experience, and different aspects of practice behavior of amateur vocal students. *Frontiers in Psychology*, *6*, 1901.

Helson, R., & Pals, J. L. (2000). Creative potential, creative achievement, and personal growth. *Journal of Personality*, *68*(1), 1–27.

Hemsley, D. R. (2005). The schizophrenic experience: Taken out of context? *Schizophrenia Bulletin*, *31*(1), 43–53.

Hennessey, B. A., & Amabile, T. M. (1988). The conditions of creativity. In R. J. Sternberg (Ed.), *The nature of creativity:*

Contemporary psychological perspectives (pp. 11–43). Cambridge: Cambridge University Press.

Hennessey, B. A., & Amabile, T. M. (2010). Creativity. *Annual Review of Psychology, 61*, 569–598.

Herholz, S. C., Lappe, C., Knief, A., & Pantev, C. (2009). Imagery mismatch negativity in musicians. *Annals of the New York Academy of Sciences, 1169*, 173–177.

Hermann, I., Haser, V., van Elst, L. T., Ebert, D., Müller-Feldmeth, D., Riedel, A., & Konieczny, L. (2013). Automatic metaphor processing in adults with Asperger syndrome: A metaphor interference effect task. *European Archives of Psychiatry and Clinical Neuroscience, 263*(Suppl. 2), S177–S187.

Hickok, G. (2009). Eight problems for the mirror neuron theory of action understanding in monkeys and humans. *Journal of Cognitive Neuroscience, 21*(7), 1229–1243.

(2012). Computational neuroanatomy of speech production. *Nature Reviews Neuroscience, 13*(2), 135–145.

Hickok, G., & Poeppel, D. (2007). The cortical organization of speech processing. *Nature Reviews Neuroscience, 8*(5), 393–402.

(2015). Neural basis of speech perception. *Handbook of Clinical Neurology, 129*, 149–160.

Hikosaka, O., & Isoda, M. (2010). Switching from automatic to controlled behavior: Cortico-basal ganglia mechanisms. *Trends in Cognitive Sciences, 14*(4), 154–161.

Hobeika, L., Diard-Detoeuf, C., Garcin, B., Levy, R., & Volle, E. (2016). General and specialized brain correlates for analogical reasoning: A meta-analysis of functional imaging studies. *Human Brain Mapping, 37*(5), 1953–1969.

Hofstadter, D. R. (2001). Analogy as the core of cognition. In D. Gentner, K. J. Holyoak, & B. N. Kokinov (Eds.), *The analogical mind: Perspectives from cognitive science* (pp. 499–538). Cambridge, MA: MIT Press.

Hofstadter, D. R., & Fluid Analogies Research Group. (1996). *Fluid concepts and creative analogies: Computer models of the fundamental mechanisms of thought.* New York: Basic Books.

Holyoak, K. J., & Thagard, P. (1995). *Mental leaps: Analogy in creative thought.* Cambridge, MA: MIT Press.

Hommel, B., Müsseler, J., Aschersleben, G., & Prinz, W. (2001). The Theory of Event Coding (TEC): A framework for perception and action planning. *Behavioral and Brain Sciences, 24*(5), 849–878.

Honing, H., ten Cate, C., Peretz, I., & Trehub, S. E. (2015). Without it no music: Cognition, biology and evolution of musicality. *Philosophical Transactions of the Royal Society B: Biological Sciences, 370*(1664).

Hoover, S. M., & Feldhusen, J. F. (1994). Scientific problem solving and problem finding: A theoretical model. In M. A. Runco (Ed.), *Problem finding, problem solving, and creativity* (pp. 201–219). Norwood, NJ: Ablex Publishing.

Hoppe, K. D. (1988). Hemispheric specialization and creativity. *Psychiatric Clinics of North America, 11*(3), 303–315.

Horvath, J. C., Carter, O., & Forte, J. D. (2014). Transcranial direct current stimulation: Five important issues we aren't discussing (but probably should be). *Frontiers in Systems Neuroscience, 8*, 2.

Horvath, J. C., Forte, J. D., & Carter, O. (2015). Evidence that transcranial direct current stimulation (tDCS) generates little-to-no reliable neurophysiologic effect beyond MEP amplitude modulation in healthy human subjects: A systematic review. *Neuropsychologia, 66*, 213–236.

Howard-Jones, P. A., Blakemore, S.-J., Samuel, E. A., Summers, I. R., & Claxton, G. (2005). Semantic divergence and creative story generation: An fMRI investigation. *Cognitive Brain Research, 25*(1), 240–250.

Huang, F., Fan, J., & Luo, J. (2015). The neural basis of novelty and appropriateness in processing of creative chunk decomposition. *NeuroImage, 113*, 122–132.

Huang, J., Francis, A. P., & Carr, T. H. (2008). Studying overt word reading and speech production with event-related fMRI: A method for detecting, assessing, and correcting articulation-induced signal changes and for measuring onset time and duration of articulation. *Brain and Language, 104*(1), 10–23.

Huang, P., Qiu, L., Shen, L., Zhang, Y., Song, Z., Qi, Z., ... Xie, P. (2013). Evidence for a left-over-right inhibitory mechanism during figural creative thinking in healthy nonartists. *Human Brain Mapping, 34*(10), 2724–2732.

Hubbard, E. M., & Ramachandran, V. S. (2005). Neurocognitive mechanisms of synesthesia. *Neuron, 48*(3), 509–520.

Huettel, S. A., & McCarthy, G. (2001). The effects of single-trial averaging upon the spatial extent of fMRI activation.

Neuroreport, *12*(11), 2411–2416.

Huettel, S. A., Song, A. W., & McCarthy, G. (2014). *Functional magnetic resonance imaging* (3rd edn.). Sunderland, MA: Sinauer Associates.

Hull, R., Tosun, S., & Vaid, J. (2017). What's so funny? Modelling incongruity in humour production. *Cognition & Emotion*, *31*(3), 484–499.

Hulme, C., & Snowling, M. J. (2014). The interface between spoken and written language: Developmental disorders. *Philosophical Transactions of the Royal Society B: Biological Sciences*, *369*(1634).

Huron, D. B. (2006). *Sweet anticipation: Music and the psychology of expectation*. Cambridge, MA: MIT Press.

(2015). Affect induction through musical sounds: An ethological perspective. *Philosophical Transactions of the Royal Society B: Biological Sciences*, *370*(1664).

Hutton, E. L., & Bassett, M. (1948). The effect of leucotomy on creative personality. *Journal of Mental Science*, *94*(395), 332–350.

Hyde, L. (2012). *The gift: How the creative spirit transforms the world*. Edinburgh: Canongate.

Ioannides, A. A. (2007). Dynamic functional connectivity. *Current Opinion in Neurobiology*, *17*(2), 161–170.

Issurin, V. B. (2017). Evidence-based prerequisites and precursors of athletic talent: A review. *Sports Medicine*, 47(10), 1993–2010.

Jackendoff, R., & Lerdahl, F. (2006). The capacity for music: What is it, and what's special about it? *Cognition*, *100*(1), 33–72.

Jackson, S. A., & Eklund, R. C. (2002). Assessing flow in physical activity: The Flow State Scale–2 and Dispositional Flow Scale–2. *Journal of Sport and Exercise Psychology*, *24*(2), 133–150.

Jakobson, R. (1960). Linguistics and poetics. In T. A. Sebeok (Ed.), *Style in language* (pp. 350–377). Cambridge, MA: MIT Press.

James, W. (1891). *The principles of psychology*, Vol. 1. New York: Holt, Rinehart, & Winston.

Jamison, K. R. (1989). Mood disorders and patterns of creativity in British writers and artists. *Psychiatry*, *52*(2), 125–134.

Janata, P. (2015). Neural basis of music perception. *Handbook of Clinical Neurology*, *129*, 187–205.

Jankowska, D. M., & Karwowski, M. (2015). Measuring creative imagery abilities. *Frontiers in Psychology*, *6*, 1591.

Jauk, E., Benedek, M., Dunst, B., & Neubauer, A. C. (2013). The relationship between intelligence and creativity: New support for the threshold hypothesis by means of empirical breakpoint detection. *Intelligence*, *41*(4), 212–221.

Jauk, E., Neubauer, A. C., Dunst, B., Fink, A., & Benedek, M. (2015). Gray matter correlates of creative potential: A latent variable voxel-based morphometry study. *NeuroImage*, 111, 312–320.

Jay, R. (2016). *Matthias Buchinger: "The greatest German living."* Los Angeles, CA: Siglio.

Jebb, A. T., & Pfordresher, P. Q. (2016). Exploring perception–action relations in music production: The asymmetric effect of tonal class. *Journal of Experimental Psychology: Human Perception and Performance*, *42*(5), 658–670.

Jefferies, E. (2013). The neural basis of semantic cognition: Converging evidence from neuropsychology, neuroimaging and TMS. *Cortex; a Journal Devoted to the Study of the Nervous System and Behavior*, *49*(3), 611–625.

Jeon, H.-A., & Friederici, A. D. (2015). Degree of automaticity and the prefrontal cortex. *Trends in Cognitive Sciences*, *19*(5), 244–250.

Johansen-Berg, H., & Behrens, T. E. J. (Eds.). (2014). *Diffusion MRI: From quantitative measurement to in-vivo neuroanatomy* (2nd edn.). Waltham, MA: Elsevier/Academic Press.

Johnson, R. A. (1979). Creative imagery in blind and sighted adolescents. *Journal of Mental Imagery*, *3*(1–2), 23–30.

Johnson-Laird, P. N. (2002). How jazz musicians improvise. *Music Perception: An Interdisciplinary Journal*, *19*(3), 415–442.

Johnson-Laird, P. N., Khemlani, S. S., & Goodwin, G. P. (2015). Logic, probability, and human reasoning. *Trends in Cognitive Sciences*, *19*(4), 201–214.

Johnstone, B. (2000). The individual voice in language. *Annual Review of Anthropology*, *29*, 405–424.

Jones, L. L., & Estes, Z. (2015). Convergent and divergent thinking in verbal analogy. *Thinking & Reasoning*, *21*(4), 473–500.

Jung, R. E., & Haier, R. J. (2007). The Parieto-Frontal Integration Theory (P- FIT) of intelligence: Converging neuroimaging evidence. *Behavioral and Brain Sciences*, *30*(2), 135–154.

Jung, R. E., & Vartanian, O. (Eds.). (2018). *The Cambridge handbook of the neuroscience of creativity*. New York: Cambridge University Press.

Jung, R. E., Mead, B. S., Carrasco, J., & Flores, R. A. (2013). The structure of creative cognition in the human brain. *Frontiers in Human Neuroscience*, *7*, 330.

Jung, R. E., Segall, J. M., Jeremy Bockholt, H., Flores, R. A., Smith, S. M., Chavez, R. S., & Haier, R. J. (2010). Neuroanatomy of creativity. *Human Brain Mapping*, *31*(3), 398–409.

Jung, R. E., Wertz, C. J., Meadows, C. A., Ryman, S. G., Vakhtin, A. A., & Flores, R. A. (2015). Quantity yields quality when it comes to creativity: A brain and behavioral test of the equal-odds rule. *Frontiers in Psychology*, *6*, 864.

Jung-Beeman, M. (2005). Bilateral brain processes for comprehending natural language. *Trends in Cognitive Sciences*, *9*(11), 512–518.

Jung-Beeman, M., Bowden, E. M., Haberman, J., Frymiare, J. L., Arambel-Liu, S., Greenblatt, R., ... Kounios, J. (2004). Neural activity when people solve verbal problems with insight. *PLoS Biology*, *2*(4), e97.

Kadosh, R. C. (Ed.). (2014). *The stimulated brain: Cognitive enhancement using non-invasive brain stimulation*. San Diego, CA: Elsevier/ Academic Press.

Kandel, E. R. (2012). *The age of insight: The quest to understand the unconscious in art, mind, and brain: From Vienna 1900 to the present*. New York: Random House.

Kandler, C., Riemann, R., Angleitner, A., Spinath, F. M., Borkenau, P., & Penke, L. (2016). The nature of creativity: The roles of genetic factors, personality traits, cognitive abilities, and environmental sources. *Journal of Personality and Social Psychology*, 111(2), 230–249.

Kapur, N. (1996). Paradoxical functional facilitation in brain-behaviour research: A critical review. *Brain: A Journal of Neurology*, *119*(5), 1775–1790.

Károlyi, C. von, Winner, E., Gray, W., & Sherman, G. F. (2003). Dyslexia linked to talent: Global visual-spatial ability. *Brain and Language*, *85*(3), 427–431.

Karpati, F. J., Giacosa, C., Foster, N. E. V., Penhune, V. B., & Hyde, K. L. (2015). Dance and the brain: A review. *Annals of the New York Academy of Sciences*, *1337*, 140–146.

Kasirer, A., & Mashal, N. (2014). Verbal creativity in autism: Comprehension and generation of metaphoric language in high-functioning autism spectrum disorder and typical development. *Frontiers in Human Neuroscience*, *8*, 615.

(2016a). Comprehension and generation of metaphoric language in children, adolescents, and adults with dyslexia. *Dyslexia: An International Journal of Research and Practice*, *23*(2), 99–118.

(2016b). Comprehension and generation of metaphors by children with autism spectrum disorder. *Research in Autism Spectrum Disorders*, *32*, 53–63.

Kasperson, C. J. (1978). Psychology of the scientist: XXXVII. Scientific creativity: A relationship with information channels. *Psychological Reports*, *42*(3), 691–694.

Kastner, S., & Ungerleider, L. G. (2000). Mechanisms of visual attention in the human cortex. *Annual Review of Neuroscience*, *23*, 315–341.

Kaufman, J. C. (2002). Dissecting the golden goose: Components of studying creative writers. *Creativity Research Journal*, *14*(1), 27–40.

Kaufman, J. C. (Ed.). (2014). *Creativity and mental illness*. Cambridge: Cambridge University Press.

Kaufman, J. C., & Beghetto, R. A. (2009). Beyond big and little: The four C model of creativity. *Review of General Psychology*, *13*(1), 1–12.

Kaufman, J. C., & Kaufman, A. B. (2004). Applying a creativity framework to animal cognition. *New Ideas in Psychology*, *22*(2), 143–155.

Kaufman, A. B., Kaufman, J. C. (2015). *Animal creativity and innovation*. San Diego, CA: Academic Press.

Kaufman, J. C., & Plucker, J. A. (2010). Intelligence and creativity. In J. C. Kaufman & R. J. Sternberg (Eds.),

The Cambridge handbook of creativity (pp. 771–783). New York: Cambridge University Press.

Kaufman, J. C., & Skidmore, L. E. (2010). Taking the propulsion model of creative contributions into the 21st century. *Psychologie in Österreich, 5*, 387–381.

Kaufman, J. C., Baer, J., Cole, J. C., & Sexton, J. D. (2008). A comparison of expert and nonexpert raters using the consensual assessment technique. *Creativity Research Journal, 20*(2), 171–178.

Kaufman, J. C., Waterstreet, M. A., Ailabouni, H. S., Whitcomb, H. J., Roe, A. K., & Riggs, M. (2010). Personality and self-perceptions of creativity across domains. *Imagination, Cognition and Personality, 29*(3), 193–209.

Kaufman, S. B., Quilty, L. C., Grazioplene, R. G., Hirsh, J. B., Gray, J. R., Peterson, J. B., & DeYoung, C. G. (2016). Openness to experience and intellect differentially predict creative achievement in the arts and sciences. *Journal of Personality, 84*(2), 248–258.

Kawabata, M., & Mallett, C. J. (2011). Flow experience in physical activity: Examination of the internal structure of flow from a process-related perspective. *Motivation and Emotion, 35*(4), 393–402.

Keefer, L. A., & Landau, M. J. (2016). Metaphor and analogy in everyday problem solving. *Cognitive Science, 7*(6), 394–405.

Kell, H. J., Lubinski, D., & Benbow, C. P. (2013). Who rises to the top? Early indicators. *Psychological Science, 24*(5), 648–659.

Keller, P. E. (2012). Mental imagery in music performance: Underlying mechanisms and potential benefits. *Annals of the New York Academy of Sciences, 1252*, 206–213.

Kemp, R. (2012). *Embodied acting: What neuroscience tells us about performance*. New York: Routledge.

Kenett, Y. N., Anaki, D., & Faust, M. (2014). Investigating the structure of semantic networks in low and high creative persons. *Frontiers in Human Neuroscience, 8*, 407.

Kenett, Y. N., Levy, O., Kenett, D. Y., Stanley, H. E., Faust, M., & Havlin, S. (2018). Flexibility of thought in high creative individuals represented by percolation analysis. *Proceedings of the National Academy of Sciences, 115*(5), 867–872.

Kennedy, J. M. (2009). Outline, mental states, and drawings by a blind woman. *Perception, 38*(10), 1481–1496.

Kennedy, P., Miele, D. B., & Metcalfe, J. (2014). The cognitive antecedents and motivational consequences of the feeling of being in the zone. *Consciousness and Cognition, 30*, 48–61.

Kim, K. H. (2006a). Can we trust creativity tests? A review of the Torrance Tests of Creative Thinking (TTCT). *Creativity Research Journal, 18*(1), 3–14.

(2006b). Is creativity unidimensional or multidimensional? Analyses of the Torrance Tests of Creative Thinking. *Creativity Research Journal, 18*(3), 251–259.

(2008). Meta-analyses of the relationship of creative achievement to both IQ and divergent thinking test scores. *Journal of Creative Behavior, 42*(2), 106–130.

King, M. J. (1997). Apollo 13 creativity: In-the-box innovation. *Journal of Creative Behavior, 31*(4), 299–308.

Kirsch, L. P., Urgesi, C., & Cross, E. S. (2016). Shaping and reshaping the aesthetic brain: Emerging perspectives on the neurobiology of embodied aesthetics. *Neuroscience and Biobehavioral Reviews, 62*, 56–68.

Kishiyama, M. M., Boyce, W. T., Jimenez, A. M., Perry, L. M., & Knight, R. T. (2009). Socioeconomic disparities affect prefrontal function in children. *Journal of Cognitive Neuroscience, 21*(6), 1106–1115.

Kleinmintz, O. M., Goldstein, P., Mayseless, N., Abecasis, D., & Shamay-Tsoory, S. G. (2014). Expertise in musical improvisation and creativity: The mediation of idea evaluation. *PloS One, 9*(7), e101568.

Klimesch, W. (1999). EEG alpha and theta oscillations reflect cognitive and memory performance: A review and analysis. *Brain Research Reviews, 29*(2–3), 169–195.

Koechlin, E. (2015). Prefrontal executive function and adaptive behavior in complex environments. *Current Opinion in Neurobiology, 37*, 1–6.

Koelsch, S., & Friederici, A. D. (2003). Toward the neural basis of processing structure in music: Comparative results of different neurophysiological investigation methods. *Annals of the New York Academy of Sciences, 999*, 15–28.

Koelsch, S., Gunter, T., Friederici, A. D., & Schröger, E. (2000). Brain indices of music processing: "Nonmusicians" are musical. *Journal of Cognitive Neuroscience*, *12*(3), 520–541.

Koestler, A. (1969). *The act of creation*. London: Hutchinson.

Köhler, W. (1926). *The mentality of apes*. New York: Harcourt Brace.

Kounios, J., & Beeman, M. (2014). The cognitive neuroscience of insight. *Annual Review of Psychology*, *65*, 71–93.

Koutedakis, Y., & Jamurtas, A. (2004). The dancer as a performing athlete: Physiological considerations. *Sports Medicine*, *34*(10), 651–661.

Koutsoupidou, T., & Hargreaves, D. J. (2009). An experimental study of the effects of improvisation on the development of children's creative thinking in music. *Psychology of Music*, *37*(3), 251–278.

Kozbelt, A. (2001). Artists as experts in visual cognition. *Visual Cognition*, *8*(6), 705–723.

Kozbelt, A., & Durmysheva, Y. (2007). Understanding creativity judgments of invented alien creatures: The roles of invariants and other predictors. *Journal of Creative Behavior*, *41*(4), 223–248.

Kozbelt, A., & Seeley, W. P. (2007). Integrating art historical, psychological, and neuroscientific explanations of artists' advantages in drawing and perception. *Psychology of Aesthetics, Creativity, and the Arts*, *1*(2), 80–90.

Kozbelt, A., Beghetto, R. A., & Runco, M. A. (2010). Theories of creativity. In J. C. Kaufman & R. J. Sternberg (Eds.), *The Cambridge handbook of creativity* (pp. 20–47). Cambridge: Cambridge University Press.

Krawczyk, D. C. (2012). The cognition and neuroscience of relational reasoning. *Brain Research*, *1428*, 13–23.

Krawczyk, D. C., McClelland, M. M., & Donovan, C. M. (2011). A hierarchy for relational reasoning in the prefrontal cortex. *Cortex; a Journal Devoted to the Study of the Nervous System and Behavior*, *47*(5), 588–597.

Kris, E. (1952). *Psychoanalytic explorations in art*. New York: International Universities Press.

Kroger, J. K., Nystrom, L. E., Cohen, J. D., & Johnson-Laird, P. N. (2008). Distinct neural substrates for deductive and mathematical processing. *Brain Research*, *1243*, 86–103.

Kröger, S., Rutter, B., Hill, H., Windmann, S., Hermann, C., & Abraham, A. (2013). An ERP study of passive creative conceptual expansion using a modified alternate uses task. *Brain Research*, *1527*, 189–198.

Kröger, S., Rutter, B., Stark, R., Windmann, S., Hermann, C., & Abraham, A. (2012). Using a shoe as a plant pot: Neural correlates of passive conceptual expansion. *Brain Research*, *1430*, 52–61.

Krop, H. D., Alegre, C. E., & Williams, C. D. (1969). Effect of induced stress on convergent and divergent thinking. *Psychological Reports*, *24*(3), 895–898.

Krupinski, E. A., Graham, A. R., & Weinstein, R. S. (2013). Characterizing the development of visual search expertise in pathology residents viewing whole slide images. *Human Pathology*, *44*(3), 357–364.

Kuhn, T. S. (1970). *The structure of scientific revolutions* (2nd edn.). Chicago, IL: University of Chicago Press.

Kumar, J. S., & Bhuvaneswari, P. (2012). Analysis of electroencephalography (EEG) signals and its categorization: A study. *Procedia Engineering*, *38*, 2525–2536.

Kutas, M., & Federmeier, K. D. (2011). Thirty years and counting: Finding meaning in the N400 component of the event-related brain potential (ERP). *Annual Review of Psychology*, *62*, 621–647.

Kuypers, K. P. C., Riba, J., de la Fuente Revenga, M., Barker, S., Theunissen, E. L., & Ramaekers, J. G. (2016). Ayahuasca enhances creative divergent thinking while decreasing conventional convergent thinking. *Psychopharmacology*, 233(18), 3395–3403.

Kwiatkowski, J., Vartanian, O., & Martindale, C. (1999). Creativity and speed of mental processing. *Empirical Studies of the Arts*, *17*(2), 187–196.

Kyaga, S., Landén, M., Boman, M., Hultman, C. M., Långström, N., & Lichtenstein, P. (2013). Mental illness, suicide and creativity: 40-year prospective total population study. *Journal of Psychiatric Research*, *47*(1), 83–90.

Kyaga, S., Lichtenstein, P., Boman, M., Hultman, C., Långström, N., & Landén, M. (2011). Creativity and mental disorder: Family study of 300000 people with severe mental disorder. *British Journal of Psychiatry: The Journal of Mental Science*, *199*(5), 373–379.

Laeng, B., Eidet, L. M., Sulutvedt, U., & Panksepp, J. (2016). Music chills: The eye pupil as a mirror to music's soul. *Consciousness and Cognition*, *44*, 161–178.

Lakke, J. P. (1999). Art and Parkinson's disease. *Advances in Neurology*, *80*, 471–479.

Lakoff, G. (2014). Mapping the brain's metaphor circuitry: Metaphorical thought in everyday reason. *Frontiers in Human Neuroscience*, *8*, 958.

Lakoff, G.,& Johnson, M.(2003).*Metaphors we live by*. Chicago, IL: University of Chicago Press.

Laland, K., Wilkins, C., & Clayton, N. (2016). The evolution of dance. *Current Biology*, *26*(1), R5–R9.

Lau, E. F., Phillips, C., & Poeppel, D. (2008). A cortical network for semantics: (De)constructing the N400. *Nature Reviews Neuroscience*, *9*(12), 920–933.

Lauronen, E., Veijola, J., Isohanni, I., Jones, P. B., Nieminen, P., & Isohanni, M. (2004). Links between creativity and mental disorder. *Psychiatry*, *67*(1), 81–98.

LeBoutillier, N., & Marks, D. F. (2003). Mental imagery and creativity: A meta-analytic review study. *British Journal of Psychology*, *94*(1), 29–44.

Legrenzi, P., & Umilta, C. (2011). *Neuromania: On the limits of brain science* (F. Anderson, Trans.). Oxford: Oxford University Press.

Lengfelder, A., & Gollwitzer, P. M. (2001). Reflective and reflexive action control in patients with frontal brain lesions. *Neuropsychology*, *15*(1), 80–100.

Lerdahl, F. (2001). Cognitive constraints on compositional systems. In J. Sloboda (Ed.), *Generative processes in music: The psychology of performance, improvisation, and composition*. Oxford: Oxford University Press.

Leung, A. K. Y., Kim, S., Polman, E., Ong, L. S., Qiu, L., Goncalo, J. A., & Sanchez-Burks, J. (2012). Embodied metaphors and creative "acts." *Psychological Science*, *23*(5), 502–509.

Levens, S. M., Larsen, J. T., Bruss, J., Tranel, D., Bechara, A., & Mellers, B. A. (2014). What might have been? The role of the ventromedial prefrontal cortex and lateral orbitofrontal cortex in counterfactual emotions and choice. *Neuropsychologia*, *54*, 77–86.

Lewis, P. M., Thomson, R. H., Rosenfeld, J. V., & Fitzgerald, P. B. (2016). Brain neuromodulation techniques: A review. *The Neuroscientist: A Review Journal Bringing Neurobiology, Neurology and Psychiatry*, *22*(4), 406–421.

Lhommée, E., Batir, A., Quesada, J.-L., Ardouin, C., Fraix, V., Seigneuret, E., ... Krack, P. (2014). Dopamine and the biology of creativity: Lessons from Parkinson's disease. *Frontiers in Neurology*, *5*, 55.

Li, W., Li, X., Huang, L., Kong, X., Yang, W., Wei, D., ... Liu, J. (2015). Brain structure links trait creativity to openness to experience. *Social Cognitive and Affective Neuroscience*, *10*(2), 191–198.

Li, W., Yang, J., Zhang, Q., Li, G., & Qiu, J. (2016). The association between resting functional connectivity and visual creativity. *Scientific Reports*, *6*, 25395.

Lieven, E., Behrens, H., Speares, J., & Tomasello, M. (2003). Early syntactic creativity: A usage-based approach. *Journal of Child Language*, *30*(2), 333–367.

Light, G. A., Williams, L. E., Minow, F., Sprock, J., Rissling, A., Sharp, R., ... Braff, D. L. (2010). Electroencephalography (EEG) and event-related potentials (ERPs) with human participants. *Current Protocols in Neuroscience*. doi.org/10.1002/0471142301.ns0625s52

Likert, R. (1932). A technique for the measurement of attitudes. *Archives of Psychology*, *22*(140), 55.

Likova, L. T. (2012). Drawing enhances cross-modal memory plasticity in the human brain: A case study in a totally blind adult. *Frontiers in Human Neuroscience*, *6*, 44.

Limb, C. J., & Braun, A. R. (2008). Neural substrates of spontaneous musical performance: An fMRI study of jazz improvisation. *PloS One*, *3*(2), e1679.

Lindell, A. K.(2011).Lateral thinkers are not so laterally minded: Hemispheric asymmetry, interaction, and creativity. *Laterality*, *16*(4), 479–498.

Lionnais, F. L. (1969). Science is an art. *Leonardo*, *2*(1), 73–78.

Liu, A., Werner, K., Roy, S., Trojanowski, J. Q., Morgan-Kane, U., Miller, B. L., & Rankin, K. P. (2009). A case study of an emerging visual artist with frontotemporal lobar degeneration and amyotrophic lateral sclerosis. *Neurocase*, *15*(3), 235–247.

Liu, S., Chow, H. M., Xu, Y., Erkkinen, M. G., Swett, K. E., Eagle, M. W., ... Braun, A. R. (2012). Neural correlates of lyrical improvisation: An fMRI study of freestyle rap. *Scientific Reports*, *2*, 834.

Liu, S., Erkkinen, M. G., Healey, M. L., Xu, Y., Swett, K. E., Chow, H. M., & Braun, A. R. (2015). Brain activity and connectivity during poetry composition: Toward a multidimensional model of the creative process. *Human Brain Mapping*, *36*(9), 3351–3372.

Liu, T. T., Frank, L. R., Wong, E. C., & Buxton, R. B. (2001). Detection power, estimation efficiency, and predictability in event-related fMRI. *NeuroImage*, *13*(4), 759–773.

Logothetis, N. K., Pauls, J., Augath, M., Trinath, T., & Oeltermann, A. (2001). Neurophysiological investigation of the basis of the fMRI signal. *Nature*, *412*(6843), 150–157.

Lopata, J. A., Nowicki, E. A., & Joanisse, M. F. (2017). Creativity as a distinct trainable mental state: An EEG study of musical improvisation. *Neuropsychologia*, *99*, 246–258.

Lotze, M., Erhard, K., Neumann, N., Eickhoff, S. B., & Langner, R. (2014). Neural correlates of verbal creativity: Differences in resting-state functional connectivity associated with expertise in creative writing. *Frontiers in Human Neuroscience*, *8*, 516.

Lu, J., Yang, H., Zhang, X., He, H., Luo, C., & Yao, D. (2015). The brain functional state of music creation: An fMRI study of composers. *Scientific Reports*, *5*, 12277.

Lubart, T. I. (2001). Models of the creative process: Past, present and future. *Creativity Research Journal*, *13*(3–4), 295–308.

Lubinski, D., Benbow, C. P., & Kell, H. J. (2014). Life paths and accomplishments of mathematically precocious males and females four decades later. *Psychological Science*, *25*(12), 2217–2232.

Lubinski, D., Webb, R. M., Morelock, M. J., & Benbow, C. P. (2001). Top 1 in 10,000: A 10-year follow-up of the profoundly gifted. *Journal of Applied Psychology*, *86*(4), 718–729.

Luck, S. J. (2014). *An introduction to the event-related potential technique* (2nd edn.). Cambridge, MA: MIT Press.

Ludwig, A. M. (1992). Creative achievement and psychopathology: Comparison among professions. *American Journal of Psychotherapy*, *46*(3), 330–356.

(1994). Mental illness and creative activity in female writers. *American Journal of Psychiatry*, *151*(11), 1650–1656.

(1995). *The price of greatness: Resolving the creativity and madness controversy*. New York: Guilford Press.

Lund, N. L., & Kranz, P. L. (1994). Notes on emotional components of musical creativity and performance. *Journal of Psychology*, *128*(6), 635–640.

Lustenberger, C., Boyle, M. R., Foulser, A. A., Mellin, J. M., & Fröhlich, F. (2015). Functional role of frontal alpha oscillations in creativity. *Cortex; a Journal Devoted to the Study of the Nervous System and Behavior*, *67*, 74–82.

MacDonald, R., Byrne, C., & Carlton, L. (2006). Creativity and flow in musical composition: An empirical investigation. *Psychology of Music*, *34*(3), 292–306.

MacKenzie, I. (2000). Improvisation, creativity, and formulaic language. *Journal of Aesthetics and Art Criticism*, *58*(2), 173–179.

Mackinnon, D. W. (1965). Personality and the realization of creative potential. *American Psychologist*, *20*(4), 273–281.

(1970). Creativity: A multifaceted phenomenon. In J. D. Roslansky (Ed.), *Creativity* (pp. 17–32). London: North-Holland.

(1978). *In search of human effectiveness*. Buffalo, NY: Creative Education Foundation.

Maidhof, C., Vavatzanidis, N., Prinz, W., Rieger, M., & Koelsch, S. (2010). Processing expectancy violations during music performance and perception: An ERP study. *Journal of Cognitive Neuroscience*, *22*(10), 2401–2413.

Makris, S., & Urgesi, C. (2015). Neural underpinnings of superior action prediction abilities in soccer players. *Social Cognitive and Affective Neuroscience*, *10*(3), 342–351.

Malloch, S.,& Trevarthen, C.(Eds.).(2009). *Communicative musicality: Exploring the basis of human companionship*. Oxford: Oxford University Press.

Manzano, O. de, Theorell, T., Harmat, L., & Ullén, F. (2010). The psychophysiology of flow during piano playing. *Emotion*, *10*(3), 301–311.

Marin, M. M., & Bhattacharya, J. (2013). Getting into the musical zone: Trait emotional intelligence and amount of practice predict flow in pianists. *Frontiers in Psychology*, *4*, 853.

Marinkovic, K., Baldwin, S., Courtney, M. G., Witzel, T., Dale, A. M., & Halgren, E. (2011). Right hemisphere has the last laugh: Neural dynamics of joke appreciation. *Cognitive, Affective & Behavioral Neuroscience*, *11*(1), 113–130.

Marsh, R. L., Landau, J. D., & Hicks, J. L. (1996). How examples may (and may not) constrain creativity. *Memory & Cognition*, *24*(5), 669–680.

Marshall, P. J., & Kenney, J. W. (2009). Biological perspectives on the effects of early psychosocial experience. *Developmental Review*, *29*(2), 96–119.

Martin, J., & Cox, D. (2016). Positioning Steve Nash: A theory-driven, social psychological, and biographical case study of creativity in sport. *Sport Psychologist*, *30*(4), 388–398.

Martindale, C. (1999). Biological bases of creativity. In R. J. Sternberg (Ed.), *Handbook of creativity* (pp. 137–152). Cambridge: Cambridge University Press.

(2007). Creativity, primordial cognition, and personality. *Personality and Individual Differences*, *43*(7), 1777–1785.

Martindale, C., & Hasenfus, N. (1978). EEG differences as a function of creativity, stage of the creative process, and effort to be original. *Biological Psychology*, *6*(3), 157–167.

Martindale, C., & Hines, D. (1975). Creativity and cortical activation during creative, intellectual and EEG feedback tasks. *Biological Psychology*, *3*(2), 91–100.

Mashal, N., Faust, M., Hendler, T., & Jung-Beeman, M. (2007). An fMRI investigation of the neural correlates underlying the processing of novel metaphoric expressions. *Brain and Language*, *100*(2), 115–126.

Maslej, M. M., Oatley, K., & Mar, R. A. (2017). Creating fictional characters: The role of experience, personality, and social processes. *Psychology of Aesthetics, Creativity, and the Arts*, *11*(4), 487–499.

Maslow, A. H. (1943). A theory of human motivation. *Psychological Review*, *50*(4), 370–396.

May, J., Calvo-Merino, B., deLahunta, S., McGregor, W., Cusack, R., Owen, A. M., ... Barnard, P. (2011). Points in mental space: An interdisciplinary study of imagery in movement creation. *Dance Research*, *29*(Suppl.), 404–432.

Mayseless, N., & Shamay-Tsoory, S. G. (2015). Enhancing verbal creativity: Modulating creativity by altering the balance between right and left inferior frontal gyrus with tDCS. *Neuroscience*, *291C*, 167–176.

Mayseless, N., Aharon-Peretz, J., & Shamay-Tsoory, S. (2014). Unleashing creativity: The role of left temporoparietal regions in evaluating and inhibiting the generation of creative ideas. *Neuropsychologia*, *64C*, 157–168.

McGlone, M. S. (2007). What is the explanatory value of a conceptual metaphor? *Language & Communication*, *27*(2), 109–126.

McPherson, M. J., & Limb, C. J. (2013). Difficulties in the neuroscience of creativity: Jazz improvisation and the scientific method. *Annals of the New York Academy of Sciences*, *1303*, 80–83.

Medaglia, J. D., Lynall, M.-E., & Bassett, D. S. (2015). Cognitive network neuroscience. *Journal of Cognitive Neuroscience*, *27*(8), 1471–1491.

Mednick, S. A. (1962). The associative basis of the creative process. *Psychological Review*, *69*, 220–232.

Meehan, T. P., & Bressler, S. L. (2012). Neurocognitive networks: Findings, models, and theory. *Neuroscience & Biobehavioral Reviews*, 36(10), 2232–2234.

Melogno, S., Pinto, M. A., & Orsolini, M. (2016). Novel metaphors comprehension in a child with high-functioning autism spectrum disorder: A study on assessment and treatment. *Frontiers in Psychology*, *7*, 2004.

Memmert, D. (2007). Can creativity be improved by an attention-broadening training program? An exploratory study focusing on team sports. *Creativity Research Journal*, *19*(2–3), 281–291.

(2009). Pay attention! A review of visual attentional expertise in sport. *International Review of Sport and Exercise Psychology*, *2*(2), 119–138.

Memmert, D., & Furley, P. (2007). "I spy with my little eye!": Breadth of attention, inattentional blindness, and tactical decision making in team sports. *Journal of Sport & Exercise Psychology*, *29*(3), 365–381.

Memmert, D., Baker, J., & Bertsch, C. (2010). Play and practice in the development of sport-specific creativity in team ball sports. *High Ability Studies*, *21*(1), 3–18.

Mendelsohn, G. A. (1974). Associative and attentional processes in creative performance. *Journal of Personality*, *44*, 341–369.

Mendelsohn, G. A., & Griswold, B. B. (1964). Differential use of incidental stimuli in problem solving as a function of creativity. *Journal of Abnormal and Social Psychology*, *68*(4), 431–436.

Menon, V., & Uddin, L. Q. (2010). Saliency, switching, attention and control: A network model of insula function. *Brain Structure & Function*, *214*(5–6), 655–667.

Merker, B. H.(2006). Layered constraints on the multiple creativities of music. In I.Deliège & G. A.Wiggins (Eds.),*Musical creativity: Multidisciplinary research in theory and practice* (pp. 25–41). Hove: Psychology Press.

Merker, B. H., Madison, G. S., & Eckerdal, P.(2009). On the role and origin of isochrony in human rhythmic entrainment. *Cortex; a Journal Devoted to the Study of the Nervous System and Behavior*, *45*(1), 4–17.

Merleau-Ponty, M. (1993). Cézanne's doubt. In G. A. Johnson (Ed.), *The Merleau-Ponty aesthetics reader: Philosophy and painting* (pp. 59–75). Evanston, IL: Northwestern University Press.

Metcalfe, J., & Wiebe, D. (1987). Intuition in insight and noninsight problem solving. *Memory & Cognition*, *15*(3), 238–246.

Miall, R. C., & Tchalenko, J. (2001). A painter's eye movements: A study of eye and hand movement during portrait drawing. *Leonardo*, *34*(1), 35–40.

Miall, R. C., Gowen, E., & Tchalenko, J. (2009). Drawing cartoon faces – a functional imaging study of the cognitive neuroscience of drawing. *Cortex*, *45*(3), 394–406.

Midorikawa, A., & Kawamura, M. (2015). The emergence of artistic ability following traumatic brain injury. *Neurocase*, *21*(1), 90–94.

Mihov, K. M., Denzler, M., & Förster, J. (2010). Hemispheric specialization and creative thinking: A meta-analytic review of lateralization of creativity. *Brain and Cognition*, *72*(3), 442–448.

Miller, A. I. (1995). Aesthetics, representation and creativity in art and science. *Leonardo*, *28*(3), 185–192.

(1996). Metaphors in creative scientific thought. *Creativity Research Journal*, *9*(2–3), 113–130.

Miller, B. L., Boone, K., Cummings, J. L., Read, S. L., & Mishkin, F. (2000). Functional correlates of musical and visual ability in frontotemporal dementia. *British Journal of Psychiatry: The Journal of Mental Science*, *176*, 458–463.

Miller, B. L., Ponton, M., Benson, D. F., Cummings, J. L., & Mena, I. (1996). Enhanced artistic creativity with temporal lobe degeneration. *Lancet*, *348*(9043), 1744–1745.

Miniussi, C., & Ruzzoli, M. (2013). Transcranial stimulation and cognition. *Handbook of Clinical Neurology*, *116*, 739–750.

Miran, M., & Miran, E. (1984). Cerebral asymmetries: Neuropsychological measurement and theoretical issues. *Biological Psychology*, *19*(3–4), 295–304.

Mithen, S. (2014). *Creativity in human evolution and prehistory*. London: Routledge.

Miyapuram, K. P., & Pammi, V. S. C. (2013). Understanding decision neuroscience: A multidisciplinary perspective and neural substrates. *Progress in Brain Research*, *202*, 239–266.

Mode, E. B. (1962). The two most original creations of the human spirit. *Mathematics Magazine*, *35*(1), 13–20.

Mohr, C., Graves, R. E., Gianotti, L. R., Pizzagalli, D., & Brugger, P. (2001). Loose but normal: A semantic association study. *Journal of Psycholinguistic Research*, *30*(5), 475–483.

Mölle, M., Marshall, L., Lutzenberger, W., Pietrowsky, R., Fehm, H. L., & Born, J. (1996). Enhanced dynamic complexity in the human EEG during creative thinking. *Neuroscience Letters*, *208*(1), 61–64.

Molnar-Szakacs, I., & Heaton, P. (2012). Music: A unique window into the world of autism. *Annals of the New York Academy of Sciences*, *1252*, 318–324.

Montero, B. (2006). Proprioception as an aesthetic sense. *Journal of Aesthetics and Art Criticism*, *64*(2), 231–242.

Moran, N., Hadley, L. V., Bader, M., & Keller, P. E. (2015). Perception of 'back-channeling' nonverbal feedback in musical duo improvisation. *PLoS One*, *10*(6), e0130070.

Morris, H. C. (1992). Logical creativity. *Theory & Psychology*, *2*(1), 89–107.

Mottron, L., Dawson, M., & Soulières, I. (2009). Enhanced perception in savant syndrome: Patterns, structure and creativity. *Philosophical Transactions of the Royal Society B: Biological Sciences*, *364*(1522), 1385–1391.

Moulton, S. T., & Kosslyn, S. M. (2009). Imagining predictions: Mental imagery as mental emulation. *Philosophical Trans-*

actions of the Royal Society B: Biological Sciences, *364*(1521), 1273–1280.

Mullally, S. L., & Maguire, E. A. (2013). Memory, imagination, and predicting the future: A common brain mechanism? *The Neuroscientist: A Review Journal Bringing Neurobiology, Neurology and Psychiatry*, *20*(3), 220–234.

Munakata, Y., Herd, S. A., Chatham, C. H., Depue, B. E., Banich, M. T., & O'Reilly, R. C. (2011). A unified framework for inhibitory control. *Trends in Cognitive Sciences*, *15*(10), 453–459.

Nabokov, V. V., & Bowers, F. (1980).*Lectures on literature*. New York: Harcourt Brace Jovanovich.

Navas-Sánchez, F. J., Alemán-Gómez, Y., Sánchez-Gonzalez, J., Guzmán-De- Villoria, J. A., Franco, C., Robles, O., ... Desco, M. (2014). White matter microstructure correlates of mathematical giftedness and intelligence quotient. *Human Brain Mapping*, *35*(6), 2619–2631.

Nee, D. E., & D'Esposito, M. (2016). The hierarchical organization of the lateral prefrontal cortex. *eLife*, *5*.

Nersessian, N. J., & Chandrasekharan, S. (2009). Hybrid analogies in conceptual innovation in science. *Cognitive Systems Research*, *10*(3), 178–188.

Nettle, D. (2001). *Strong imagination: Madness, creativity and human nature*. Oxford: Oxford University Press.

(2006). Schizotypy and mental health amongst poets, visual artists, and mathematicians. *Journal of Research in Personality*, *40*(6), 876–890.

Nettle, D., & Clegg, H. (2006). Schizotypy, creativity and mating success in humans. *Proceedings of the Royal Society B: Biological Sciences*, *273*(1586), 611–615.

Nidal, K., & Malik, A. S. (Eds.). (2014). *EEG/ERP analysis: Methods and applications*. Boca Raton, FL: CRC Press.

Niendam, T. A., Laird, A. R., Ray, K. L., Dean, Y. M., Glahn, D. C., & Carter, C. S. (2012). Meta-analytic evidence for a superordinate cognitive control network subserving diverse executive functions. *Cognitive, Affective & Behavioral Neuroscience*, *12*(2), 241–268.

Nijs, L., Lesaffre, M., & Leman, M. (2013). The musical instrument as a natural extension of the musician. In M. Castellengo & H. Genevois (Eds.), *Music and its instruments* (pp. 467–484). Sampzon, France: Editions Delatour.

Nijstad, B. A., Dreu, C. K. W. D., Rietzschel, E. F., & Baas, M. (2010). The dual pathway to creativity model: Creative ideation as a function of flexibility and persistence. *European Review of Social Psychology*, *21*(1), 34–77.

Nitsche, M. A., Cohen, L. G., Wassermann, E. M., Priori, A., Lang, N., Antal, A., ... Pascual-Leone, A. (2008). Transcranial direct current stimulation: State of the art 2008. *Brain Stimulation*, *1*(3), 206–223.

Novembre, G., & Keller, P. E. (2014). A conceptual review on action-perception coupling in the musician's brain: What is it good for? *Frontiers in Human Neuroscience*, *8*, 603.

Noy, L., Dekel, E., & Alon, U. (2011). The mirror game as a paradigm for studying the dynamics of two people improvising motion together. *Proceedings of the National Academy of Sciences of the United States of America*, *108*(52), 20947–20952.

Noy, L., Levit-Binun, N., & Golland, Y. (2015). Being in the zone: Physiological markers of togetherness in joint improvisation. *Frontiers in Human Neuroscience*, *9*, 187.

Nunez, P. L., & Srinivasan, R. (2006). *Electric fields of the brain: The neurophysics of EEG* (2nd edn.). Oxford: Oxford University Press.

Nusbaum, E. C., Silvia, P. J., & Beaty, R. E. (2017). Ha ha? Assessing individual differences in humor production ability. *Psychology of Aesthetics, Creativity, and the Arts*, *11*(2), 231–241.

Oaksford, M. (2015). Imaging deductive reasoning and the new paradigm. *Frontiers in Human Neuroscience*, *9*, 101.

O'Boyle, M. W., Cunnington, R., Silk, T. J., Vaughan, D., Jackson, G., Syngeniotis, A., & Egan, G. F. (2005). Mathematically gifted male adolescents activate a unique brain network during mental rotation. *Cognitive Brain Research*, *25*(2), 583–587.

Ohlsson, S. (1984). Restructuring revisited. *Scandinavian Journal of Psychology*, *25*(2), 117–129.

Oller, D. K., & Griebel, U. (Eds.). (2008). *Evolution of communicative flexibility: Complexity, creativity, and adaptability in human and animal communication*. Cambridge, MA: MIT Press.

Oppezzo, M., & Schwartz, D. L. (2014). Give your ideas some legs: The positive effect of walking on creative thinking. *Journal of Experimental Psychology: Learning, Memory, and Cognition*, *40*(4), 1142–1152.

Orme-Johnson, D. W., & Haynes, C. T. (1981). EEG phase coherence, pure consciousness, creativity, and TM – Sidhi experiences. *International Journal of Neuroscience*, *13*(4), 211–217.

Otte, A., & Halsband, U. (2006). Brain imaging tools in neurosciences. *Journal of Physiology-Paris*, *99*(4–6), 281–292.

Page, M. P. A. (2006). What can't functional neuroimaging tell the cognitive psychologist? *Cortex; a Journal Devoted to the Study of the Nervous System and Behavior*, *42*(3), 428–443.

Palmer, C. (2005). Time course of retrieval and movement preparation in music performance. *Annals of the New York Academy of Sciences*, *1060*, 360–367.

Palmiero, M., Cardi, V., & Belardinelli, M. O. (2011). The role of vividness of visual mental imagery on different dimensions of creativity. *Creativity Research Journal*, *23*(4), 372–375.

Palmiero, M., Nakatani, C., Raver, D., Belardinelli, M. O., & van Leeuwen, C. (2010). Abilities within and across visual and verbal domains: How specific is their influence on creativity? *Creativity Research Journal*, *22*(4), 369–377.

Palmiero, M., Nori, R., Aloisi, V., Ferrara, M., & Piccardi, L. (2015). Domain-specificity of creativity: A study on the relationship between visual creativity and visual mental imagery. *Frontiers in Psychology*, *6*, 1870.

Pantev, C., Ross, B., Fujioka, T., Trainor, L. J., Schulte, M., & Schulz, M. (2003). Music and learning-induced cortical plasticity. *Annals of the New York Academy of Sciences*, *999*, 438–450.

Park, G., Lubinski, D., & Benbow, C. P. (2008). Ability differences among people who have commensurate degrees matter for scientific creativity. *Psychological Science*, *19*(10), 957–961.

Park, H. R. P., Kirk, I. J., & Waldie, K. E. (2015). Neural correlates of creative thinking and schizotypy. *Neuropsychologia*, *73*, 94–107.

Park, I. S., Lee, N. J., Kim, T.-Y., Park, J.-H., Won, Y.-M., Jung, Y.-J., ... Rhyu, I. J. (2012). Volumetric analysis of cerebellum in short-track speed skating players. *The Cerebellum*, *11*(4), 925–930.

Park, S., Lee, J., Folley, B., & Kim, J. (2003). Schizophrenia: Putting context in context. *Behavioral and Brain Sciences*, *26*(01), 98–99.

Parkin, B. L., Hellyer, P. J., Leech, R., & Hampshire, A. (2015). Dynamic networkmechanisms of relational integration. *Journal of Neuroscience: The Official Journal of the Society for Neuroscience*, *35*(20), 7660–7673.

Pearlman, C. (1983). A theoretical model for creativity. *Education*, *103*(3), 294–304.

Pearsall, E. (1999). Mind and music: On intentionality, music theory, and analysis. *Journal of Music Theory*, *43*(2), 231–255.

Pearson, J., & Kosslyn, S. M. (2015). The heterogeneity of mental representation: Ending the imagery debate. *Proceedings of the National Academy of Sciences of the United States of America*, 112(33), 10089–10092.

Perdreau, F., & Cavanagh, P. (2011). Do artists see their retinas? *Frontiers in Human Neuroscience*, *5*, 171.

Peretz, I. (2006). The nature of music from a biological perspective. *Cognition*, *100*(1), 1–32.

Peretz, I., & Coltheart, M. (2003). Modularity of music processing. *Nature Neuroscience*, *6*(7), 688.

Peretz, I., & Zatorre, R. J. (Eds.). (2003). *The cognitive neuroscience of music*. New York: Oxford University Press.

Perky, C. W. (1910). An experimental study of imagination. *American Journal of Psychology*, *21*(3), 422–452.

Perlovsky, L. I., & Levine, D. S. (2012). The drive for creativity and the escape from creativity: Neurocognitive mechanisms. *Cognitive Computation*, *4*(3), 292–305.

Pesce, C., Masci, I., Marchetti, R., Vazou, S., Sääkslahti, A., & Tomporowski, P. D. (2016). Deliberate play and preparation jointly benefit motor and cognitive development: Mediated and moderated effects. *Frontiers in Psychology*, *7*, 349.

Petersen, D. (2008). Space, time, weight, and flow: Suggestions for enhancing assessment of creative movement. *Physical Education & Sport Pedagogy*, *13*(2), 191–198.

Petersen, S. E., & Sporns, O. (2015). Brain networks and cognitive architectures. *Neuron*, *88*(1), 207–219.

Petersen, S. E., Fox, P. T., Posner, M. I., Mintun, M., & Raichle, M. E. (1988). Positron emission tomographic studies of the cortical anatomy of single-word processing. *Nature, 331*(6157), 585–589.

Petrides, M. (2005). Lateral prefrontal cortex: Architectonic and functional organization. *Philosophical Transactions of the Royal Society B: Biological Sciences, 360*(1456), 781–795.

Petsche, H.(1996).Approaches to verbal, visual and musical creativity by EEG coherence analysis. *International Journal of Psychophysiology: Official Journal of the International Organization of Psychophysiology, 24*(1–2), 145–159.

Pfordresher, P. Q. (2012). Musical training and the role of auditory feedback during performance. *Annals of the New York Academy of Sciences, 1252*, 171–178.

Pfurtscheller, G., Stancák, A., & Neuper, C. (1996). Event-related synchronization (ERS) in the alpha band – an electrophysiological correlate of cortical idling: A review. *International Journal of Psychophysiology, 24*(1–2), 39–46.

Pidgeon, L. M., Grealy, M., Duffy, A. H. B., Hay, L., McTeague, C., Vuletic, T., ... Gilbert, S. J. (2016). Functional neuroimaging of visual creativity: A systematic review and meta-analysis. *Brain and Behavior, 6*(10), e00540.

Pihko, E., Virtanen, A., Saarinen, V.-M., Pannasch, S., Hirvenkari, L., Tossavainen, T., ... Hari, R. (2011). Experiencing art: The influence of expertise and painting abstraction level. *Frontiers in Human Neuroscience, 5*, 94.

Pinho, A. L., Manzano, Ö. de, Fransson, P., Eriksson, H., & Ullén, F. (2014). Connecting to create: Expertise in musical improvisation is associated with increased functional connectivity between premotor and prefrontal areas. *Journal of Neuroscience, 34*(18), 6156–6163.

Pinho, A. L., Ullén, F., Castelo-Branco, M., Fransson, P., & de Manzano, Ö. (2015). Addressing a paradox: Dual strategies for creative performance in introspective and extrospective networks. *Cerebral Cortex, 26*(7), 3052–3063.

Plucker, J. A., & Renzulli, J. S. (1999). Psychometric approaches to the study of human creativity. In R. J. Sternberg (Ed.), *Handbook of creativity* (pp. 35–61). New York: Cambridge University Press.

Plucker, J. A., Qian, M., & Wang, S. (2011). Is originality in the eye of the beholder? Comparison of scoring techniques in the assessment of divergent thinking. *Journal of Creative Behavior, 45*(1), 1–22.

Poldrack, R. A. (2012). The future of fMRI in cognitive neuroscience. *NeuroImage, 62*(2), 1216–1220.

Pope, R. (2005). *Creativity: Theory, history, practice*. New York: Routledge.

Post, F. (1994). Creativity and psychopathology: A study of 291 world-famous men. *British Journal of Psychiatry: The Journal of Mental Science, 165*(2), 22–34.

(1996). Verbal creativity, depression and alcoholism. An investigation of one hundred American and British writers. *British Journal of Psychiatry: The Journal of Mental Science, 168*(5), 545–555.

Power, J. D., Cohen, A. L., Nelson, S. M., Wig, G. S., Barnes, K. A., Church, J. A., ... Petersen, S. E. (2011). Functional network organization of the human brain. *Neuron, 72*(4), 665–678.

Power, R. A., Steinberg, S., Bjornsdottir, G., Rietveld, C. A., Abdellaoui, A., Nivard, M. M., ... Stefansson, K.(2015). Polygenic risk scores for schizophrenia and bipolar disorder predict creativity. *Nature Neuroscience*, 18(7), 953–955.

Prado, J., Chadha, A., & Booth, J. R. (2011). The brain network for deductive reasoning: A quantitative meta-analysis of 28 neuroimaging studies. *Journal of Cognitive Neuroscience, 23*(11), 3483–3497.

Prendinger, H., & Ishizuka, M. (2005). A creative abduction approach to scientific and knowledge discovery. *Knowledge-Based Systems, 18*(7), 321–326.

Pressing, J. (2001). Improvisation: Methods and models. In J. Sloboda (Ed.), *Generative processes in music: The psychology of performance, improvisation, and composition*. Oxford: Oxford University Press.

Pretz, J. E. (2008). Intuition versus analysis: Strategy and experience in complex everyday problem solving. *Memory & Cognition, 36*(3), 554–566.

Priest, T. (2001). Using creativity assessment experience to nurture and predict compositional creativity. *Journal of Research in Music Education, 49*(3), 245–257.

(2006). Self-evaluation, creativity, and musical achievement. *Psychology of Music, 34*(1), 47–61.

Pring, L., Hermelin, B., & Heavey, L. (1995). Savants, segments, art and autism. *Journal of Child Psychology and Psy-*

chiatry, and Allied Disciplines, *36*(6), 1065–1076.

Pring, L., Ryder, N., Crane, L., & Hermelin, B. (2012). Creativity in savant artists with autism. *Autism: The International Journal of Research and Practice*, *16*(1), 45–57.

Prinz, W. (1997). Perception and action planning. *European Journal of Cognitive Psychology*, *9*(2), 129–154.

Putkinen, V., Tervaniemi, M., Saarikivi, K., Ojala, P., & Huotilainen, M. (2014). Enhanced development of auditory change detection in musically trained school-aged children: A longitudinal event-related potential study. *Developmental Science*, *17*(2), 282–297.

Radel, R., Davranche, K., Fournier, M., & Dietrich, A. (2015). The role of (dis)inhibition in creativity: Decreased inhibition improves idea generation. *Cognition*, *134*, 110–120.

Raichle, M. E. (2009). A brief history of human brain mapping. *Trends in Neurosciences*, *32*(2), 118–126.

(2015). The brain's default mode network. *Annual Review of Neuroscience*, 38, 433–447.

Rajagopalan, V., & Pioro, E. P. (2015). Disparate voxel based morphometry (VBM) results between SPM and FSL softwares in ALS patients with frontotemporal dementia: Which VBM results to consider? *BMC Neurology*, *15*, 32.

Ramachandran, V. S., & Hirstein, W. (1999). The science of art: A neurological theory of aesthetic experience. *Journal of Consciousness Studies*, *6*(6–7), 15–41.

Ramachandran, V. S., & Hubbard, E. M. (2003). Hearing colors, tasting shapes. *Scientific American*, *288*(5), 52–59.

Ramnani, N., & Owen, A. M. (2004). Anterior prefrontal cortex: Insights into function from anatomy and neuroimaging. *Nature Reviews Neuroscience*, *5*(3), 184–194.

Ramsey, G., Bastian, M. L., & van Schaik, C. (2007). Animal innovation defined and operationalized. *Behavioral and Brain Sciences*, *30*(4), 393–407.

Ram-Vlasov, N., Tzischinsky, O., Green, A., & Shochat, T. (2016). Creativity and habitual sleep patterns among art and social sciences undergraduate students. *Psychology of Aesthetics, Creativity, and the Arts*, *10*(3), 270–277.

Rapp, A. M., Leube, D. T., Erb, M., Grodd, W., & Kircher, T. T. J. (2004). Neural correlates of metaphor processing. *Cognitive Brain Research*, *20*(3), 395–402.

Rawlings, D., & Locarnini, A. (2008). Dimensional schizotypy, autism, and unusual word associations in artists and scientists. *Journal of Research in Personality*, *42*(2), 465–471.

Raymond, J., Sajid, I., Parkinson, L. A., & Gruzelier, J. H. (2005). Biofeedback and dance performance: A preliminary investigation. *Applied Psychophysiology and Biofeedback*, *30*(1), 65–73.

Reason, M., & Reynolds, D. (2010). Kinesthesia, empathy, and related pleasures: An inquiry into audience experiences of watching dance. *Dance Research Journal*, *42*(2), 49–75.

Reingold, E. M., & Sheridan, H. (2011). Eye movements and visual expertise in chess and medicine. In S. P. Liversedge, I. D. Gilchrist, & S. Everling (Eds.), *Oxford handbook on eye movements* (pp. 528–550). Oxford: Oxford University Press.

Reinhart, R. M. G., Cosman, J. D., Fukuda, K., & Woodman, G. F. (2017). Using transcranial direct-current stimulation (tDCS) to understand cognitive processing. *Attention, Perception & Psychophysics*, *79*(1), 3–23.

Reitman, F. (1947). The creative spell of schizophrenics after leucotomy. *Journal of Mental Science*, *93*(390), 55–61.

Reti, I. (Ed.). (2015). *Brain stimulation: Methodologies and interventions*. Hoboken, NJ: Wiley Blackwell.

Reverberi, C., Laiacona, M., & Capitani, E. (2006). Qualitative features of semantic fluency performance in mesial and lateral frontal patients. *Neuropsychologia*, *44*(3), 469–478.

Reverberi, C., Toraldo, A., D'Agostini, S., & Skrap, M. (2005). Better without (lateral) frontal cortex? Insight problems solved by frontal patients. *Brain: A Journal of Neurology*, *128*(12), 2882–2890.

Rhodes, M. (1961). An analysis of creativity. *Phi Delta Kappan*, *42*(7), 305–310.

Richards, R. L. (1981). Relationships between creativity and psychopathology: An evaluation and interpretation of the evidence. *Genetic Psychology Monographs*, *103*, 261–324.

(1993). Everyday creativity, eminent creativity, and psychopathology. *Psychological Inquiry*, *4*(3), 212–217.

Ridley, M. (2015). *The evolution of everything: How new ideas emerge*. London: HarperCollins.

Rinck, P. A. (2017). *Magnetic Resonance in Medicine: The basic textbook of the European Magnetic Resonance Forum* (10th edn.). E-version 10.1 beta.

Riquelme, H. (2002). Can people creative in imagery interpret ambiguous figures faster than people less creative in imagery? *Journal of Creative Behavior, 36*(2), 105–116.

Rizzolatti, G., Cattaneo, L., Fabbri-Destro, M., & Rozzi, S. (2014). Cortical mechanisms underlying the organization of goal-directed actions and mirror neuron-based action understanding. *Physiological Reviews, 94*(2), 655–706.

Robbins, T. W., Gillan, C. M., Smith, D. G., de Wit, S., & Ersche, K. D. (2012). Neurocognitive endophenotypes of impulsivity and compulsivity: Towards dimensional psychiatry. *Trends in Cognitive Sciences, 16*(1), 81–91.

Roels, H. (2016). Comparing the main compositional activities in a study of eight composers. *Musicae Scientiae, 20*(3), 413–435.

Root-Bernstein, R., Allen, L., Beach, L., Bhadula, R., Fast, J., Hosey, C., ... Weinlander, S. (2008). Arts foster scientific success: Avocations of Nobel, National Academy, Royal Society, and Sigma Xi members. *Journal of Psychology of Science and Technology, 1*(2), 51–63.

Root-Bernstein, R., Bernstein, M., & Garnier, H. (1995). Correlations between avocations, scientific style, work habits, and professional impact of scientists. *Creativity Research Journal, 8*, 115–137.

Rose, F. C. (Ed.). (2006). *The neurobiology of painting*. Amsterdam: Elsevier.

Rosen, D. S., Erickson, B., Kim, Y. E., Mirman, D., Hamilton, R. H., & Kounios, J. (2016). Anodal tDCS to right dorsolateral prefrontal cortex facilitates performance for novice jazz improvisers but hinders experts. *Frontiers in Human Neuroscience, 10*, 579.

Rossmann, E., & Fink, A. (2010). Do creative people use shorter associative pathways? *Personality and Individual Differences, 49*(8), 891–895.

Rothen, N., & Meier, B. (2010). Higher prevalence of synaesthesia in art students. *Perception, 39*(5), 718–720.

Rothenberg, A. (1980). Visual art: Homospatial thinking in the creative process. *Leonardo, 13*(1), 17–27.

(1986). Artistic creation as stimulated by superimposed versus combined-composite visual images. *Journal of Personality and Social Psychology, 50*(2), 370–381.

(2006). Creativity – the healthy muse. *The Lancet, 368*, S8–S9.

Rothmaler, K., Nigbur, R., & Ivanova, G. (2017). New insights into insight: Neurophysiological correlates of the difference between the intrinsic "aha" and the extrinsic "oh yes" moment. *Neuropsychologia, 95*, 204–214.

Rubin, R. D., Watson, P. D., Duff, M. C., & Cohen, N. J. (2014). The role of the hippocampus in flexible cognition and social behavior. *Frontiers in Human Neuroscience, 8*, 742.

Runco, M. A. (2004). Creativity. *Annual Review of Psychology, 55*, 657–687. (2007a). A hierarchical framework for the study of creativity. *New Horizons in Education, 55*(3), 1–9.

(2007b). *Creativity: Theories and themes: research, development, and practice*. Boston, MA: Elsevier Academic Press.

Runco, M. A., & Acar, S. (2012). Divergent thinking as an indicator of creative potential. *Creativity Research Journal, 24*(1), 66–75.

Runco, M. A., & Albert, R. S. (1986). The threshold theory regarding creativity and intelligence: An empirical test with gifted and nongifted children. *Creative Child and Adult Quarterly, 11*(4), 212–218.

Runco, M. A., & Jaeger, G. J. (2012). The standard definition of creativity. *Creativity Research Journal, 24*(1), 92–96.

Runco, M. A., Millar, G., Acar, S., & Cramond, B. (2010). Torrance Tests of Creative Thinking as predictors of personal and public achievement: A fifty-year follow-up. *Creativity Research Journal, 22*(4), 361–368.

Runco, M. A., Okuda, S. M., & Thurston, B. J. (1987). The psychometric properties of four systems for scoring divergent thinking tests. *Journal of Psychoeducational Assessment, 5*(2), 149–156.

Rundblad, G., & Annaz, D. (2010a). Development of metaphor and metonymy comprehension: Receptive vocabulary and conceptual knowledge. *British Journal of Developmental Psychology, 28*(3), 547–563.

(2010b). The atypical development of metaphor and metonymy comprehension in children with autism. *Autism: The International Journal of Research and Practice, 14*(1), 29–46.

Rushdie, S. (1981). *The Moor's last sigh*. London: Jonathan Cape. (1995). *Midnight's children*. London: Vintage.

Rusou, Z., Zakay, D., & Usher, M. (2013). Pitting intuitive and analytical thinking against each other: The case of transitivity. *Psychonomic Bulletin & Review*, *20*(3), 608–614.

Rutter, B., Kröger, S., Hill, H., Windmann, S., Hermann, C., & Abraham, A. (2012). Can clouds dance? Part 2: An ERP investigation of passive conceptual expansion. *Brain and Cognition*, *80*(3), 301–310.

Rutter, B., Kröger, S., Stark, R., Schweckendiek, J., Windmann, S., Hermann, C., & Abraham, A. (2012). Can clouds dance? Neural correlates of passive conceptual expansion using a metaphor processing task: Implications for creative cognition. *Brain and Cognition*, *78*(2), 114–122.

Rydell, R. J., & McConnell, A. R. (2006). Understanding implicit and explicit attitude change: A systems of reasoning analysis. *Journal of Personality and Social Psychology*, *91*(6), 995–1008.

Sacks, O. (2008). *Musicophilia: Tales of music and the brain*. New York: Vintage. (2015). *On the move: A life*. New York: Alfred A. Knopf.

Sadler-Smith, E. (2015). Wallas' four-stage model of the creative process: More than meets the eye? *Creativity Research Journal*, *27*(4), 342–352.

Saggar, M., Quintin, E.-M., Kienitz, E., Bott, N. T., Sun, Z., Hong, W.-C., ... Reiss, A. L. (2015). Pictionary-based fMRI paradigm to study the neural correlates of spontaneous improvisation and figural creativity. *Scientific Reports*, *5*, 10894.

Sági, M., & Vitányl. (2001). Experimental research into musical generative ability. In J. Sloboda (Ed.), *Generative processes in music: The psychology of performance, improvisation, and composition*. Oxford: Oxford University Press.

Salimpoor, V. N., Benovoy, M., Larcher, K., Dagher, A., & Zatorre, R. J. (2011). Anatomically distinct dopamine release during anticipation and experience of peak emotion to music. *Nature Neuroscience*, *14*(2), 257–262.

Salvi, C., Bricolo, E., Franconeri, S. L., Kounios, J., & Beeman, M. (2015). Sudden insight is associated with shutting out visual inputs. *Psychonomic Bulletin & Review*, *22*(6), 1814–1819.

Sandbank, S. (1989). *After Kafka: The influence of Kafka's fiction*. Athens, GA: University of Georgia Press.

Sandrone, S., Bacigaluppi, M., Galloni, M. R., Cappa, S. F., Moro, A., Catani, M., ... Martino, G. (2014). Weighing brain activity with the balance: Angelo Mosso's original manuscripts come to light. *Brain*, *137*(2), 621–633.

Santos, S. D. L., Memmert, D., Sampaio, J., & Leite, N. (2016). The spawns of creative behavior in team sports: A creativity developmental framework. *Frontiers in Psychology*, *7*, 1282.

Sarath, E. (1996). A new look at improvisation. *Journal of Music Theory*, *40*(1), 1–38.

Särkämö, T., & Soto, D. (2012). Music listening after stroke: Beneficial effects and potential neural mechanisms. *Annals of the New York Academy of Sciences*, *1252*, 266–281.

Satpute, A. B., & Lieberman, M. D. (2006). Integrating automatic and controlled processes into neurocognitive models of social cognition. *Brain Research*, *1079*(1), 86–97.

Savoy, R. L. (2001). History and future directions of human brain mapping and functional neuroimaging. *Acta Psychologica*, *107*(1–3), 9–42.

Sawyer, K. (2011). The cognitive neuroscience of creativity: A critical review. *Creativity Research Journal*, *23*(2), 137–154.

Sawyer, R. K. (2003). *Group creativity: Music, theater, collaboration*. Mahwah, NJ: Lawrence Erlbaum.

(2006). Group creativity: Musical performance and collaboration. *Psychology of Music*, *34*(2), 148–165.

(2014). How to transform schools to foster creativity. *Teachers College Record*, *118*(4).

Sawyer, R. K., & DeZutter, S. (2009). Distributed creativity: How collective creations emerge from collaboration. *Psychology of Aesthetics, Creativity, and the Arts*, *3*(2), 81–92.

Schacter, D. L., Addis, D. R., Hassabis, D., Martin, V. C., Spreng, R. N., & Szpunar, K. K. (2012). The future of memory: Remembering, imagining, and the brain. *Neuron*, *76*(4), 677–694.

Schaefer, R. S. (2014). Auditory rhythmic cueing in movement rehabilitation: Findings and possible mechanisms. *Philosophical Transactions of the Royal Society B: Biological Sciences*, *369*(1658), 20130402.

Schilling, M. A., & Green, E. (2011). Recombinant search and breakthrough idea generation: An analysis of high impact papers in the social sciences. *Research Policy*, *40*(10), 1321–1331.

Schlaug, G. (2001). The brain of musicians. A model for functional and structural adaptation. *Annals of the New York Academy of Sciences*, *930*, 281–299.

(2015). Musicians and music making as a model for the study of brain plasticity. *Progress in Brain Research*, 217, 37–55.

Schlegel, A., Alexander, P., Fogelson, S. V., Li, X., Lu, Z., Kohler, P. J., ... Meng, M. (2015). The artist emerges: Visual art learning alters neural structure and function. *NeuroImage*, *105*, 440–451.

Schlesinger, J. (2009). Creative mythconceptions: A closer look at the evidence for the "mad genius" hypothesis. *Psychology of Aesthetics, Creativity, and the Arts*, *3*(2), 62–72.

Schmidt, R. C., Fitzpatrick, P., Caron, R.,& Mergeche, J.(2011).Understanding social motor coordination. *Human Movement Science*, *30*(5), 834–845.

Schneider,W., & Shiffrin, R. M.(1977).Controlled and automatic human information processing: I. Detection, search, and attention. *Psychological Review*, *84*(1), 1–66.

Schober, M. F., & Spiro, N. (2016). Listeners' and performers' shared understanding of jazz improvisations. *Frontiers in Psychology*, *7*, 1629.

Schooler, J. W., Ohlsson, S., & Brooks, K. (1993). Thoughts beyond words: When language overshadows insight. *Journal of Experimental Psychology: General*, *122*(2), 166.

Schott, G. D. (2012). Pictures as a neurological tool: Lessons from enhanced and emergent artistry in brain disease. *Brain: A Journal of Neurology*, *135*(6), 1947–1963.

Schubert, E. (2011). Spreading activation and dissociation: A cognitive mechanism for creative processing in music. In D. Hargreaves, D. Miell, & R. MacDonald (Eds.), *Musical imaginations: Multidisciplinary perspectives on creativity, performance and perception*. Oxford: Oxford University Press.

Schulkin, J. (2016). Evolutionary basis of human running and its impact on neural function. *Frontiers in Systems Neuroscience*, *10*, 59.

Schwab, D., Benedek, M., Papousek, I., Weiss, E. M., & Fink, A. (2014). The time-course of EEG alpha power changes in creative ideation. *Frontiers in Human Neuroscience*, *8*, 310.

Schwartz, M. F., & Dell, G. S. (2010). Case series investigations in cognitive neuropsychology. *Cognitive Neuropsychology*, *27*(6), 477–494.

Schwartze, M., Keller, P. E., Patel, A. D., & Kotz, S. A. (2011). The impact of basal ganglia lesions on sensorimotor synchronization, spontaneous motor tempo, and the detection of tempo changes. *Behavioural Brain Research*, *216*(2), 685–691.

Sebanz, N., & Knoblich, G. (2009). Prediction in joint action: What, when, and where. *Topics in Cognitive Science*, *1*(2), 353–367.

Sebanz, N., Bekkering, H., & Knoblich, G. (2006). Joint action: Bodies and minds moving together. *Trends in Cognitive Sciences*, *10*(2), 70–76.

Seeley, W. P., & Kozbelt, A. (2008). Art, artists, and perception: A model for premotor contributions to perceptual analysis and form recognition. *Philosophical Psychology*, *21*(2), 149–171.

Seeley,W. W., Crawford, R. K., Zhou, J., Miller, B. L., & Greicius, M. D. (2009). Neurodegenerative diseases target large-scale human brain networks. *Neuron*, *62*(1), 42.

Seeley, W. W., Matthews, B. R., Crawford, R. K., Gorno-Tempini, M. L., Foti, D., Mackenzie, I. R., & Miller, B. L. (2008). Unravelling Boléro: Progressive aphasia, transmodal creativity and the right posterior neocortex. *Brain: A Journal of Neurology*, *131*(1), 39–49.

Seeley, W. W., Menon, V., Schatzberg, A. F., Keller, J., Glover, G. H., Kenna, H., ... Greicius, M. D. (2007). Dissociable intrinsic connectivity networks for salience processing and executive control. *Journal of Neuroscience: The Official Journal of the Society for Neuroscience*, *27*(9), 2349–2356.

Segal, E. (2004). Incubation in insight problem solving. *Creativity Research Journal*, *16*(1), 141–148.

Seghier, M. L. (2013). The angular gyrus: Multiple functions and multiple subdivisions. *The Neuroscientist: A Review Journal Bringing Neurobiology, Neurology and Psychiatry*, *19*(1), 43–61.

Seli, P., Risko, E. F., Smilek, D., & Schacter, D. L. (2016). Mind-wandering with and without intention. *Trends in Cognitive*

Sciences, 20(8), 605–617.

Sepulcre, J., Sabuncu, M. R., & Johnson, K. A. (2012). Network assemblies in the functional brain. *Current Opinion in Neurology*, *25*(4), 384–391.

Shah, C., Erhard, K., Ortheil, H.-J., Kaza, E., Kessler, C., & Lotze, M. (2013). Neural correlates of creative writing: An fMRI study. *Human Brain Mapping*, *34*(5), 1088–1101.

Shallice, T. (2003). Functional imaging and neuropsychology findings: How can they be linked? *NeuroImage*, *20*(Suppl. 1), S146–S154.

Shamay-Tsoory, S. G., Adler, N., Aharon-Peretz, J., Perry, D., & Mayseless, N. (2011). The origins of originality: The neural bases of creative thinking and originality. *Neuropsychologia, 49*(2), 178–185.

Shamir, L., Nissel, J., & Winner, E. (2016). Distinguishing between abstract art by artists vs. children and animals: Comparison between human and machine perception. *ACM Transactions on Applied Perception*, *13*(3), 1–17.

Shi, B., Cao, X., Chen, Q., Zhuang, K., & Qiu, J. (2017). Different brain structures associated with artistic and scientific creativity: A voxel-based morphometry study. *Scientific Reports*, *7*, 42911.

Shibasaki, H. (2008). Human brain mapping: Hemodynamic response and electrophysiology. *Clinical Neurophysiology*, *119*(4), 731–743.

Siebörger, F. T., Ferstl, E. C., & von Cramon, D. Y. (2007). Making sense of nonsense: An fMRI study of task induced inference processes during discourse comprehension. *Brain Research*, *1166*, 77–91.

Silver, D., Huang, A., Maddison, C. J., Guez, A., Sifre, L., van den Driessche, G., ... Hassabis, D. (2016). Mastering the game of Go with deep neural networks and tree search. *Nature*, *529*(7587), 484–489.

Silvia, P. J. (2006). Artistic training and interest in visual art: Applying the appraisal model of aesthetic emotions. *Empirical Studies of the Arts*, *24*(2), 139–161.

Silvia, P. J., & Beaty, R. E. (2012). Making creative metaphors: The importance of fluid intelligence for creative thought. *Intelligence*, *40*(4), 343–351.

Silvia, P. J., Beaty, R. E., Nusbaum, E. C., Eddington, K. M., & Kwapil, T. R. (2014). Creative motivation: Creative achievement predicts cardiac autonomic markers of effort during divergent thinking. *Biological Psychology*, *102*, 30–37.

Silvia, P. J., Wigert, B., Reiter-Palmon, R., & Kaufman, J. C. (2012). Assessing creativity with self-report scales: A review and empirical evaluation. *Psychology of Aesthetics, Creativity, and the Arts*, *6*(1), 19–34.

Silvia, P. J., Winterstein, B. P., Willse, J. T., Barona, C. M., Cram, J. T., Hess, K. I., ... Richard, C. A. (2008). Assessing creativity with divergent thinking tasks: Exploring the reliability and validity of new subjective scoring methods. *Psychology of Aesthetics, Creativity, and the Arts*, *2*(2), 68–85.

Simonton, D. K. (1989a). Chance-configuration theory of scientific creativity. In B. Gholson, W. R. Shadish Jr, R. A. Neimeyer, & A. C. Houts (Eds.), *Psychology of science* (pp. 170–213). Cambridge: Cambridge University Press.

(1989b). The swan-song phenomenon: Last-works effects for 172 classical composers. *Psychology and Aging*, *4*(1), 42–47.

(1990). History, chemistry, psychology, and genius: An intellectual autobiography of historiometry. In M. A. Runco & R. S. Albert (Eds.), *Theories of creativity* (pp. 61–91). Newbury Park, CA: Sage.

(1999). Creativity as blind variation and selective retention: Is the creative process Darwinian? *Psychological Inquiry*, *10*(4), 309–328.

(2000). Creativity: Cognitive, personal, developmental, and social aspects. *American Psychologist*, *55*(1), 151–158.

(2003). Scientific creativity as constrained stochastic behavior: The integration of product, person, and process perspectives. *Psychological Bulletin*, *129*(4), 475–494.

(2004). *Creativity in science: Chance, logic, genius, and Zeitgeist*. New York: Cambridge University Press.

(2009). Varieties of (scientific) creativity: A hierarchical model of domain-specific disposition, development, and achievement. *Perspectives on Psychological Science*, *4*(5), 441–452.

(2010). Creative thought as blind-variation and selective-retention: Combinatorial models of exceptional creativity. *Physics of Life Reviews*, *7*(2), 190–194.

(2012a). Quantifying creativity: Can measures span the spectrum? *Dialogues in Clinical Neuroscience*, *14*(1), 100–104.

(2012b). Taking the U.S. Patent Office criteria seriously: A quantitative three-criterion creativity definition and its implications. *Creativity Research Journal*, *24*(2–3), 97–106.

(2014). Can creative productivity be both positively and negatively correlated with psychopathology? Yes! *Frontiers in Psychology*, *5*, 455. Simonton,

D. K., & Ting, S.-S. (2010). Creativity in Eastern and Western civilizations: The lessons of historiometry. *Management and Organization Review*, *6*(3), 329–350.

Sio, U. N., & Ormerod, T. C. (2009). Does incubation enhance problem solving? A meta-analytic review. *Psychological Bulletin*, *135*(1), 94–120.

Skup, M. (2010). Longitudinal fMRI analysis: A review of methods. *Statistics and Its Interface*, *3*(2), 235–252.

Slater, J., Azem, A., Nicol, T., Swedenborg, B., & Kraus, N. (2017). Variations on the theme of musical expertise: Cognitive and sensory processing in percussionists, vocalists and non-musicians. *European Journal of Neuroscience*, *45*(7), 952–963.

Sloboda, J. A. (Ed.). (2000). *Generative processes in music: The psychology of performance, improvisation, and composition*. Oxford: Oxford University Press.

Smith, I. (2015). Psychostimulants and artistic, musical, and literary creativity. *International Review of Neurobiology*, *120*, 301–326.

Smith, R., & Lane, R. D. (2015). The neural basis of one's own conscious and unconscious emotional states. *Neuroscience and Biobehavioral Reviews*, *57*, 1–29.

Smith, S. M. (2012). The future of fMRI connectivity. *NeuroImage*, *62*(2), 1257–1266.

Smith, S. M., Ward, T. B., & Schumacher, J. S. (1993). Constraining effects of examples in a creative generation task. *Memory & Cognition*, *21*(6), 837–845.

Snapper, L., Oranç, C., Hawley-Dolan, A., Nissel, J., & Winner, E. (2015). Your kid could not have done that: Even untutored observers can discern intentionality and structure in abstract expressionist art. *Cognition*, *137*, 154–165.

Snyder, A. W. (2009). Explaining and inducing savant skills: Privileged access to lower level, less-processed information. *Philosophical Transactions of the Royal Society B: Biological Sciences*, *364*(1522), 1399–1405.

Snyder, A. W., Mulcahy, E., Taylor, J. L., Mitchell, D. J., Sachdev, P., & Gandevia, S. C. (2003). Savant-like skills exposed in normal people by suppressing the left fronto-temporal lobe. *Journal of Integrative Neuroscience*, *2*(2), 149–158.

Soeiro-de-Souza, M. G., Dias, V. V., Bio, D. S., Post, R. M., & Moreno, R. A. (2011). Creativity and executive function across manic, mixed and depressive episodes in bipolar I disorder. *Journal of Affective Disorders*, *135*(1–3), 292–297.

Souza, L. C. de, Guimarães, H. C., Teixeira, A. L., Caramelli, P., Levy, R., Dubois, B., & Volle, E. (2014). Frontal lobe neurology and the creative mind. *Frontiers in Psychology*, *5*, 761.

Souza, L. C. de, Volle, E., Bertoux, M., Czernecki, V., Funkiewiez, A., Allali, G., ... Levy, R. (2010). Poor creativity in frontotemporal dementia: A window into the neural bases of the creative mind. *Neuropsychologia*, *48*(13), 3733–3742.

Sovansky, E. E., Wieth, M. B., Francis, A. P., & McIlhagga, S. D. (2016). Not all musicians are creative: Creativity requires more than simply playing music. *Psychology of Music*, *44*(1), 25–36.

Sowden, P. T., Pringle, A., & Gabora, L. (2015). The shifting sands of creative thinking: Connections to dual-process theory. *Thinking & Reasoning*, *21*(1), 40–60.

Speed, A. (2010). Abstract relational categories, graded persistence, and prefrontal cortical representation. *Cognitive Neuroscience*, *1*(2), 126–137.

Sperry, R. W. (1961). Cerebral organization and behavior. *Science*, *133*(3466), 1749–1757.

Spreng, R. N., Mar, R. A., & Kim, A. S. N. (2009). The common neural basis of autobiographical memory, prospection, navigation, theory of mind, and the default mode: A quantitative meta-analysis. *Journal of Cognitive Neuroscience*, *21*(3), 489–510.

Spreng, R. N., Sepulcre, J., Turner, G. R., Stevens, W. D., & Schacter, D. L. (2013). Intrinsic architecture underlying the relations among the default, dorsal attention, and frontoparietal control networks of the human brain. *Journal of Cognitive Neuroscience*, *25*(1), 74–86.

Squire, L. R. (1992). Declarative and nondeclarative memory: Multiple brain systems supporting learning and memory. *Journal of Cognitive Neuroscience*, *4*(3), 232–243.

Sridharan, D., Levitin, D. J., & Menon, V. (2008). A critical role for the right fronto-insular cortex in switching between central-executive and default-mode networks. *Proceedings of the National Academy of Sciences of the United States of America*, *105*(34), 12569–12574.

Srinivasan, N. (2007). Cognitive neuroscience of creativity: EEG based approaches. *Methods*, *42*(1), 109–116.

Stanislaw, H., & Todorov, N. (1999). Calculation of signal detection theory measures. *Behavior Research Methods, Instruments, & Computers: A Journal of the Psychonomic Society*, *31*(1), 137–149.

Stark, C. E. L., & Squire, L. R. (2001). When zero is not zero: The problem of ambiguous baseline conditions in fMRI. *Proceedings of the National Academy of Sciences*, *98*(22), 12760–12766.

Stavridou, A., & Furnham, A. (1996). The relationship between psychoticism, trait-creativity and the attentional mechanism of cognitive inhibition. *Personality and Individual Differences*, *21*(1), 143–153.

Stein, J. (2001). The magnocellular theory of developmental dyslexia. *Dyslexia*, *7*(1), 12–36.

Stein, M. I. (1953). Creativity and culture. *Journal of Psychology*, *36*(2), 311–322.

Steinberg, H., Sykes, E. A., Moss, T., Lowery, S., LeBoutillier, N., & Dewey, A. (1997). Exercise enhances creativity independently of mood. *British Journal of Sports Medicine*, *31*(3), 240–245.

Sternberg, R. J. (1999). A propulsion model of types of creative contributions. *Review of General Psychology*, *3*(2), 83–100.

Sternberg, R. J., & O'Hara, L. A. (1999). Creativity and intelligence. In R. J. Sternberg (Ed.), *Handbook of creativity*. Cambridge: Cambridge University Press.

Sternberg, R. J., Grigorenko, E. L., & Singer, J. L. (Eds.). (2004). *Creativity: From potential to realization*. Washington, DC: American Psychological Association.

Sternberg, R. J., Kaufman, J. C., & Pretz, J. E. (2001). The propulsion model of creative contributions applied to the arts and letters. *Journal of Creative Behavior*, *35*(2), 75–101.

Stevens, C., & Leach, J. (2015). Bodystorming: Effects of collaboration and familiarity on improvising contemporary dance. *Cognitive Processing*, *16*(Suppl. 1), 403–407.

Stevens, C., Malloch, S., McKechnie, S., & Steven, N. (2003). Choreographic cognition: The time-course and phenomenology of creating a dance. *Pragmatics & Cognition*, *11*(2), 297–326.

Stevenson, L. (2003). Twelve conceptions of imagination. *British Journal of Aesthetics*, *43*(3), 238–259.

Stewart, L., von Kriegstein, K., Warren, J. D., & Griffiths, T. D. (2006). Music and the brain: Disorders of musical listening. *Brain: A Journal of Neurology*, *129*(10), 2533–2553.

Stringaris, A. K., Medford, N. C., Giampietro, V., Brammer, M. J., & David, A. S. (2007). Deriving meaning: Distinct neural mechanisms for metaphoric, literal, and non-meaningful sentences. *Brain and Language*, *100*(2), 150–162.

Stuss, D. T. (2011). Functions of the frontal lobes: Relation to executive functions. *Journal of the International Neuropsychological Society*, *17*(5), 759–765.

Suchow, J. W., Bourgin, D. D., & Griffiths, T. L. (2017). Evolution in mind: Evolutionary dynamics, cognitive processes, and Bayesian inference. *Trends in Cognitive Sciences*, *21*(7), 522–530.

Sun, J., Chen, Q., Zhang, Q., Li, Y., Li, H., Wei, D., ... Qiu, J. (2016). Training your brain to be more creative: Brain functional and structural changes induced by divergent thinking training. *Human Brain Mapping*, 37(10), 3375–3387.

Svoboda, E., McKinnon, M. C., & Levine, B. (2006). The functional neuroanatomy of autobiographical memory: A meta-analysis. *Neuropsychologia*, *44*(12), 2189–2208.

Swartz, J. D. (1988). Torrance Tests of Creative Thinking. In D. J. Keyser & R. C. Sweetland (Eds.), *Test critique*,

Vol. 7 (pp. 619–622). Kansas, MS: Test Corporation of America.

Taft, R., & Rossiter, J. R. (1966). The Remote Associates Test: Divergent or convergent thinking? *Psychological Reports*, *19*(3), 1313–1314.

Takeuchi, H., Taki, Y., Hashizume, H., Sassa, Y., Nagase, T., Nouchi, R., & Kawashima, R. (2011). Cerebral blood flow during rest associates with general intelligence and creativity. *PloS One*, *6*(9), e25532.

(2012). The association between resting functional connectivity and creativity. *Cerebral Cortex*, *22*(12), 2921–2929.

Takeuchi, H., Taki, Y., Sassa, Y., Hashizume, H., Sekiguchi, A., Fukushima, A., & Kawashima, R. (2010a). Regional gray matter volume of dopaminergic system associated with creativity: Evidence from voxel-based morphometry. *NeuroImage*, *51*(2), 578–585.

(2010b). White matter structures associated with creativity: Evidence from diffusion tensor imaging. *NeuroImage*, *51*(1), 11–18.

Takeuchi, H., Taki, Y., Sekiguchi, A., Hashizume, H., Nouchi, R., Sassa, Y., ... Kawashima, R. (2015). Mean diffusivity of globus pallidus associated with verbal creativity measured by divergent thinking and creativity-related temperaments in young healthy adults. *Human Brain Mapping*, *36*(5), 1808–1827.

Taki, Y., Thyreau, B., Kinomura, S., Sato, K., Goto, R., Wu, K., ... Fukuda, H. (2013). A longitudinal study of the relationship between personality traits and the annual rate of volume changes in regional gray matter in healthy adults. *Human Brain Mapping*, *34*(12), 3347–3353.

Tan, M., & Grigorenko, E. L. (2013). All in the family: Is creative writing familial and heritable? *Learning and Individual Differences*, *28*, 177–180.

Taylor, P. (1989). Insight and metaphor. *Analysis*, *49*(2), 71–77.

Tchalenko, J. (2009). Segmentation and accuracy in copying and drawing: Experts and beginners. *Vision Research*, *49*(8), 791–800.

Tchalenko, J., & Miall, R. C. (2009). Eye–hand strategies in copying complex lines. *Cortex*, *45*(3), 368–376.

Tchalenko, J., Nam, S.-H., Ladanga, M., & Miall, R. C. (2014). The gaze-shift strategy in drawing. *Psychology of Aesthetics, Creativity, and the Arts*, *8*(3), 330–339.

Teng, C.-I. (2011). Who are likely to experience flow? Impact of temperament and character on flow. *Personality and Individual Differences*, *50*(6), 863–868.

Terai, A., Nakagawa, M., Kusumi, T., Koike, Y., & Jimura, K. (2015). Enhancement of visual attention precedes the emergence of novel metaphor interpretations. *Frontiers in Psychology*, *6*, 892.

Terman, L. M., & Oden, M. (1940).The significance of deviates. III. Correlates of adult achievement in the California gifted group. *Yearbook of the National Society for the Study of Education*, *39*(I), 74–89.

Tervaniemi, M. (2001). Musical sound processing in the human brain: Evidence from electric and magnetic recordings. *Annals of the New York Academy of Sciences*, *930*, 259–272.

(2009). Musicians: Same or different? *Annals of the New York Academy of Sciences*, *1169*, 151–156.

Tervaniemi, M., Janhunen, L., Kruck, S., Putkinen, V., & Huotilainen, M. (2015). Auditory profiles of classical, jazz, and rock musicians: Genre-specific–sensitivity to musical sound features. *Frontiers in Psychology*, *6*, 1900.

Thaut, M. H. (2015). The discovery of human auditory–motor entrainment and its role in the development of neurologic music therapy. *Progress in Brain Research*, *217*, 253–266.

Thomas, L. E., & Lleras, A. (2009). Covert shifts of attention function as an implicit aid to insight. *Cognition*, *111*(2), 168–174.

Thomas, N. (2014). The multidimensional spectrum of imagination: Images, dreams, hallucinations, and active, imaginative perception. *Humanities*, *3*(2), 132–184.

Thompson-Schill, S. L. (2003). Neuroimaging studies of semantic memory: Inferring "how" from "where." *Neuropsychologia*, *41*(3), 280–292.

Thomson, P., & Jaque, S. V. (2016). Overexcitability and optimal flow in talented dancers, singers, and athletes. *Roeper Review: A Journal on Gifted Education*, *38*(1), 32–39.

Thrash, T. M., Maruskin, L. A., Moldovan, E. G., Oleynick, V. C., & Belzak, W. C. (2016). Writer–reader contagion of inspiration and related states: Conditional process analyses within a cross-classified writer × reader framework. *Journal of Personality and Social Psychology*, 113(3), 466–491.

Tin, T. B. (2011). Language creativity and co-emergence of form and meaning in creative writing tasks. *Applied Linguistics*, *32*(2), 215–235.

Tingen, P. (2001). *Miles beyond: The electric explorations of Miles Davis, 1967–1991*. New York: Billboard Books.

Tomalski, P., & Johnson, M. H. (2010). The effects of early adversity on the adult and developing brain. *Current Opinion in Psychiatry*, *23*(3), 233–238.

Tomeo, E., Cesari, P., Aglioti, S. M., & Urgesi, C. (2013). Fooling the kickers but not the goalkeepers: Behavioral and neurophysiological correlates of fake action detection in soccer. *Cerebral Cortex*, *23*(11), 2765–2778.

Torrance, E. P. (1974). *The Torrance Tests of Creative Thinking – norms; Technical Manual Research Edition – verbal tests, forms A and B – fig- ural tests, forms A and B*. Princeton, NJ: Personnel Press.

Torrance, E. P., & Haensly, P. A. (2003). Assessment of creativity in children and adolescents. In C. R. Reynolds & R. W. Kamphaus (Eds.), *Handbook of psychological and educational assessment of children: Intelligence, aptitude, and achievement*, Vol. 1 (2nd edn., pp. 584– 607). New York: Guilford Press.

Torrents, C., Castañer, M., Dinošová, M., & Anguera, M. T. (2010). Discovering new ways of moving: Observational analysis of motor creativity while dancing contact improvisation and the influence of the partner. *Journal of Creative Behavior*, *44*(1), 45–61.

Trainor, L. J., & Cirelli, L. (2015). Rhythm and interpersonal synchrony in early social development. *Annals of the New York Academy of Sciences*, *1337*, 45–52.

Treffert, D. A. (2009). The savant syndrome: An extraordinary condition. A synopsis: past, present, future. *Philosophical Transactions of the Royal Society B: Biological Sciences*, *364*(1522), 1351–1357.

(2010). *Islands of genius: The bountiful mind of the autistic, acquired, and sudden savant*. London: Jessica Kingsley.

(2014). Savant syndrome: Realities, myths and misconceptions. *Journal of Autism and Developmental Disorders*, *44*(3), 564–571.

Treffert, D. A., & Rebedew, D. L. (2015). The savant syndrome registry: A preliminary report. *WMJ: Official Publication of the State Medical Society of Wisconsin*, *114*(4), 158–162.

Trickett, S. B., & Trafton, J. G. (2007). "What if...": The use of conceptual simulations in scientific reasoning. *Cognitive Science*, *31*(5), 843–875.

Trickett, S. B., Trafton, J. G., & Schunn, C. D. (2009). How do scientists respond to anomalies? Different strategies used in basic and applied science. *Topics in Cognitive Science*, *1*(4), 711–729.

Trojano, L., Grossi, D., & Flash, T. (2009). Cognitive neuroscience of drawing: Contributions of neuropsychological, experimental and neurofunctional studies. *Cortex*, *45*(3), 269–277.

Tucker, P. K., Rothwell, S. J., Armstrong, M. S., & McConaghy, N. (1982). Creativity, divergent and allusive thinking in students and visual artists. *Psychological Medicine*, *12*(4), 835.

Turner, B. O., Marinsek, N., Ryhal, E., & Miller, M. B. (2015). Hemispheric lateralization in reasoning. *Annals of the New York Academy of Sciences*, *1359*(1), 47–64.

Turner, M., & Fauconnier, G. (1999). A mechanism of creativity. *Poetics Today*, *20*(3), 397–418.

Uddin, L. Q. (2015). Salience processing and insular cortical function and dysfunction. *Nature Reviews Neuroscience*, *16*(1), 55–61.

Ullén, F., de Manzano, Ö., Almeida, R., Magnusson, P. K. E., Pedersen, N. L., Nakamura, J., ... Madison, G. (2012). Proneness for psychological flow in everyday life: Associations with personality and intelligence. *Personality and Individual Differences*, *52*(2), 167–172.

Ullsperger, M., & Debener, S. (2010). *Simultaneous EEG and fMRI: Recording, analysis, and application*. New York: Oxford University Press.

Urbanski, M., Bréchemier, M.-L., Garcin, B., Bendetowicz, D., Thiebaut de Schotten, M., Foulon, C., ... Volle, E. (2016). Reasoning by analogy requires the left frontal pole: Lesion-deficit mapping and clinical implications. *Brain: A Journal* of Neurology, *139*(6), 1783–1799.

Urgesi, C., Savonitto, M. M., Fabbro, F., & Aglioti, S. M. (2012). Long- and short-term plastic modeling of action prediction abilities in volleyball. *Psychological Research, 76*(4), 542–560.

Utevsky, A. V., Smith, D. V., & Huettel, S. A. (2014). Precuneus is a functional core of the default-mode network. *Journal of Neuroscience: The Official Journal of the Society for Neuroscience, 34*(3), 932–940.

Van Overwalle, F. (2011). A dissociation between social mentalizing and general reasoning. *NeuroImage, 54*(2), 1589–1599.

Vartanian, O. (2012). Dissociable neural systems for analogy and metaphor: Implications for the neuroscience of creativity. *British Journal of Psychology, 103*(3), 302–316.

Vartanian, O., Bristol, A. S., & Kaufman, J. C. (2013). *Neuroscience of creativity*. Cambridge, MA: MIT Press.

Vartanian, O., Martindale, C., & Kwiatkowski, J. (2003). Creativity and inductive reasoning: The relationship between divergent thinking and performance on Wason's 2–4–6 task. *Quarterly Journal of Experimental Psychology Section. A: Human Experimental Psychology, 56*(4), 641–655.

(2007). Creative potential, attention, and speed of information processing. *Personality and Individual Differences, 43*(6), 1470–1480.

Vendetti, M. S., Wu, A., & Holyoak, K. J. (2014). Far-out thinking: Generating solutions to distant analogies promotes relational thinking. *Psychological Science, 25*(4), 928–933.

Vendetti, M. S., Wu, A., Rowshanshad, E., Knowlton, B. J., & Holyoak, K. J. (2014). When reasoning modifies memory: Schematic assimilation triggered by analogical mapping. *Journal of Experimental Psychology: Learning, Memory, and Cognition, 40*(4), 1172–1180.

Verstijnen, I. M., van Leeuwen, C., Goldschmidt, G., Hamel, R., & Hennessey, J. M. (1998). Creative discovery in imagery and perception: Combining is relatively easy, restructuring takes a sketch. *Acta Psychologica, 99*(2), 177–200.

Vestberg, T., Gustafson, R., Maurex, L., Ingvar, M., & Petrovic, P. (2012). Executive functions predict the success of top-soccer players. *PloS One, 7*(4), e34731.

Vogt, S. (1999). Looking at paintings: Patterns of eye movements in artistically naïve and sophisticated subjects. *Leonardo, 32*(4), 325–325.

Vogt, S., & Magnussen, S. (2007). Expertise in pictorial perception: Eye-movement patterns and visual memory in artists and laymen. *Perception, 36*(1), 91–100.

Volpe, G., D'Ausilio,A., Badino, L., Camurri,A.,& Fadiga, L.(2016).Measuring social interaction in music ensembles. *Philosophical Transactions of the Royal Society B: Biological Sciences, 371*(1693), 20150377.

Vuust, P., Brattico, E., Seppänen, M., Näätänen, R., & Tervaniemi, M. (2012). Practiced musical style shapes auditory skills. *Annals of the New York Academy of Sciences, 1252*, 139–146.

Wager, T. D., & Smith, E. E. (2003). Neuroimaging studies of working memory: A meta-analysis. *Cognitive, Affective & Behavioral Neuroscience, 3*(4), 255–274.

Walker, G. M., & Hickok, G. (2016). Bridging computational approaches to speech production: The semantic–lexical–auditory–motor model (SLAM). *Psychonomic Bulletin & Review, 23*(2), 339–352.

Walker, R. H., Warwick, R., & Cercy, S. P. (2006). Augmentation of artistic productivity in Parkinson's disease. *Movement Disorders: Official Journal of the Movement Disorder Society, 21*(2), 285–286.

Wallach, J. (1998). *Chanel: Her style and her life*. New York: N. Talese. Wallach, M. A., & Kogan, N. (1965). *Modes of thinking in young children: A study of the creativity–intelligence distinction*. New York: Holt, Rinehart & Winston.

Wallas, G. (1926). *Art of thought*. Tunbridge Wells: Solis Press.

Walls, M., & Malafouris, L. (2016). Creativity as a developmental ecology. In V. P. Glăveanu (Ed.), *The Palgrave handbook of creativity and culture research* (pp. 623–638). London: Palgrave Macmillan.

Walsh, V. (2014). Is sport the brain's biggest challenge? *Current Biology, 24*(18), R859–R860.

Walton, A. E., Richardson, M. J., Langland-Hassan, P., & Chemero, A. (2015). Improvisation and the self-organization of multiple musical bodies. *Frontiers in Psychology, 6*, 313.

Ward, J., Thompson-Lake, D., Ely, R., & Kaminski, F. (2008). Synaesthesia, creativity and art: What is the link? *British Journal of Psychology*, *99*(1), 127–141.

Ward, T. B. (1994). Structured imagination: The role of category structure in exemplar generation. *Cognitive Psychology*, *27*, 1–40.

Ward, T. B., Finke, R. A., & Smith, S. M. (1995). *Creativity and the mind: Discovering the genius within*. Cambridge, MA: Perseus Books.

Ward, T. B., Patterson, M. J., & Sifonis, C. M. (2004). The role of specificity and abstraction in creative idea generation. *Creativity Research Journal*, *16*(1), 1–9.

Ward, T. B., Patterson, M. J., Sifonis, C. M., Dodds, R. A., & Saunders, K. N. (2002). The role of graded category structure in imaginative thought. *Memory & Cognition*, *30*(2), 199–216.

Ward, T. B., Smith, S. M., & Vaid, J. (1997). *Creative thought: An investigation of conceptual structures and processes*. Washington, DC: American Psychological Association.

Warren, D. E., Kurczek, J., & Duff, M. C. (2016). What relates newspaper, definite, and clothing? An article describing deficits in convergent problem solving and creativity following hippocampal damage. *Hippocampus*, *26*(7), 835–840.

Washburn, D. A. (2016). The Stroop effect at 80: The competition between stimulus control and cognitive control. *Journal of the Experimental AnalysisofBehavior*, *105*(1), 3–13.

Wasserman, E., Epstein, C. M., & Ziemann, U. (Eds.). (2008). *The Oxford handbook of transcranial stimulation*. New York: Oxford University Press.

Webster, P. R.(1987). Refinement of a measure of creative thinking in music. In C. K. Madsen & C. A. Prickett (Eds.), *Applications of research in music behaviour* (pp. 257–271). Tuscaloosa, AL: University of Alabama Press.

(1994). *Measure of creative thinking in music (MCTM-II) administrative guidelines*. Evanston, IL: Northwestern University Press.

(2003). "What do you mean, make my music different?" Encouraging revision and extensions in children's music composition. In M. Hickey

(Ed.), *Why and how to teach music composition: A new horizon for music education* (pp. 55–69). Reston, VA: MENC.

(2016). Creative thinking in music, twenty-five years on. *Music Educators Journal*, *102*(3), 26–32.

Weinberger, A. B., Green, A. E., & Chrysikou, E. G. (2017). Using transcranial direct current stimulation to enhance creative cognition: Interactions between task, polarity, and stimulation site. *Frontiers in Human Neuroscience*, *11*, 246.

Weinstein, E. C., Clark, Z., DiBartolomeo, D. J., & Davis, K. (2014). A decline in creativity? It depends on the domain. *Creativity Research Journal*, *26*(2), 174–184.

Weir, A. A. S., & Kacelnik, A. (2006). A New Caledonian crow (*Corvus moneduloides*) creatively re-designs tools by bending or unbending aluminium strips. *Animal Cognition*, *9*(4), 317–334.

(1995). Prolegomena to theories of insight in problem solving: A taxonomy of problems. In R. J. Sternberg & J. E. Davidson (Eds.), *The nature of insight* (pp. 157–196). Cambridge, MA: MIT Press.

(1999). Creativity and knowledge: A challenge to theories. In R. J. Sternberg (Ed.), *Handbook of creativity* (pp. 226–250). New York: Cambridge University Press.

(2006). *Creativity: Understanding innovation in problem solving, science, invention, and the arts*. Hoboken, NJ: Wiley.

(2015). On the usefulness of "value" in the definition of creativity. *Creativity Research Journal*, *27*(2), 111–124.

Weisberg, R. W. (2018). Reflections on a personal journey studying the psychology of creativity (pp. 351–373). In R. J. Sternberg & J. C. Kaufman (Eds.), *The nature of human creativity*. New York: Cambridge University Press.

Weiskrantz, L. (1985). Introduction: Categorization, cleverness and consciousness. *Philosophical Transactions of the Royal Society B: Biological Sciences*, *308*(1135), 3–19.

Wendelken, C., Nakhabenko, D., Donohue, S. E., Carter, C. S., & Bunge, S. A. (2008). Brain is to thought as stomach is to

??: Investigating the role of rostrolateral prefrontal cortex in relational reasoning. *Journal of Cognitive Neuroscience*, *20*(4), 682–693.

West, T. G. (1997). *In the mind's eye: Visual thinkers, gifted people with dyslexia and other learning difficulties, computer images, and the ironies of creativity*. Amherst, NY: Prometheus Books.

White, A. E., Kaufman, J. C., & Riggs, M. (2014). How "outsider" do we like our art? Influence of artist background on perceptions of warmth, creativity, and likeability. *Psychology of Aesthetics, Creativity, and the Arts*, *8*(2), 144–151.

Whitehead, C. (2010). The culture ready brain. *Social Cognitive and Affective Neuroscience*, *5*(2–3), 168–179.

Wiggins, G. A., Tyack, P., Scharff, C., & Rohrmeier, M. (2015). The evolutionary roots of creativity: Mechanisms and motivations. *Philosophical Transactions of the Royal Society B: Biological Sciences*, *370*(1664).

Wiley, J. (1998). Expertise as mental set: The effects of domain knowledge in creative problem solving. *Memory & Cognition*, *26*(4), 716–730.

Wilson, D. (1989). The role of patterning in music. *Leonardo*, *22*(1), 101–106. Wilson, E. B. Jr (1991). *An introduction to scientific research*. New York: Dover Publications.

Wilson, M. (2002). Six views of embodied cognition. *Psychonomic Bulletin & Review*, *9*(4), 625–636.

Wilson, R. C., Guilford, J. P., & Christensen, P. R. (1953). The measurement of individual differences in originality. *Psychological Bulletin*, *50*(5), 362–370.

Wilson, R. C., Guilford, J. P., Christensen, P. R., & Lewis, D. J. (1954). A factor-analytic study of creative-thinking abilities. *Psychometrika*, *19*(4), 297–311.

Wimshurst, Z. L., Sowden, P. T., & Wright, M. (2016). Expert–novice differences in brain function of field hockey players. *Neuroscience*, *315*, 31–44.

Winkler, I., Háden, G. P., Ladinig, O., Sziller, I., & Honing, H.(2009). Newborn infants detect the beat in music. *Proceedings of the National Academy ofSciences*, *106*(7), 2468–2471.

Winner, E., von Karolyi, C., Malinsky, D., French, L., Seliger, C., Ross, E., & Weber, C. (2001). Dyslexia and visual-spatial talents: Compensation vs deficit model. *Brain and Language*, *76*(2), 81–110.

Wiseman, R., Watt, C., Gilhooly, K. J., & Georgiou, G. (2011). Creativity and ease of ambiguous figural reversal. *British Journal of Psychology*, *102*(3), 615–622.

Wolff, U., & Lundberg, I. (2002). The prevalence of dyslexia among art students. *Dyslexia*, *8*(1), 34–42.

Wöllner, C. (2013). How to quantify individuality in music performance? Studying artistic expression with averaging procedures. *Frontiers in Psychology*, *4*, 361.

Wollseiffen, P., Schneider, S., Martin, L. A., Kerhervé, H. A., Klein, T., & Solomon, C. (2016). The effect of 6 h of running on brain activity, mood, and cognitive performance. *Experimental Brain Research*, *234*(7), 1829–1836.

Wolpert, D. M., Ghahramani, Z., & Jordan, M. I. (1995). An internal model for sensorimotor integration. *Science*, *269*(5232), 1880–1882.

Wong, S. S. H., & Lim, S. W. H. (2017). Mental imagery boosts music compositional creativity. *PLoS One*, *12*(3), e0174009.

Woodman, G. F. (2010). A brief introduction to the use of event-related potentials in studies of perception and attention. *Attention, Perception & Psychophysics*, *72*(8), 2031–2046.

Wu, T. Q., Miller, Z. A., Adhimoolam, B., Zackey, D. D., Khan, B. K., Ketelle, R., ... Miller, B. L. (2015). Verbal creativity in semantic variant primary progressive aphasia. *Neurocase*, *21*(1), 73–78.

Yang, J. (2015). The influence of motor expertise on the brain activity of motor task performance: A meta-analysis of functional magnetic resonance imaging studies. *Cognitive, Affective & Behavioral Neuroscience*, *15*(2), 381–394.

Young, G., Bancroft, J., & Sanderson, M. (1993). Musi-tecture: Seeking useful correlations between music and architecture. *Leonardo Music Journal*, *3*, 39–43.

Yuan, Y., & Shen, W. (2016). Commentary: Incubation and intuition in creative problem solving. *Frontiers in Psychology*, *7*, 1807.

Zabelina, D. L., & Robinson, M. D. (2010). Creativity as flexible cognitive control. *Psychology of Aesthetics, Creativity, and the Arts*, *4*(3), 136–143.

Zabelina, D. L., O'Leary, D., Pornpattananangkul, N., Nusslock, R., & Beeman, M. (2015). Creativity and sensory gating indexed by the P50: Selective versus leaky sensory gating in divergent thinkers and creative achievers. *Neuropsychologia*, *69*, 77–84.

Zaidel, D. W. (2010). Art and brain: Insights from neuropsychology, biology and evolution. *Journal of Anatomy*, *216*(2), 177–183.

(2013a). Cognition and art: The current interdisciplinary approach. *Cognitive Science*, *4*(4), 431–439.

(2013b). Split-brain, the right hemisphere, and art: Fact and fiction. *Progress in Brain Research*, *204*, 3–17.

(2014). Creativity, brain, and art: Biological and neurological considerations. *Frontiers in Human Neuroscience*, *8*, 389.

Zander, T., Öllinger, M., & Volz, K. G. (2016). Intuition and insight: Two processes that build on each other or fundamentally differ? *Frontiers in Psychology*, *7*, 1395.

Zatorre, R. J. (2015). Musical pleasure and reward: Mechanisms and dysfunction. *Annals of the New York Academy of Sciences*, *1337*, 202–211.

Zatorre, R. J., & Halpern, A. R. (2005). Mental concerts: Musical imagery and auditory cortex. *Neuron*, *47*(1), 9–12.

Zatorre, R. J., & Salimpoor, V. N. (2013). From perception to pleasure: Music and its neural substrates. *Proceedings of the National Academy of Sciences of the United States of America*, *110*(Suppl. 2), 10430–10437.

Zatorre, R. J., Chen, J. L., & Penhune, V. B. (2007). When the brain plays music: Auditory–motor interactions in music perception and production. *Nature Reviews Neuroscience*, *8*(7), 547.

Zatorre, R. J., Fields, R. D., & Johansen-Berg, H. (2012). Plasticity in gray and white: Neuroimaging changes in brain structure during learning. *Nature Neuroscience*, *15*(4), 528–536.

Zeki, S. (2001). Artistic creativity and the brain. *Science*, *293*(5527), 51–52. (2002). Neural concept formation and art: Dante, Michelangelo, Wagner. *Journal of Consciousness Studies*, *9*(3), 53–76.

Zhang, Z., Lei, Y., & Li, H. (2016). Approaching the distinction between intuition and insight. *Frontiers in Psychology*, *7*, 1195.

Zhu, F., Zhang, Q., & Qiu, J. (2013). Relating inter-individual differences in verbal creative thinking to cerebral structures: An optimal voxel-based morphometry study. *PloS One*, *8*(11), e79272.

Zhu, W., Chen, Q., Xia, L., Beaty, R. E., Yang, W., Tian, F., ... Qiu, J. (2017). Common and distinct brain networks underlying verbal and visual creativity. *Human Brain Mapping*, *38*(4), 2094–2111.

Ziemann, U. (2017). Thirty years of transcranial magnetic stimulation: Where do we stand? *Experimental Brain Research*, *235*(4), 973–984.

索　引

（索引所标示数字为本书边码）

后　记

从洞穴艺术到拉花艺术

“我生来为创造而非模仿。”

——肯德里克·拉马尔（Kendrick Lamar）

作为一个物种，人类具有不知疲倦的创造力，这是毋庸置疑的。我们穷尽一切办法来表达自己，理解他人，也想被他人理解；与他人交流，也与自己交流。而为了实现表达与交流，我们开始创造。我们创造的东西会给人留下独特的、个性化的、可识别的印象；留下的痕迹越独特、越原创，个体作为一个创造性的主体就越引人注目。

从 27000 年前至 17000 年前原始人在洞穴上留下的难以磨灭的壁画，到街角咖啡店的咖啡师在拿铁上拉出的转瞬即逝的图案，创造的证据无处不在。沟通的天性使我们不放过任何创造的机会，我们会情不自禁地抓住任何可能的途径、任何潜在的渠道、任何方式去创造、去开拓。

然而，到目前为止，我们对这种人类创造的基本动力和精神知之甚少，无论是关于促进创造的条件，还是关于创造受挫的后果，我们都缺乏全面的了解。这本书从神经科学的角度概述了我们目前对创造性思维的理解，并提出了许多仍有待探索的关键问题。通过前面 12 个章节，作者重点强调的是，与人类心理功能的其他方面（更易于客观探究）相比，研究创造力是多么的困难。因为创造力是包罗万象的，它可以以多种不同的形式表现出来，准确界定创造力是非常困难的事情。

因此，如何利用我们的创造性思维来理解创造力是一项非常具有挑战性的事业。作者希望善于反思的读者因此受到激励，利用我们每个人在生活中所能利用的各种手段，无论是正式的还是非正式的，专业的还是个人的，参与到这项事业中来；能有更多创造性的头脑从不同的角度，或单独或合作地解开这一谜题。这会使得创造力研究更有成效、更有活力，并取得更卓著的进展。

泰戈尔曾经说过：“如果我们创造了接受的能力，那么一切都将属于我们。”为了更加深入地了解我们动态的创造性思维，我们每个人在探索的道路上都需要这样做——创造我们自己的接受能力。